同济博士论丛
TONGJI Dissertation Series

总主编 伍 江 副总主编 雷星晖

孙 乐 著

"摩天"与"摩登"
——近代上海摩天楼研究 (1893–1937)

"Motian" and "Modern":
Research on Skyscrapers in Shanghai(1893-1937)

同济大学 出版社
TONGJI UNIVERSITY PRESS

内 容 提 要

本书对作为时代象征物的上海近代摩天楼从出现、发展、繁盛至停滞的全过程进行完整的历史维度分析，从社会生态、空间形态与文化转变交汇的层面，层层递进地解读上海摩天楼产生的宏观时代背景，中观历史轴线上经历各发展转变阶段的基本特征，微观层面上摩天楼单体设计的具体问题，以及跨学科视角下这一时代现象背后与城市空间，与都市文化等方面的深刻关联与社会意义。

本书可供建筑学专业人员参考。

图书在版编目(CIP)数据

"摩天"与"摩登"：近代上海摩天楼研究：1893—1937 / 孙乐著.—上海：同济大学出版社，2020.9
（同济博士论丛 / 伍江总主编）
ISBN 978-7-5608-6999-5

Ⅰ.①摩… Ⅱ.①孙… Ⅲ.①高层建筑－建筑史－上海－1893—1937 Ⅳ.①TU-092.951

中国版本图书馆CIP数据核字(2017)第093883号

"摩天"与"摩登"：
近代上海摩天楼研究（1893—1937）

孙 乐 著

出品人 华春荣　责任编辑 罗 璇　责任校对 徐春莲　封面设计 陈益平

出版发行　同济大学出版社　　www.tongjipress.com.cn
　　　　　（地址：上海市四平路1239号　邮编：200092　电话：021-65985622）
经　　销　全国各地新华书店
排版制作　南京展望文化发展有限公司
印　　刷　浙江广育爱多印务有限公司
开　　本　787mm×1092mm　　1/16
印　　张　24.5
字　　数　490 000
版　　次　2020年9月第1版　　2020年9月第1次印刷
书　　号　ISBN 978-7-5608-6999-5

定　　价　108.00元

"同济博士论丛"编写领导小组

组　　　长：杨贤金　钟志华

副 组 长：伍　江　江　波

成　　　员：方守恩　蔡达峰　马锦明　姜富明　吴志强
　　　　　　徐建平　吕培明　顾祥林　雷星晖

办公室成员：李　兰　华春荣　段存广　姚建中

"同济博士论丛"编辑委员会

袁万城　莫天伟　夏四清　顾　明　顾祥林　钱梦騄
徐　政　徐　鉴　徐立鸿　徐亚伟　凌建明　高乃云
郭忠印　唐子来　阎耀保　黄一如　黄宏伟　黄茂松
戚正武　彭正龙　葛耀君　董德存　蒋昌俊　韩传峰
童小华　曾国荪　楼梦麟　路秉杰　蔡永洁　蔡克峰
薛　雷　霍佳震

秘书组成员：谢永生　赵泽毓　熊磊丽　胡晗欣　卢元姗　蒋卓文

总 序

在同济大学110周年华诞之际,喜闻"同济博士论丛"将正式出版发行,倍感欣慰。记得在100周年校庆时,我曾以《百年同济,大学对社会的承诺》为题作了演讲,如今看到付梓的"同济博士论丛",我想这就是大学对社会承诺的一种体现。这110部学术著作不仅包含了同济大学近10年100多位优秀博士研究生的学术科研成果,也展现了同济大学围绕国家战略开展学科建设、发展自我特色,向建设世界一流大学的目标迈出的坚实步伐。

坐落于东海之滨的同济大学,历经110年历史风云,承古续今、汇聚东西,秉持"与祖国同行、以科教济世"的理念,发扬自强不息、追求卓越的精神,在复兴中华的征程中同舟共济、砥砺前行,谱写了一幅幅辉煌壮美的篇章。创校至今,同济大学培养了数十万工作在祖国各条战线上的人才,包括人们常提到的贝时璋、李国豪、裘法祖、吴孟超等一批著名教授。正是这些专家学者培养了一代又一代的博士研究生,薪火相传,将同济大学的科学研究和学科建设一步步推向高峰。

大学有其社会责任,她的社会责任就是融入国家的创新体系之中,成为国家创新战略的实践者。党的十八大以来,以习近平同志为核心的党中央高度重视科技创新,对实施创新驱动发展战略作出一系列重大决策部署。党的十八届五中全会把创新发展作为五大发展理念之首,强调创新是引领发展的第一动力,要求充分发挥科技创新在全面创新中的引领作用。要把创新驱动发展作为国家的优先战略,以科技创新为核心带动全面创新,以体制机制改革激发创新活力,以高效率的创新体系支撑高水平的创新型国家建设。作为人才培养和科技创新的重要平台,大学是国家创新体系的重要组成部分。同济大学理当围绕国家战略目标的实现,作出更大的贡献。

大学的根本任务是培养人才,同济大学走出了一条特色鲜明的道路。无论是本科教育、研究生教育,还是这些年摸索总结出的导师制、人才培养特区,"卓越人才培养"的做法取得了很好的成绩。聚焦创新驱动转型发展战略,同济大学推进科研管理体系改革和重大科研基地平台建设。以贯穿人才培养全过程的一流创新创业教育助力创新驱动发展战略,实现创新创业教育的全覆盖,培养具有一流创新力、组织力和行动力的卓越人才。"同济博士论丛"的出版不仅是对同济大学人才培养成果的集中展示,更将进一步推动同济大学围绕国家战略开展学科建设、发展自我特色、明确大学定位、培养创新人才。

面对新形势、新任务、新挑战,我们必须增强忧患意识,扎根中国大地,朝着建设世界一流大学的目标,深化改革,勠力前行!

万　钢

2017 年 5 月

论丛前言

　　承古续今，汇聚东西，百年同济秉持"与祖国同行、以科教济世"的理念，注重人才培养、科学研究、社会服务、文化传承创新和国际合作交流，自强不息，追求卓越。特别是近20年来，同济大学坚持把论文写在祖国的大地上，各学科都培养了一大批博士优秀人才，发表了数以千计的学术研究论文。这些论文不但反映了同济大学培养人才能力和学术研究的水平，而且也促进了学科的发展和国家的建设。多年来，我一直希望能有机会将我们同济大学的优秀博士论文集中整理，分类出版，让更多的读者获得分享。值此同济大学110周年校庆之际，在学校的支持下，"同济博士论丛"得以顺利出版。

　　"同济博士论丛"的出版组织工作启动于2016年9月，计划在同济大学110周年校庆之际出版110部同济大学的优秀博士论文。我们在数千篇博士论文中，聚焦于2005—2016年十多年间的优秀博士学位论文430余篇，经各院系征询，导师和博士积极响应并同意，遴选出近170篇，涵盖了同济的大部分学科：土木工程、城乡规划学（含建筑、风景园林）、海洋科学、交通运输工程、车辆工程、环境科学与工程、数学、材料工程、测绘科学与工程、机械工程、计算机科学与技术、医学、工程管理、哲学等。作为"同济博士论丛"出版工程的开端，在校庆之际首批集中出版110余部，其余也将陆续出版。

　　博士学位论文是反映博士研究生培养质量的重要方面。同济大学一直将立德树人作为根本任务，把培养高素质人才摆在首位，认真探索全面提高博士研究生质量的有效途径和机制。因此，"同济博士论丛"的出版集中展示同济大学博士研究生培养与科研成果,体现对同济大学学术文化的传承。

"同济博士论丛"作为重要的科研文献资源,系统、全面、具体地反映了同济大学各学科专业前沿领域的科研成果和发展状况。它的出版是扩大传播同济科研成果和学术影响力的重要途径。博士论文的研究对象中不少是"国家自然科学基金"等科研基金资助的项目,具有明确的创新性和学术性,具有极高的学术价值,对我国的经济、文化、社会发展具有一定的理论和实践指导意义。

"同济博士论丛"的出版,将会调动同济广大科研人员的积极性,促进多学科学术交流、加速人才的发掘和人才的成长,有助于提高同济在国内外的竞争力,为实现同济大学扎根中国大地,建设世界一流大学的目标愿景做好基础性工作。

虽然同济已经发展成为一所特色鲜明、具有国际影响力的综合性、研究型大学,但与世界一流大学之间仍然存在着一定差距。"同济博士论丛"所反映的学术水平需要不断提高,同时在很短的时间内编辑出版 110 余部著作,必然存在一些不足之处,恳请广大学者,特别是有关专家提出批评,为提高同济人才培养质量和同济的学科建设提供宝贵意见。

最后感谢研究生院、出版社以及各院系的协作与支持。希望"同济博士论丛"能持续出版,并借助新媒体以电子书、知识库等多种方式呈现,以期成为展现同济学术成果、服务社会的一个可持续的出版品牌。为继续扎根中国大地,培育卓越英才,建设世界一流大学服务。

伍 江

2017 年 5 月

序

上海不仅是当今世界拥有摩天楼数量最多的城市,也无疑是近代中国摩天楼兴起的地方。早在20世纪30年代,当中国的绝大多数城市还是一派传统风貌的时候,上海已是一座繁华的现代大都市,而中心区一道最特别的风景,就是数十幢拔地而起的高层建筑,有旅馆、办公楼和高级公寓等,其中最高的国际饭店已达22层,近90米。或许有人说,这样的"高度"在今天早已风光不再,但只要稍有一点历史感就可以想象,当时这些高楼给传统中国带来了怎样的震撼,而且,"摩天楼"一词在那个时代开始出现并流行起来的时候,它们就已经不是一个简单的建筑概念了。

近代上海城市史和建筑史研究的成果已十分丰富,摩天楼无疑是各种讨论中不断涉及的话题。然而,细细梳理却发现,真正对于近代上海高层建筑的专题史研究并不多见。因此,本书作者孙乐在她开始博士论文研究计划时,便选择了这一课题,并经过数年的努力完成了这篇论文,无疑填补了这一专题史研究的部分空白。为此我真诚地祝贺她,为她的成果能又一次丰富人们对上海近代建筑史的认识而感到由衷地高兴。

从论文中可以清楚看到,作者基于大量史料调查和实地考察,按照历史背景、发展过程和建筑特征三个层次展开叙述,全面展现近代上海摩天楼从兴建、发展、繁盛到停滞的历史过程,对各个时期的建造活动、案例类型及其建筑特征进行了系统梳理和深入剖析,也对摩天楼在形成近代上海都市文化内涵特征中的独特意义做出了解读。现在,在这部洋洋洒洒30多万字的论著即将出版之际,回溯当时的博士研究生孙乐如何起步进入这项研究,如何开展具体调研和分析,又如何勇于开放视野,拓展思路,力争探索超越一般建筑史学科范畴的历史研究,仍记忆犹新。作为十分了解研究过程的人,我认为现在的这项成果有三个方面的特色最为显著,值得特别关注。

首先,作者以对美国摩天楼发展历史的追溯和比照作为研究的起点。读者可以看到,论文在开始部分用了相当篇幅介绍19世纪末、20世纪初美国高层建筑兴起和发展的状况,为此作者还争取到了在纽约摩天楼博物馆做短期访问的机会,并将学习所获在论文中丰富呈现。从表面来看,这部分篇幅稍显冗长,但真正读起来就会意识到,这不仅对了解近代上海摩天楼的渊源必不可少,而且也是将上海摩天楼的兴起放到了国际性的平台上观察和认识,并通过展现美国高层建筑产生与兴起的历史过程及其影响因素,将这一崭新建筑类型的特殊性和复杂性得以立体地呈现。比如,文中回顾当时为"世界第一栋摩天楼"的"殊荣"究竟归属于哪一个城市、哪一幢高楼的一番争论,颇有意味,这其实是返回到了摩天楼究竟如何定义的基本问题——是以建筑高度来判定,还是以某种新型框架结构技术的发明为起点?是以这种结构创新技术的实施为标准,甚至还是以高层构筑物是否成功获得一种人们可接受的建筑形式为准则?虽然作者通过分析也给出了自己的回答,但其实重要的不是结论,而是通过这一叙述,展现出历史上摩天楼作为一种新型建筑类型的产生,既有复杂的过程,更体现其高度的综合性,正如"罗马不是一天建成的",摩天楼也不是一天登上建筑史舞台的。

论文的第二个特色是,作者将近代上海摩天楼的出现、建造和建筑特征放到复杂历史关联域中解读。虽然这是建筑史研究的普遍范式,对美国摩天楼起源与发展的历史解说也已提供了参照,然而,要为认识这一建筑类型在近代上海的移植、转化与发展构建全息语境,必然要呈现地域历史的特殊性,不仅有立体的视野、可靠的史料和确凿的史实,还要有穿越历史、游移于学科内外的能力,因此决非易事。从论文中可以看到,作者首先将摩天楼的出现放置到近代上海租界扩张、加速城市化、人口密度增长、房地产市场的活跃以及城市建设管理制度的现代化等条件中考察,体现了很强的综合性,其中分析地价上涨和高层建筑的建造及其城市空间分布的关联状况,租界建设管理规范对房屋高度、顶部退台等形态控制的直接影响等，都是传统建筑史研究不易顾及却又十分关键的方面。再比如，作者将当时上海摩天楼的兴建放在西方建造技术的发明走向国际化市场的进程中考察，并有意探究外来建造技术在此移植和转化过程的独特表现，其中关于外来的钢框架结构体系如何适应上海地方软质土壤条件的历史发展过程，是极具代表性的。

论文的第三个特色是，作者在以多维视角追溯摩天楼发展历史、分析其建筑特征的过程中，始终能够把握新建筑类型在形塑近代上海都市文化中扮演重要角色这一关键维度。虽然摩登时代的文化议题看起来早已为人熟知，但作者并没有以人云亦云的方式笼统概述，而是从诗歌文学、地方历史、旅游实录和报刊杂志等各种形式的文字记录和视觉图像中广泛挖掘，呈现消费主义时代对于这一"摩登"事物的描绘方式、观念认识、日常体验甚至批判性评述，以具体的事实揭示摩天楼作为文化符号的意义，作为其资本主义社会空间竞夺的手段和资本权力的表征。

孙乐的学位论文得以正式出版，是对她研究工作的莫大鼓励。当然，从另一方面来说，这个研究成果还有不少可以提升和拓展的地方。比如，相较于对摩天楼在美国兴起、发展与传播的丰富回溯，对近代上海摩天楼本身的历史研究还可以进一步深化，加强案例的实地考察和建筑设计的特征研究。另外，对于这些高层建筑的结构体系、设施设备以及多功能空间组织如何相互融合的综合性分析，对于摩天楼的建造在近代上海的建筑师、结构工程师和营造商之间形成了怎样的合作模式和实践经验，都可以进一步展开具体研究。好在我和孙乐都深知，这部论文的出版是这项研究的阶段性总结，是一次良好的开端，但不是结束。

卢永毅

2020 年 8 月 31 日

前 言

摩天楼发端于美国,作为20世纪现代都市的重要标志物,它是应时代而生的建筑新类型,反映着人类现代化进程中的社会发展与科学进步;同时,以其为中心塑造出的摩登都市景象成为现代文明的象征,深深影响着一个城市的文化转变与精神价值。它不仅创造了新的商业建筑,更是重新定义了建筑美学,它是功能的产物,更是社会的产物。对于上海这座城市来说,摩天楼在租界时代的历史时空出现,随着西方租界的扩张壮大而发展,整个过程有着更加深刻的历史丰富性与社会复杂性。

全书分为四个部分。首先,通过历史的线索,对"摩天楼"这一名词的英文与中文译义进行溯源,并且讨论摩天楼在上海近代发端的现代化动力;其次,讨论时间轴上的近代上海摩天楼以高层商业建筑为开端向上演进发展的总过程,着重讨论其肇始至20世纪30年代的鼎盛阶段;第三部分从空间维度对近代上海摩天楼的建筑特征进行剖析,通过案例分析及与美国摩天楼发展的比较研究,对上海近代摩天楼单体设计进行细致解剖,并对这一类型建筑的经济特征属性及文化意义进行切片式的命题研究;最后是结语,摩天楼是一个跟随社会发展不断进化的命题,希望历史的讨论能对当下的摩天楼研究起到借鉴与反思的作用。当我们以摩天楼作为线索虔诚地追溯这段时空历史的时候,将看到在这个商业时代,作为独一无二的大都市象征物,它给城市带来的巨大影响与改变。

目　录

结 语

附 录

引　言

0.1　研　究　缘　起

0.1.1　研究背景

　　在英国人H.J.莱斯布里奇（H.J. Lethbridge）1934年撰写出版的《关于上海的标准指南》（*All About Shanghai: A Standard Guidebook*）一书中有这样一段描述："上海，摩天楼（skyscraper），耸立云天，美国以外，天下第一⋯⋯"[1]据考，开埠前的上海只有重建于宋代的龙华塔达到7层之高度，一度成为上海的城市意象象征（0-1-1）。开埠之后，通过几十年的西人治理，城市天际线得到很大改变，商业发

图0-1-1　1920年8月3日《北华捷报周年特刊（1850—1920）》封面照片（作为上海老城最高建筑的代表以意象图的方式出现在《北华捷报》创刊70周年特刊封面上，这本特刊讲述了上海自开埠后半个多世纪的城厢巨变）

---

[1] H.J. Lethbridge. *All about Shanghai: A Standard Guidebook*. Hong Kong: Oxford University Press, 1934, 1983, 43. 原文："Shanghai, with its modern skyscrapers, the highest buildings in the world outside of the Americas"，译文参考《上海摩登：一种新都市文化在中国1930—1945》书中翻译，李欧梵著，毛尖译，北京大学出版社，2001。

图0-1-2　1930年1月12日(星期日)《北华捷报·北华星期新闻增刊》头版照片,题为:"1830年的纤道,1930年的外滩"

展与技术进步都为建筑业的兴起创造了条件。至20世纪30年代,上海已发展成为西方观察者书中描绘的世界第六大都会[1],租界里的摩天楼也成为上海作为世界性大城市的重要标志,城市的风貌因此彻底改变。

在1930年第一份《北华捷报·北华星期新闻增刊》(North-China Sunday News Magazine Supplement)上头版刊出"1830年的纤道,1930年的外滩"(1830-A TOWING PATH: 1930-THE BUND, SHANGHAI)的标题照片(图0-1-2),展示了近代上海外滩经历百年变迁后的摩登景象。至20世纪30年代末,上海近代的摩天楼基本建设完成,它们不仅从建筑材料、建造技术及风格、建构等物质形态上显示着上海繁华与进步的城市面貌,同时,摩天楼这一特殊的建筑类型,成为象征现代都市文明的典型符号。

本书以"上海近代摩天楼"为专题进行建筑学研究,是近代建筑史研究对建筑类型的一次拓展。2011年3月,笔者受邀参与纽约摩天楼博物馆(New York Skyscraper Museum)[2]名为"超级高!"(SUPERTALL!)[3]的展览课题,协助搜集整理中国入选建筑的部分资料,并于7月前往纽约进行短期访学。在馆长卡罗·威

---

[1] 至1934年初,世界城市按人口进行排名:伦敦(8 202 818)、纽约(6 930 446)、东京(5 312 000)、柏林(4 000 000)、芝加哥(3 376 438)、上海(3 350 570),并且据估算到1935年上海总人口将超过350万上升至第五位。H.J. Lethbridge. All about Shanghai: A Standard Guidebook. Hong Kong: Oxford University Press, 1934, 1983, 33。

[2] 纽约摩天楼博物馆(New York Skyscraper Museum),坐落于美国纽约曼哈顿下城区炮台公园(Battery Park)旁,1997年5月1日正式开放,目前仍是世界上唯一一座以摩天楼为主题的博物馆。

[3] "超级高!"(SUPERTALL!)这一展览课题是在全球范围内,对2001年起至今已建成,及正在建造中预计2016年以前可以封顶的,380米以上的超级摩天楼所作的一次全面调研。研究中这批普遍都在100层以上的新生代巨构物,展现了一幅有关工程学、玻璃幕墙与建造技术、节能与可持续性以及垂直社区概念等一系列科技与生态领域飞跃发展的创新图景。

利斯教授（Carol Willis）[1]的指导下，通过参与实际工作、课题讨论及阅读大量相关西方原著，对摩天楼在美国的起源、发展，以及这一建筑新类型与城市化进程、经济发展、市政控制、都市文化等方面的关联具备了一定认知，并且发现近代上海摩天楼在阶段性发展中体现出对美国摩天楼的经验借鉴，美国摩天楼研究的学术成果为本书研究这一移植的建筑类型提供了历史溯源的史料基础，同时其研究经验与视角也为论文建构提供了很大帮助。

0.1.2　研究对象与时空

摩天楼的出现与都市化[2]进程有着深刻的内在联系。近代工业革命下的都市化发展成为摩天楼出现的必要条件，这一点在摩天楼出现的发源地及繁盛地，美国芝加哥（Chicago City）与纽约（New York City）可以得到印证。在这一进程中，通过经济发展、人口增长、工业兴起、地价增长等各社会要素的互相作用产生一种新型商业空间需求—高层办公建筑（the tall office building），摩天楼从其发端，逐渐发展成在以资本为导向，商业文明背景下建筑领域生成的一种全新的应对策略。

对19世纪下半叶的中国而言，封建王朝已走向衰败没落，伴随着西方势力的入侵与文化的渗透，都市化进程在近代中国的局部地区发生着，而上海成为见证这一进程影响的重要城市。1842年《中英南京条约》订立，1843年上海正式开埠，至19世纪末，租界内商业贸易逐步繁荣，人口大规模增加，大量居住空间、办公空间及商业空间需求推动了房地产业快速发展。这一时期土地地价快速上涨，开发商为得到更大规模收益回报，凭借当时建造技术进步，新建建筑层数与高度开始向上发展，摩天楼发展进入萌芽期。

20世纪初，在租界区域出现了中国近代历史意义上第一批"摩天楼"，不到40年时间便经历了从发展、繁盛至停滞的各个阶段。1937年，"七七事变"标志着中国进入全面抗日战争时期。至此，近代上海摩天楼发展逐渐进入停滞期。本书对近代上海摩天楼建造发展的考察时间也止于此。本书将以萌芽期考察发端，讨论这一建筑新类型在上海租界从出现、发展、繁盛至停滞的全过程，并且尝试对摩天

---

[1] 卡罗·威利斯（Carol Willis），美国纽约摩天大楼博物馆创始人、馆长，建筑与城市历史学家，同时任教于哥伦比亚大学。她是《形式追随功能：纽约与芝加哥的摩天大楼与天际线》（*Form Follows Finance: Skyscrapers and Skylines in New York and Chicago*，Princeton Architectural Press, 1995）一书作者，该书1995年出版，获得美国建筑师协会著作奖（AIA Book Award），并被城市历史协会（Urban History Association）誉为"北美都市主义最杰出著作"。

[2] 按照《布莱克威尔社会学词典》（*The Blackwell Dictionary of Sociology, Allan G. Johnson, Blackwell, 1999*）的定义，"都市化"是指在以非农业性为特征的社区（即城市）人口集中的过程，在这些城市中，生产主要是围绕服务和商品而设置的。

楼这一类型建筑进行深入系统的分析，挖掘这一新类型在都市发展层面的深层社会意义。

1937年11月上海淞沪会战结束，日军占领上海，上海大部分沦陷。从此至1941年12月太平洋战争爆发这段时间，因上海法租界和苏州河以南的半个上海公共租界未被日军侵占，这一区域进入了长达4年的"孤岛"时期。因为社会秩序相对安定，人流、物流及资金流一度大量涌入，出现了令人意想不到的畸形繁荣景象。即便如此，这一时期摩天楼的建造活动仍基本停止，仅法租界内10层高的法国邮船公司大楼于1937年开工1939年完工，也成为近代上海最后一幢完工的摩天楼。在政治形势未卜的情况下，房地产商对依靠建造高楼获取最大化投资回报的商业愿景显然已经信心不足。1941年12月7日日军偷袭美国珍珠港海军基地，正式对英美宣战，当日日军即进驻上海租界苏州河以南区域，至此上海市全部沦陷。1945年抗日战争取得胜利，但旋即第二次国共内战爆发，并持续到1949年9月结束，上海大规模开发建造活动基本停止。

0.2　前人的研究

0.2.1　相关上海近代史、城市史及建筑史的研究

1. 相关上海近代史的研究

近代上海历史意义的摩天楼出现在20世纪初，自开埠以来半个世纪的上海近代社会发展，成为研究摩天楼出现的社会动因的重要历史背景。上海近代史是了解上海作为一座城市如何兴起的直接窗口，包括政治、经济、文化及思想等诸多方面，在对近代上海建筑展开研究之前，了解上海近代历史发展是必要的研究基础。

首先，关于上海近代史存有一批较为即时记录当时社会发展的珍贵史料著述。葛元煦所著《沪游杂记》可算作最早出现较为系统描写上海社会生态与百姓生活的一部著作，成书于光绪二年（1876），共三卷，这部书为后人了解当时上海市民生活场景提供了难得的史料。《上海县志》可视为记述明清时期上海最为详尽的资料，自明洪武三十年（1371）至1935年有二十卷之多。另外，《上海市通志馆期刊》（共四册）（1933）、《上海研究资料》（1936）以及《上海研究资料续集》（1939）等书，包罗上海地理气候、租界历史、市政管理、建筑建造等不同内容。

西方学者对近代上海最早的历史记述应属东印度公司职员林赛(H.H. Lindsay)所著《阿美士德号1832年上海之行纪》,G.兰宁和S.库龄所著《上海史》(G. Lanning & S. Couling, *The History of Shanghai*, 1921)[1]翔实地记录了19世纪上海租界发展史,参考资料大部分来自工部局档案和《北华捷报》。C.B.梅鹏和J.傅立德所著《上海法租界史》(C.B. Maybon, J. Fredet, *La Concession Francaise de Changhai*, 1934)[2],霍塞所著《出卖的上海滩》(Ernest O. Hauser, *Shanghai: City for Sale*, 1940),卜舫济著岑德彰译《上海租界略史》(F.L. Hawks Pott, *A Short History of Shanghai*, 1928)等史书其中都有许多重要史料与数据值得参考。美国学者罗兹·墨菲所写《上海：现代中国的钥匙》(Rhoads Murphey, *Shanghai, Key to Modern China*, 1953)[3]是一本研究上海城市发展较著名的通论性著作。书中对上海政治、人口、地理、租界建设、贸易港口及工业产业等方面作了仔细记述,让读者看到从1843年开埠到1949年解放百余年间的上海发展演变。其中对人口、地基、位置等的细致论述有助于本书探讨摩天楼出现之初的动因分析。

随着改革开放后上海经济发展,上海研究逐渐成为城市历史与文化研究的热点。以上海社科院的一批著名学者对近代上海历史发展与城市演进,特别是租界时期历史作出更为系统的通论性研究,张仲礼先生主编的《近代上海城市研究》(1990),唐振常先生与沈恒春先生著作《上海史》(1991),熊月之先生主编的15卷《上海通史》(1999),郑祖安先生著《百年上海城》(1999)等,都以近代上海为研究对象,详细研究了开埠后上海经济、政治、社会、文化等方面的巨大变化。在上海近代史的专门史研究中,"上海租界"是其中非常重要的一个方向,《上海公共租界史稿》(蒯世勋等著,1980)对公共租界的历史发展、市政制度作了较为详细地系统研究。2001年由上海社会科学院出版社出版的《上海租界志》,以上海市档案馆近6万卷租界档案为基础史料,较完整地把上海租界产生缘起、发展及回归的全过程作了详细的历史研究,详尽地阐述了公共租界与法租界的基本制度与市政管理制度。以此专门史内容为基础,可对公共租界、法租界及华界的市政制度进行研究比较,分析近代上海摩天楼建造基本集中在租界地区的因由,讨论在不同区域都市市政制度管理下摩天楼建造发展受到的影响,以及华人与西人之间

---

[1] 《上海史》是1921年上海市工部局出版(*The history of Shanghai*, G. Lanning, S. Couling: Published for the Shanghai Municipal Council by Kelly & Walsh, 1921)。
[2] 最新版为2007年上海社会科学院出版(2007年4月1日)由倪静兰翻译的《上海法租界史》。
[3] 1986年,《上海——现代中国的钥匙》作为上海史资料丛刊系列书籍之一由上海人民出版社出版,由上海科学院历史研究所翻译。

产生的多元文化交融与碰撞在摩天楼风格设计中的映射呈现。

法国历史学家白吉尔（Marie-Claire Bergère）教授的著作《上海史：走向现代之路》（2014）完整梳理了上海自近代开埠至2000年约一个半世纪的城市发展，着重强调"在城市演变过程中，导致这种持续性和统一性的重要因素"，通过对政治、经济、社会、文化等领域的历史分析，着重剖析了上海现代性形成的轨迹。白吉尔教授认为上海整个城市历史变革过程看似复杂，实则是"由一种定式操纵着，一种超越一切的寻觅，即追求现代性"，她认为现代性是指由现代化及其成果所唤起的相应的精神状况和思想面貌，而在这一个多世纪的发展中，先进的上海很早便从单纯的现代化"走向了现代性"。[1]这一观点对笔者讨论近代上海摩天楼建造现象背后更深刻的文化意义具有启示性。在上海近代摩天楼不断崇高建造的城市现象背后，这一新建筑类型所创造出的城市图景与价值想象是对现代性集体追求的重要结果。

另外，《霓虹灯外——20世纪初日常生活中的上海》（卢汉超，2004）与《上海摩登：一种新都市文化在中国1930—1945》（李欧梵，2008）也是笔者重点参考书目。在《霓虹灯外》一书中作者对知识分子、小市民、工人、人力车夫、乞丐、暴徒、妓女、卖艺者、小摊贩、冒险家、新移民等各种人物的日常生活进行勾勒写实，是认知20世纪初上海霓虹灯背后社会状况的生动补充。李欧梵认为"现代性的一部分问题显然与都市文化有关"，在《上海摩登：一种新都市文化在中国1930—1945》的第一部分即从上海都市的建筑物与空间场景切入描绘出当时上海都市各面，更是指出20世纪建造"高高的摩天大楼"给上海留下了"新的建筑印记"，并认为"那是纽约的风格"，而"上海可与之媲美"[2]。这也是在近代上海建筑的讨论中首次说明上海摩天楼风格即是纽约摩天楼风格的论述。

张仲礼先生、陈曾年先生著作《沙逊集团在旧中国》（1985）是上海近代史中以人物集团为主线的专门史研究，记录了沙逊集团作为旧中国英国资本中最重要的企业集团之一，从鸦片战争到解放战争的各个历史时期的活动经历，并在第三章对集团房地产经营进行了详细分析。书中详述了新沙逊洋行的崛起与发展过程，及20世纪30年代初其开发建造高层建筑中有关利润与建设资金等数据史料，为下文分析近代上海摩天楼主要代表沙逊大厦等建筑提供了可靠的业主史料与经济数据支撑。

---

[1] 白吉尔（Marie-Claire Bergère）.王菊，赵念国译.上海史：走向现代之路.上海：上海社会科学院出版社,2014,6-7.

[2] 李欧梵.毛尖译.上海摩登：一种新都市文化在中国1930—1945.上海：上海三联书店,2008,2,13.

2. 相关上海城市史研究

在城市史研究方向上房地产经营、土地价格研究、城市建设、市政基础、建筑营造等方面的历史研究著述是本书的参考重点。由中国人民政治协商会议上海市委员会文史资料工作委员会编著的《上海文史资料选辑》系列丛书中，第64辑《旧上海的房地产经营》(1990)收纳了28篇有关上海近代房地产课题的研究文章。其中除了对旧上海的房地产兴起、发展总体描述的文章外，还有不少非常好相关分论题的主旨文章。由郑龙清与薛永理合写文章《解放前上海的摩天大楼》算是较早对于上海近代摩天楼给予关注与论述的文本。另外如《南京路房地产历史》《上海早期的几个外国房地产商》《外国房地产商的经营手段》《哈同鲸吞大陆商场》等文章都从房地产商角度着重讨论如何最大化土地价值建造房屋，买卖经营谋取最大利润的方法途径，对讨论近代上海房地产业兴起，了解当时摩天楼开发建造背后的地产原则提供了史料依据。

《上海地产大全》(陈炎林，1933)与《上海市地价研究》(张辉，1935)都是在20世纪30年代出版的著作。《上海地产大全》中关于房地产相关知识的详尽介绍为我们描绘了20世纪30年代上海建筑业发展状况的难得图景。《上海市地价研究》提供了对全沪地价分布情况、地价的比较与分析，以及地价预测等史实资料，为本书探讨摩天楼的经济属性，分析地价变化与摩天楼建造之间相互关联提供了重要分析依据。

《沧桑：上海房地产150年》(蔡育天，2004)一书介绍了上海房地产业从1843年至2000年走过的150年路程，分三个阶段：上海开埠至上海解放(1843—1949)，上海解放至改革开放(1949—1979)，改革开放至今(1979—2000)。在近代部分有十分珍贵的历史照片及资料供本书参考。

同济大学张鹏老师在其博士论文基础上出版的《都市形态的历史根基：上海公共租界市政发展与都市变迁研究》(2008)以近代上海公共租界市政建设为研究对象，运用人类学及社会学的研究方法，着重对近代上海都市空间演进中市政控制和市政设施两个方面所起到作用进行深入研究。同济大学孙倩在其博士论文基础上修改出版的《上海近代城市公共管理制度与空间建设》(2009)对上海租界的城市建设管理制度与土地使用控制制度作了翔实研究，在此基础上对制度影响下公共空间塑造进行了系统分析，其中以建筑高度控制为例揭示了上海公共租界协议中的公共空间章程与街道空间设计控制与管理间的关联。

3. 相关上海近代建筑史研究

陈从周先生与章明先生主编的《上海近代建筑史稿》(1988)、王绍周先生所著《上海近代城市建筑》（1989）、郑时龄院士所著《上海近代建筑风格》（1995）、伍江老师所著《上海百年建筑史（1840—1949）》（1997）都是上海近代建筑史经典通史论著，在历史延轴上对上海近代城市与建筑发展轮廓作了完整讨论，同时也包含了对近代上海建筑风格演变发展的整体研究与建筑文化的讨论。《上海百年城建史话》（许福贵、许岚，2008）一书通过作者搜集的大量史料，经过多次归并形成七个篇章，对上海百年来城市建设发展过程中在历史、地域、商业、道路、桥梁、住宅、文化、摩天楼及城市改造等方面进行全面书写。其中第5章节"摩天大楼篇"，作者以精炼的篇幅对上海百年来高层建筑的变迁分5个时期（1912—2006年）进行了综述，也是本书研究的一个分段参考。《中国建筑现代转型》（李海清，2004）、《中国近代建筑史研究》（赖德霖，2007）也从研究视角与研究方法上为笔者带来启示。常青老师所著《摩登上海的象征：沙逊大厦建筑实录与研究》（2011）对沙逊大厦这幢近代上海外滩标志性建筑作了详细剖析，包括大厦的由来、技术与空间设计、设计者、建筑形式、室内空间特征、大厦形态等方面，为书中对沙逊大厦这一摩天楼研究提供了翔实的史料支撑。

同时，近年近代上海建筑史论方向的学位论文硕果累累，钱宗灏老师的博士学位论文《20世纪早期的装饰艺术派》（2005）对20世纪早期的装饰艺术风格进行了翔实的史料调研与分析，并对巴黎、纽约及上海的城市建筑进行了比较研究。许乙弘博士在其博士论文基础上出版的《ART DECO的源与流：中西"摩登建筑"的关系研究》（2006）主要探讨了"Art Deco"建筑风格的起源、流变及其遗产保护，上海"Art Deco"建筑风格的变异、复生及保护等内容。这两篇论文对笔者讨论上海近代摩天楼的主流风格提供了成果借鉴。唐方博士在其博士论文基础上出版的《都市建筑控制：近代上海公共租界建筑法规研究（1845—1943）》（2009）运用比较研究方法，对公共租界建筑法规发展历程，以及在其控制下对都市建筑空间形成与变迁的作用进行了深入探讨，文中独辟一章以"建筑高度"为案例针对性地分析论述了建筑法规对建筑高度的控制及其对城市空间产生的影响。

另外，除去在上海之外，摩天楼在近代中国的另一座开埠城市也有出现，即广州，在《现代性·地方性——岭南城市与建筑的近代转型》（彭长歆，2012）一书中对岭南现代建筑讨论中提到1937年建成15层高的广州爱群大酒店，也是"该时期岭南摩登商业建筑的最高成就"[1]，可作为延展研究摩天楼在近代中国建造发展的

---

[1] 彭长歆.现代性·地方性——岭南城市与建筑的近代转型.上海：同济大学出版社，2012，248.

分布状况的讨论参考。

0.2.2　相关摩天楼研究

1. 国内摩天楼的研究

国内有关摩天楼的专业著述不多,最早能查阅到的一本是1988年由天津大学出版社出版,名为《摩天楼:二十世纪城市的图腾》(方元,1988)的著作,但进入文章目录即都将"摩天楼"改为"高层建筑"。著作内容分两部分,第一部分为建筑单体综述,从20世纪的芝加哥与纽约,说到20世纪80年代的标志性摩天楼;第二部分为高层办公建筑实用空间设计,针对中国当时的高层建筑做设计分析。本书主要围绕高层建筑的单体功能设计展开,对摩天楼这一建筑类型的起源发展及内在文化意义未作探讨。2013年中国建筑工业出版社出版《中国摩天大楼建设与发展研究报告》,书中共分9章,分别从历史视角、经济视角、文化视角、城市视角、产业视角、工程视角、成本视角、未来视角、公众视角等九个视角分析摩天楼建设的各种问题及成因。视角宽广偏重于对当下的讨论,从历史视角只进行泛泛论述,也无对摩天楼这一基本类型的溯源。

总的来说,国内关于讨论摩天楼著述仍不多,大抵分两类,一类关注设计,一类关注结构。中国建筑工业出版社2006年出版的《摩天大楼结构与设计》(由[英]马修·韦尔斯(Matthew Wells)著,杨娜、易成、邢佶慧译,英文题为"*Skyscrapers Structure and Design*"),从建筑艺术和地域文化两个方面简要叙述了摩天楼的发展历史。作者通过若干历史工程典故说明了主要工程技术的发展进程以及基本设计种类的多样化,并以文字、效果图及构造详图等多种方式对当代世界上最新的29座摩天楼工程介绍分析。《纽约老房子的故事》(朱子仪,2007)一书,以300幅风格各异的历史图片、深入浅出的文字,为读者展现了高楼林立的纽约城,虽然题名中未出现摩天楼这一名词,但书中选取的112处老房子展现了在20世纪上半叶建造起来一栋栋恢宏的摩天楼,矗立于城市街道上,为这座城市留下了如何动人辉煌的大都会景观。

有关摩天楼研究的学术文献相对著述则多不少。在中国知网上,以"摩天大楼"与"摩天楼"进行题名检索,分别检索到418篇与182篇文献,最早一篇在1958年,是一篇题为《人民公社好比摩天楼》的歌谱。600篇文献中仅一篇学位论文,为哈尔滨工业大学张春亮同学的2013年申请硕士学位论文,题名《千米级摩天大楼空调动态负荷》;以"摩天大楼"与"摩天楼"进行关键词检索,分别检索到2 550条和562条结果,相关学位论文10篇,从研究成果上看也是以2005年为分界点,明显呈上升趋势。2005年之后每年具有"摩天大楼""摩天楼"关键词的文献篇数超过100篇,之后逐年增加,2012年达到顶峰340篇。从数字中可以很直观地看到研究学者对摩天楼的关注逐年上升,涉及的学科领域包括建筑科学与工程、工业经济、宏观经济管理与可持续发展、社会学及统计学、投资、政治学、社会学、金融等。作为人类城市化进程中出现的特殊建筑类型,引起各领域学者的广泛关注与讨论,相关建筑科学及工程方面的文献数量达到966篇（关键词:"摩天大楼"664篇+"摩天楼"302篇）,多以宏观介绍摩天楼或者设计方案结构设计为主,尚未有对近代上海摩天楼的出现与发展进行相关讨论的任何文章。

建筑学界权威期刊《时代建筑》曾经在2005年第四期出版过一期"新世纪摩天楼"（Skyscraper at the Drawing of the New Millennium）的专题研究,通过对西方摩天楼的建筑历史理论的引入,观察中国十年内摩天楼的建造发展,并试图冷静反思"摩天楼"和中国都市发展的关系。开篇文章《"现代"的幻像:中国摩天楼的另一种解读》(沈康,李华)对中外摩天楼的象征性、都市功能进行了比较研究,以西方建筑理论为基础分析中国案例,具有一定启示性。《20世纪的摩天楼》(朱金良)和《新世纪摩天楼的发展趋势》(彭赞)两篇编译文章则分别从摩天楼纵向的历史和横向的发展趋势角度,对摩天楼在西方世界的发展作了概括。傅刚先生的文章《欲望之塔——纽约百年摩天大楼》介绍了纽约摩天楼发展百年历程。

可以看到,"摩天楼"这一课题已经越来越受到各个学科领域的关注,尤其是近几年中国摩天楼兴建愈演愈热,但无论是从著书或者期刊文章发表中看,并无从摩天楼的考源及上海近代摩天楼研究方向的文章著作发表。

2. 美国有关摩天楼的研究

近现代西方摩天楼的相关研究文献与著作基本上集中在两个阶段,第一个阶段是在19世纪末至20世纪30年代,在当时的建筑专业期刊上刊登了建筑师、工程师及批评家对这一刚刚兴起建筑类型的讨论文章;另一阶段是经历了经济大萧条及第二次世界大战以后,到20世纪50年代,关于这一建筑类型的课题又逐渐回到学者们视野当中,开始有正式著述出版。这一系列宝贵资料为本书提供两个方面重要参考:首先为近代上海摩天楼溯源研究提供了史料基础,对摩天楼这一从西方移植的建筑类型进入上海后的嬗变提供了比较参照;其次,因为摩天楼最初为美国独有,其发展演变及所引发的讨论与思考,为本书研究讨论近代上海的摩天楼提供了不可或缺的研究基础与积极有益的研究视角,为论述深入提供了非常重要的参考与借鉴。

　　首先在文献搜集方面，罗杰·谢费尔德（Roger Shepherd）编著的《摩天楼——对一种美国风格的探寻（1891—1941）》（*Skyscraper, the search for an American Style (1891-1941)*）非常难得。他将《建筑实录》（*Architectural Record*）这本全球最具影响力的建筑杂志之一，自1891年创刊至1941年的第一个五十年当中对摩天楼最具批判性与代表性的建筑评论摘录出来，按历史年代顺序汇编成书。这本书不仅仅是一本有关摩天楼从起源到发展的历史评论著作，更是一本能让我们看到建筑批评与文化批评如何推动及影响美国摩天楼发展的珍惜之作，为本书对摩天楼这一建筑类型溯源及基于多研究视角的类型意义思考提供了可贵的参考。

　　1952年出版的卡尔·康迪特（Carl W. Condit）[1] 所著的《摩天楼的崛起》（*The Rise of the Skyscraper*）是一本通史性论著，属于较早出版的有关摩天楼在芝加哥发展的著作。书中对摩天楼在芝加哥的起源，"芝加哥学派"（Chicago school）[2] 的优秀摩天楼作品，以及当时主导芝加哥摩天楼发展的几位代表建筑师的思想发展以及设计理念做了详尽阐述，是了解摩天楼在芝加哥发展初期的必读作品。1981年出版的保罗·戈德伯格（Paul Goldberger）所著的《摩天楼》（*Skyscraper*）以新闻叙事性的方式描述了美国摩天楼发展的整个历史进程，所涉方面广泛，包括建筑师、建筑功能及风格讨论、技术革新、建筑规范、经济压力、公众舆论以及文化影响等方面。

　　在风格说的著述中，笔者认为塞尔温·罗宾森（Cervin Robinson）和罗斯玛丽·海格·布莱特（Rosemarie Haag Bletter）共同写作出版的《摩天楼的风格——装饰艺术风格在纽约》（*Skycraper Style: Art Deco New York*，1975），是对20世纪20—30年代纽约装饰艺术风格摩天楼最详尽完整的讨论。书中大量丰富的照片展示了当时纽约这些非凡的装饰艺术风格摩天楼细节。同时，作者的两篇补充论文向我们指出这一专属摩天楼的风格源于欧洲与美国建筑思想的结合，是一

---

[1] 卡尔·W.康迪特（Carl W. Condit, 1914-1997），美国建筑史及城市史学家、作家、教授，其有关美国建筑史的著作无数，尤其在芝加哥建筑史上研究颇具权威，曾在西北大学教课30余年，1945年为了研究芝加哥城市及技术发展，搬到芝加哥定居。

[2] 芝加哥学派的创始人是工程师詹尼（William Le Baron Jenney，1832-1907），1885年他完成的"家庭保险公司"（The Home Insurance Building）十层办公楼，标志着芝加哥学派的开端。芝加哥学派突出功能在建筑设计中的主要地位，明确提出形式服从功能的观点，力求摆脱折衷主义的羁绊，探讨新技术在高层建筑中的应用，强调建筑艺术应反映新技术的特点，主张简洁的立面以符合时代工业化的精神。芝加哥学派的鼎盛时期是1883年至1893年之间，它在建筑造型方面的重要贡献是创造了"芝加哥窗"，即整开间开大玻璃窗，以形成立面简洁的独特风格。在工程技术上的重要贡献是创造了高层金属框架结构和箱形基础。

批杰出建筑师们的创造性设计。1984年出版的阿达·路易斯·赫克斯塔布尔(Ada Louise Huxtable)[1]的《高层建筑艺术的再思考：探寻摩天楼风格》(*The Tall Building Artistically Reconsidered: the Search for a Skyscraper Style*)以批判的观点论述了摩天楼样式的发展，从19世纪末一直讨论至现代国际风格的摩天楼。

在专题性论著中，威利斯教授所著的《形式追随金融：纽约与芝加哥的摩天楼与天际线》(*Form Follows Finance: Skyscrapers and Skylines in New York and Chicago*. New York: Princeton Architectural Press, 1995)与其他关注历史风格形式的研究不同，作者深入挖掘地方特征，对摩天楼在芝加哥与纽约两座城市发展中的差异性进行了比较研究，从经济发展、区划制度、金融影响等方面对摩天楼的建筑特征、成因、体量等方面进行分析，同时结合城市土地地价、地产商投机性发展走势及办公空间出租率等方面，对摩天楼与都市发展的关系作更深刻的关联性挖掘。

同时，摩天楼作为工业化进程中的产物，它对都市文化建构有深远影响，从这一视角展开的著述在美国也是相当普遍：如在托马斯·莱文(Thomas A.P. van Leeuwen)所著的《冲向天际的思潮——五篇有关美国摩天楼形而上的文章》(*The Skyward Trend of Thought: Five Essays on the Metaphysics of the American Skyscraper*, 1986)一书中，他以一个荷兰人的视角来观察美国摩天楼，对都市文化与美国性格方面的影响；在文化历史学家威廉·泰勒(William R. Taylor)的《高谭市的追求：纽约的文化与商业》(*In Pursuit of Gotham: Culture and Commerce in New York*, 1992)一书中，作者从商业与文化的角度探讨摩天楼的出现以及他们构筑的天际线对一座现代都市的影响，作者将对纽约这座城市的现代性讨论置入了西方欧洲城市研究的传统语境下，从威尼斯到阿姆斯特丹，再到伦敦。这两位作者有一个共同点，即都非美国人，前者为荷兰人，后者长居伦敦，因此，我们可以了解常有"欧洲中心论"的欧洲人对于这样一种文化突变所投入的关注及不同的思考。

另外，还有一些相关拓展阅读也对我们认识摩天楼在美国城市的发展有很大帮助，如约瑟夫(Joseph P. Schwieterman)与达纳(Dana M. Caspall)合著的《地方政治：芝加哥的区划历史》(*The Politics of Place: A History of Zoning in Chicago*, 2006)，其实是一本专门论述芝加哥土地使用性质及区划制度的演进修正历程的

---

[1] 阿达·路易斯·赫克斯塔布尔(Ada Louise Huxtable, 1921—)，生于纽约，著名建筑评论家，1970年，她凭"1969年间的杰出评论"被授予了有史以来第一个普利策评论奖。原文选自 *The Tall Building Artistically Reconsidered: the Search for a Skyscraper Style*. New York: Pantheon Books, 1984，7。

专著,其中的一章"一座城市的摩天楼"(a City of Skyscraper)专门论述了摩天大楼与区划制之间的重要联系。另外,由保罗·戈德伯格1983年重新作序推荐出版的《纽约,奇迹之城》(*New York, The Wonder City*, W. Parker Chase),这本书第一次出版于1932年,是由当时纽约奇迹之城出版公司出版(the Wonder City Publishing Co.),这本书的作者身份未知,但是他以记录体方式再现了1932年的纽约历史,本书写于纽约经济衰退的低谷期,保罗认为本书的写作对当时已经处于经济萧条期的纽约有着激励与鼓舞的作用,书中的数据对于再现鼎盛时期的纽约社会、建筑、经济、人文等方面的立体景象有非常大的帮助。

笔者在纽约摩天楼博物馆访学期间,对展馆从1997年以来所做展览课题的丰富文献资料进行了学习,如名为"纽约摩登"(New York Modern)、"竖向城市"(Vertical Cities: Hong Kong | New York)、"中国预言:上海"(China Prophecy: Shanghai)的三个展览,它们是题为"未来之城:20|21"的联合展,第一个展览回顾性地从20世纪初美国的摩天楼开始,一直探寻至当下21世纪的中国城市,试图找出他们快速都市现代化与城市化的平行条件;第二个展览集中于香港和纽约之间的对照;第三个关于"中国预言"的展览是对21世纪上海摩天大楼发展的专题研究,这三个展览所形成的一个系列隐匿地暗示了当代上海与20世纪纽约摩天楼发展地某种相似特征。还有其他展览研究,如笔者参与到的"超级高",有关美国摩天大楼的各类专题展览"纽约下城区"(Downtown New York)、"华尔街的崛起"(The Rise of Wall Street)、"建造帝国大厦"(Building the Empire State)等都为笔者的研究提供了多维的研究视角及难得丰富的史料图片资源。

以上列举的研究著述,展现了在探讨近代摩天楼这一领域课题时可能产生的话题与动因,尤其是在摩天楼发源地美国的学术资源基础上,不仅为本人在研究过程中视角扩展起到了很大帮助,同时在做中西比较研究时,西方研究成果理论为笔者在对上海近代摩天楼发展阶段梳理、风格溯源及受建筑法规的影响等方面进行比较研究,奠定了扎实基础。

0.2.3　文献研究途径

作为历史研究,如何全面地、客观地对近代上海摩天楼发展做出梳理是一个严肃的学术问题,有足够充分的历史文献档案作为一手资料是研究是否能深入进行的必要前提,书中参考查阅史料包括以下几个来源:

1)建筑档案

建筑档案图纸是研究单体的根本,本书所涉及的近代上海建筑图纸主要来源于上海市城市建设档案馆。档案中一般包括工程的请照单、记录工程施工的进度表、建筑及结构设计图纸、工程师的结构计算书及工部局与建筑师之间的来往信函等。

2）历史档案

源于上海市档案馆，主要包括租界地籍图、地价资料及以文章主要关键词检索到的一手档案资料。

3）历史书籍、报纸、杂志等现存期刊及数据库

上海图书馆近代古籍阅览室及徐家汇藏书楼所藏大量的上海租界时期的报纸、杂志，包括专业类期刊《新建筑》、《建筑月刊》、《中国建筑》、《中国工程学会会刊》等，非专业类包括：《申报》、《良友》、《字林西报》、《北华捷报》（North China Heralad）[1]、《大陆报》（China Press）、《上海文汇报》（Shanghai Mercury）等，都为笔者提供了许多当时当地媒体对建筑报道的一手文字图片资料。数据库资源包括晚清和民国时期期刊全文数据库、中国近代报刊数据库、雕龙中国古籍数据库及爱如生古籍库等，其中大量珍贵的文献资料与期刊原文，尤其是北华捷报、字林西报、申报等近代珍贵报刊的全文数据，给笔者写作中文献研究提供了极大的帮助。

0.3　研究内容与方法

0.3.1　研究内容

本书的核心问题是剖析近代上海摩天楼从出现到发展的整个动态过程，其中又可将问题解析为以下几个分项进行讨论：

1. 摩天楼的建筑类型溯源

本书讨论近代上海的摩天楼，是一个历史概念中的摩天楼，在上海始于20世纪上半叶。那么这一源于美国的建筑名词，如何意译而来，进入上海？对近代上

---

[1] 1850年《北华捷报》创刊，1864年，原《北华捷报》的副刊更名为《字林西报》，《北华捷报》改为副刊继续发行，于1941年终刊，1951年《字林西报》终刊，共历时101年。《北华捷报/字林西报》是中国近代出版时间最长、发行量最大、最具影响力的英文报纸，被称为中国近代的"泰晤士报"。秉持"公正而非中立"的报训，《北华捷报/字林西报》掀开了中国近代报纸商业化的第一页，在中国近代报业发展过程中具有重要的里程碑作用。该报辟有各种专栏报道当时在上海、中国和世界发生的各种重大政治、经济和社会新闻，其独特的报道视角为全面完整的研究近代历史提供了非常珍贵的史料。

海摩天楼的研究起点在哪？它与高层建筑有何区别？这是笔者在开篇首先需要严谨回答的问题，也是本书立论的根本。

2. 近代上海城市化的背景条件

上海开埠后的城市化发展是推动摩天楼出现的核心动力，但在当时上海的城市化并非是一种完全均衡意义上的发展，"三界四方"的特殊行政管理环境导致上海城市化发展呈现多重结构的区域性特征，在不同行政管理体系下，各区域之间的社会经济发展呈现出巨大差异，也成为影响摩天楼区域分布状况不同的重要因素。因此，首先从经济、人口、社会发展等几个方面去考察摩天楼在上海出现的内在动因；其次，回归建筑学本体，对这一过程中房地产业兴起、建造技术的引入、营造技术的进步及建筑制度的制订与完善等外在助力作出分析，其中新材料新技术的引入、营造体系的快速成熟成为近代上海摩天楼顺利出现的关键因素。

3. 近代上海摩天楼建造发展过程

近代上海摩天楼从高层商业建筑发端，其繁盛发展与时局稳定、经济发展大有关系，笔者尝试在历史的时间轴线上作出更准确的段落划分，对摩天楼集中在租界区域内从萌芽、发展、繁盛至停滞的整体发展过程做出完整的梳理，并试图归纳出其选址、扩张、建造变化等方面的基本特征。

4. 有关摩天楼的建筑学研究

对近代上海摩天楼进行的建筑类型研究围绕建筑功能与空间组织、建筑形式与风格、建筑剖面设计与城市区划控制的关联等几方面着重展开，并试图寻找上海摩天楼向美国摩天楼建筑学习的痕迹，以及移植于上海后的形式发展。摩天楼建筑空间最初以集中大规模的办公空间需求为起点，是以资本为主导的商业社会发展下一种新的空间使用功能，因而必然产生新的设计要求。从单一的办公功能发展至具有复合型功能的商业空间，考察这一功能叠加发展的过程是研究摩天楼设计的基础；同时，从办公功能发展而来的商用摩天楼，由于其对采光的特殊需求，引发了建筑师在平面设计及立面开窗上的设计转变，笔者试图以美国学者研究中摩天楼相关的模数化设计数据为基础，来考察上海摩天楼平面设计的主要类型及特征变化。

在风格与形式讨论中，基于近代上海特殊的政治背景，这里需要考察的不仅是传统与现代的思考，更是在上海租界独有的历史背景与地域特征下，对西方外来文化与中国传统文化之间的竞争与融合，这一特殊社会状态的外化反映，在此笔者试图以案例来重点说明西方建筑思潮对于上海摩天楼风格的影响，以及留美归国的第一代中国建筑师们是如何将中国传统元素融合到摩天楼的现代风格当中。

关于高度控制与建筑法规：随着经济发展及技术条件的日趋成熟，上海租界里逐步完善制定的建筑法规也成为限制建筑往高处发展、影响摩天楼体量形态不容忽视的关键因素，通过案例说明摩天楼在市政控制之下是如何进行高度突破，以及其中暗含的摩天楼建筑师、业主及城市空间的管理者之间的博弈关系，同时与1916年纽约颁布第一部区划制法案后对其摩天楼体量风格产生的决定性影响作比较研究。

5. "走向现代性"——摩天楼建筑在城市纬度的进一步研究

更深层次地考察摩天楼建筑与城市空间及都市文化建构之间的关联，其实也是更深刻地挖掘近代上海摩天楼在几十年间保持对建造高度"摩天"追求的根本动力。这种动力与白吉尔教授在《上海史：走向现代之路》一书中论述到的"一种定式""一种超越一切的寻觅""操纵着上海整个城市历史变革过程非常相似"。先进的上海很早便从单纯的现代化"走向了现代性"，这座城市"对现代性的追求"[1]成为促使上海近代摩天楼不断崇高建造的城市现象背后的更深刻因由。摩天楼建筑所创造出的城市图景与价值想象是对现代性集体追求的重要结果，是在这一追求现代性过程中，由此所唤起的相应的精神状况和思想面貌的投射。本书主要从两个方面探讨：一是以公共租界中区为地域样本，剖析摩天楼作为一种空间商品，其发展对都市（土地）资本市场的刺激作用；二是摩天楼内部空间营造与外部场所塑造所建构的都市生活对都市人的精神影响。前者以上海公共租界的摩天楼空间分布与都市地价的内在关联性作为其经济属性研究切入点，以历史地理学中近代上海公共租界地价发展研究成果为基础，试图通过对上海租界摩天楼在城市空间分布及地价样本的研究，分析其对区域土地价值的内在推动产生的积极作用，后者从都市文化意义角度观察，试图阐述作为现代化进程中的产物，摩天楼新颖的外观风格表皮、摩登的内部使用空间、建造建成的深层逻辑及对城市天际线的重构等方面，不仅成为都市文化建构当中的重要组成部分，更成为诠释这座城市对现代性不懈追求的物质空间表达。

笔者希望本书能成为一个引子，从摩天楼这一建筑类型研究的本体出发，分析摩天楼所折射和承载的都市功能与文化，借鉴西方研究经验，探寻这一产生于

---

[1] 白吉尔（Marie-Claire Bergère）．王菊，赵念国，译．上海史：走向现代之路．上海：上海社会科学院出版社，2014，6-7．

变革时代的建筑类型背后隐藏着得更深刻的社会意义。笔者驽钝，但相信历史是最好的老师。

0.3.2 研究方法

1. 史料搜集

广泛阅读相关上海近代史、城市史、建筑史及摩天楼的原文著作与文献，并对与论文讨论时间跨度相接近的专著进行精读，同时，从不同角度进行文本选择，包括对建筑分析、摩天大楼的经济性、风格说、都市文化分析等方面，这些将成为书中对近代上海摩天大楼进行分析的主要史论依据。

2. 文献图纸档案查询

在考察上海近代摩天大楼发展演变的研究过程中，文献资料成为论文首要的资料来源。通过对文献及档案资料的搜集，获得研究对象相关的一手信息。这是尽可能了解研究对象背景与概貌的必要手段，同时建筑单体一手图纸资料取得提高对研究对象分析的准确性与可靠性。

3. 实地调研

主要针对摩天大楼的单体研究，结合建筑图纸，对建筑进行实地调研，可以获得直接的、生动的、具体的认知，这也是获取一手资料的重要手段。笔者通过对上海、纽约、芝加哥三座城市的实地调研与建筑观察，获取的直观感受与大量图片信息，是本书重要的研究依据。

4. 归类分析

在对近代上海摩天大楼发展进行梳理的过程中，需对单体进行有效的归类以便分析，本书结合了时间线索、单体功能风格、分布区域等方面同时进行限定。

5. 比较研究

摩天楼发源于19世纪末的美国芝加哥市，鼎盛于20世纪20至30年代的纽约，而这一建筑类型在上海租界发展的繁盛时期也集中在20世纪20至30年代，因上海租界特殊的行政属性，使这里成为中西文明交流融合之地，不论是市政法规、建筑制度的制定，还是建筑方案的设计，都大量借鉴了外侨来源地欧美国家的经验先例。因此，讨论这一移植而来的建筑类型，可与当时美国摩天大楼发展的相关内容进行横向比较，有利于我们站在世界角度更清晰地了解这一建筑类型在上海的发展演变有何相似性，又有何特殊性。比较研究有助于我们更深刻地了解近代上海的摩天大楼发展在世界历史发展长河中所处的位置。

0.4 全书结构

本书根据上述观点展开讨论架构，主体分为四部分。

第一部分主要讨论的是摩天楼的历史溯源及在上海近代发端的社会动力。第1章首要解决摩天楼定义的根本问题；第2章主要讨论的是近代上海摩天楼出现的根本动力，从开埠后大上海的社会背景入手，分析都市化进程为摩天楼出现所作的必要铺垫，包括经济、政治、社会、人口、市政制度及技术发展等方面。

第二部分讨论时间轴上的上海近代摩天楼从萌芽、发展、繁盛至停滞的整个过程，为本书的主要部分。第3章，讨论从1893年至1927年，从大众对"摩天"建造的意识萌芽开始，分阶段的寻找其中发展变化及主要阶段的转变特征。第4章为近代上海摩天楼发展的鼎盛阶段，从1927年民国政府成立后，1928年至1939年法租界最后一幢摩天楼建成。公共租界内摩天楼发展经过了较为完整发展时期，并且从单一的办公商用摩天楼，发展出来综合性商业摩天楼的类型，而法租界内也开始有建成摩天楼出现，其中以居住功能为主体的高层建筑占多数。本章对这一阶段的摩天楼建造发展按选址位置进行归纳讨论。

第三部分为本书升华章节，从空间维度对摩天楼建筑特征与意义进行讨论。第5章，从功能平面、立面、剖面的三个维度对近代上海摩天楼进行专题性的案例分析，并且与近代美国摩天楼进行比较性的研究探讨。第6章，笔者试图通过跨学科视角，从经济属性与文化意义两个方面对"摩天楼"这一新建筑类型，其所创造出的城市图景与价值想象是近代上海"追求现代性"过程中的重要结果这一观点做出回答。

第7章为本书结语，对本书研究的主要观点进行概括提炼，指出创新点，同时也对本书的不足进行总结。摩天楼随着现代化的进程还在继续变化与创新，笔者对当下及未来提出自己的建议，希望通过本书西方摩天楼研究的观点与理论的引入，能对当下中国的摩天楼研究起到借鉴作用。

上　篇

历史的线索
——近代上海摩天楼出现的背景

摩天楼是20世纪的代名词，……是我们时代的标记。[1]

——阿达·路易斯·赫克斯塔布尔

---

[1] Ada Louis Huxtable. *The Tall Building Artistically Reconsidered: The Search For a Skyscraper Style.* New York: Pantheon Books, 1984, 7.

第 1 章
摩天楼研究的对象溯源及定义

据《圣经·旧约·创世纪》第11章1—9节记载,当时的人类联合起来试图兴建一座通往天堂的高塔,由于大家语言相通,同心协力,建成的高塔直入云霄。上帝得知后大为震怒,认为这是人类虚荣心的象征,为了阻止人类的计划,上帝让人类说起了不同的语言,使人类相互之间无法沟通,最终大家四散而去,计划以失败而告终。[1]

在这个古老的圣经故事里出现的通天高塔名为巴别塔(Babel)[2],又名通天塔(图1-0-1),故事试图为世上出现不同语言和种族提供解释,不仅如此,世人描绘出恢弘的巴别塔景象揭示了人类对高高在上的云霄的向往之情与探索欲望,在这一通往天堂的天梯上,战胜未知与挑战权威的人性展现可能是高塔建造故事背后另一层隐藏的深意。也许人类建造巴别塔的故事只是一个传说,而那些自古以来即高耸于世的建筑物大多与宗教祭祀意义相关。它们历经岁月时光之打磨,如今仍在接受着人们的瞻仰与

图1-0-1　1563,老彼得·布吕赫尔笔下的巴别塔

---

[1] 该段圣经原文取自钦定版圣经(King James Version of the Bible, KJV),是《圣经》的诸多英文版本之一,于1611年出版。钦定版圣经是在英王詹姆斯一世的命令下翻译的,所以有些中文称之为英王钦定版、詹姆士译本或英王詹姆士王译本等。http://www.biblegateway.com/passage/?search=GEN%2011:1-9&version=KJV。

[2] 巴别塔(希伯来语: Migdal Bavel; 也译作巴贝尔塔、巴比伦塔),巴别在希伯来语中有"变乱"之意。图1-0-1《通天塔》为文艺复兴时期布拉班特公国画家(曾在15—17世纪建国,领土跨越今荷兰西南部、比利时中北部、法国北部一小块)老彼得·布吕赫尔于1563年根据《圣经》中巴别塔的故事创作,现作品藏于维也纳艺术史博物馆。

惊叹，从东方的塔刹楼阁到西方的教堂钟塔，无不反映了人类对位于"高"处的圣灵敬仰，以及追求通天之路的精神寄托。

　　然而，19世纪末出现的摩天楼建筑与它们有何不同？它是什么？从何而来？笔者认为在讨论近代上海摩天楼的开端与发展之前，站在全球视野下，认知这一特殊的建筑类型在人类社会发展进程中出现的背景及起源开端是必要的基础研究。

1.1　摩天楼在美国的发展起源

　　摩天楼建筑起源于美国，促使其出现有三点因素，第一为技术上可能性，第二为经济上的可行性，第三则是都市化进程中应社会需求出现的必然性，摩天楼可以说是在变革的世纪之交，经济发展、科技进步、商业需求及人类意志等方面完美结合的社会性产物。

1.1.1　以"高层办公建筑"（tall office building）为雏形的发端

　　如果说"摩天楼的发源地在芝加哥"，那么纽约就是"摩天楼的实验场"[1]，19世纪末摩天楼的建造技术在芝加哥逐渐发展成熟，到20世纪初期，这一崭新的建筑类型已华丽登上纽约城市建设的大舞台，短短半个世纪，摩天楼成为美国本土深以为傲的建筑类型，同时，在对这一形式的不断探索过程中，美国人试图更深刻地思考一种能够代表自身时代精神的"美国风格"，美国人相信"美国对于建筑界最伟大的贡献就是摩天楼"[2]。

　　1865年南北战争胜利后美国的工业革命加速发展，每一种传统的模式都在悄然发生转变，工业制造业逐渐占据主导位置，铁路和桥梁的修筑为交通运输带来了极大的便利性，大量劳动力迅速从农村向城市转移，尤其在东北部州府，生产制造业积聚发展，城市人口膨胀，刺激了大量工厂及高层商住写字楼的建造需要；与

[1] Paul Goldberger. *The Skyscraper*. New York: Knopf, 1981, 88.

[2] "It has been stated many times and we believe it to be true, that the greatest contribution of America to architecture is the skyscraper." — Submitted by the Committee, November 24, 1931.引自 Harry W. Desmond. WAS THE HOME INSURANCE BUILDING IN CHICAGO THE FIRST SKYSCRAPER OF SKELETON CONSTRUCTION? *The Architectural Record*, Vol 76, No 2. August 1934, pp.113–118, 转自 Edited By Roger Shepherd. *Skyscraper, the search for an American Style (1891–1941)* 2003, New York: McGraw-Hill, 7.

此同时,工业化为建造者带来了具有革命意义的材料与设备。这一切兴盛之势,必然成为新的建筑类型产生的催化剂[1]。1871年10月8日美国芝加哥发生大火,为了节约城市中心用地,同时也为满足日益增加的商业空间需求,灾后重建中"高层办公建筑"作为一种全新的建造策略应运而生。

这场大火足足烧了两天两夜,估计价值1.9亿美元的资产葬于火海,10余万人无家可归,市区烧得仅剩下鲜见的残破砖墙,事实证明超过3 000华氏度的火温下,暴露的"防火材料"铸铁完全融化,其燃烧释放的热量远远超过其他物体的燃烧。这是可怕的一课,但转而也成为一件可能有益的事情。《工业化的芝加哥》(Industrial Chicago)[2]的作者认为:"总的来说,这场大火对这座田园城市(Garden City)而言是幸运的,艺术家和建筑师是这场大火的直接受益者,因为这些火焰更多卷走的是无数关于那些古老建筑如何精美无比的骇人传闻,而实际上,它只是毁掉了为数不多的几幢老芝加哥可以引以为荣的建筑而已。"[3](图1-1-1)

芝加哥重建很快开始,据统计,从1872—1879年间,官方批准了1万余栋房屋的建造许可证,此后20余年,城市在建造新房屋上的投入了近3.2亿美元[4],废墟之中的大规模重建给建筑师们带来了历史上难得一见的巨大机遇,在这个急速前进的工业化革命大时代,一种全新的建筑形式及与其相统一的建造技术正在酝酿。

图1-1-1　1871年芝加哥大火

[1] Edited By Roger Shepherd. *Skyscraper, the search for an American Style (1891-1941)*, 2003, New York: McGraw-Hill, 8.

[2] 《工业化的芝加哥》(Industrial Chicago)一书,作者姓氏不明,共6卷(1891—1896年,芝加哥版),顾斯匹出版公司(Goodspeed Publishing Company),前2卷为对建筑方面的论述。这两卷在美国各图书馆中均难找到,乃相当于有关芝加哥派的瓦萨里(Vasari)的著作书。该引文摘自S.基提恩著.王锦堂.孙全文译.《空间,时间,建筑》.(原著由哈佛大学出版)台北:台隆书店,1981,425。

[3] *Industrial Chicago*, I, 115. (See Bibliography, pp.249-250, for full entries.) 转引自 Carl W. Condit. *The Rise of the Skyscraper*. The University of Chicago Press, 1952, 14。

[4] Carl W. Condit. *The Rise of the Skyscraper*. The University of Chicago Press, 1952, 13.

由于工业发展与人口数量的急增推动了社会对商用建筑需求的增加，从而拉动了土地价格上涨，地价的上涨使得投机商和土地拥有者试图在有限的土地上获取更大的建筑面积，通过以每平方英尺为单位的高昂租金赚取暴利，这一从工业资本主义发展为起点到以获取资本利润最大化为终端的效应使得商用建筑往高处突破的发展方向势在必行。另一方面，从建筑材料与工程技术发展来看，1854年艾利萨格·雷夫斯·奥提斯（Elisha Graves Otis）发明制造的电梯成功地解决了建筑的垂直运输问题，而传统砌体结构的特性限制了建筑的高度，墙体的厚度随着建筑高度的增加将吞噬更大建筑楼板面积，这就使得芝加哥的建筑师们必须想出新的策略来维护地产商的利益，在当时已被广泛运用于铁路桥梁建设的型钢材料成为建筑师们脑中实现承重荷载的钢框架结构的想象基础。

办公建筑是这个时代的产物，最初的建造只是单纯为商业发展提供所需空间，而且可能同时兼顾大体量的工厂生产仓储等用途。商业公司在这里管理物资货物并控制资本的往来，这一场所仅作为公司商业发展的一个实体形式存在（图1-1-2）。不久之后，由于银行、报业、保险代理等行业的办公需求增加，一项项新的业务产生了，开发商们开始购地建屋，再将其租给这些有需要的公司使用，受到影响许多制造业企业也纷纷效仿，将他们的办公空间从工厂中分离开来搬进了独立的办公楼里，任何一家公司都可以在这个空间租上一间办公室，缩短的办公距离使得他们之间的业务沟通也便利起来。

图1-1-2　芝加哥早期出现以木与砖石砌筑而成的低矮的商用建筑

正如威利斯教授所指出的，地产规则对摩天楼设计影响深远[1]。芝加哥的建筑师们很快就发现，开发商最直接的目的是在有限的购得土地上获取更多的楼板面积，通过建得越来越高的房子赚取更多租金，获得最大的投资回报率。因此，业主更注重的是室内平面标准化设计，以及满足租户对室内空间的光照要求，这几乎成为当时设计的指导依据。

[1] Carol Willis. *Form Follows Finance*. New York: Princeton Architectural Press, 1995, 49-64.

在芝加哥办公楼建造初期，办公空间更近似于一种售卖商品，在几乎大小相仿的地块上盖起楼房，唯一不同的是开发商愿意投入多少钱在室内设施上[1]。

办公建筑成为19世纪80年代芝加哥最具投资价值的牟利"商品"，这也就不难理解，在摩天楼最初出现的时候，芝加哥人为何仅称其为"商用体块"（business block）了。对于19世纪80、90年代的芝加哥街头突然兴建的大批建筑（图1-1-3），基提恩在书中写到："每个建筑都有自己的外观与名字，然而，整体看起来，却一点也不觉得混乱无序……80年代的芝加哥卢普区（Chicago Loop）[2]……完美体现了美国对所面临问题的大胆而直接的回应。" [3] 在这个前所未有的时代，建筑师已然与

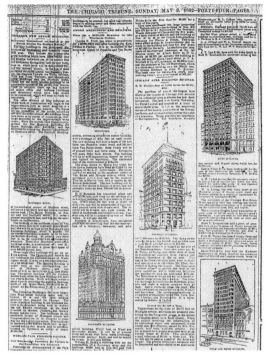

图1-1-3 "芝加哥新办公建筑：结构动工，或者本月建成开幕项目"，摘自1892年5月8日《芝加哥论坛报》。文章列举了1891年至1892年芝加哥建造的高层办公建筑，如北方旅馆（Northern Hotel）、联合大楼（Unity Building）等

业主、地方政府及使用者间产生微妙关联，商用建筑（the commercial building）这个名词在建筑发展的历史长河中第一次出现，对建筑师们而言，他们正从自由追求艺术与探寻风格的缔造者，向一名具有社会责任感与时代使命感的理性建筑师进行职业化转变，在这一阶段，他们脑中有关艺术与风格的自由意志将暂时让步于现实的社会性问题，建筑师们将第一次与工程师联手，通过新的建筑设备与创新的结构设计满足在商用办公建筑设计过程中业主所提出的一切

[1] Homer Hoyt describes the rise of this type of building in Chicago in *One Hundred Years of Land Values in Chicago*, 128,转自 Joanna Merwood-Salisbury. *Chicago 1890: the Skyscraper and the Modern City*, the University of Chicago Press. 2009, 18。

[2] 芝加哥卢普区（the Loop）为芝加哥市中心的商业中心及客运交通枢纽，有研究认为"卢普区"得名于1882年芝加哥缆车的环形路线，另有研究称"卢普区"一词直到1897年联盟架设高架铁路"L"线后，才成为专有名词。

[3] Sigfried Giedion, *Space, Time and Architecture*, pp.291-292,转译自 Carl W. Condit. *The Rise of the Skyscraper*. The University of Chicago Press, 1952, 18。

功利性要求。建筑师的职业化转变成为摩天楼这一新型建筑类型成为可能的关键。

这些商用建筑具备了一种新风格——"商业风格"（commercial style），《工业化的芝加哥》一书作者就其特征给出了更加明确的解释："商业需求以及房地产业主的经营原则将这一风格带入了人们的生活。这些要求与原则使得房屋的光照、空间、空气及强度问题成为设计的第一要义，而其装饰性的外观只能屈居二位。"[1]换言之，在现代化进程的这一特定阶段，这类商业建筑的形式退居于功能后，对建筑形式风格思考退居二位，空间使用的舒适性与功能实用性成为设计的重点，在商业属性的驱动下摒弃装饰推崇功能的建造现状将现代化进程中科学与艺术之间产生的裂痕暴露出来。

根据业主对单位面积租金最大化的明确目的，建筑师们首先要解决的是建造高度，和因墙体过厚而导致的楼板面积减少及室内采光不足的问题，创新的建筑结构：金属骨架结构（Iron skeleton）与筏型基础（raft system）[2]——成为建筑师们的突破口，他们的发明者来自鼎盛于1883年至1893年的"芝加哥学派"。1896年，路易斯·H.沙利文（Louis Henri Sullivan）[3]开始称呼它为"高层办公建筑"[4]，不仅如此，作为芝加哥学派代表人物，他开始称颂这一类型的美学形式，建筑所呈现出的高耸线条成为沙利文关注的重点，也暗示了他对高层建筑立面形式的探索。

致力于创新发展这一现代类型大楼的"芝加哥学派"在建筑史上具有非常重要意义：在19世纪整个前段时期，建筑建造中结构与建筑之间以及工程师与建筑师之间的分立现象开始显现，到19世纪末以"芝加哥学派"的作品为代表，使得19世纪建筑建造中结构与建筑之间以及工程师与建筑师之间的分立首次获得合作，芝加哥建筑师与工程师们"以惊人的胆识创造出纯粹的形式——能结合结构与建筑而成为同一步调的形式"[5]。

---

[1] *Industry Chicago*. I, 168. Carl W. Condit. *The Rise of the Skyscraper*. The University of Chicago Press, 1952, 19.

[2] 关于结构创新的问题将在第2章第4节关于"新材料与新技术的引入与发展"当中详述。

[3] 路易斯·H.沙利文（Louis Henri Sullivan, 1856-1924），美国建筑师，有人称其为"摩天大楼之父"（Mervyn D. Kaufman, *Father of Skyscrapers: A Biography of Louis Sullivan. Bostion: Little, Bronw and Company*, 1969）。

[4] Joanna Merwood-Salibury. *Chicago 1890: the Skyscraper and the Modern City*. London: the University of Chicago Press, 2009, 12.

[5] S.基提恩著. 王锦堂.孙全文译.《空间，时间，建筑》.（原著由哈佛大学出版）台湾：台隆书店，1981，438。

1.1.2　摩天楼的发源地及第一幢被公认的"摩天楼"

关于摩天楼发源地,美国中部的芝加哥与东部的纽约通常是主要被讨论的对象,即使大部分美国城市中心区的天际线都有摩天楼的参与,但是截至20世纪60年代,仅有3座城市有2幢以上摩天大楼高于25层:底特律(Detroit)有8幢,费城(Philadelphia)有6幢,匹兹堡(Pittsburgh)有5幢,可以说在20世纪上半叶,纽约与芝加哥是美国仅有的两座摩天楼大都会(Skyscraper metropolises)[1]。

认为芝加哥应作为摩天楼发源地的支持派强调技术革新——创新地结合电梯与金属骨架设计出来的多层办公大楼,而支持纽约的学者们更强调建筑的高度,将相对于周围建筑物的突出高度作为重要参考标准。在《摩天楼》一书中,保罗·戈德伯格认为芝加哥的"商业风格"有着"严谨的理论"(rigorous theory),对"结构诚实表达"(structural honesty),与芝加哥人"鼓舞人心的"作为相比较,纽约却"向欧洲看齐",一味追求历史的折中主义(historical eclecticism),以"追求视觉的欢愉"(pure visual pleasure)为目标。[2]具有类似观点的还有利兰·罗斯(Leland Roth),他认为"当芝加哥建筑师专注于对结构的诚实表达的同时,纽约的高楼则更强调对外在高度的追求,以及以历史模式来适应当下。"[3]而从建筑高度来讲,从1890年至1973年间,纽约曼哈顿一直拥有这个世界的最高楼,从1890年落成357英尺的纽约世界大厦(New York World Building,约108.8米,1955年毁),超过180英尺高芝加哥保险公司近一倍高度,1913年建成的伍尔沃斯大楼高792英尺(Woolworth Building,约241.4米),1930年克莱斯勒大厦高1 046英尺(Chrysler Building,318.8米),再到1931年建成的纽约帝国大厦(Empire State Building)以1 250英尺(约381米)高度占据全世界第一摩天楼位置41年[4](图1-1-4)。不过,大部分学者仍对强调技术革新的芝加哥市作为摩天楼发源地持肯定态度。

[1] Urban Land Institute, Tall Office Buildings in the United States (Washington, DC: Urban Land Institute, 1984), 9; Carol Willis, *Form Follows Finance: Skyscrapers and Skylines in New York and Chicago*. New York: Princeton Architectural Press, 1995, 9.

[2] Paul Goldberger. *The Skyscraper*. New York: Alered A. Knopf, 1981, 24-26.

[3] Leland Roth, *A Concise History of American Architecture* (New York: Harper and Row, 1980), 187; Carol Willis, *Form Follows Finance: Skyscrapers and Skylines in New York and Chicago*. New York: Princeton Architectural Press, 1995, 9.

[4] 这个纪录在1972年被西萨·佩里设计的纽约世贸双塔(World Trade Center)超越,高度为1 368英尺,约417米。

图1-1-4 从左至右：纽约世界大厦，伍尔沃斯大楼，克莱斯勒大厦，纽约帝国大厦

另外，参与争取摩天楼发源地这一荣誉的还有第三座城市——美国明尼阿波利斯（Minneapolis）。由于明尼阿波利斯的建筑师布芬顿（Leroy S. Buffington）声称自己曾于1880年受到当时勒·杜克（Viollet-le-Duc）所著《建筑学的讲义》（*Lectures of Architecture*）一书启示创造了摩天楼这一建筑类型结构。引发其思考的是该书第二卷第一、二页中所述的"一个脚踏实地的建筑师，对一座宏伟建筑物的建造自然而然会想到使用铁构架……以石围墙保护此构架"，据布芬顿自称，曾有人建议他使用"铁构架……围以石墙"，但他阅遍资料都没有找到过相关记载，因此，他既有理由以骨架建筑作为构想，发展出一项新的发明。事实上，布芬顿在1888年5月22日曾获得一项发明专利，名称为"铁建筑构造"，但是这一结构是配合外包钢板的支柱进行使用，由铆钉对钢板边对边的铆合而成，自下而上形成实心钢柱，但由于过于浪费一直无人使用，芝加哥保险公司的建筑师也曾经评论到在骨架构造方面，这种支柱毫无价值可言[1]。

事实上，如果可以认定世界上第一栋摩天楼所在，那么有关这一类型的发源地问题便迎刃而解。以上三座城市中，芝加哥市认真展开过鉴定"世界第一栋摩天楼"的具体工作。1931年，由詹尼（William Le Baron Jenney）[2]设计的芝加哥家庭保险公司大楼结束了它47年的使命，它将被推倒建造菲尔德大楼（Field Building）[3]，在将其夷为平地之时，由马歇尔·菲尔德地产公司（Marshall Field Estate）任命的一个由建筑师、历史学家及其他重要人士组成的特别委员

---

[1] 欧普生（E.M. Upjohn）. 布芬顿与摩天楼（Buffinton and the Skyscraper），《艺术公报》（*Art Bulletin*）第 XⅦ期（1935年3月），48-70；转载肯尼斯·弗兰普顿（Kenneth Frampton）著. 张钦楠等译. 现代建筑：一部批判的历史. 北京：三联书店，2004，261—262。

[2] 詹尼（William Le Baron Jenney, 1832-1907），工程师出身，芝加哥学派（建筑）的创始人，1879年他设计建造了第一拉埃特大厦。1885年他完成的位于芝加哥的"家庭保险公司"十层办公楼，是第一座钢铁框架结构的高层建筑。

[3] 菲尔德大楼是芝加哥市20世纪初城市大量建造摩天大楼的最后一个作品，其后再无一幢高层办公建筑出现，直到1952年保诚大楼（Prudential Building, 1952—1955）动工。

会[1]同时成立,他们将决定是否将"世界第一栋摩天楼"这一殊荣授予芝加哥家庭保险公司大楼,考察重点是"谁是毫无疑义的第一幢框架结构建筑"。(图1-1-5)同时申请"角逐"这一殊荣的还有塔克马大厦(Tacoma Building, 1889—1929),因为有主张认为塔克马大楼才是第一幢真正意义上的框架结构摩天楼(skeleton skyscraper),或者说是第一幢金属框架结构得到足够应用的摩天楼。

塔克马大楼比家庭保险公司大楼晚三年开工,与后者比起来,塔克马大楼在结构方面的确做了更好的改进。首先,乔治·富勒(George A. Fuller, 1851—1900)[2]在这栋建筑中成功解决了高层建筑"承重能力"的问题(the problem of the "load bearing capatities")。1899年建成的塔克马大楼采用了贝塞麦钢梁(Bessemer steel beams)[3],富勒创造的这个钢筋柱网完全支撑了整座建筑的重量,建筑外墙不承受任何重量。同时,这座建筑第一次成功采用了铆钉(rivets)将铁与钢的框架结构整

图1-1-5　上:特别委员会在芝加哥家庭保险公司大楼拆建现场进行调研;下:剥离砖石外墙后暴露的铁柱证实建筑完全由铁柱承重的事实

[1] 这一委员会由10位专家组成,分别是担任主席的建筑师托马斯·E.塔尔梅齐(Thomas E. Tallmadge)担任,建筑师欧内斯特·R.格雷厄姆(Ernest R. Graham),阿尔弗雷德·肖(Alfred Shaw),厄尔·H.里德(Earl H. Reed),安德鲁·瑞波里(Andrew Rebori),本杰明·H.马歇尔(Benjamin H. Marshall),理查德·R.施密特(Richard R. Schmidt),芝加哥历史协会主席查尔斯·B.派克(Charles B. Pike),芝加哥地产委员会主席马克·莱维(Mark Levy),罗森瓦德博物馆(Rosenwald Museum)馆长克罗伊塞尔(O.T. Kreusser)组成。
[2] 乔治·富勒(George A. Fuller, 1851—1900),美国建筑师,常被冠以现代摩天大楼"发明者"的荣誉,现代承包制的开创者。其设计的塔克马大楼为芝加哥学派的早期代表作品。
[3] 贝塞麦转炉炼钢法是英国的威廉·凯利在19世纪40年代末首次发现的,首先公布转炉炼钢法是英国发明家贝塞麦,因此称为贝塞麦转炉炼钢法。这一炼钢法是通过炉底风嘴鼓入空气,将炉内铁水直接炼成钢的一种转炉炼钢法,依靠鼓风中的氧,使生铁的杂志(主要为硅、锰)和少量铁氧化,并靠氧化放出的热量使钢水温度升高到出钢的要求。这一炼钢法的诞生标志着早期工业革命由"铁时代"向"钢时代"的演变。因使用原料来源受到限制,现已被淘汰。

体固定在了一起,毫无疑问地在摩天楼设计的科学性方面有了巨大的进步。但是,塔克马大楼仍然采用了生铁,除了主梁与横梁采用熟铁外其余都是由铸铁建造;同时,虽然面对拉萨尔大街(LaSalle Street)和麦迪逊大街(Madison Street)两主街建筑立面都为悬挂外墙结构,但其内部仍然采用了承重墙,委员会认为此内部砌体墙横切面仍承担了较大比例的楼面荷载,在结构发展上是倒退的一步;相较之,家庭保险公司大楼内部的砖石墙体则完全不承重。[1]在报告中,委员会还提到了明尼阿波利斯的建筑师布芬顿,文中称这位号称"摩天楼之父"的发明家(the inventor and the father of the skyscraper)将不予考虑,原因是他的发明专利未在任何一栋建筑当中运用过。

根据深入调查,报告最终将"摩天楼之父"的称号(the title of "Father of the Skyscraper")授予了这栋具有47年历史的保险公司大楼,报告认为其"毫无疑问的是第一栋真正意义上的框架结构建筑","摩天楼意味着这一建筑应该超越了砌体结构可建造的实际极限高度,它的结构本质在于采用了金属骨架(metal skeleton),而高速升降机的发明使其成为可能……紧接着在家庭保险公司大楼之后,许许多多摩天楼相继竖立,而它们大有可能是依照这一栋高楼的特质建造而成……家庭保险大楼作为第一幢摩天楼,它在建筑史上的重要性是巨大的。"[2](图1-1-6)

图1-1-6 芝加哥家庭保险公司大楼

另外,当代学者对这一命题也有其他的讨论与观点。具代表性的雷姆·库哈斯(Rem Koolhaas)在其《癫狂的纽约》(Delirious New York)一书中,认为伍

---

[1] 在1885年至1887年的芝加哥建筑法规中强制要求使用实心砌体隔断墙(solid masonry party walls),也就说明在家庭保险公司大楼中采用砌体隔断墙的合理性。然而,塔克马大楼却不受约束的采用了地界墙,而不是隔断墙。

[2] Harry W. Desmond. WAS THE HOME INSURANCE BUILDING IN CHICAGO THE FIRST SKYSCRAPER OF SKELETON CONSTRUCTION? *The Architectural Record*, 1934, 76(2): 113-118, 转自 Edited By Roger Shepherd. *Skyscraper, the search for an American Style (1891-1941)* 2003, New York: McGraw-Hill, 7。

尔沃斯大楼才是第一栋真正的摩天楼,书中写到:"伍尔沃斯大楼是结合了平铁大楼层层叠叠的楼板,大都会生活保险大厦的塔楼,以及麦迪逊花园广场岛屿般的独立街廊,所形成一个内在自给自足具体生动的世界,成为第一栋有真实的摩天楼",文中他强调摩天楼必须是具备层叠的楼板,用以再现整个世界(the reproduction of the world),同时具有塔的支配性(the annexation of the Tower)和街廊的独立性(the block alone),[1]但现实的状况中,仍有许多摩天楼并不都具备街廓的独立性,库哈斯的定义充满了文学修饰的色彩,也表现了其本人对摩天楼这一建筑作为复杂功能综合体的关注,及其对城市空间环境的参与影响。无独有偶,当代著名建筑师佩里也对伍尔沃斯大楼表现出极大青睐,他认为从某种意义上说,伍尔沃斯大楼是第一栋真正的摩天楼(the true skyscraper),因为"伍尔沃斯大楼哥特式教堂的细部提供此种新的建筑类型合适的意象与垂直性的解答,及向上发展的信心与适当的顶冠"[2],而事实上对这一新建筑类型的向上高耸优雅的形式表达也是从"芝加哥学派"的设计讨论发展而来[3]。(图1-1-7)

　　笔者认为,大部分学者将詹尼设计建造的这幢家庭保险公司大楼视为世界第一幢摩天楼,最重要因素是其采用了划时代意义的结构体系,使得建筑高度不再受墙体承重制约,楼面空间也彻底从厚实的墙体中解放出来,业主楼板面积最大化及室内空间的采光问题得到了根本性的解决。随后框架结构的巨大优势立刻吸引到建筑师、营造商及开发商们的注意,也使得建筑师们纷纷效仿,芝加哥作为摩天楼之发源地,及芝加哥家庭保险公司大楼作为建筑类型的初创范本当之无愧。

图1-1-7　伍尔沃斯大楼的背影

[1] Rem Koolhaas. Delirious New York, Monacelli, New York, 1994, 82, 99.
[2] Cesar Pelli. Skyscrapers. *Perspecta 18 The Yale Architectural Journal*, MIT, Cambridge and London, 1982, 12, 转引自陈韦伸. 摩天楼顶的象征意义. 私立中原大学硕士学位论文, 2001, 9.
[3] 关于摩天楼的形式风格将在第5章作详细讨论。

1.2 "skyscraper"（摩天楼）之名称溯源

1.2.1 "skyscraper"的定义阐释

英文单词"skyscraper"，最初为航海术语，意思是指在帆船的主桅天帆上设置的一个小的三角形帆[1]，将单词拆开为"sky"与"scraper"，分别为天空与刮刀的意思，组合在一起即有形容非常高事物的喻义。在牛津高阶双语词典中对"skyscraper"的解释为："城市中非常高的建筑"（a very tall building in a city），中译文为"摩天楼"[2]。在英文维基百科中对"skyscraper"的解释为："适宜于人类长期居住生活的多层高楼，通常设计用于办公或商业用途（for office or commercial use）。目前还不存在任何明确的官方定义或者高度界限可对其进行归类。它们都为钢框架结构，外墙是悬挂式的，而非传统建筑的承重墙结构，这是它们的一个共同特点。"[3]在韦伯百科字典当中对"skyscraper"的解释，则更加具体：① 相对地（relatively）高耸的多楼层建筑，特别为办公和商业用途；② 完全由框架结构（framwork）支撑建筑，墙是悬挂（suspended）的，也就是说与其相对应的是承重墙结构支撑的建筑。[4]

综上，现代词典或者权威机构对"skyscraper"这一类型建筑的通常定义可以归纳出比较明确的三个属性，包括使用性质、建筑结构及建筑高度，其中前两点为固有属性，即：1）建筑为办公或商业用途；2）采用框架结构，墙体不承重；3）对于建筑高度的界定，也就是"相对"高（very tall or relatively）的概念，则属于一个变量，"取决于时间，及它与周围环境的关系"，"这个特点使其成为我们这个时代的建筑类型。[5]"因此，在对"相对高"下定义之前，需要对所讨论的摩天楼所处的时代背景与建筑脉络做充分考察。正如维基百科中"摩天楼"的定义所阐释，如

---

[1] 摘自普林斯顿大学官网上关于"skyscraper"的学术释义："The word 'skyscraper' originally was a nautical term referring to a small triangular sail set above the skysail on a sailing ship"，https://www.princeton.edu/~achaney/tmve/wiki100k/docs/Skyscraper.html.

[2] 牛津高阶英汉双语字典（第六版）.商务印书馆与牛津大学出版社联合出版，2004，1642。

[3] 来自维基百科网络资源http://en.wikipedia.org/wiki/Skyscraper: A skyscraper is a tall, continuously habitable building of many storeys, usually designed for office and commercial use. There is no official definition or height above which a building may be classified as a skyscraper. One common feature of skyscrapers is having a steel framework from which curtain walls are suspended, rather than load-bearing walls of conventional construction.

[4] *Webster's Encyclopedic Unabridged Dictionary of English Language*, 1337。

[5] Cesar Pelli. "Skyscraper".耶鲁大学建筑学期刊，*Perspecta* 18, MIT出版社，1982，佩里·克拉克·佩里建筑师事务所官网: http://pcparch.com/firm/bibliography/essays/skyscrapers。

果一幢建筑远高于其所处建筑环境并且改变了城市的天际线，那么即使它是一幢很小的建筑也可以被认为是摩天楼，建筑结构的最大高度因建造方法与技术的进步有了历史性地飞跃，那么这幢比之前所有建筑都要高的大楼即是摩天楼[1]。可见，摩天楼高度与时代发展技术进步紧密关联，这个越来越高的动态变量会成为一个时代象征，被赋予社会意义。

事实是，当摩天楼这一"代表我们时代"的建筑类型在美国首先出现的时候，人们在对其"称呼"达成共识上花费了不少时间，他们的思考从一开始就关注了意义的问题：这一新建筑形式的本质是什么？如何用专业的建筑术语表达？它是如何表现我们是谁的？它是否真的可以表达出我们是谁[2]？

作为工业革命时期新材料与新技术结合的新建筑，美国人并没有立即接受它，而是对其进行了深刻思考。19世纪80年代的芝加哥出现了大批不断往高处发展的办公商用建筑，人们大多使用"商用体块"（business block），甚至更早期的术语"商用房屋"（business house）来称呼它。1890年约翰·魏尔伯恩·鲁特（John Wellborn Root）[3]在他的文章《一个伟大的建筑学难题》（A Great Architectural Problem）中对这一建筑类型的设计方法曾作专题论述，但是在文章中作者未对这一建筑类型赋予任何名字。

当时建筑学界出现了两种声音，一方是以英国作家、艺术评论家约翰·拉斯金（John Ruskin, 1819—1900）为代表的观点：承认房屋（building）与建筑（architecture）之间的本质不同，对工业革命之后科学与艺术之间即将产生的裂缝感到担忧；而另一方代表为美国著名建筑评论家蒙哥马利·斯凯勒（Montgomery Schuyler）[4]，他不同意拉斯金的观点，他认为建筑即房屋，并且致力于修补这一裂

---

[1] http://en.wikipedia.org/wiki/Skyscraper, A relatively small building may be considered a skyscraper if it protrudes well above its built environment and changes the overall skyline. The maximum height of structures has progressed historically with building methods and technologies and thus what is today considered a skyscraper is taller than before.

[2] Edited By Roger Shepherd. *Skyscraper, the search for an American Style (1891-1941)*, New York: McGraw-Hill, 2003, ix.

[3] 约翰·魏尔伯恩·鲁特（John Wellborn Root, 1850—1891），美国建筑师，1873年与丹尼尔·伯纳姆开业成立伯纳姆与鲁特事务所。他是芝加哥学派创始人之一，1958年获得美国AIA金奖。鲁特研究的钢梁交错设计的筏型基础（floating raft system of interlacted steel beams），为摩天大楼在芝加哥软土地基上能够大量兴建创造了可能，他这一革命性的地基发明在1882年第一次成功应用了在蒙托克大楼（Montauk Building, 1902年被毁）。这一基础在30后传入了中国上海，在摩天大楼营造中得到广泛应用。

[4] 蒙哥马利·斯凯勒（Montgomery Schuyler, 1843—1914），美国建筑师协会会员，他活跃在艺术、文学、音乐和建筑等领域，是纽约非常有影响力的评论家、记者和编辑，影响力主要集中在建筑评论方面，他支持现代设计风格，是摩天大楼拥护者，致力于为美国公众如实记录当时美国建筑界所发生的一切。

缝造成的间隙[1]。显然,在所有经济发达的资本主义社会,特别是在美国,挥之不去的旧世界的传统与工业化力量之间的持续地斗争把这一间隙表现得淋漓尽致,"科学与艺术""传统与现代"之间可能产生的裂缝在刚刚出现风格不明的"摩天楼"身上表现得尤为突出。斯凯勒的观点对于后期美国人致力于修补"科学与艺术"之间的间隙,探寻一种能完全表达时代精神与文化认同的新风格(the search of American Style)产生了巨大影响。

这一建筑新类型逐渐被接纳于美国建筑(architecture)体系之中,人们首先将这些用于办公功能的高楼形容为"商业风格"(commercial style),在不到短短十年时间,"摩天楼"(skyscraper)这一时髦的术语出现在了芝加哥,得到公众接受。1892年,约翰·福林(John J. Flinn)在其著作《芝加哥,一座非凡的西部城市——一段历史,一部百科全书,一本1892年的手册》对新兴的建筑类型这样描述到:"被称为'摩天楼'(skyscraper)的庞大建筑[2]"。到1896年,"摩天楼"这一术语已经在报纸的大标题上常见起来,并且不带引号,例如1896年2月26日出现在《芝加哥论坛报》的标题新闻[3]:《摩天楼的传说——摩纳德诺克大楼奇特的数据统计》(Tals of a Skyscraper. Curious Statistics about the Monadnock Building)[4]。在1895年《加州建筑师与建筑新闻》中第14期一条名为"高层建筑"(High Building)的新闻中写到:"高层建筑(high building),或者用现在时髦的话说,'摩天楼'(skyscrapers)"[5]。1896年,路易斯·H.沙利文开始赞扬这一类型的美学形式,称它为"高层办公建筑"[6],同时也暗示了他作为芝加哥学派代表人物对高层建筑立面形式的探索。在1899年蒙哥马利·斯凯勒所撰写的文章题名中,也正式采用

[1] Edited By Roger Shepherd. *Skyscraper, the search for an American Style (1891-1941)*, New York: McGraw-Hill, 2003, xiii.

[2] John J. Flinn. *Chicago, the Marvelous City of the West: A History, an Encyclopedia, and a Guide 1892.* Chicago: Standard Guide Co., 1892, 128.原文:"mammoth building known as 'sky scrapers'",转载自 Joanna Merwood-Salisbury. *Chicago 1890: the Skyscraper and the Modern City*. London: the University of Chicago Press, 2009, 12.

[3] 《芝加哥论坛报》(*Chicago Daily Tribune*),创办于1847年,以美国伊利诺伊州芝加哥为基地,是芝加哥地区和美国中西部的主要日报。原为帕特森-麦考密克报系(Patterson-Mccormick Newspapers)的两大报纸之一,现属论坛公司(Tribune Company)拥有。

[4] Tals of a Skyscraper. Curious Statistics about the Monadnock Building, *Chicago Daily Tribune*, Feburary 24, 1896, p.3.转载自Joanna Merwood-Salisbury. *Chicago 1890: the Skyscraper and the Modern City*. London: the University of Chicago Press, 2009, 12, 146.

[5] "High Buildings", *California Architect and Building News 14,* no.10 (October 20, 1895): 110.原文:high buildings, or 'skyscrapers' as it is now the fashion to call them",转载自Joanna Merwood-Salisbury. *Chicago 1890: the Skyscraper and the Modern City*. London: the University of Chicago Press, 2009, 12.

[6] Joanna Merwood-Salisbury. *Chicago 1890: the Skyscraper and the Modern City*. London: the University of Chicago Press, 2009, 12.

了这一单词，但他仍打上了引号，这篇文章名为《最新的"摩天楼"》(THE "SKY-SCRAPER" UP-TO-DATE)，文章发表在1899年出版的《建筑实录》第8卷第3期上，在此之前，笔者所翻阅到的斯凯勒的文章中，他还仅仅是用"现代建筑"(Modern Architecture)，"芝加哥建造"(Chicago Construction)，及"这些高耸的建筑"(these towering building)来形容这一新的类型[1]。

　　至19世纪90年代中后期，人们以"摩天楼"来形容这一新的建筑类型变得逐渐普遍。如果说将高层建筑(high building)或者高层办公大楼(tall office building)看作建筑师或评论家最初对这一建筑类型观察探讨过程中的过渡称呼，那么，对"摩天楼"(skyscraper)的认同与传播，则标志美国人正式将其作为一崭新建筑类型纳入建筑体系，并开启了从"商业风格"出发，探寻象征美国民族时代精神的风格之路。

1.2.2　"摩天楼"与"高层建筑"(high-rise building)的概念辨析

　　上文可知，历史上"摩天楼"作为一种建筑类型的讨论早于"高层建筑"，并且从出现开始，即成为一种现代都市的独特景观受到大众广泛关注，"摩天楼"成为某种符号，其与商业资本、摩登文化、现代技术及人文精神等方面的关联回应使这一名词具有更深刻的社会意义。而"高层建筑"更多是在建筑学学科内讨论的学术专有名词，至现当代，在建筑设计规范与高层建筑技术的语境下得到强化。

　　高层建筑，顾名思义，是指超过一定高度或者层数的建筑。权威机构世界高层都市建筑学会(CTBUH)[2]对什么是高层建筑(What is a tall building？)做过明确阐述。该组织认为"高层建筑由哪些元素组成"这一问题并不存在绝对标准，可依据三点因素进行综合考量，包括：相对于环境中的高度(Height Relative to Context)，建筑比例(Proportion)及高层建筑技术因素(Tall Building Technologies)(图1-2-1)。

[1] Edited By Roger Shepherd. *Skyscraper, the search for an American Style (1891-1941)*. New York: McGraw-Hill, 2003, 39-51.
[2] 世界高层都市建筑学会(Council on Tall Building and Urban Habitat)，英文简称CTBUH，总部位于芝加哥伊利诺伊理工大学，是一个由建筑、工程、规划、开发以及建造等多专业支持的非盈利性组织。学会成立于1969年，其宗旨是传播关于高层建筑的多学科信息、在创造建筑环境方面最大限度地促进多专业互动，并将最新的信息以最实用的方式呈献给不同的专业。世界高层都市建筑学会是高层领域的领军组织，同时也是国际公认的高层建筑信息源。作为世界高层都市建筑方面的领导者，笔者认为其在高层建筑研究及传播领域具有很高的权威性。

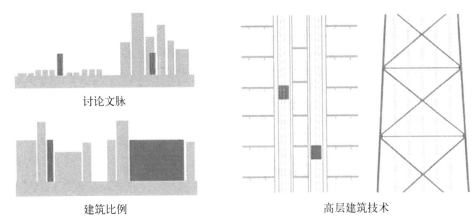

讨论文脉

建筑比例

高层建筑技术

图1-2-1　考量高层建筑的三点因素

1. 相对于环境中的高度

一栋建筑是否算作一栋高的建筑，它所存在的背景环境是讨论的前提。举例来说，在高楼林立的芝加哥或香港，一栋14层高的建筑可能不会被认为是一幢高楼，但如果是放在一个欧洲城市或郊区，这可能比当地城市标准明显高多了。换言之，关于高层建筑的讨论，需要以当时当地的建筑高度现状作为讨论分界的基础。

2. 建筑比例

不仅是高度，建筑比例也需同时考量。有许多建筑也许不是特别高，但它的体量足够修长，尤其是在整个城市建筑都相对低矮的背景衬托下。相反，有一些构筑物比较高，但是由于它的底层面积不达标而被排除在高层建筑之列。

3. 高层建筑技术

如果一幢建筑在建造中包含某些特定技术使其成为"高层"，例如特定的垂直运输技术，或者高层特有的抗风压荷载的结构等，那么这幢建筑可以被认为是高层建筑。

同时，世界高层都市建筑学会还认为，对于定义高层建筑而言，由于因建筑个体差异及单体本身各层功能各异（如办公、住宅、商业等），建筑层高并不统一，建筑层数会是一个较为缺乏说服力的指标。那么，以一个明确的高度数值作为门槛限定高层建筑，也许更为合理[1]。

---

[1] 该组织关于建筑高度标准（CTBUH Height Criteria）的英文阐述详见。http://www.ctbuh.org/TallBuildings/HeightStatistics/Criteria/tabid/446/language/en-US/Default.aspx。

联合国经济事务部在 1974 年国际高层建筑会议（1972 年 8 月在美国宾夕法尼亚洲的伯利恒市召开的国际高层建筑会议）上将高层建筑按高度分为四类：9～16 层（最高为 50 米）；17～25 层（最高到 75 米）；26～40 层（最高到 100 米）；40 层以上（建筑总高 100 米以上，即超高层建筑）。日本建筑大辞典将 5～6 层至 14～15 层的建筑定为高层建筑，15 层以上超高层建筑。[1]在美国，24.6 m 或 7 层以上视为高层建筑；在日本，31 m 或 8 层及以上视为高层建筑；在英国，把等于或大于 24.3 m 的建筑视为高层建筑。[2]

在国内民用建筑设计通则与防火设计规范中，根据层数或者高度对高层建筑的设计作了严格规定。2005 年颁布执行的《民用建筑设计通则》GB 50352—2005[3]按地上层数或高度分类对民用建筑进行了划分规定：住宅建筑按层数分类，10 层及 10 层以上为高层住宅；除住宅建筑之外的民用建筑高度大于 24 m 者为高层建筑（不包括建筑高度大于 24 m 的单层公共建筑）；建筑高度大于 100 m 的民用建筑为超高层建筑。同时，在《高层民用建筑防火设计规范》GB 50045—95（2005 年版）[4]中对 10 层及 10 层以上的居住建筑，及建筑高度超过 24 m 的公共建筑（不包括建筑高度大于 24 m 的单层公共建筑）的防火设计作出严格规定，在该规范中同时要求建筑高度超过 100 m，或是层数超过 32 层的民用建筑，需要附设避难层、停机坪，并对消防水压、灭火排烟和火灾自动报警等方面有特殊要求。由上可知，世界各国普遍都以层数或者高度作为高层建筑定义标准，而在中国首先区分的是建筑使用性质，住宅以层数作为分界标准，除住宅外的民用建筑皆以建筑高度作为判断标准。

综上所述，"摩天楼"与"高层建筑"讨论的语境与方向是不同的。虽然两者对于高度分界都具有相对性特点，都需结合讨论研究的背景进行特定分析，但在各时期的建筑规范中，对"高层建筑"的界定都具有一个明确的最低高度或层数的起始值，这个数值是为了设计规范、建造技术规范、防火规范等原则服务。而对"摩天楼"的讨论是明确具有社会意义的：其高度随着时间与环境改变发生动态变化（越来越高）；作为单体讨论时，它应该更加具有代表性；而作为群体景象讨

---

[1] 摘自维基百科：http://zh.wikipedia.org/wiki/高层建筑物。

[2] 摘自百度百科：http://baike.baidu.com/view/142086.htm。

[3]《民用建筑设计通则》GB 50352—2005 由中华人民共和国建设部主编，中华人民共和国建设部批准，于 2005 年 7 月 1 日正式施行。有关民用建筑按照高度划分的规定可参见 3.1.2 条款。

[4]《高层民用建筑防火设计规范》GB 50045—95（2005 年版）由中华人民共和国建设部主编，中华人民共和国建设部批准，在 2001 版的基础上进行局部修订的最新版本。该规范于 2005 年 10 月 1 日正式施行。总则中指出当高层建筑的建筑高度超过 250 m 时，建筑设计采取的特殊的防火措施，应提交国家消防主管部门组织专题研究、论证。

论时，它们所组成的物质或人文景观应该更深刻地改变着城市风貌、街道空间及市民的日常生活。

另外，也有学者明确提出高层建筑是摩天楼分支的观点。著名建筑师西萨·佩里（Cesar Pelli）[1]即对摩天楼与高层建筑这两个较易混淆的关系做出了区分，他同意沙利文的观点，认为摩天楼必须是"一栋傲视和高耸的建筑"（a pround and soring thing），换言之，摩天楼必须具备支配者的胜利姿态以傲立于城市空间当中[2]，他认为摩天楼包含了高层建筑。

从19世纪80年代在美国芝加哥的出现，至20世纪30年代美国大萧条时期（the Great Depression），摩天楼随着城市的变迁，成为当时美国两大领域关注辩论的焦点——建筑与文化，内容包括工程与建筑（engineering and architecture），旧世界与新世界（the old world and the new），传统形式与功能试验（traditional forms verus function and experimentation），商贸公共事业与艺术及美（commerce and utility versus art and beauty），理性头脑与精神（the rational mind versus the spirit），机器与人文（the machine versus humanity），尺寸与比例（size versus scale）等众多主题[3]，从中折射出了摩天楼这一新类型中包含命题的丰富性与复杂性，因此，有一点可以肯定，摩天楼不仅仅是一幢高层建筑。

1.3　"skyscraper"（摩天楼）在中国的引入

在1.2.1中已提到牛津高阶双语词典中对"skyscraper"的解释为："城市中非常高的建筑（a very tall building in a city）"，中译文为"摩天楼"[4]，然而对于这样一个西方近代才兴起的词汇"skyscraper"，何时及如何进入近代国人视野，如何被解释翻译，我们可通过公共媒体这条线索进行考察溯源。

---

[1] 西萨·佩里（Cesar Pelli, 1926 —）是一位设计了众多举世瞩目的标志性建筑的阿根廷裔美国建筑师，他的设计事务所在以耶鲁大学而闻名的美国康涅狄格州纽黑文，代表作品有纽约的世贸中心（World Financial Center），马来西亚的双子塔（Petronas Towers）和香港的国际金融中心（International Finance Centre）等著名摩天楼。

[2] Cesar Pelli. Skyscrapers. *Perspecta 18 The Yale Architectural Journal*, MIT, Cambridge and London, 1982, 12, 转引自陈韦伸. 摩天大楼顶的象征意义. 私立中原大学硕士学位论文，中华民国九十年七月，9.

[3] Edited by Roger Shepherd. *Skyscraper, the search for an American Style (1891—1941)* 2003, New York: McGraw-Hill, xiii–xiv.

[4] 牛津高阶英汉双语字典（第六版）. 商务印书馆与牛津大学出版社联合出版，2004，1642.

1.3.1　公共媒体的引介

检索"晚清期刊全文数据库"、
"民国时期期刊全文数据库"1—10辑、
"字林洋行中英文报纸全文数据库"数
据库,以"摩天"为关键词对数据库
1833—1957年文献检索,得到相关文献
389篇(图1-3-1),其中包括"字林洋行
中英文报纸全文数据库"中关键词为
"skyscraper"的文献,从出现频率来看,
出现频率最高年份为1930—1939年,其
次为1940—1949年,30年代文献篇数
为176篇,40年代为114篇,20年代57
篇,查看文献发现,除去关于"摩天岭
战役"的文章及人名为"摩天"的文章

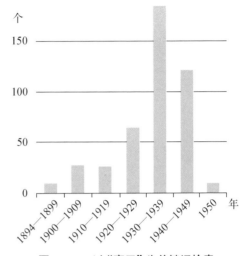

图1-3-1　以"摩天"为关键词检索

http://www.cnbksy.net/search/advance 自动检索生成

共69篇,和摩天楼相关文献约占83%。最早与摩天楼相关文献出现在1903年4月
21日的《字林西报》上,为署名为"BUNGALOW"的一封来信,信的主题为"租
界里的摩天楼"(A SKY-SCRAPER IN THE SETTLEMENT. The North-China Daily
News, 1903.04.21)。

同上时间段落以中文"摩天楼"为关键词做全子段精确检索得到文献共88
篇,文献全部集中在20世纪30年代至40年代,其中30年代47篇,40年代41篇,最
早一篇出现于1930年,以"skyscraper"为关键词做全子段检索共检索出89篇英文
文献,以30年代最多为43篇,其次为20年代有31篇,1910年为第一篇。(图1-3-2)
以"sky-scraper"为关键词做全子段检索共出现11篇,最早出现于1903年,即上文
所提到,以20年代最多,为5篇,其次为20世纪第一个10年,有3篇,至于30年代
仅2篇。

1920年以前,不管是在中文期刊还是西文报纸上对有关摩天楼的讨论都
比较有限。中文期刊上,仅《东方杂志》发表的《丛谈:摩天屋》(1905)、《摩天
人》(1914),《申报》及杂志报纸上重复着几条对芝加哥摩天楼的报道外,并无太
多关于这一建筑类型更深入的讨论。相较之下,西文期刊上有关摩天楼的报道
时效性要强许多,如1903年4月第一次出现关于讨论摩天楼的一封读者来信,即
是反对在租界之中建造摩天楼,文中提到欲建8层楼高的建筑时,已经认为非常

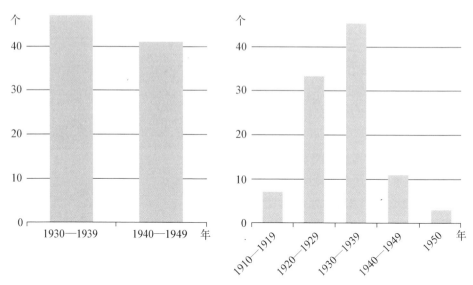

图1-3-2　左：以中文"摩天楼"为关键词检索；右：以"skyscraper"为关键词检索

不可思议并且不可接受[1]。检索到第二篇是1909年登载于《北华捷报最高法院与领事公报》上题名《摩天楼保险业态》（"Sky-scraper Insurance"）的文章，文中讲到最近纽约曼哈顿下城区开始有非常多"Sky-scrapers"拔地而起，由于担心火灾问题，保险公司特别提高了5%～25%的投保率，然而，直接与河道相通且具有高压力泵水能力的灭火装置已经投入使用，通过日前下城区几起火灾检验，再不需要消防车前提下，这一灭火消防阀可在1秒钟内喷出9 000加仑的水，并可到达任意高度[2]；1912年12月24日《字林西报》上刊登一则消息来自悉尼的报道《禁止建造摩天楼》（Skyscraper Forbidden），文中说到悉尼某公司申请建造一幢200英尺（60.96米）高的建筑，并以纽约建造摩天楼为例证，认为悉尼市政局颁布禁止建筑超过150英尺的条例是不合理的，纽约的摩天楼是其现在申请建筑高度4倍之多[3]；1917年2月17日《字林西报》上刊登一则消息：《纽约最大建筑：拥有55层916英尺高的摩天楼》（New York Biggest Building: Skyscraper 916 Ft High with 55 Storeys；1919年11月8日《字林西报》上刊登一篇题为《伦敦的摩天楼》（London Skyscraper）的新闻，称将有一幢摩天楼在一年半后建成，高度将超过圣保罗教堂

---

[1] 在第3章将详细讨论。BUNGALOW.A SKY-SCRAPER IN THE SETTLEMENT. *The North-China Daily News*, 1903−04−21.

[2] Sky-scraper Insurance. *The North-China Herald and Supreme Court & Consular Gazette*, 1909.03.06, 610.

[3] Skyscraper Forbidden. *The North-China Daily News*, 1912−12−24（8）.

穹顶（St. Paul's Cathedral）[1]。以上基本为1920年以前"字林洋行中英文报纸全文数据库"中检索到的有关"skyscraper"的新闻资料，可以看到西文期刊对来自其他国家城市关于摩天楼的消息评论在内容及对这一建筑的认知上已经相对成熟，只是对于建造摩天楼本身这一话题，除了纽约如火如荼，其他国家城市都抱以观望或者否定的态度。

在整个英文数据库检索出文章中，属来自英国对于是否建造摩天楼的讨论最为激烈而持久，虽然1919年出现了一则伦敦要建摩天楼的新闻，但从其后媒体登载文章推断，这一幢伦敦摩天楼应该是未建成的，圣保罗教堂穹顶上方金回廊高280英尺（85.4米），而当时伦敦建筑的限高为80英尺（24.4米）[2]，未出几个月，1920年4月19日《字林西报》上刊登一则伦敦新闻《公共的摩天楼》（*The Communal Skyscraper*），讲到某位颇有分量的先生（Sir Martin Conway）在一个月前提出要建造一幢高13—14层"巨大建筑"的方案，但是遭到强烈谴责，记者采访他对于这些批评的看法，他对于到底摩天楼是什么阐述自己的看法，他认为这一方案能非常有效解决城市人口增多的问题，并且对其中一些批评观点做出回应[3]。同年4月24日一则《伦敦市的摩天楼良方》（*The Skyscraper Cure for London*）文章专门对关于摩天楼建造的优势做了讨论，包括更加开敞的空间、促进工业化的商业发展、可以集中办公，解决城市人口增多上下班交通等问题[4]；1921年8月22日《伦敦与摩天楼》（*London and the Skyscraper*）一文中对伦敦建造摩天楼提出了坚定的反对意见，并且不同意商讨修改"伦敦建筑法案"，认为摩天楼容易造成都市峡谷效应，建筑阴影易给城市公共空间带来不好人体感受，而目前允许建造至女儿墙80英尺的高度已经足够，文中称如果允许在伦敦市中心建造摩天楼，那么拿到土地者一定尽可能的建造更多的建筑面积，这对于伦敦来说会是巨大灾难，对于公共空间与设施也无疑会带来侵犯[5]。关于伦敦建设摩天楼利弊的讨论一直持续到30年代，1930年2月3日《字林西报》上刊登了一篇重要的评论文章《摩天楼与焊接技术——英国立法阻止进步：极有害的1909年法案》（*Sky-scrapers and Welding, Legislation in Great Britain Bar to Progress: Cripling Effect of 1909 Act*），文章核心批评英国一贯接受新事物缓慢，如今世界各地都接受源自美国的摩天楼，

[1] London Skyscraper. *The North-China Daily News*, 1919-11-08（8）.

[2] 来自伦敦圣保罗教堂官网数据：http://www.stpaulslondon.cn/html/yuandingjiegou/Index.html

[3] The Communal Skyscraper. *The North-China Daily News*, 1920-04-19（15）.

[4] The Skyscraper Cure for London. *The North-China Daily News*, 1920-04-24（15）.

[5] London and the Skyscrape. *The North-China Daily News*, 1921-08-22（20）.

而英国人却还在固守着1909年的法案，文章呼吁尽快修改建筑高度控制法案。[1]
至1933年4月6日报道英国终于要迎来他们第一幢摩天楼，这幢建筑位于英国黑
潭市（Blackpool）楼高115英尺（35.1米）[2]，1935年6月12日《字林西报》上终于刊
登了《伦敦摩天楼：伦敦郡议会终于考虑新法规》（*Skyscrapers for London: L.C.C
to Consider New Code at Long Last*）发布伦敦官方考虑修改新法案的新闻，有望
将原有高度控制从80英尺改成100英尺（30.5米）[3]。

　　当时世界上其他国家城市如果有建造摩天楼的新闻，《字林西报》与《北华
捷报》上也都会登载，1924年11月29日登载了香港要建造"7层高摩天楼"[4]的新
闻；1926年11月27日登载大坂（Osaka）要建造8幢"6—9层摩天楼"的新闻[5]；
1932年2月19日新闻登载墨西哥要建"12层高摩天楼"[6]；1935年8月9日登载
关于莫斯科重建新闻，计划建造摩天楼"不低于6层，沿河岸建筑将达到10—14
层"[7]等等，从这一些新闻来看，世界各城市对"摩天楼"建筑高度的认同从6层高
建筑为起点，尤其是在城市现代化初期，大多城市建筑都为2层左右，6层—8层高
的建筑在人们眼中都视为摩天楼，即比其他房屋高出许多的建筑。

　　从英文期刊上登出关于摩天楼的讨论文章发现，大众对这一源自"美国最典
型的建筑类型"[8]的建造可能对城市空间产生的作用影响更为重视，它所牵涉的
问题包括建筑法案、城市交通、地产开发、建造密度、城市现象、人口问题、火灾、风
格、文化影响等等，换句话说，高度只是摩天楼这一建筑类型的外化表现的一个方
面，而深藏在这一类型背后的是在城市现代化进程中，对人口不断增多与城市空
间有限这一矛盾命题的有效解决方法。从这一点上看，"高层建筑"这一建筑术语
与建筑类型"摩天楼"的内涵释义的确还是有差别的，前者更着重于技术建造方
面的问题，后者更关注城市发展复杂性。1933年法国巴黎郊外的德朗西（Drancy）
实验性地建成了第一幢摩天楼，15层高的住宅，这幢建在巴黎郊外荒废土地上的
摩天楼竟然主要目的是测试公众对其的审美反应（aesthetic effect）[9]。可见，在具
有较长文明发展史且又具资本实力的国家城市对接受一项新事物是比较批判与

---

[1] Sky-scrapers and Welding. *The North-China Daily News*, 1930-02-03（3）.

[2] Britain First Skyscraper. *The North-China Daily News*, 1933-04-06（6）.

[3] London and the Skyscrape. *The North-China Daily News*, 1935-06-12（16）.

[4] Hong Kong's New Skyscrapers. *The North-China Herald*, 1924-11-29（3）.

[5] The Rapid Growth of Osaka. *The North-China Herald*, 1926-11-27（395）.

[6] Skyscrapers in Mexico City. *The North-China Daily News*, 1932-02-19（2）.

[7] Rebuilding in Moscow in Ten Years. *The North-China Daily News*, 1935-08-09（2）.

[8] *The North-China Daily News*, 1925-03-24（6）.

[9] *The North-China Daily News*, 1925-03-24（6）.

谨慎的。遗憾的是字林西报数据库检索到新闻文章都没有照片记录。

中文杂志期刊上对摩天楼的报道高峰期在20世纪30年代以后，基本上经历了从豆腐块新闻，到有照片刊出，再到议论文章的几个阶段表现。最早出现"美国摩天楼"照片的新闻是在1931年《道路月刊》第33卷第3期栏目"世界各国路市政掇锦"当中，照片名为"纽约经济区之摩天楼"（图1-3-3），"前方停着一辆奥斯摩皮尔（Oldsmobile）轿车"[1]，背后可以看到纽约曼哈顿岛上林立的摩天楼，世界第一高楼纽约帝国大厦已建成；1933年在《小世界：图画半月刊》刊出一张名为"芝加哥之摩天楼"的鸟瞰照片[2]，同年《图画中华杂志》刊登《西洋近代建筑：高入云霄之纽约巨厦最高者即R.C.A大楼》[3]，洛克菲勒中心最著名的装饰艺术风格摩天楼之一。

1934年在《申报月刊》第3卷第1号上刊文《新辞源：摩天楼》对"摩天楼"这一新辞源进行准确释义[4]，1934年《青年界》登出题为《满哈坦的摩天楼》的照片（图1-3-4），照片上有刚刚建成的纽约帝国大厦，也有曼哈顿岛的摩天楼全景。至1935年，

图1-3-3　1931年《道路月刊》第33卷第3期栏目"世界各国路市政掇锦"当中，照片名为"纽约经济区之摩天楼"

图1-3-4　1934年《青年界》登出题为《满哈坦的摩天楼》

[1] 新辞源：摩天楼.申报月刊,1934年,第3卷第1期,101-102.

[2] 芝加哥之摩天楼(照片).小世界：图画半月刊,1933年,第30期,16.

[3] 西洋近代建筑：高入云霄之纽约巨厦最高者即R.C.A大楼.图画中华杂志.1933年,第19期,24.

[4] 王敦庆.摩天楼的罗曼斯.时代,1935年,第7卷第8期,12.

期刊上出现较为完整的论述摩天楼的文章,该年《时代》杂志上刊登王敦庆《摩天楼的罗曼斯》一文,文章分"新时代的建筑"、"摩天楼出现的由来"、"摩天楼建筑家的活动"、"几座代表的摩天楼"方面对这一建筑类型发展、由来、现状作了完整介绍。

1.3.2 "skyscraper"的中文释义及译名发展

以《爱如生古籍库》、《晚清期刊全文数据库》、《民国时期期刊全文数据库》、《北华捷报/字林西报全文数据库》[1]、《中国近代报刊数据库》[2]等近代文献期刊数据库为基础,通过检索中文"摩天"、"高楼"、"高屋"等关键词发现,最早一篇关于"摩天"建筑的新闻是1905年在《东方杂志》刊出的新闻《丛谈:摩天屋》,全文写到:"中国满洲有一高山,名曰摩天岭,言其高可摩天也。今美国芝加高城新构一巨屋,亦名摩天。屋共二十二层,专为外人来此栖止之所,每层八十间,共一千七百六十间,费银16兆元。"[3]这里除标题已经使用"摩天屋"外,同时文字中还出现了三次"摩天","摩天岭""高可摩天""亦名摩天",由此推测文中所讲"亦名摩天"即是指美国芝加哥的"skyscraper"。

紧接于1906年,首次在杂志上出现了"skyscraper"这一英文单词的音译词。在该年《云南》杂志第1期上,"世界异闻"专栏上刊登出一篇新闻题为《四十层之高楼》的文章,文中写到"今年米国建设高楼之风流行……特使用一种语名斯加克利巴(即天空上升之义)。云有资本家拟于纽育市之三十二番街及二十三番街之中间三十米突与二十三米突之地建设四十九层之一大旅馆。……"[4]。从"斯加克利巴"这一"语名"读音可以推测是英文"skyscraper"的音译,这里虽然没有出现英文单词,但对这一新事物进行了注解——"天空上升之义",可见"skyscraper"已经开始通过"斯加克利巴"这一中文音译传入中国,它和"米国建设高楼之风"关系密切,换言之,这一新名称所指代的美国新类型建筑正式通过中国的大众媒体传播,只是此时对"skyscraper"的翻译尚未明确。

[1]《北华捷报/字林西报》是上海图书馆闻名中外的重要报刊藏品,其收录国内最全。该库采用先进大幅面扫描设备进行数字化处理,完整收录了《北华捷报/字林西报》,合约50万版,清晰完整地再现了报纸本来面目,是历史档案的重要组成部分。
[2]《中国近代报刊数据库》中收录了《申报》《中央日报》《台湾民报系列》《台湾日日新》《台湾时报》等几份报纸近代出版内容。
[3] 丛谈:摩天楼.东方杂志,1905,2(12),28.
[4] 世界异闻:四十层之高楼.云南,1906,1,100.

近代中国最具社会影响力的报纸之一《申报》[1]在 1912 年 11 月 10 日第 10 版，也第一次出现了与"摩天"建筑有关的报道，这一篇新闻题为《摩天屋》，与 1905 年登于《东方杂志》上的《丛谈：摩天屋》正文内容几乎相同："满洲有一高山名摩天岭，言其高可摩天也，美国有一巨屋亦名摩天建筑于芝加哥城内，屋共二十二层，每层八十间，共计一千七百六十间，按是屋专供外人来此栖止之所，建筑费美金 16 兆元"[2]，文章以摩天岭与芝加哥的摩天屋相较，两者皆"高可摩天"。因此，虽然此时英文单词并未和中文翻译"摩天"明确对应在一起，但在对这一源于美国的新的建造现象的名词翻译上，公共媒体已经开始达成一定默契。

事实上，"摩天"这一形容词其实在中国古代即已出现，据中国最大的综合性辞典《辞海》[3]记载，唐代著名诗人李白在《古风》中有道："吾观摩天飞，九万方未已"，《辞海》中对"摩天"一词的释义是：形容极高，也指高空[4]。至 1914 年，《东方杂志》上刊出一篇题为《摩天人》的文章，文章第一句是："摩天人 Human Skyscraper 一语，乃指修造尖塔者而言，以其高可摩天也。[5]"是目前可以检索到在中文出版物当中最早同时出现英文"skyscraper"与中文"摩天"的文章。文中主要介绍人物是来自英国当时正居上海的"摩天人"杰克·开番姆（Mr. Jake Capham），文中还提到"上海及东方各处"并无尖塔，也还未有"此等"匠人，而"纽约四五十层之高楼"之多，因此"美国固号称产此类匠人之地也。"[6]这里再一次表现出国内媒体对美国广建摩天楼状况的关注。这之后十余年间刊登在中国期刊上关于美国摩天楼建造的新闻频率不高，措辞也没有太多变化，如《申报》1916 年 11 月 14 日第 14 版"海外拾遗"专栏中一篇名为《喜可哥城之巨屋》的文字中，正文道"美国喜可哥地方有一巨屋，乃一千九百十五年时造成。题名曰摩天，取其高大之意也。屋共有二十二层，每层八十间，共计一千七百六十间。建筑费约十六兆银元云。"《申报》1919 年 3 月 11 日第 14 版上，名为《自由谈新谈旅美观察谈》，文章第一句写

[1]《申报》原名《申江新报》，1872 年 4 月 30 日（清同治十一年三月二十三日）在上海创刊，1949 年 5 月 27 日停刊。为近代中国发行时间最久、具有广泛社会影响的报纸，是中国现代报纸开端的标志。它前后总计经营了 77 年，历经晚清、北洋政府、国民政府三个时代，共出版 27 000 余期，在中国新闻史和社会史研究上都占有重要地位，被人称为研究中国近现代史的"百科全书"。

[2] 申报，1912-11-10，10 版，总第 14268 号。因当时文字标点断句和现代有不同，故此笔者自行断点。

[3]《辞海》是以字带词，兼有字典、语文词典和百科词典功能的大型综合性辞典，其最早的策划、启动始于 1915 年，中华书局创办人陆费逵先生决心编集中国单字、语词兼百科于一体的综合性大辞典。辞海二字源于陕西汉中著名的汉代石崖摩刻《石门颂》，并取"海纳百川"之意，将书名定为《辞海》。

[4] 辞海编辑委员会编.辞海（1989 年版）缩印本.上海辞书出版社,1990,2314.

[5] 竞夫.译海卫年报.摩天人.东方杂志,1914,10(9),1—4.

[6] 竞夫.译海卫年报.摩天人.东方杂志,1914,10(9),1—4.

到："美国大城如纽约高屋摩天深井入地其地底之世界颇如我国侦探小说中所记述之诸异闻美国工业发达建筑术甚进步故不期然而有此等地下层之魔窟……"[1]，这里对美国建筑物作出"高屋摩天"的形容。

1934年，在《申报月刊》第3卷第1号上刊文对"摩天楼"这一新辞源进行准确释义，题名《新辞源：摩天楼》："所谓摩天楼（Sky-scrapper）一名辞，乃是指近代都市中高入云霄的建筑而言。近代建筑术进步，世界各国的大都会中的建筑物常有高至数十层者，因其高耸于天上，故名之曰摩天楼。现以摩天楼最多而闻名于世界之都市，美国纽约市乃其最著者。纽约市中矗立于街道之摩天楼不知凡几，其中最有名的，有乌而华楼（Woolworth Building）高六十层，不过这高度早已被其他建筑物超过，最近有一名Empire State Building，共有一百二十层楼，高度达一千二百十五英尺，此为世界摩天楼中之最大者。（纬）"[2]。

同年，在1934年12月18日《申报》总第22151号第21版的《申报建筑周刊》上刊登了一篇《谈谈摩天楼》的文章，第一段也具体谈到"何谓摩天楼"："所谓摩天skyscraper者，即摩天之楼，其巅之高，望之若摩天擦顶，乃形容其高入云间，苍天无顶，焉得摩天。故楼之高，非真能摩天也。最近上海都市之中，二十二层之摩天楼已告落成，一时国际饭店，四行储蓄会之名遍传人口。里巷街头莫不以摩天楼为谈助，实有妇孺皆知之概。此亚东最高之二十二层摩天楼，确可雄视东半球。[3]"

虽然"摩天屋"是英文"skyscraper"最早的译名，但却不是使用频率最高的词汇，此后还出现了"摩天楼"、"摩天大楼"、"摩天大厦"、"摩天巨厦"、"摩天高屋"等名称，其中"摩天楼"是使用频率最高的译名。

在《申报》中检索，"摩天楼"第一次出现是在1930年6月13日第20548号第8版上，文章名《世界之高层屋》，讲到共78层高1 310英尺的纽约克莱斯勒大厦才于5月27日开幕，"一时纽约之摩天楼皆屈居下风"，这是"摩天楼"的称呼在《申报》中第一次出现，此后，还出现了133次。"摩天大楼"共检索出现22次，第一次出现是在1933年12月12日第20801号第23版上，这是一个名为《上海24小时》的电影小说，里面写到："下午四时，大都会的动脉跳动得最剧烈的时候。汽车接连着电车，电车接连着汽车：从摩天大楼的顶上往下望：是两条直线地相对着爬行的蚂蚁的阵……"[4]，"摩天阁"出现7次，第一次出现在1926年12月15日第21

[1] 专栏：自由谈 新谈 旅美观察谈.申报,1919年3月11日,第14版.
[2] 新辞源：摩天楼.申报月刊,1934年,第3卷第1期,101—102.
[3] 影界.谈谈摩天楼.申报,1934年12月18日,总第22151号,第21版.
[4] 上海24小时.申报,1933年12月12日,第23版.

版[1]，又如"摩天大厦"出现了共23次，"摩天巨厦"仅出现2次，"摩天高屋"仅出现1次。

　　通过期刊数据库检索，"摩天楼"共出现69次，首次出现在《商工月刊》1931年第2卷第3期，题名为《世界第一摩天楼》，曰"纽约函云，前任州知事，呵尔弗雷杜斯密斯氏之计划"发表，要在纽约市厅北方建造一座"世界第一之摩天楼，高一千六百呎"[2]。"摩天大厦"出现17次，第一次出现在1935年《科学画报》[3]上，"摩天阁"出现8次，第一次出现在1933年[4]，"摩天巨厦"出现3次，"摩天屋"仅出现3次，"摩天大楼"仅出现2次。（图1-3-5）

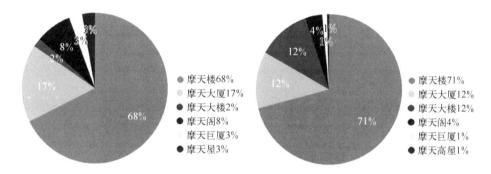

图1-3-5　有关"摩天"建筑名称的数据库检索结果饼图分析
左:《晚清及近代民国时期期刊全文数据库》; 右:《爱如生古籍库》中《申报》全文数据库

　　因此根据以上文献检索的详细考源，针对"skyscraper"这一西方"时髦"新名词新事物，中国学者在翻译时通过参考史籍典著，在博大精深的中华汉语之中找到源头，贴切地使用了"摩天"一词。同时，不论是在期刊检索，还是报刊检索当中，结果都以"摩天楼"的出现频率为最高，也是日后对于"skyscraper"最通用的中文释义，因此本书全篇也对研究对象"skyscraper"取"摩天楼"这一中文译名。

1.3.3　单体研究的高度起点和对象限定

　　通过以上对摩天楼这一类型的认知研究及当时公共媒体对这一类型的讨论，可以明确的一点是，研究对象之所以称为摩天楼，其高度是相对的，当时世界大多城市的现代化发展刚刚起步，建筑高度基本都在2层左右，因此6层以上建筑即作为摩

[1] 张维翰.艺术界: 都市美化运动与都市艺术.申报,1926年12月15日,第21版.
[2] 世界第一摩天楼.商工月刊,1931,2（3）,79.
[3] 摩天大厦摇动的奇事.科学画报,1935,3（2）,50.
[4] 欧陆底两座摩天楼.我存杂志,1933,1（2）,105.

天楼来讨论并不难理解。从这一理解基础上,再回到近代上海的历史文脉去找到更合适的论述对象的起点。根据1.2节所确定的摩天楼三要素,笔者对上海历史建筑做地毯式调研发现首先符合摩天楼两项固有属性,即采用框架结构的办公商业建筑基本都位于公共租界(Shanghai International Settlement)[1]内,还有少数几幢建筑位于法租界(La concession française de Shanghaï)[2],而关于研究对象高度界限的确定,正如建筑师佩里所说这"取决于时间,及它与周围环境的关系"[3]。对于确定讨论上海近代摩天楼这一研究课题的高度起点,还需要更加严谨地从史料当中寻找线索。

20世纪初的近代上海租界,由于公共租界的经济发展迅速,建造业也较法租界兴盛,工部局在审核监管采用新型建筑材料与结构的建筑时已格外谨慎,并且对建筑高度的控制给予了一定的重视,1903年公共租界工部局率先颁布的《西式房屋法规》[4]中已开始对建筑高度进行明确限定,之后该条款又经历了三次修改,共计四个版本。

根据公共租界第一次颁布的《西式建筑规则》第48条,对建筑物高度做出了明确限定:任何非铁骨、钢框架结构的新建建筑(教堂或礼拜堂除外),从地平面至屋顶檐沟底面高度不得超过85英尺(约25.9米),塔楼及其他建筑装饰物不计入建筑高度。同时规定,对于在法规颁布之前,建筑高度超过85英尺的建筑物,业主有权在改建、加建时不遵守这一新的规定[5],适用的建筑类型为民用建筑

---

[1] 上海公共租界(Shanghai International Settlement)(又名英美租界)是近代中国出现的第一个租界,由原英租界与美租界于1863年合并而成。上海公共租界在中国租界史上是开辟最早,存在时间最长,面积最大,经济最繁荣,法律最完善、管理机构最庞大,发展最为充分的一个租界。经过多次扩张于1899年形成较稳定区界,面积扩展到33 503亩(22平方千米),东面扩展至周家嘴(今平凉路军工路转角处);北面的边界到达上海、宝山2县的交界处;西面一直扩展到静安寺。整个租界划分为中、北、东、西4个区。

[2] 上海法租界(La concession française de Shanghaï)于1849年开辟,1914年开始大幅扩张,成立法新租界,20世纪20年代发展成上海最好、最高级的住宅区。

[3] 详见1.1.1小节。

[4] 公共租界工部局按华式建筑与西式建筑分类进行规范编制,由于华式建筑以木质梁柱结构承重为主,从建筑承重及防火两方面考量,建筑物建造高度受到较大限制,故华式建筑建筑法规中对建筑高度的限定不在本书讨论范围内。

[5] U1-2-246.上海公共租界工部局总办处关于修改外国楼房建筑章程、铺设电车、建娱乐场及河南路拓宽等文件,上海档案馆. "A building, other than of iron or steel framed construction, (not being a church or chapel) shall not be erected of, or be subsequently increased to a greater height than eighty-five feet measured from the ground level to underside of eaves gutter and exclusive of turrets or otherArchitectural feature or decorations, without the consent of the Council.This rule shall not apply to the rebuilding to the dame height as at present of any building existing at the passing of this rule of a greater height than eighty-five feet. Provided also that where any existing buildings forming part of a continuous block or row of buildings exceed at the date of making of this rule the height hereby prescribed, nothing in this rule shall prevent any other building in the same block or row belonging at the date of the making of this rule to the same owner, from being carried to a height equal to,but not exceeding that of such existing buildings."

(domestic building)；住宅（dwelling house）；公共建筑（public building）；货栈类建筑（building of the warehouse class）[1]，85 英尺成为租界法规中对建筑高度进行控制的最早数值，以 12 英尺（约 3.7 米）为平均层高计算，约相当于 7 层高建筑，而在条例颁布时，此时租界中的建筑仍然多为 2 至 3 层，达到 85 英尺高度建筑还未有一例。

　　1916 年公共租界颁布《新西式建筑规则》中，第 14 条关于建筑高度的条款有了很大的改动。首先，将 1903 年规定的限高 85 英尺，改为了 84 英尺（25.6 米），降低了 1 英尺，同时，结合建筑周边环境规定，若新建建筑与宽度超过 150 英尺的永久空地相邻的话，则对建筑高度取消限制；其次，还对建筑高度与街道宽度之间的关系作出明确规定，指出建筑的高度不能超过其二层以上外墙最外端到市政道路对面距离的 1.5 倍，假设建筑位于街道转角的时候，规定建筑高度以其相邻较宽之路为参考，但同时沿较窄道路的建筑面宽不得超过其沿较宽道路的宽度，而且不能超过 80 英尺。最后条文还对防火做出了严格规定，所有高度超过 60 英尺 [2] 建筑都必须使用《新西式建筑规则》附录 2 中列出的防火材料建造。[3] 按照这一规定，除非当建筑与宽度超过 150 英尺的永久空间相邻时，才能建造不限高度的建筑，其余情况，建筑高度数值的直接限制被改为 84 英尺，若要超过 84 英尺高度，需要根据建筑所临较宽街道宽度的 1.5 倍向后退界，并且须经工部局工务处（Public Works Department）审核批准。

　　之后在 1919 年对建筑高度条例的补充修订中，84 英尺数值限定未再变化，只是在街道与建筑比例关联上进行了调整，而公共租界最后一次对建筑条例

---

[1]　其中对于各类型建筑进行了专门定义：“民用建筑” 是指住宅或办公楼或其他住宅附属建筑（不管是否直接相连），或商铺或任何其他不是公共建筑或仓储类建筑的房屋；“住宅” 是指全部或主要用于或为人类居住而建造的房屋；“公共建筑” 是指除特别定义外经常或偶尔用于或适宜用于教堂、礼拜堂、或其他公共朝拜场所，或医院、救济院、学校、旅馆（不仅仅用作住宅）、俱乐部、餐厅（不仅仅用作商店）、戏院、公共大厅、公共音乐厅、公共舞厅、公共展厅，或人们需要通过售票才能进入进行集会的场所房屋，或者是经常或偶尔用于或适用于任何其他公共目的的房屋；“货栈类建筑” 是指仓库、工厂、制造厂、酿酒厂或蒸馏厂。在这里，住宅建筑虽从属于民用建筑，但在规则当中被单独列出，加以强调。

[2]　当时救火机械喷水的有效高度为 60 英尺，引自 C.H.Godfrey and H.Ross，“Some Notes on the Shanghai Building Rules”，The Engineering Society of China, Proceeding of the Society, 1916–1917, 239, 转引自赖德霖. 中国近代建筑史研究. 北京：清华大学出版社，1992，65。

[3]　U1-1-166，上海公共租界工部局修正建筑规则文员会会议录，上海档案馆，并结合王进详. 上海公共租界房屋建筑章程. 上海公共租界工部局订. 中国建筑杂志社出版，民国二十三年十一月出版，11，与陈炎林编著《上海地产大全》中收录的《上海公共租界工部局所订房屋建筑规则》进行参考翻译。

进行的调整一直到1937年才开始实施，取消了对建筑物绝对高度值的控制，[1]
但由于历史原因，战争爆发致使上海摩天楼建造发展进入停滞阶段，其执行
情况也就无从考察。因而，84英尺成为考察公共租界摩天楼的重要的分界参
考值。

　　同时，考察法租界对建筑工程进行管控的管理条例，在《警务及路政条例》中
设有专门章节对建筑高度进行限定。这一条例最早的版本是在1869年10月制订
的，在1930年2月24日，公董局董事会在修改《警务与路政章程》第2篇"建造中"
对建筑高度进行了比较明确的规定[2]：沿马路建筑，其高度不超过包括人行道在
内的马路宽的1.5倍；建在沿天井和小院子的建筑物，其高度与天井面积成正比，
及建筑物每高2米，天井面积增大5平米，若违反上述条例，规定违章建筑除罚款
外，可在拆除或缴纳一笔捐税之间任选一种。[3]可以看到，法租界公董局制订的建
筑控制条例当中并未出现明确的建筑高度限定，但是对于建筑高度与街道空间的
比例关系还是作出了严格限定，这一部分和公共租界建筑高度与毗邻街道比例关
系相仿。

　　介于对时代背景与建筑文脉的充分理解，本书将以84英尺作为讨论摩天楼的
高度起点的重要数值参考，再结合建筑性质（应以办公或者商业用途为主）、采用
的结构体系——新型的框架结构等做综合考量，以此确定符合"摩天楼"建筑的
研究对象。

---

[1] 至20世纪30年代末，上海公共租界最后一次对建筑规则进行系统修订。本次修订的《通用建筑规
　　则》第6条第1项对建筑高度的控制作了重新修订，取消了对建筑物绝对高度值的控制。这主要有两
　　点原因：其一，在20世纪20年代至30年代，近代上海经济发展空前繁荣，此时建筑建造技术已具相
　　当水平，地产商抓住机会建造高楼以牟利；其二，上海市政道路越拓越宽，例如南京路在1929年被确
　　定拓宽至80英尺，按照1919年14b的"1.5倍"进行计算，此沿街建筑可以建造至120英尺高。也就是
　　说，绝对数值在这里已不具备限定意义。第6条第1项规定如下：任何建筑物高度不得超过其相邻道
　　路宽度的1.5倍，除非之上的建筑物部分每升高1.5英尺就向后收进1英尺。但当沿街建筑物上部
　　正面外墙在长度上比底层外墙每短1%时，它就可以向道路红线方向外移4英寸。在转角地块上，沿
　　较窄道路一面的建筑物高度应以较宽的市政道路为计算标准，但其沿较窄道路一面之长度不得超过
　　其沿较宽门偶之长度，且不得超过80英尺。资料来源：U1-14-6085，上海公共租界工部局工务处关
　　于建筑法规修订的文（1912—1943），上海市档案馆55-86，同时参考唐方著《都市建筑控制：近代上
　　海公共租界建筑法规研究》原文翻译，241。
[2] 笔者查阅到在陈炎林编著《上海地产大全》附录中，有关法租界公董局对建筑高度的章程颁布时间
　　有不同，在此进行批注说明："法租界公董局1930年1月27日公布的附加建筑规则——巡捕及马路规
　　则（建筑类）第三条对房屋高度作出了规定，其中第一节规定房屋高度之量法由屋线上所垂下之直线
　　沿量之，沿路线房屋之高度不得大于路之宽度一倍半路宽内"。陈炎林编著.上海地产大全.上海：上
　　海地产研究所，1933，914。
[3] 上海租界志编纂委员会编.上海租界志.上海：上海社会科学出版社，2001，569—570。

1.4　本章小结

　　本章从名词词源与建筑本体两方面对"摩天楼"的源头进行论述。首先以美国为起点,对这一新术语在当时环境中如何达成共识进行讨论,同时从建筑专业术语角度定义"skyscraper"(摩天楼),概括出其应基本具有的三方面属性:① 主要为办公或商业用途;② 采用框架结构,外墙不承重;③ 之于环境"相对"高的概念;并且对中国近代期刊文献当中"skyscraper"(摩天楼)这一词源的翻译引入做深入分析。其次,从建筑本体出发,讨论了摩天楼在芝加哥作为高层办公建筑出现的开端,通过对世界上"第一幢摩天楼"的讨论与认定,更明确地梳理作为20世纪的建筑新类型,美国摩天楼在初期经历的探索过程。第三,也是最重要一点,在以上论述基础上明确本书讨论近代上海摩天楼的单体研究起点,包括:① 建筑从地平面至屋顶檐沟底面高度超过84英尺;② 建筑性质应以办公商业用途为主,可复合酒店、公寓、娱乐等功能;③ 建筑主体应采用新型结构:钢筋混凝土结构或者钢结构。摩天楼发端于19世纪末美国,关于这一建筑新类型的介绍仅用了十余年时间便作为"世界异闻"传播至上海,在接下去十余年时间上海租界飞速的现代化进程将为日后蓬勃的摩天楼建造提供巨大的推动力。

第2章

摩天楼出现的社会动力——近代上海的现代化

以城市为单位进行考察,以摩天楼繁盛发展的两座城市——美国芝加哥与纽约的社会发展背景来看,摩天楼在一座城市的出现发展,需以区域经济发展繁荣至一定程度为必要前提。著名学者罗兹·墨菲(Rhoads Murphey)认为世界大都市的兴起,大多主要依靠两个因素:一是,以大帝国或政治单位,将其行政机构集中在一个杰出的中心地点;二是,一个高度整体化和商业化的经济体制,以及建立在拥有成本低、容量大的运载工具的基础上的贸易和工业制造,集中在一个显著的都市化的地点[1]。显然,芝加哥与纽约在短短百年的时间发展成为拥有上百万人口的经济中心,主要依靠的是后一层面的因素促成。而将这一现代化,或者说都市化的问题置于上海进行分析,从经济数据上看,近代上海的城市化进程的确表现出明显的经济体制转型,以及受到发展迅速的进出口贸易与工业制造业的深刻影响,但从更深一层面思考,就没有如此简单。

摩天楼在近代上海租界的出现,不仅有社会发展的内在动因,同时,工业时代带来的科学技术进步也是不容忽视的外在助力,需要强调的是,上海于1843年11月正式开埠后的城市化发展,并不是一种完全均衡意义上的发展,"国中之国"的公共租界、法租界与被割裂的华界构成了近代上海"三界四方"的殊城市格局,同时也决定了其在现代化进程中因社会形态的特殊性,包括行政结构、经济结构及文化结构的多元势差格局,为近代上海城市生长带来了丰富的复杂性与矛盾性。

因此,本章重点考察内容可分为两部分:其一,在不均衡区域性城市化过程中,行政结构、经济发展、人口增长、地价因素等多元势差格局的特征表现;其二,

---

[1] 〔美〕罗兹·墨菲(Rhoads Murphey).上海——现代中国的钥匙,上海社科院历史所编译,上海:上海人民出版社,1986,2.

从专业角度对近代上海城市建设的兴起与发展中新材料与新技术的引入、营造业发展、建筑法规专项规范的制订、建筑师的职业化转变等方面进行考察。事实上以上内容又被囊括于城市"现代化[1]"的课题范畴当中,换言之,城市的现代化进程是推动近代上海摩天楼出现的重要动力。

2.1　上海成为国际大都市的关键要素

2.1.1　地理要素与行政区划

当18至19世纪以英国为首的欧洲各国及北美国家正经历着一场以大规模工厂化生产取代个体工场手工生产的产业与科技革命之时,中国却开始严格执行闭关锁国的政策,紧锁大门享受着封建王朝的最后一个繁华盛世。此时的上海虽已是长江三角洲冲积平原上的一个商贸重镇,但仍只有微不足道的二平方公里左右的弹丸之地。

上海,简称沪,别名申,在距今约25 000年前,曾是西通太湖、东接大海的一片浅海,地处东经120°51′～122°12′,北纬30°40′～31°53′,位于太平洋西岸,欧亚大陆的东端,中国东南海岸的中点,长江和黄浦江入海汇合处,自古拥有优越的航运条件(图2-1-1)。1292年(元至元二十九年)上海立县,全县人口约万。至1355年,上海已是一个繁盛的港口,据《松江府志》记载,

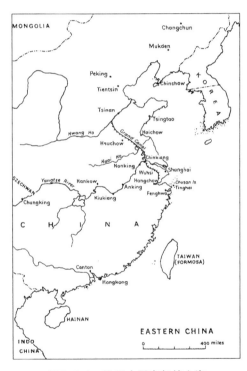

图 2-1-1　位于中国东部的上海

---

[1] 在《中国现代化》一书中指出,现代化可视作社会在科学技术革命的冲击下,已经经历或正在进行的转变过程,通常与这一进程有关的社会变革因素也被视为基本特征或是界定性因素,包括:国际依存的加强、非农业生产尤其是制造业和服务业的相对增长,持续的经济增长,各组织和技能的增生及专门化,官僚科层化等方面。——[美]吉尔伯特·罗兹曼主编.国家社会科学基金"比较现代化"课题组翻译.中国的现代化.南京:江苏人民出版社,2010,4.

当时已有72 520户，人口约30多万，来此大多为富商巨贾，"操重资而来市者，白银动以数万两，少亦万计。"清康熙年间（1684），上海解除海禁，设海关，海上贸易大为振兴，"货运贸易皆由吴淞江进舶黄浦，南北土产云集，城东门外船舶相衔，帆樯比栉"，"远至秦晋、辽海、巴蜀、闽粤沿海，近及淮扬苏常镇各府属"[1]。

　　鸦片战争之前，由于商品经济的发展上海城镇已经开始了商业、棉纺业、运输业等产业的初步聚集，商业市场已经初具规模，在还没有更加便利的陆路、铁路交通运输的条件下，便利的水上交通成就了较为发达的埠际贸易。美国旅行家弗兰克·卡彭特（Frank Carpenter）曾先后5次来上海，在19世纪末预言上海的未来："立足于经济和生产，这个城市在中国是最重要的。在铁路网的连接下，上海将迟早会成为世界上最大的城市，在财富和人口方面成为纽约、伦敦、柏林、东京的强劲对手。[2]"

　　从1843年上海正式开埠，到1927年上海特别市成立，上海辖区都未有太大的变化。鸦片战争后，依据中英《江宁条约》，上海被列为首批通商的五口之一，开埠通商意味着上海将成为欧美环球海上贸易走廊在远东的一个重要枢纽，随后依据1843年10月签订的《虎门条约》补充条款，1845年11月，上海道台与英国领事经过一段时间磋商签订了《上海租地章程》，率先划出上海县城北郊临黄浦江的土地作为英国外侨的"居留地"（the settlement），允许外国人可在此"永租"土地，兴建住宅，通商贸易。后来，"居留地"逐渐蜕变为"租界"，1848年和1849年美租界与法租界相继成立，1854年，上海英法美租界联合组建独立市政机构"上海公共租界工部局"，建立警

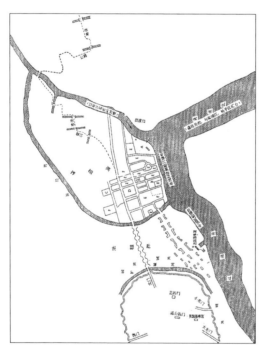

图2-1-2　早期英租界、法租界及华界边界示意图（19世纪50年代初）

[1] 叶梦珠.阅世编."食货五"，上海：上海古籍出版社，1981，157-158.
[2] Barbara Baker, Shanghai: Electric and Lurid City: An Anthology. Hong Kong: Oxford University Press, 1998, 94, 转引自海上异托邦——西方文化视野中的上海形象.吕超，黑龙江：黑龙江大学出版社，2010，9.

察武装,正式形成了第一个后来真正意义上的"国中之国"(图2-1-2)。1862年法国退出联合组建的市政机构,自设公董局,1863年英、美租界正式合并,称为"公共租界"。至19世纪末20世纪初,在租界以北的城郊,又兴起了一个闸北新区。华界闸北与南市,被租界地横亘于中,北南不相联接,这样上海形成了"一地三界"的特殊的地方行政格局。

这里的上海"租界",虽不等同于殖民地,但可以说它是在一个主权国家领土上建立的半殖民地,租界区域既不从属于中国的行政体系,也不受制于中国的法律制度。首先是英国驻沪领事在19世纪50年代成立工部局,确立了侨民自治的市政体系,并对《上海租地章程》进行修改,形成了《上海洋泾浜北首租界章程》,将原有规范居留地租地办法的简章,扩充为赋予租界自治管理权的"租界宪章",通过《附律》的修订,使公共租界纳税西人会制订、修改行政管理法规有章可循,引入并逐步形成了一套近代城市法律系统。因此,独立于大清例律,上海公共租界首先建立起了一个自治的、法制的特别管辖区。

至20世纪20年代上海租界扩张格局基本定型。公共租界经历了19世纪90年代末最后一次大规模扩张,面积扩展到33 503亩(22.3平方公里),东面扩展至周家嘴(今平凉路军工路转角处),北面的边界到达上海、宝山2县的交界处;西面一直扩展到静安寺,整个租界划分为中、北、东、西4个区,以中区地价最高。法租界在1900年有过小幅扩张,1914年进行大规模扩张,开辟法新租界,租界总面积达10.1平方公里,法新租界在20年代发展成为上海最好的住宅区(图2-1-3)。

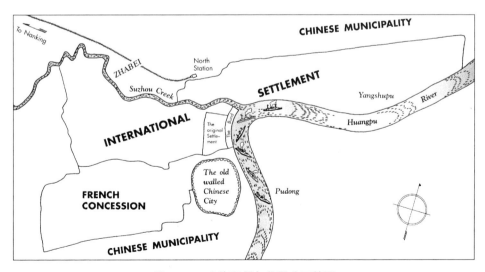

图2-1-3　上海租界与华界分区简图

19世纪工业革命的现代化进程中诸多创造性发明改变着人们认识世界的方式。在西方管理者的治理下，上海租界成为近代中国最为先进的现代化示范区。公共设施紧紧跟随世界脚步，从煤气、自来水，到电灯、电车、电话等等的引进运用，都走在世界前列，同时在城市管理方面，工部局也充分借鉴英国城市的管理经验，制订租界地区的城市发展规划，为租界地区城市化良性发展提供了非常高效的机制，也为区域经济发展提供了充分的可能。在清末民国初的中国，经历了封建帝国走向终结和民国初期割据战乱的动荡局面，租界区域的城市管理模式却奉行高度自治的法治原则，有效地维护了界内社会秩序，保持了经济的持续性发展，这一稳定局面直到1937年日本发动侵华战争攻占上海，租界进入"孤岛"时期才告一段落。

据统计，1843年后，计有英、法、美、德、日、俄、意、比、奥9个国家在上海、天津、汉口、广州、厦门、九江、镇江、杭州、苏州、沙市、重庆、福州12个城市建有租界，租界总数超过30个，但这分布在各口岸城市的30个租界的总面积不足50平方公里，而上海一地的两个租界面积就达30平方公里，占全国租界总面积的三分之二之多。[1]上海租界，作为近代中国都市文化的一个特殊类型，不同于香港，或者远东其他完整属于殖民模式的口岸城市，而是在局部范围实现了侨民自治，有其深刻的特殊性与唯一性。在近百年时间内，不仅为城市设立了源于西方的现代城市管理制度，引入了先进的科学技术，在其创造的相对稳定的时政局面下，刺激了城市经济的飞速发展，同时，也在城市化发展中产生了关于中西文化交融过程中同化与异化的命题。摩天楼，伴随着城市现代化进程而出现，其与区域性发展过程中制度完善、技术进步、经济繁荣、文化传承等方面都表现出了紧密关联，正是由于西人自治的稳定局面造就了上海黄金时代，也为摩天楼在世界地图坐标上的上海租界出现提供了必要社会前提。

2.1.2 以进出口贸易与工业为主导的经济发展

1840年至1842年英国发动鸦片战争叩开中国对外封闭的大门，1842年8月，清朝对英屈辱求和，与之签订了中国近代史上第一个不平等条约《中英江宁条约》即《南京条约》，其中规定了英国人可以携带家眷等"寄居大清沿海之广州、福州、厦门、宁波、上海等五处港口，贸易通商无碍；且大英国君主派设领事、管事等官住

---

[1] 薛理勇.上海洋场.上海：上海辞书出版社,2011,自序。

该五处城邑,专理商贾事宜"[1]。1843年10月,中英又签订了关于外人在各口岸租地建屋之规定《五口通商附粘善后条约》即《虎门条约》,随后首任英国驻上海领事巴富尔(George Balfour)宣布上海于11月17日正式开埠,而法国、美国等列强国家随后也纷纷效尤胁迫清政府签订《中法五口贸易条约》(《黄埔条约》)、《中美五国贸易章程》(《望厦条约》),由此获得与英国在华相似特权。以上条款,为英美法列强对中国进行瓜分侵略提供了保护伞,同时也吸引了大批外国冒险家及传教士的到来。从此,中国对外的贸易中心逐渐从广州转移至上海,这座开埠城市开始了她发展成为远东第一大都市的蝉变。

　　首先是国际依存的加强。近代上海从中国的一个东南小镇迅速地发展为对外贸易和国内商业的中心,首先得益于其优越的自然地理环境,海上航运和海上贸易成为上海经济发展的支撑点,通过茶叶、蚕丝及鸦片等这一时期三大贸易商品,加强了其与世界其他国家的联系。1893年上海英文《文汇报》上刊登江海关税务司对上海贸易的一段文字描述:"除小部分供当地使用外,从中国各岸或国外运到这里的产品,大部分经由某些航道(海洋、江流或河滨)装上较大的轮船或比舢板稍大的船只,重新运往他处"。1846年,即上海开埠后的第三年,中国出口贸易有16%经历上海这一通商口岸,到1861年,上海出口的份额占全国出口贸易总额的50%。

　　19世纪60年代末70年代初,发展国际贸易的客观条件发生了两项革命性变化:一是1869年苏伊士运河[2]的正式通航将欧洲到中国的航程缩短了一半以上;二是海底电缆的铺设使中国与欧洲建立了电讯联系。受此影响,上海的进出口贸易额逐年增加。1870年上海对外贸易占中国对外贸易总值的63%,并取代广州成为全国的对外贸易的中心,此时与它最接近的竞争者广州所占的贸易份额仅有13%。[3]从上海市历年与外商及各通商口岸的进出口贸易价值总额观察可知上海商业的繁盛程度,从1865年至1930年的逐年递增态势明显,1865年上海海关进出口贸易总额为134 809 411两,至1900年接近翻三番达到389 484 395两,进入20世纪后上海进出口贸易总额仍然快速增长,1930年进出口贸易总额超过

---

[1] 王铁崖编.中外旧约章汇编(第一册).北京:生活·读书·新知三联书店,1957(1982重印),31。

[2] 苏伊士运河航线于1869年通航,是一条国际黄金水道,扼欧洲、亚洲、非洲交通要冲,苏伊士运河建成后,大大缩短了从亚洲各港口到欧洲去的航程,大致可缩短8 000～10 000千米以上。它沟通了红海与地中海,使大西洋经地中海和苏伊士运河与印度洋和太平洋连接起来,是一条具有重要经济意义和战略意义的国际航运水道。

[3] 数据来源:班尼斯特著.中国对外贸易史,1834—1931年,74,103,转引自[美]罗兹·墨菲(Rhoads Murphey).上海——现代中国的钥匙,上海社科院历史所编译,上海:上海人民出版社,1986,80。

19亿两（表2-1）。

表2-1　上海市历年进出口贸易总额

年　份	贸易总额（海关两）	增加百分数（以1930年作为基准数）
1865	134 809 411	6.90%
1870	155 664 949	7.96%
1875	173 782 549	8.89%
1880	212 462 571	10.86%
1885	213 695 175	10.94%
1890	237 826 740	12.12%
1895	342 476 224	17.53%
1900	389 484 395	19.94%
1905	710 929 331	36.34%
1910	769 220 132	39.38%
1915	890 586 222	45.59%
1920	1 170 023 843	59.89%
1925	1 607 458 916	82.29%
1930	1 953 389 834	100.00%

（数据来源：张辉，《上海市地价研究》，正中书局，1935，52。）

　　对外贸易的飞速发展，使上海经济同世界有了联系，城市经济以外贸为先导，通过外贸带动内贸，对交通运输、电讯通讯、金融汇兑和轻重工业等行业逐步发展起到巨大的推动作用，原有的商业经营方式和社会经济结构在这一过程中发生深刻变化；另外，与西方世界的交流扩大，使得引入的先进科学技术在生产和流通领域中日渐应用。在这一时期，通过外国人在上海开设各类的工厂，近代上海工业逐渐建立和发展，到19世纪末已有30多家，国人创办的工业也开始萌芽，上海制造业、服务业占经济结构比重逐渐增大，非农业生产取代农业生产，经济飞速发展从不同方面大大地推进了上海经济的现代化。

　　在《海关十年报告（1902—1911）》，一份20世纪初撰写的海关报告中曾写道："近几年来上海的特征有了相当大的变化。以前它几乎只是一个贸易场所，现在它成为一个大的制造中心。"[1] 自 1895 年中日甲午战争结束后，至 20 世纪初，上海工业发展已具一定规模，尤其是在第一次世界大战时期，由于舶来品进口锐减，本土工业得到了大幅度发展，奠定了上海在全国的经济中心地位，并列为世界十大都市之一[2]。上海工业发展主要分为轻纺工业及重工业两部分，据刘大均的统计数据中显示，1932—1933 年，全中国现代棉纺厂共 136 家，其中 64 家在上海；烟草制品厂共 64 家，其中 46 家在上海；现代面粉厂共 83 家，其中 41 家在上海；全国共有现代工厂共 2 435 家，其中 1 200 家在上海，[3] 上海工业总产值已达 11.18 亿元，已超过全国工业总产值的一半，占当时全国工业总产值的 51%[4]。持续性的经济增长使上海超越了国内所有其他城市，成为中国国际贸易的总枢纽，金融流通的集中点，甚至跃为"远东第一商埠"，赶超了世界上无数发达国家的先进城市和港口，跻身于国际最著名的都会和港口之列。

2.2　人口发展与"高层办公建筑"的出现

2.2.1　人口增长的基本情况

人口数值一直是人们对一座城市规模与繁荣状况的最直接判断之一。从社会经济学角度来说，人口因素是社会发展的重要前提，是形成社会经济结构形态的决定因素之一，它与经济结构相互依存。虽然从短期看，社会经济的发展变化不能单纯用人口因素来解释，但是从长期看，一种社会经济结构形态的最初形成或产生，人口因素起着决定性的作用[5]。从建筑学角度而言，一座城市人口密度的大小将对区域所需满足人们日常生活及商业发展的建筑面积总量有着重要影响。

首先，我们可以从芝加哥与纽约这两座以摩天楼发展为代表城市，在 19 世纪人口总量迅猛增长的数据获得直观经验。芝加哥在 18 世纪的伯塔瓦托米

[1] 徐雪筠、陈曾年、陆延等译编.中国近代经济史资料丛刊：上海近代社论经济发展概况（1882—1931）——《海关十年报告》译编.上海社会科学院出版社,1985,158.
[2] 张仲礼.近代上海城市研究（1840—1949）,上海：上海文艺出版社,2008,48.
[3] ［美］罗兹·墨菲（Rhoads Murphey）.上海——现代中国的钥匙,上海社科院历史所编译,上海：上海人民出版社,1986,200.
[4] 黄汉民.1930年代上海和全国工业产值的估计,汪敬虞教授九十华诞纪念文集,人民出版社,2007,50,转引自：张仲礼.近代上海城市研究（1840—1949）,上海：上海文艺出版社,2008,48.
[5] 傅筑夫.人口因素对中国社会经济结构的形成和发展所产生的重大影响.中国社会经济史研究,1982年10月,第3期,1—13.

（Potawatomi）印第安部落领地，到1833年芝加哥镇建立时这里仅有350名居民，1837年3月这里成为芝加哥市。在工业革命的推动下，不到40年时间，1871年的芝加哥城已经发展成为美国中部的商贸中心，城市的繁荣吸引了众多的外来者到此定居，其中包括大量农村人口及外来移民[1]，城市人口在20年间连番十倍，从1850年的2.9万人发展到1870年的29.89万人[2]。1871年的芝加哥大火丝毫没有影响到芝加哥的城市经济发展速度，甚至在烧毁象征传统建筑的同时，大火也将芝加哥城带入了一个全新的现代文明的发展阶段。从1871年至1893年举办哥伦比亚博览会（World's Columbian Exposition）的22年间，芝加哥城市人口增长至109.86万人，城市面积从35.2平方英里[3]连翻5倍，达到了178.1平方英里[4]。由于工业发展与人口数量的急增推动了社会对商用建筑需求的增加，在这一阶段，摩天楼在芝加哥得到了迅速发展。

纽约市的发展与芝加哥有很多相似之处，16世纪初意大利人乔瓦尼·达韦拉扎诺（Giovanni da Verrazano）第一次到达纽约湾时，这里仅有5 000位勒纳佩族人居住，当地族人过着狩猎与农耕的简单生活；从1624年建城至1782年，经历了荷兰殖民、英国殖民后，1784年这里成为美国的第一个首都，这一时期纽约总人口不到5万人；从1783年到1825年，这里成为巨大港口，到1825年伊利运河（Erie Canal）开始运作，纽约市逐渐成长为国家经济中心，至19世纪30年代，纽约人口增长至24.2万人；1865年美国南北战争结束后，纽约经济迅速发展，因工业发展与港口经济发展需要，来自世界各地的新移民应需求而大量涌入，此时纽约五个区[5]已逐渐成形。18世纪末纽约总计人口仅4.9万人，至19世纪60年代末纽约人口第一次突破百万，达到117.5万，到19世纪90年代，纽约人口已经达到250.7万，是当时芝加哥市的两倍多（表2-2）。数据显示，至20世纪20年代，纽约的人口（560

---

[1] 19世纪初美国人口仅有700万，平均每平方公里1.6人，劳动力不足成为美国经济发展遇到的首要问题。1864年美国成立移民局，通过了鼓励移民法案，准许雇佣外国工人，并向移民预借工资作为路费，同时19世纪中叶欧亚地区不断发生灾荒及战争促使了大量人口涌入美国。在1861—1914年的半个世纪中，美国移民人口达2 700万人，在整个人类移民史上，像美国移民这样规模之大、范围之广、持续时间之久，对社会影响之深是罕见的。

[2] Carl W. Condit. *The Rise of the Skyscraper*. The University of Chicago Press, 1952, 11.

[3] 1平方英里 = 2 589 988.11平方米

[4] Wesley G. Skogan, *Chicago Since 1840: A Time Series Data Handbook* (Urbana, IL: Institute of Government and Public Affairs, Univ. of Illinois, 1976), Table 1. For a rich, wonderful environmental, economic, and cultural history of Chicago, see William Cronon, *Nature's Metropolis: Chicago and the Great West*. New York: Norton, 1991.

[5] 继1834年布鲁克林（Brooklyn）成为纽约市的一部分后，皇后区（Queens）、布朗士区（Bronx）及史泰登岛（Stanten Island）也于1898年加入，加上曼哈顿岛，现代纽约城市的雏形基本奠定。

万)仅两倍于芝加哥人口(270万),而前者摩天楼的数量是后者的近10倍[1]。

表2-2　纽约市各行政区历年人口统计(1790—1940)(单位:人)

	曼哈顿区	布朗克斯区	布鲁克林区	王后区	斯塔腾岛	总　计
1 790	33 131	1 781	4 495	6 159	3 835	49 401
1 800	60 515	1 755	5 740	6 642	4 564	79 216
1 810	96 373	2 267	8 303	7 444	5 347	119 734
1 820	123 706	2 782	11 187	8 246	6 135	152 056
1 830	202 589	3 023	20 535	9 049	7 082	242 278
1 840	312 710	5 346	47 613	14 480	10 965	391 114
1 850	515 547	8 032	138 882	18 593	15 061	696 115
1 860	813 669	23 593	279 122	32 903	25 492	1 174 779
1 870	942 292	37 393	419 921	45 468	33 029	1 478 103
1 880	1 164 673	51 980	599 495	56 559	38 991	1 911 698
1 890	1 441 216	88 908	838 547	87 050	51 693	2 507 414
1 900	1 850 093	200 507	1 166 582	152 999	67 021	3 437 202
1 910	2 331 542	430 980	1 634 351	284 041	85 969	4 766 883
1 920	2 284 103	732 016	2 018 356	469 042	116 531	5 620 048
1 930	1 867 312	1 265 258	2 560 401	1 079 129	158 346	6 930 446
1 940	1 889 924	1 394 711	2 698 285	1 297 634	174 441	7 454 995

　　注:1. 行政区按1898年合并时界定。
　　2. 自1874年至1895年纽约市由曼哈顿和部分布朗克斯组成。该市总人口在1880年为1206 299人,1890年为1 515 301人。
　　(数据来源:美国商务部人口调查局,《人口调查》1960(第一卷,分册甲,表格28),转载自[美]乔治·J.兰克维奇著,辛亨复译,《纽约简史》,上海:上海人民出版社,2005,332—333,附录二。)

　　上海真正有户口记录是从元至正(1355)年前后始,也正是上海正式置县之后。[2]一直到上海开埠,上海县依旧是以农耕为主体的经济模式,这里的人口增

[1] Report of the Heights of Buildings Commission (New York: Board of Estimate and Apportionment, 1913), 15; Homer Hoyt, One Hundred Years of Land Values in Chicago (Chicago: University of Chicago Press, 1933), 281; Carol Willis, *Form Follows Finance: Skyscrapers and Skylines in New York and Chicago*. New York: Princeton Architectural Press, 1995, 9.
[2] 上海市文献委员会编印.上海文献丛刊:上海人口志略,1948,1.

长都极为缓慢。鸦片战争之后，作为通商口岸开埠后的上海，一百年间人口的地区分布发生了极大的变化。在租界开辟以前至开辟初期，上海人口多集中于县城及近郊，据估计当时上海全县人口仅五十余万，约20万人集中于县城及附近。[1]开埠后，上海具有了三个独立的行政单位各自为政，所以人口调查也是分别进行。自鸦片战争起至1927年上海特别市政府成立前，华界只在个别年份中对界内人口进行过一些比较粗糙的调查。公共租界是从1865年起，每五年进行一次界内的人口调查[2]，一直持续到抗日战争开始的1937年为止。法租界在1865年和1879年各进行过一次界内的人口调查，自从1890年起，每隔五年进行一次，1930年起改为每年一次，后因租界人口增加不多，1934年又改为隔两年进行一次的人口调查，直到1936年为止。

根据资料统计，至解放百余年间，整个上海地区人口增长了9倍，人口数净增长达到近500万。这一膨胀式增长，不仅在中国其他各大城市未有发生过，在世界城市人口史上也是相当罕见。[3]上海1852年的人口数为54.4万，至1900年达到108.7万，48年间年均增长率为1.45%，到1949年上海人口数达到545.5万，1900年至1949年的49年间人口年均增长率达到3.3%，这两阶段的增长率远远超过了同期世界人口的年均增长率，1850年到1900年间的年平均增长率为0.7%，1900年到1950年期间的1%，而1650年到1750年期间，也就是工业革命发生之前，世界人口年增长率仅为0.3% ~ 0.4%[4]。百年间上海的城区面积从原来的2平方公里左右扩展到了91平方公里（全市总面积则达到了622平方公里，1949年），上海的城区人口从原先的20万左右猛增到400万左右（全市人口则达到了545万，1949年）[5]（表2-3）。

表2-3　1852—1950年上海人口增长表

年　份	华界（万人）	公共租界（万人）	法租界（万人）	总人数（万人）	比上期增长
1852	54.4	—	—	54.4	—
1853	—	0.05	—	—	—
1855	—	2.0	—	56.0	2.9%
1865	54.3	9.3	5.6	69.2	23.6%

[1] 邹依仁.旧上海人口变迁的研究.上海：人民出版社，1980，15.
[2] 公共租界在1875年未进行人口普查，次年补查.
[3] 邹依仁.旧上海人口变迁的研究.上海：人民出版社，1980，3.
[4]（意）卡洛·奇波拉.黄朝华译.世界人口经济史，北京：商务印书馆，1993，87.
[5] 郑祖安.百年上海城.上海：学林出版社，1999，2.

年　份	华界（万人）	公共租界（万人）	法租界（万人）	总人数（万人）	比上期增长
1876	—	9.7	—	70.5	1.9%
1885	—	12.9	—	76.4	8.3%
1890	—	17.2	4.2	82.5	8.0%
1895	—	24.6	5.2	92.5	12.1%
1900	—	35.2	9.2	108.7	17.5%
1905	—	46.4	9.1	121.4	11.7%
1910	67.2	50.1	11.6	128.9	6.2%
1915	117.4	68.4	14.9	200.7	55.7%
1920	—	78.3	17.0	225.5	12.4%
1927	150.3	84.0	29.7	264.1	17.1%
1930	170.2	100.8	43.5	314.5	19.1%
1935	204.4	115.9	49.8	357.2	13.6%
1942	104.9	158.6	85.4	392.0	9.7%
1945	—	—	—	337.0	−14.0%
1949	—	—	—	545.5	61.9%
1950	—	—	—	498.1	−8.7%

（数据来源：邹依仁著《旧上海人口变迁的研究》，上海人民出版社，1980，90—91，附表1；忻平著《从上海发现历史——现代化进程中的上海人及其社会生活1927—1937》，上海：上海大学出版社，2009，28，表1-1。）

2.2.2　人口密度与"现代办公建筑"

显然，上海人口的爆炸式增长已不是传统的自然增长型模式能够企及，从内部考察，原因主要有两点：其一，也是首要原因为政局动荡战争频发导致的人口大迁徙；其二为经济蓬勃发展吸引的外来务工人口。以1890年至1927年上海设立特别市成立这段时期为例，人口从82.5万猛增至264.1万余，年均递增率达到了3.2%，如果以人口自然增长率0.6%，上海以1%估算[1]，那么从1890年82.5万为基

---

[1] 邹依仁.旧上海人口变迁的研究,上海：上海人民出版社,1980,12.

数，发展至1927年在103万～119万左右，也就是说有100多万人口是来自外地移民。如此大量的外来迁徙人口，主要受到近代上海及旧中国频发战乱的影响，如太平天国1853年攻下金陵、1937年日本侵华战争和1946年至1949年的内战时期等，上海市人口都有突发性的变化。从外部意义上讲，上海城市人口快速增长的世界背景同样是以技术革命为内在动力的世界大范围的现代化进程，忽略政治及战争因素，这一动力与美国纽约、芝加哥这两座摩天楼集中出现城市的内在发展动力近乎一致。这一时期世界人口呈现出爆炸式增长，并且出现了世界范围的移民，尤其是欧洲向外移民。据数据显示，1850年世界总人口约为11亿到13亿，1900年为16亿左右，1950年为25亿，在1846年至1930年间，共有5 000万欧洲人移居海外，大部分前往了北美洲，城市人口也同样呈现出大量增长态势。

以上海公共租界为例，1899年5月，公共租界面积扩展到5 519.2英亩（33 503亩，22.3平方公里）[1]，整个租界划分为中、北、东、西4个区。根据上海公共租界工部局工务处对1900年至1935年租界范围人口密度统计图（图2-2-1）可知，租界人口密度自1900年约60人/英亩，一直呈上升趋势，到1935年，人口密度超过了200人/英亩，公共租界总人口超过110万人。[2]租界人口数占上海总人口数的比重逐年增加。由于上海租界区由西方人自治，比华界区安全许多，更多地吸引了携有资本的华人，同时，租界区的工商业远比华界繁荣，也吸引了大批前来寻觅工作机会的人们。在开埠初期，上海华界人口占总人口比重的99%，但到1942年时，仅占上海面积6%的租界区已集中了约占整座城市62%以上的人口，其繁华程度可以想见。[3]

据工部局工务处1927年人口调查结果显示，当时公共租界平均人口密度达到150人/英亩（约37 500人/平方公里），在人

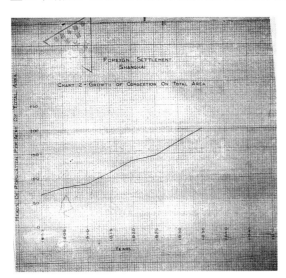

图2-2-1　1900年至1935年租界范围人口密度统计图

[1] 1英亩=6.07亩=0.004平方公里

[2] U1-14-589，上海公共租界工部局工务处关于1942年上海公共租界中外籍人口统计，上海市档案馆。

[3] 邹依仁.旧上海人口变迁的研究.上海：上海人民出版社，1980，15—16.

口稠密工业集中的北区,土地面积仅为507英亩(约2平方公里),人口密度更是达到了超乎想象的350人/英亩(约87 500人/平方公里)[1],这一密度在当下城市区划中也是相当罕见,为对这一数值有更直观认知,我们与上海市最新2012人口密度统计数据做一比照,根据《2012上海统计年鉴》第二篇人口与劳动力数据显示,全市平均人口密度为3 702人/平方公里,密度最大为虹口区,区域面积为23.48平方公里,人口密度为36 269人/平方公里[2],对比一下,当时"国中之国"的公共租界人口密度比现在虹口区的人口密度还高,而北区人口密度甚至超过其2倍,更是密得惊人。

　　1931年2月27日公共租界工部局发布了关于"1930年人口密度普查"(1930 Census Density of Population)的公报,根据工部局工务处1930年10月普查数据,以租界中区为例,数据显示1920年中区人口达到峰值157 828人,随后逐年递减,1925年下降至132 060人后趋于稳定(表2-4),1930年人口总数维持在132 255人。根据公共租界工部局1930年普查得出的人口密度图显示(图2-2-2),中区江西路以东区块的统计人口分别为,九江路以北人口数为4 245,人口密度为50人/英亩,九江路以南人口数为3 749,人口密度为68人/英亩,这一人口密度值远远低于毗邻江西路西北侧地块的283人/英亩和西南侧316人/英亩的人口密度。公报称,"根据人口密度统计,中区江西路以东区域夜间人口(night population)不足中区任一区域夜间人口的1/4(如果将外滩及苏州河岸滩涂面积不计算在内的话,

九江路以北人口密度将上升为63人/英亩,以南数值将为81人/英亩)",因而,"一个非常合理的假设被提出,自1920年以来,导致中区江西路以东南北两区块的人口大量流失的原因是大型现代办公大楼(large modern office buildings)的建造,随之而来的是住宅性

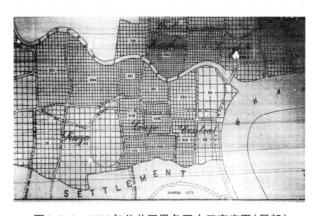

图2-2-2　1930年公共租界各区人口密度图(局部)

---

[1] U1-14-627,上海公共租界工部局工务处关于上海工部局1927、1930和1935年的人口调查,上海市档案馆。

[2] 数据来源:上海市统计局官网资料,http://www.stats-sh.gov.cn/data/toTjnj.xhtml?y=2012。

质的里弄及房屋相应减少。"[1] 可见,自20世纪10年代末20年代,随着工业发展与人口数量增加,社会对商用办公空间需求增加,江西路以东靠近外滩地段由于地理位置优越,地块居住功能逐渐被商业办公用途替代,成为房产商开发办公大楼的第一选址。

表2-4　公共租界中区人口统计表

年　份	西人（Foreigners）	华人（Chinese）	人口总数（Total）
1915	1 649	139 854	141 503
1920	1 574	156 254	157 828
1925	1 588	130 477	132 060
1930	1 867	130 388	132 255

（数据来源：U1-14-589,上海公共租界工部局工务处关于1942年上海公共租界中外籍人口统计,上海市档案馆。）

到1935年公共租界人口达到115.9万人,较1930年100.8万人增长了约15%,从公共租界人口密度对比图观察,数值没有特别大的变化,江西路以东九江路以北地块从50人/英亩降低到了73人/英亩,江西路以东九江路以南地块从68人/英亩上升到33人/英亩。这一较为稳定的人口增长局面一直延续到了1937年淞沪战争爆发。综上分析,伴随着资本膨胀与经济发展,上海人口过度集中于租界区,有限的用地面积加上急速增长的人口数量,必然导致大兴土木的局面,从码头、仓库,到住宅、商用办公。本节对人口密度的分析,尤其是以中区江西路分界东西区域人口密度的巨大差异,及工部局工务处公报对此差异的假设性分析为笔者判断上海租界摩天楼选址提供了有力论据。

2.3　上海城市建设的兴起

2.3.1　房地产业的形成

关于近代上海房地产业形成的讨论,更精确一些,应该说是关于近代上海租界的房地产业讨论,"租界"这一区域名词的限定,不可或缺。随着租界范围划定,

---

[1] U1-14-627,上海公共租界工部局工务处关于上海工部局1927、1930和1935年的人口调查,上海市档案馆。

在西人现代城市管理理念的治理下,上海租界的经济与贸易逐步发展,人们居住
与商贸环境都日趋稳定,但最初仍需遵守"华洋分居"的约定,华人不可进入租界
区生活。不久受到太平天国运动等战争影响,大量难民涌入享有治外法权相对安
全的租界区,随着居住人口总数和人口密度迅速扩大,造成了租界内住宅房屋的
需求量急剧增加;同时,19 世纪后期工业制造业的发展推动了上海商用建筑的需
求量,从最初仓库厂房到后期的办公商业用房,租界内有限的土地资源大大刺激
了地价上升,能获取高利润的新兴的房地产行业对外国商人产生了强烈吸引力。

　　中国自古有云:"溥天之下,莫非王土。"[1]清末中国仍是一个皇帝拥有土地最
高所有权的封建帝国,房地产仍属于自给自足的自然经济,房屋土地的占有者对房
屋或土地,虽有出租或出卖,但基本上是为了使用需要,还不成为市场流通的商品。
直到开埠,外国殖民主义者在上海设立租界获得了土地永租权[2],西人借此之名
取得了事实上的土地所有权,使得土地摆脱了中国封建政府的控制,从而使土地
首次作为生产要素进入市场。1845 年上海道署与英国领事签订的《上海租地章
程》(*Land Regulations*)拉开了上海租界房地产业发展的序幕,其中第十五条规定:

> 　　商人来者日繁,现今犹有商人未能租定土地,故此后双方须共设法多租
> 出土地,以便建屋居留。界内土地,华人之间不得租让;亦不得架造房舍,租
> 与华商。又嗣后英商租地亩数须加限止,每家不得超过十亩,以免先到者占
> 地过广,后来者占地过狭。

这一条款首先肯定了西人,尤其是从事商贸往来的外国商人在租界地内租得土地
建造房屋的权利,规定实则鼓励了外国商人在租界内安置房产从事商业活动,为
租界经济发展作了铺垫。根据《虎门条约》规定,侨民在租界里"永租"华人土地
后必须向他们所在的领事馆注册登记,然后由领事馆向上海道署备案,随后上海
道署和领馆派人到实地丈量、核实后加盖道署钤记后发给侨民,这一份合法的土
地契约,称为"道契"(Title Deed)。

　　除了一般经济发展规律外,当时太平天国运动等战事对上海租界房地产业最
初的成形起到了很大的催化剂作用。由于上海租界属西人自治,享有治外法权,在

---

[1] 出自《诗经·小雅·北山》,转引自聂石樵主编.诗经新注,山东:齐鲁书社,2009,393.

[2] 在 1845 年 10 月,上海道台宫慕久与英国驻沪第一任领事巴富尔就外商在上海租地居住细节达成协
　　议,第一部《土地章程》出台。在这部章程中除了明确外国人居住区的范围外,还提到了对此后近百
　　年租界时代上海建设发展的影响重大的权利制度,包括永租权利、市政机构、司法权及领照制度等。

当时动荡时局，租界区域犹如一把政治保护伞庇护着涌入这里的人们。自1853年小刀会起义军占领上海县城开始，大量城厢居民为躲避战争涌入租界，打破了原来租界"华洋分居"的规定，英租界的人口由1853年的500人一下子猛涨至1855年的2万人(见表2-3：1852年—1950年上海人口增长表)。由于大批华人进入租界急需大量住屋，这给外国商人带来了意想不到的赚钱机会，只是一般简屋就能收取高的出奇的房租，一般为3~5个月的租金，足够新建同样一所简屋，而且这类简屋都是木板结构，成本低建造速度快。据统计，从1853年9月到1854年7月，广东路和福州路一带，就建造了800幢木板简屋，以出租盈利为目的。由于房租增长，地价也就跟着攀升，土地跟着值钱起来。洋行主们纷纷对投资房地产产生了极大的兴趣。

随着太平天国运动发展，19世纪60年代，大量江浙富贾巨商、官僚及百姓的涌入上海租界，至1865年上海人口达50多万，公共租界人口达到9万余人，不论是对于投机房地产的商人，抑或是靠收取地税房捐为主要收入的租界当局，都认为建房出租为最好的财源。据统计，这一时期租界早造屋的区域自靠近华界的广东路、福州路，一直向北延伸至汉口路、九江路、南京路，房屋数字达8 740幢，其中西式建筑269幢，房租收益可获高达30%到40%的利润，远高于进出口贸易的利润，且周转快、风险小。因此这可算作上海租界房地产业发展的第一阶段，此后大多数洋行纷纷将业务发展转向房地产经营[1]。

从另一个侧面公共媒体观察当时房屋土地市场的发展，创刊于1850年的《北华捷报》在1853年3月19日的报纸上首次设置了"房屋"(HOUSES)的专栏，上面刊登了一则旅馆客房出租的信息，随着租界人口增加，房屋出租信息也逐渐增多，不过几年报纸头版上"房屋"专栏的租售信息到了平均每刊5至6条之多，如1856年4月12日这版专栏刊登了6条租售信息，大部分都为住宅(dwelling house)租售，但也有商业房屋的出租信息，它们特点是带有仓库的房屋(commercial house, together with the Godown)。在同年9月最后一周的周刊上[2]，"房屋"专栏更名"房屋与土地"专栏(HOUSE & LAND)，并且首次刊登出土地拍卖的信息(图2-3-1)，由此可以看出，当时上海租界房地产市场由最初简单的房屋租赁买卖向土地转让与开发方向转变的过程。

随着外部世界资本主义的迅速发展，及内部太平天国运动的渐渐平息，上海经济稳步发展，租界房地产业逐渐进入新的阶段。随着进出口贸易以及工业制造

---

[1] 上海文史资料选辑.第64辑.旧上海的房地产经营,9.1-11.
[2] 《北华捷报》从1850年8月创刊,8月3日发行第一份报纸,一直到1864年一直都是作为周报发行,从1865年开始逐渐改版,每周一至周六作为日报发行(周日除外)。

业的发展，因而产生的大量就业机会吸引了各地人们纷纷前来，租界人口逐年增长。至1900年，上海人口已经突破百万，而公共租界人口已达到35.2万，经济发展与人口的持续增长必然导致住宅与商业办公建筑需求量的增加，这也为房地产市场的发展打开了新的局面。专业性的房地产商相继出现，如1888年12月（清光绪十四年十一月）成立的英商业广地产公司（Shanghai Land Investment Company），创设初期中文行名为房屋地基公司，在香港注册，是一家专业型的房地产经营公司。它的创设人和第一任董事都是在上海经营房地产业务有素的洋行老板，而之前大多从事进出口贸易的洋行，如新沙逊洋行、怡和洋行、通和洋行、雷世德洋行等，被房地产业高额的利润回报所吸引，都开始大规模转投房地产业。其中新沙逊洋行，从1880年起转入房地产业，到1890年的10年间，就建造了青云里、永定里、广福里、宝康里等不下20处住屋。

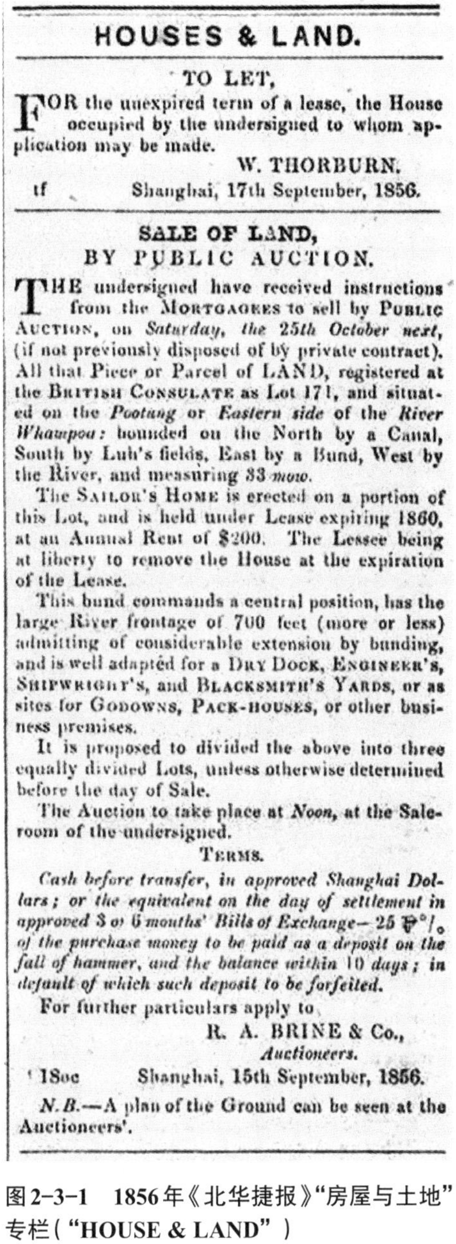

这一时期的房地产投资经营虽大多集中在里弄住宅上，但办公用途的建筑已经出现，他们集中在公共租界与法租界最早建设，也是最繁华之地——外滩。早期外滩是租界对外贸易的中心，从19世纪后期开始，许多外资和华资

HOUSES & LAND.

TO LET,

FOR the unexpired term of a lease, the House occupied by the undersigned to whom application may be made.

W. THORBURN.

tf　　Shanghai, 17th September, 1856.

SALE OF LAND,
BY PUBLIC AUCTION.

THE undersigned have received instructions from the MORTGAGEES to sell by PUBLIC AUCTION, on *Saturday, the 25th October next*, (if not previously disposed of by private contract). All that Piece or Parcel of LAND, registered at the BRITISH CONSULATE as Lot 171, and situated on the *Pootung* or *Eastern* side of the *River Whampoa*: bounded on the North by a Canal, South by Luh's fields, East by a Bund, West by the River, and measuring 33 *mow*.

The SAILOR'S HOME is erected on a portion of this Lot, and is held under Lease expiring 1860, at an Annual Rent of $200. The Lessee being at liberty to remove the House at the expiration of the Lease.

This bund commands a central position, has the large River frontage of 700 feet (more or less) admitting of considerable extension by bunding, and is well adapted for a DRY DOCK, ENGINEER'S, SHIPWRIGHT'S, and BLACKSMITH'S YARDS, or as sites for GODOWNS, PACK-HOUSES, or other business premises.

It is proposed to divided the above into three equally divided Lots, unless otherwise determined before the day of Sale.

The Auction to take place at *Noon*, at the Sale-room of the undersigned.

TERMS.

Cash before transfer, in approved Shanghai Dollars; or the equivalent on the day of settlement in approved 3 or 6 months' Bills of Exchange — 25 ℱ°¦, of the purchase money to be paid as a deposit on the fall of hammer, and the balance within 10 days; in default of which such deposit to be forfeited.

For further particulars apply to

R. A. BRINE & Co.,
Auctioneers.

18oc　　Shanghai, 15th September, 1856.

N.B.—A plan of the Ground can be seen at the Auctioneers'.

图2-3-1　1856年《北华捷报》"房屋与土地"专栏（"HOUSE & LAND"）

银行在外滩建立了自己的办公楼，将这里发展成了上海的"金融街"。1844年在英租界设立的英国、美国洋行只有11家，到1854年增加到了120家。外滩黄浦江沿岸最好的位置都被各大洋行占据，如丰裕洋行、上海总会、天长洋行、江海关、沙逊洋行、仁记洋行、怡和洋行、英国领事馆等十几幢建筑，多为2至3层左右的砖木混合建筑,这一时期出现的办公建筑以业主建造的自用型为主。另一条已出现商业建筑萌芽的是连接外滩与跑马场的"花园弄",1865年为租界工部局正式命名为南京路,也称为大马路。1854年华洋杂居的局面出现后,专供中国人使用的店面房屋沿街兴建,在南京路界路(河南中路)以东地段,建起来许多为2层楼高的洋行门面,有商铺、银行、南北杂货店、面包房等,1866年在南京路外滩的转角处建成了一座三层楼高的中央饭店(汇中饭店址),与礼查饭店[1]同为租界内历史最悠久的外资旅馆。南京路发展至20世纪初逐渐超过南面和北面的马路,成为租界商业氛围最为浓厚的一条街道。

上海房地产业发展到19世纪末20世纪初已经基本进入稳定状态,在房地产行业的格局基本被外国房地产商占据,各大房地产商都已经完成了第一轮积累,包括土地的、资本的以及经验上的,并且逐步形成了垄断地位,在雷麦(C.F. Remer)的《外人在华投资》书中分析到,"自从1870年以来,地产一业,尤其在上海,是外人投资的一种重要方式"[2]。至19世纪80年代初,上海外商的财产,包括土地、建筑、船只、货物、金银以及其他财产在内,达到5 700万两之多,其中土地与房屋所占比重很大,1880年美国在上海苏州河以北虹口一带的土地已值规银1 200万两,据他估计1901年英国人在上海投资1亿美元中有60%为房地产投资。[3]随着20世纪初上海租界经济的繁荣,人口密度增长,有限的土地资源使得地价越发昂贵,因此这一从工业资本主义发展为起点到以获取资本利润最大化为终端的效应,使得商用建筑往高处突破的发展方向势在必行。

2.3.2　地价发展与房屋高度限制

马克思认为:"一切劳动……作为相同的或抽象的人类劳动,它形成商品价值。"[4]这就是说价值由劳动创造,凡是本身没有包含任何物化劳动的自然物和自然力都一概没有价值。因此,当土地作为自然存在和自然赋予的一种自然资源

---

[1] 礼查饭店(Astor House)是19世纪和20世纪上半叶中国上海的主要外资旅馆之一。1959年以后改名为浦江饭店。建于1846年,当时上海开埠只有三年时间。英国商人阿斯脱豪夫·礼查(Astorof Richard)在英租界与上海县城之间、今金陵东路外滩附近,兴建了一座以他名字命名的旅馆,名为Richard's Hotel and Restaurant(礼查饭店)。这是上海最早的一所现代化旅馆。1856年,苏州河上外白渡桥的前身"韦尔斯桥"建成,1857年,礼查看好此处的发展前景,以极其低廉的价格买下桥北侧河边的一块面积为22亩1分的荒地,在此建造了一座东印度风格的2层砖木结构楼房,将礼查饭店从原址迁移到这里。

[2] 〔美〕雷麦(C.F. Remer).外人在华投资.商务印书馆,1959,69.

[3] 同上,184,254.

[4] 〔德〕马克思,恩格斯.马克思恩格斯全集(第23卷).北京:人民出版社,1972,60.

时，如果未经人类的改造利用，不是劳动的产品，无疑它是不具有价值的，美国土地经济学家伊利和韦尔万（Ely and Wehwein）在其合著《土地经济学》中论述到：当土地作为"大自然的赠品"时，土地却是没有生产费用，它不是生产要素，甚至不能成为消费财产。[1]随后，马克思对土地价值的确认中，提出了土地资本[2]的概念。在论述建筑用地的地租及其价格问题中，明确指出："这种固定资本或者合并在土地中，或者扎根在土地中，建立在土地上，如所有工业建筑物、铁路、货、工厂建筑物、船、坞等等，都必然提高建筑地段的地租。"[3]因此，建于土地之上的建筑物与土地价格具有直接关联。

土地在资本主义商品经济机制中是一种商品，地价是一种商品价格。上海开埠后，外国殖民主义者在上海设立租界获得了土地永租权，西人借此之名取得了事实上的土地所有权，使得土地首次作为生产要素进入市场。租界商业贸易的发展，时局的稳定，吸引了大量人口向租界涌入，导致城镇建筑需求量的猛增，以至于地价飞涨。

从时间范畴来说，自1863年起，直到1945年抗日战争结束的近一百年时间里，上海都是由公共租界、法租界，租界外的南市、闸北、浦东，以及附近郊区的"华界"三个部分所组成。三界四方的分割格局，使上海存在三套行政体制和市政管理制度，"国中国"的局面也一直延续至抗战胜利后。基于清政府与殖民者所签订的租界章程规定，公共租界与法租界都享有的行政自治权和治外法权，这使得上海的租界区比华界要安全得多，租界人口的飞速增长成为推动地价增高的直接原因。在《上海地产月刊》民国二十年7月刊中（1931年7月）全面分析了上海地价在过去30年（即自20世纪初始）为何增长迅速，而在近五年为何更加迅猛的原因，并且与各国地价作了详细比较。文章认为自光绪二十六年（1900）以来到民国十九年（1930）上海公共租界地价估值已经上涨了十三倍有余，而从民国十一年（1922）以来已增一倍，相较民国十六年（1927）以来，3年间已经增加了30%，究其原因：第一，相当数量的人口增加；第二，中国政府更迭各地连年战乱，而上海租界由于享有"治外法权"，人们人身财产都得以保障，犹如"世外桃源"。由于安全顾虑，使得上海的商业中心密集集中在早期英租界外滩区域。另外，也有观点认

---

[1] R.T. Ely and Wehwein, Land Economics, 144-145.

[2] 在《马克思恩格斯全集》第25卷，698，注脚中写到马克思曾在《哲学的贫困》一书中首次提出土地资本，并把它定义为："对已经变成生产资料的土地进行新的投资，也就是在不增加土地的物质即土地面积的情况下增加土地资本"，从而把土地物质和土地资本区别开来。

[3] ［德］马克思，恩格斯.马克思恩格斯全集（第23卷）.北京：人民出版社,1972,872.

为,房地产业吸引众多投资者的原因是由于当时银价下跌,导致一定量资本转而投向地产市场。[1]

从1865年起,公共租界工部局将租界范围内的土地分为中、北、东、西四区,对其分别估价,其中以中区最高,中区之中又以外滩一带和南京路为最高。从1869年至1933年,地价大致经过了19次调整,在不到70年间,每亩平均地价上涨了25.7倍,中区还远不止这个数目。[2]以公共租界南京路为例(表2-5),60余年间,公共租界人口增加了9倍多,而南京路地价增长了40余倍,上海租界地价"近10年来逐渐增长。兹据地产公司之调查,中区地价,约加一倍,他区亦然,界外西区在铁路与租界内,约加倍,铁路以西,虽系新路,地价约高9倍之多"[3]。这一增长从20世纪10年代末开始加速,随着人口的增加而高涨。

表2-5　上海公共租界人口与地价增长

年　份	南京路每亩地价 （两）	公共租界人口 （万）	增值率 （以1927年地价为基准数）
1869	1 676	9.3	2.3%
1876	2 222	9.7	2.9%
1882– 1889	4 425	12.9（1885）	5.7%
1890	5 390	17.2	7.0%
1896	8 292	24.6（1895）	10.7%
1899	10 459	35.2（1900）	13.5%
1903	13 546	46.4（1905）	17.5%
1911	29 788	50.1（1910）	38.4%
1916	32 673	68.4（1915）	42.1%
1920	41 496	78.3	53.5%
1924	66 726	84.0（1925）	86%
1927	77 549	85.9	100%

（资料来源：张辉,《上海地产月刊》,正中书局,1935,37—38。）

---

[1] 上海地产月刊.民国二十年7月份,1—2.

[2] 张仲礼,陈曾年.沙逊集团在旧中国.上海：人民出版社,1985,35.

[3] 关于上海租界地价的一篇报道.总商会月报6卷4号,1926年4月.

　　另外统计表2-6中显示,公共租界中区明显高于北区、东区及西区,1930年,
中区每亩均价分别为北区地价之3倍,东区地价之9倍,西区价格之5倍,各区地
价涨幅亦是十分明显,1933年中区、北区、东区地价分别是1927年的1.7倍、1.6倍
和1.8倍。若从投资获利角度看,1904年至1929年投资房地产的年盈利率都超过
了两位数[1]。上海整座城市的商业中心区域基本集中在公共租界中区,以外滩、南
京路为起点向南北向延伸,福州路、江西路、汉口路、九江路、宁波路、北京路、河南
路、广州路、西藏路、浙江路等,聚集于当时大部分大百货商店、办公大楼,因此,这
一中区地价为公共租界的各区之冠,也是全市地价最高的区域。法租界的爱多亚
路、公馆马路、霞飞路、黄浦滩路为法租界的重要商业区域,但与公共租界中区价格
比较,还是稍稍逊色。租界摩天楼基本集中于公共租界中区,即地价最高之区域。

表2-6　上海公共租界历届地皮估价(每亩平均,单位:两)

年　份	中　区	北　区	东　区	西　区
1903	13 549	4 819	2 539	2 046
1907	34 707	10 883	4 225	4 765
1911	29 794	11 026	3 769	4 369
1916	32 675	11 982	4 410	4 680
1920	41 503	14 635	5 250	5 323
1922	49 174	17 474	6 140	6 232
1924	66 729	23 242	8 429	8 453
1927	77 543	26 632	8 809	11 548
1930	107 878	33 416	11 865	21 736
1933	132 451	41 802	15 385	—

(资料来源:罗志如:《统计表中之上海》,中央研究院社会科学研究所1932年编,16。)

　　至20世纪30年代初,上海人口数量已居世界第五,而地价发展也进入了世界
排名前列,根据美商普益地产公司(Asia Realty Company)当时所做数据调查,对
照人口数量,对全球城市进行了地价比较(表2-7),并且将地价与部分城市房屋
高度控制的法规进行了罗列(表2-8)。全球范围内,人口数达到693万排名第二
的纽约市,以每亩16 900 000规元(表格按照当时外币汇率进行了换算)的地价成

[1] 张辉.上海市地价研究.正中书局,1935,74—75.

为世界上拥有最昂贵地价的城市，这块地坐落于纽约华尔街与百老汇大道的交汇处；而全球拥有人口数量最多的城市伦敦，其地价仅排在第九名；这一时期上海的人口已位居全球城市第五位，仅次于伦敦、纽约、柏林、芝加哥，地价在世界范围已位列22位，在中国城市中位居第一，超过当时已是英国殖民地的香港，及比上海早近百年开辟通商口岸的广州[1]。

表2-7　民国二十年世界二十四大城市地价比较

城　市	每亩最昂贵地价		外汇币率	人口数	人口排位	地价排位
	本国通用币制	上海规元（Tls）[2]				
纽　约	金洋 5 445 000	16 900 000	31	6 930 000	2	1
芝加哥	金洋 3 630 000	11 700 000	31	3 430 000	4	2
费　城	金洋 3 630 000	11 700 000	31	1 950 961	9	3
波士顿	金洋 2 500 000	8 050 000	31	781 188	17	4
印第安纳	金洋 1 520 000	4 900 000	31	364 161	22	5
蒙特利尔	金洋 1 450 000	4 675 000	31	681 000	19	6
洛杉矶	金洋 1 240 000	4 000 000	31	1 238 048	10	7
利物浦	金镑 240 000	3 780 000	$1/3\frac{1}{4}$	804 000	16	8
伦　敦	金镑 217 800	3 430 000	$1/3\frac{1}{4}$	8 202 812	1	9
东　京	日金 2 000 000	3 200 000	160	2 294 600	7	10
巴　黎	法郎 1 800 000	2 140 000	785	2 283 000	6	11
悉　尼	金镑 116 160	1 828 000	$1/3\frac{1}{4}$	1 238 660	11	12
柏　林	马克 2 000 000	1 540 000	130	4 332 000	3	13
罗　马	意金 7 350 000	1 250 000	5.90	999 769	13	14
新加坡	新金 650 000	1 200 000	$183\frac{1}{4}$	502 000	21	15
马尼拉	比索 540 000	870 000	62	324 522	23	16

[1] 清乾隆二十二年（1757），政府实行"一口通商"，广州成为唯一的对外通商口岸，外国商人来华交易，都要找指定的行商作为贸易的代理，这些指定的行商所开设的对外贸易行店，就是"十三行"。

[2] 规元，也称豆规银、九八规元。近代上海通用的银两计算单位。1933年以前，上海通行的一种记账货币。

续　表

城　市	每亩最昂贵地价		外汇币率	人口数	人口排位	地价排位
	本国通用币制	上海规元（Tls）				
马　赛	法郎 6 750 000	860 000	785	647 000	20	17
开普敦	金镑 108 900	820 047	$\frac{1}{3}\frac{1}{4}$	207 000	24	18
孟　买	罗比 650 000	765 000	85	1 176 000	12	19
曼切斯特	金镑 45 000	710 000	$\frac{1}{3}\frac{1}{4}$	730 550	18	20
阿根廷金城	比索 670 000	670 000	100	2 225 000	8	21
上　海	规元 500 000	500 000	—	3 112 250	5	22
香　港	港洋 575 000	450 000	78	852 932	15	23
广　州	广洋 300 000	210 000	70	950 000	14	24

（资料来源：美国普益地产公司编：《上海地产月刊》，民国二十年 7 月份，5—6。）

表2-8　地价与房屋高度的限制

城　市	每亩最昂贵之地价	人口上之地位	地价上之地位	房 屋 高 度 限 制
纽　约	16 900 000	2	1	250英尺；超过街面宽度2.5倍的建筑须进行退台处理（setbacks）
芝加哥	11 700 000	4	2	264英尺
费　城	11 700 000	7	3	无限制
波士顿	8 050 000	10	4	155英尺
印第安纳	4 900 000	11	5	180英尺
洛杉矶	4 000 000	8	6	150英尺
伦　敦	3 430 000	1	7	80英尺
巴　黎	2 140 000	6	8	65.5英尺
柏　林	1 540 000	3	9	72英尺
罗　马	1 250 000	9	10	78.5英尺
上　海	500 000	5	11	84英尺；超过街道宽度1.5倍须作退台处理

（资料来源：美国普益地产公司编：《上海地产月刊》，民国二十年 7 月份，5—6，表中地价单位为规元。）

　　同时，在表2-7中，我们还能发现，地价排名前七名都为美国城市，据普益地产公司分析，这几座美国城市地价之所以位列全球前列需归功于对建筑高度控制相对宽松的法规制度[1]。相比起来，古老欧洲城市，如伦敦、巴黎、柏林、罗马等除特殊情况，对建筑高度的控制都在65.5英尺至80英尺范围内，而美国纽约市建筑法规规定，凡超过相邻街道2.5倍或超过250英尺高度的建筑须作退台处理，美国费城则对建筑高度毫无限制，其他美国城市根据房屋耐火极限对建筑高度限制规定在150至250英尺之间不等，同时，对建筑高度与街道宽度之间比例作出控制，高度基本上控制在1.5～2.5倍街道宽度之间。上海公共租界在1916年颁布的规范中对建筑高度作出了较为详细的控制，规定建筑高度不得超过84英尺，同时不能超过其两层以上外墙最外端到市政道路对面距离的1.5倍，除该建筑与宽度超过150英尺的永久空地相邻，则高度不受控制[2]。

　　结合表2-7与表2-8分析，凡是建筑物高度控制较严格之城市，即使人口数量相对较大，但是城市之土地地价增长仍然受到限制。例如伦敦与纽约两座城市，伦敦人口数量比纽约多120万有余，但前者建筑高度控制在80英尺以内，而纽约建筑高度限制达250英尺，约为伦敦3倍，伦敦每亩最贵地价为343万规元，而纽约每亩最贵地价为1 690万规元，约为伦敦5倍。反之，若城市对建筑高度控制放宽，即使人口数量远不及排名前五大城市，最贵地价值也可以名列前茅，如美国城市波士顿、印第安纳两座城市，其人口数分别约为78万和36万，建筑高度控制分别为155英尺与180英尺，前者每亩最贵地价达805万规元，后者单位地价达490万规元，皆远高于伦敦。

　　观察各城市的高度控制规则，上海租界内的建筑，凡突破84英尺，皆按照与街道关系1.5倍关系退界，这与纽约高度控制的法则相仿，不难看出当时公共租界在制订规范中对纽约建筑高度控制规范的借鉴。上海租界区域内为高地价区，其中交通便利位置优越的地段，地块建筑建造高度与地价增长有互相刺激作用，在本书第6章以公共租界中区为例说明土地上盖建筑物的高度对地价增长的影响。

---

[1] 上海地产月刊.民国二十年7月份,5—6.
[2] 有关上海建筑高度控制的建筑法将在2.4节中作详细讨论。

2.4 新材料与新技术的引入与发展

2.4.1 美国摩天楼建造中的技术革命

摩天楼是新时代进程中新材料、新技术及新的社会需求完美结合的产物,它的出现离不开电梯、钢铁、玻璃、混凝土等新材料和技术,其中最主要的就是电梯的发明及钢与钢结构在建筑中的运用。

首先是1853年美国发明家奥提斯(Elisha Graves Otis)发明的安全电梯。直到19世纪,6层楼以上的建筑物都极为罕见,对于空间使用者来说,过多台阶的攀爬降低了建筑的功能实用性,而早些时候安装的老式电梯毫无安全防范设备,一旦缆绳断裂,电梯轿厢就会垂直下落至电梯井底部。直到1853年,奥提斯发明了一种全新的安全装置,这一装置可以在电梯断裂时防止电梯轿厢直接坠落至井底,随后,人们又将电动机安装在了电梯上,于是高层建筑中的垂直交通问题便迎刃而解。(图2-4-1)

其次,钢及钢结构的发明应用,为摩天楼的建造及建造高度的不断上升提供了保证。欧美资产阶级的工业革命为西方建筑业带来了空前的繁荣,18世纪下半叶在英国,由达贝(Abraham Darby)建造了第一座引人瞩目跨越塞文河(Severn)的铸铁桥梁(1775—1779)。不久建筑建造也进入钢铁架构时代,第一座采用铁柱与铁梁作为建筑内部构架的建筑是位于曼彻斯特(Mancheter)索尔福特(Salford)的棉纺厂(1801),这一工厂设计大单超越了同时代所有其他设计,并且达到了七层楼高度(图2-4-2)[1]。

图2-4-1 1905年刊登在美国《建筑实录》杂志上的奥提斯电梯广告,强调了电梯设备对摩天楼往高处发展所起到的重要作用

---

[1] S.基提恩著.王锦堂.孙全文译.空间,时间,建筑.(原著由哈佛大学出版)台湾:台隆书店,1981年,226—227,242—248.

19世纪末，钢的发明突破了砖石结构的局限性，钢结构拥有比铁结构更强的张力与可塑性，也为建筑往更高的高度发展提供了可能。因此，在工业时代已有新材料的基础上，建筑往高处发展在技术上有两个根本问题需要解决：一是建筑基础问题，二是建筑结构创新。这两个问题在19世纪80年代的美国芝加哥都得到了完美解决。

这一时期的建筑结构大多为砖石砌体建筑，其承重墙厚度与建筑的高度有直接关系，建筑越高则墙体越厚，10层被认为是当时砌体结构所能建造的最大高度。在摩天楼发源地美国芝加哥，当地建筑师们认为12英寸[1]（30.5厘米）为砌体砖墙基本厚度，每升高一层墙体应该增厚4英寸（10厘米），因而，假设建造一幢10层高的砌体建筑，首层墙厚将达到48英寸（122厘米）。这一点在伯纳姆与鲁特建筑事

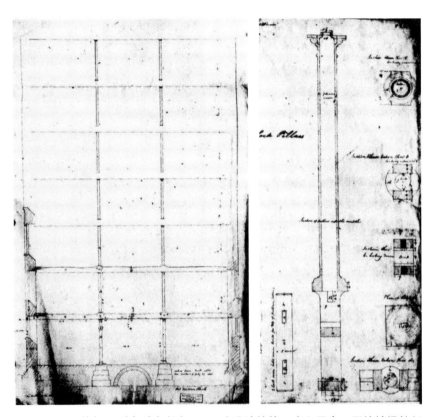

图2-4-2　瓦特（Watt）与波尔顿（Boulton）设计的第一座七层高工厂铸铁梁柱剖面施工图及铸铁支柱断面图

---

[1]　1英寸=2.539 999 999厘米。

务所（Burnham and Root）[1]1891年建成的
蒙纳德诺克大楼（Monadnock Building）中
得到了充分说明（图2-4-3）。这幢16层高
的大楼为砌体建筑建造史上最高者，也是
最后一幢纯石造墙的摩天楼，其首层墙体
面积达到了72英寸（180.5厘米）的厚度，
近2米的墙体厚度根本无法满足建筑室内
空间的日常光照，而被承重墙体过度占用
的楼板面积使得开发商们经济利益最大
化的梦想成为泡影。这一局面的最终结果
是，建筑师们不得不彻底放弃砌体结构，尤
其是在商业建筑当中，他们需要新的解决
方案。

图 2-4-3　蒙纳德诺克大楼底层墙体细部

　　在芝加哥大火后的十年重建中，新建
筑一般都在4至6层楼高，直至1882年，伯恩罕与鲁特事务所设计建成的蒙托克大
楼（Montauk Building, 1882–1902）为芝加哥建筑业的繁荣发展开了个好头。这幢
10层楼高的砌体结构建筑，也曾被学者认为是芝加哥第一幢摩天楼[2]，在当时它
以创新的建造技术及独特的美学特征获得了极高声誉。鲁特将其独创发明的筏
型基础第一次成功运用到了蒙托克大楼基础中，克服了芝加哥地区软质沙土地基
上承载力较弱而无法承受越建越高的房屋荷载的问题。这一基础首先将20英寸
（50厘米）厚的混凝土板铺满整个地基，其上满铺钢梁以抵抗建筑荷载的剪切力和
弯曲应力，通过这一方法，上部建筑荷载得以均分在整块地基上，使得单位面积的

---

[1] 伯纳姆与鲁特建筑事务所（Burnham and Root）是19世纪芝加哥最有名的建筑师事务所之一，事务所
以丹尼尔·伯纳姆（Daniel Hudson Burnham）与约翰·鲁特（John Wellborn Root）两位主持建筑师命
名，成立于1873年，经营18年，1891年鲁特去世，此后伯纳姆独立开业。事务所主要以设计商业与住
宅建筑为主，其具有代表意义的设计作品集中在19世纪80年代至90年代，鲁特在结构上的创新发明
为现代摩天楼的实现铺平了道路。

[2] "Building in Chicago," *Manufacturer and Builder 9*, no.11 (November 1877): 250.在芝加哥建筑防火
专家彼特·B.莱特（Peter B. Wright）的文章《摩天楼的耐火装置》中蒙托克大楼被形容为芝加哥
第一幢摩天楼，*Brickbuilder* 2, no.7 (July 1902); by Theodore Starrett, a former employee of Burnham
and Root, in "Daniel Hudson Burnham," *Architecture and Building* 44, no.7 (July 1912): 281; by the
contractor Henry Ericsson in *Sixty Years A Builder: The Autobiography of Henry Ericsson* (Chicago:
A. Kroch and Sons, 1942), 216. See also Frank A. Randall, *History of the Development of Building
Construction in Chicago* (Urbana: University of Illinois Press, 1949), 5; and Condit, *The Chicago School
of Architecture*, 68.转自Joanna Merwood-Salisbury. *Chicago 1890: the Skyscraper and the Modern City.*
the University of Chicago Press. 2009, 148。

基底土层承担荷载压力减少。同时,蒙托克大楼的业主欧文·阿尔迪斯(Owen F. Aldis)想到将钢筏基础浇灌混凝土以防止桩基生锈的方法[1]。

　　建筑基础问题解决后,建筑结构也在芝加哥大建设当中得到开创性的发展。自1801年,瓦特与波尔顿在英国萨尔福特棉纺厂工厂设计中以铸铁梁与铸铁柱为承重结构,到19世纪80年代铁骨架结构(iron skeleton)成功运用到美国高层办公楼当中,历经80余年,这一创新结构的出现被康迪特教授誉为"自12世纪哥特建筑中尖肋拱券及飞扶壁的结构创新以来,结构艺术发展史上最激进的变革[2]。"

　　完成这一"历史性变革"是美国工程师威廉·勒巴隆·詹尼(William Le Baron Jenne, 1832年-1907年),他于1879年建造的仓库建筑利特大楼(Leiter

图2-4-4　芝加哥家庭保险公司大楼

Building,现名为莫里斯大楼),初建时5层,1888年加建两层,从外观上看,它已经近似一个现代风格的玻璃盒子。该建筑室内楼板及屋顶荷载都由木梁承重,再由木梁将荷载传递至室内铸铁柱,外墙砖柱及窗间墙体已不是主要承重结构。4年后,即1883年詹尼受芝加哥家庭保险公司委托要求设计一座新式办公大楼,要求简单:能防火,同时每一房间必须获得充分的光线。该幢大楼于1885年建成,被基提恩评价为"第一座在高度及结构上皆属新类型的大楼[3]"。(图2-4-4)从铸铁支架体系(cast-iron framing)到框架结构(skeleton construction),詹尼在这幢大楼的结构设计中迈出了关键性的一步。整座建筑完全依靠内部梁柱结构体系承重,墙体仅起到围护和分隔的作用,

[1] Carl W. Condit. *The Rise of the Skyscraper*. The University of Chicago Press, 1952, 77.
[2] Ibid., 112.
[3] S.基提恩著.王锦堂.孙全文译.《空间,时间,建筑》.(原著由哈佛大学出版)台湾:台隆书店,1981, 262,428.

不承重,圆形铸铁柱与锻铁[1]箱型柱(wrought-iron box column)进行组合布置,与锻铁工字型梁通过角板螺丝铰结承载楼面荷载,这些柱体将分别传输近 4 000 磅每平方英尺(19 520 kg/m²)[2]的荷载至基础,再传递到深 12 英尺[3]6 英寸(3.5 米)由硬质黏土浇灌的地下钢筋混凝土筏型基础上[4]。这一结构,即是后期钢框架或者混凝土框架结构的标准模式。

　　这一切也使得大部分学者将詹尼设计建造的这幢家庭保险公司大楼视为世界第一幢摩天楼,而非蒙托克大楼,前者通过先进的建造技术使得建筑高度不再受墙体承重制约,楼面空间也彻底从厚实的墙体中解放出来,业主楼板面积最大化及室内空间的采光问题得到了根本性的解决,这技术的发明,不仅在结构发展史上是伟大创举,在建筑发展史上同样具有非凡的划时代意义。

2.4.2　新材料新技术在上海的发展

　　上海的建筑工业几乎是伴随着工程师们解决建筑往高处发展过程中遇到的各种问题而发展起来的,在这里,接受西方新材料与新技术的过程颇有一些"拿来主义"特色。由于租界为西人治理,摩天楼在上海出现初期也为西人设计,至 20 世纪初期,框架结构技术在西方已经发展的相对成熟,因而我们在技术上并没有经历美国人在解决建筑往高处发展时,由砌体结构向框架结构转变的革命性思考,同时,在解决上海软土地基上建造高层建筑的过程中,尤其是美国芝加哥等城市在建筑基础方面已经取得的成就为我们在技术上的发展提供了经验借鉴。

　　我国古代建筑以木结构为主,分为穿斗式与抬梁式两种。这一类木结构建筑仅通过榫卯结构连接承重构件,具有抗震性能好,结构自重轻等特点。若论建筑专业工种,清代雍正十二年《工程做法》记载上就有大木作、装修作、石作、瓦作、土作、搭材作、钢铁作、油作、画作、裱糊作等 10 多个专业。上海历史悠久,考古成果证明早在 6 000 年前就已有居民在此生息。直到唐天宝年间(742—755)设青龙镇(今青浦县境内),上海成为当时东南通商大邑,同时也标志着这一地区的兴起;而后历经宋元明 3 个朝代的发展,至明末清初时,上海已是全国棉纺织手工业的生

---

[1] 用作建筑材料的铁合金一般分为三种:生铁,熟铁和钢。生铁一般指含碳量在 2.11%～6.69% 的铁碳合金,又称铸铁;熟铁含碳量 <0.02%,又称锻铁;钢的含碳量在 0.02%～2.11% 之间。熟铁软,塑性好,容易变形,强度和硬度均较低,用途不广;生铁含碳很多,硬而脆,几乎没有塑性,钢材是目前在建材行业用途较广的材料。

[2] 1 磅每平方英尺 =4.882 427 64 kg/m²。

[3] 1 英尺 =30.48 厘米。

[4] Carl W. Condit. *The Rise of the Skyscraper*. The University of Chicago Press. 1952, 114–116.

产和贸易中心[1]，此时上海已楼宇相连，店铺林立，其中私家园林、会馆建筑成为上海古建筑的一大特色，直到开埠前，上海建筑都是以传统的木构架结构建筑为主。随着开埠后，外国商品和外资纷纷涌进这一长江门户，帝国主义列强在这里划定租界、开设行栈、设立码头、办洋行、造教堂、建住宅等活动，大大带动了上海建筑业的发展。这一时期，西方建筑新技术很快传入，这给中国传统的建筑理念带来了很大的冲击，但是为适应西方人的生活习惯与革新追求，西方建筑先进的理念与技术很快得到了上海本土匠人接受。

1. 地貌与地基

上海地貌为堆积地貌类型，是长江河口地段河流和潮汐相互作用下逐渐淤积成的冲积平原，与芝加哥的地基相似，为泥砂冲积成陆的软土地基。软土在我国沿海一带分布很多，如渤海湾、津溏地区、长江三角洲、珠江三角洲及浙、闽沿海，都存在着海相或湖相沉积的软土，上海地区是长江下游第四纪沉积型淤泥黏土层[2]。因而，与芝加哥摩天楼建造发展类似，在上海，建筑向高处发展的前提，便是了解地质条件，解决建筑基础与沉降问题。

早在1860年，上海的建筑公司和房地产商便要求对上海地质状况进行详细调查[3]，其结果是工程师莫里森（G.J. Morrisson）建议"建造非常低矮并且地基巨大的房屋"，并且认可了传统木结构的中式建筑及"殖民地式"建筑作为主流的建筑形式，到20世纪初，上海的地质状况通过探井勘探得到比较确实的报告，淤泥层约6米深（20英尺），砂土层深达91米（从地面下20英尺至300英尺深），从91米至300米为砂石混合层，即砂砾层，深达1 000英尺[4]，约300米以下才是坚实的岩土层。而上海的地下水位就在地平面向下5英尺至8英尺处（1.5～2.4米）[5]，软土层在20米深度内的含水量一般为40%，孔隙比1.2～1.6，土的压缩性高，抗剪强度低，在外荷载作用下地基变形大，不均匀沉降也较大，且沉降时间长，往往持续数

[1] 罗小未主编.上海建筑指南.上海：人民美术出版社,1996,1—2.

[2] 何秀水.上海地区软土地基概括及其设计施工问题.住宅科技,1995（3）,34.

[3] List of the sponsors of the project: A.E. Algar, J.Ambrose, A.J.H. Carlill, W.A. Carlson, J.J. Chollot, J. Cooper, Davis & Thomas, S.A. Hardoon, F.C. Heffer, H. King Hiller, H. Lester, N. Maclead, C. Mayne, RAS, Scott & Carter, Shanghai Society of Engineers & Architects, Shanghai Gas Co., Shanghai General Chamber of Commerce, Shanghai Land Investment Co., Shanghai Waterworks Co., R.W. Shaw, W.A. Tam, A.P. Wood, in Kingsmill Thomas William, An Account of Deep Boring Near the Bubbling Well, *The North China Daily News & Herald*, 1907, 3.

[4] Kingsmill Thomas William. An Account of Deep Boring Near the Bubbling Well, *The North China Daily News & Herald*, 1907, 3-18.

[5] G. B. Cressey, The Geology of Shanghai, 1928, 338, 340,转引自：（美）罗兹·墨菲（Rhoads Murphey）.上海——现代中国的钥匙,上海：上海社科院历史所编译,1986,35—36.

年甚至属十年之久[1]。当时的外国专家希望能够通过抽排地下水以改善地质条件，但是，结果并不令人满意。[2]1875 年英商韦尔斯组建的苏州河桥梁建筑公司在建筑韦尔斯桥时，木桩竖在泥砂里，未打桩，桩就自然沉下去，不见踪影，当时大家都非常沮丧，认为在上海这种软土地基上盖高楼非常困难[3]。这一时期上海建筑大多为 3 层高。

20 世纪初，新材料登陆上海滩，包括钢梁、混凝土、水泥等，这使得建筑往高处发展成为可能。[4]地价上涨导致社会对高层建筑的需求，也迫使西方工程师需要想出更好的解决办法。1902 年，当时上海工程师建筑师学会（SSEA）的主席卡特（W.J.B. Carter）与副主席、工部局工务处总工程师梅因（Charles Mayne）组织会员就这一问题进行讨论。梅因表示："地价的上涨和租界商业区的集中，带动着高层建筑的建造"，但"考虑到泥土的性质时，建筑基础就成为一个很严重的问题"，"上海的土质像是一种特别的粘面团，在一些时候走过大片挖掘过的土地，就像走在空中飞人杂技表演的保护网上。"按照美国芝加哥建筑法的规定，这样的地基承载力每平方英尺仅为 1 吨（相当于每平方米 9 吨），比正常的土质低 1 倍（每平方米 18 吨）。不仅如此，地基还非常不均匀，甚至在同一条基槽里，都可能会有软泥沼泽与硬质泥灰岩的差异。大型建筑物被安放在打进淤泥的木桩上，为防止把建筑物安放得高低不平，还需非常小心。于是，工程师哈丁（J.R. Harding）提出了一个方法，这一方法在后来的实践中被证明最为有效。此方法是在地势低处建造大型建筑时，用浅埋的波特兰（Portland）水泥打的混凝土筏（raft）和钢梁做基础。[5]实际上，这一筏型基础与 20 世纪 80 年代末鲁特在芝加哥发明并运用到摩天楼上的地基系统的原理基本类似，只是在上海，起初材料的选择上略有不同，桩基的选择还是木地桩。

很明显，西方建筑师与工程师已经将先进的建造技术与现代的建筑材料，介绍并运用到了中国的建筑上来。1910 年建造的 5 层楼高的上海总会（Shanghai

[1] 网页资料：上海市地方志办公室，上海建筑施工志，http://www.shtong.gov.cn/node2/node2245/node69543/node69551/node69608/index.html。

[2] Kingsmill Thomas William. An Account of Deep Boring Near the Bubbling Well, *The North China Daily News & Herald*, 1907, 3–18.

[3] ［美］罗兹·墨菲（Rhoads Murphey）. 上海——现代中国的钥匙. 上海：上海社科院历史所编译，1986, 36.

[4] 赖德霖. 中国近代建筑史研究. 北京：清华大学出版社，2007, 52.

[5] Mayne, C. and W.J.B. Carter. Foundation in Shanghai. in: Proceedings of the Shanghai Society of Engineers and Architects. Vol.III, 1902–1903, 85–107, 转引自赖德霖. 中国近代建筑史研究. 北京：清华大学出版社，2007, 51.

Club），同样运用了筏型基础。这一新型地基系统的运用，为建筑向高处发展提供了可能，在公和洋行1915年设计的有利大楼中，洋行合伙人之一约翰（John Richie）参考了美国麻省理工学院的建议。针对上海土质提出了出色的方案，通过实验，对大楼沉降进行了测定，决定在地基中建混凝土平台打木地桩[1]，从美国俄勒冈州（Oregon）进口松木桩，将巨大荷载传递到持力层，整个混凝土平台平均承接整座建筑的荷载。此后，他们专门为此地基结构申请了专利，在该结构设计获得极高声誉，并且为其他建筑师事务所进行同类型建筑设计提供了非常有价值的案例参考[2]。到20世纪20至30年代，上海的大型建筑物几乎都采用了这种混凝土筏型基础。1930年百老汇大厦动工，就盖在了当年韦尔斯桥旁边，新仁记营造厂根据外国建筑师图纸，打满堂洋松长桩，现浇地下室，完美的施工质量，使箱形基础十分稳固，大厦一直竖立至今无明显沉降。

2. 钢筋混凝土结构与钢结构

早在1863年建造的英商上海自来火房炭化炉房，是中国近代的第一座铁结构建筑；1882年（清光绪八年），上海电气公司最早采用了钢结构；1883年上海自来水厂首创使用水泥[3]；1901年建造的华俄道胜银行就采用了钢梁柱外包混凝土的钢骨混凝土结构；1906年，在6层楼高的汇中饭店建造中，也采用了砖木结构与部分钢筋混凝土结合的形式。

19世纪60年代起上海工业发展促进建筑技术引入与发展的这一条线索也不可忽视。1861年，岌岌可危的大清王朝发起了"师夷长技以制夷"的洋务运动[4]，这一运动开启了中国工业发展和现代化之路。由于洋务运动刺激，民族资本主义工业得到了迅速发展，促使了新的建筑形态的出现，工业建筑向大跨度多层方向发展，墙面采用大面积的开窗形式，为新的采光通风形式建立前提。不仅砖木混

---

[1] Purvis Malcolm. Warner John. Tall Storeys, Tall Storeys: Palmer & Turner, Architects and Engineers, Hong Kong: Palmer & Turner Ltd., 1985, 51, 92.转引自：（法）娜塔丽.工程师站在建筑队伍的前列——上海近代建筑历史上技术文化的重要地位.汪坦，张复合.第五次中国近代建筑史研究讨论会论文集.北京：中国建筑工业出版社，1998，102.

[2] New Billion Dollar Skyline, The Far Eastern Review, Vol.XXIII, June 1927, 258,转引自：（法）娜塔丽.工程师站在建筑队伍的前列——上海近代建筑历史上技术文化的重要地位.汪坦，张复合.第五次中国近代建筑史研究讨论会论文集.北京：中国建筑工业出版社，1998，102.

[3] 《上海建筑施工志》编纂委员会.上海建筑施工志.上海：上海社会科学院出版社，1997，5.

[4] 洋务运动，又称自强运动、同治维新，是以恭亲王奕訢（1833—1898）为代表的政治中枢，清廷洋务派官员以"师夷长技以制夷"的口号和目的，在全国展开的工业运动。该运动自1861年底（清咸丰十年）开始，至1895年大致告终，持续约35年。洋务运动引进了大量西方18世纪以后的科学技术成果，引入了大量各类西方著作文献，培养了第一批留学童生，打开了西学之门；学习近现代公司体制兴建了一大批工业及化学企业，开启了日后中国工业发展和现代化之路。

合结构在工业建筑中大量被使用,至19世纪末期,木桁架及钢木组合屋架等新型屋顶结构亦有广泛运用[1],建筑也因面积需要向多层发展,1898年上海福丰面粉公司制粉楼高达四层。显然,工业建筑这一现代建筑类型的出现,及其通过三十余年发展,在建筑形态、建筑材料及建造技术上的新引入与新突破对近代上海建筑建造发展起到积极推动作用。

　　1907年,德商瑞记洋行在四川路、九江路兴建一座商务楼,由美国底特律钢筋混凝土建筑公司担任工程指导并施工,设计师是菲利普斯(G.W. Philips),由于这座建筑采用当时世界上最新颖的建筑材料和工业化施工方法,在上海具有里程碑式的意义。首先,它采用了贯穿楼层的钢筋、混凝土楼梯,天花板、楼板取代横梁,整个建筑以钢筋混凝土承重,增减建筑的稳固性,同时大大缩短了工期;第二,在加高楼层时,地基施工不必太深太宽,此基础适合外滩地区由流沙构成的地质特点;第三,在结构框架外部,安装了砖、木、玻璃等制成的外墙及室内装饰,简洁实用。这种新型材料与技术的运用引起了当时人们不小的猜测及担忧,"人们当初还怀疑,这些拔地而起的铁栅条是不是做野兽笼子用的,但当楼盖到二层时,那些铁条的用途便一目了然。"对这些新风格建筑物当时评论界坦陈:"我们虽不能完全赞叹这些德国建筑师使用的建筑手法,然而我们必须承认,他们是懂得如何改变上海的面貌的"。[2]1908年,江西路和汉口路交界口上海华洋德律风(电话)公司[3]大楼施工,由新瑞和洋行设计,建筑师是查理斯(Charles Luthy),协泰洋行负责结构设计,姚新记营造厂的建筑工人成了上海第一个吃螃蟹的人,按照外国建筑师设计的图纸,灌注混凝土满堂基础[4],制作混凝土框架。这幢六层楼高的新楼成为上海第一幢完整意义上的钢筋混凝土建筑,并使用新型建筑基础的大楼[5]。

---

[1] 李海清.中国建筑现代转型,南京:东南大学出版社,2004,55.

[2] 华纳.德国建筑艺术在中国,18,转引自罗苏文.上海传奇——文明嬗变的侧影1553—1949,上海:人民出版社,2004,92-93.

[3] 1876年美国科学家贝尔发明电话,第二年上海轮船招商局就装上了简易传声器(即早期对讲电话),至1881年(即清光绪七年),租界内已有外商在外滩等处树立电杆架设对讲电话,次年3月,大北电报公司于外滩7号建立上海首处磁石式人工电话交换所开通,后于1900年(光绪二十六年)转由英商华洋德律风公司经营。华洋德律风公司是1900年由公共租界工部局组织外国洋行的大班创办。该公司与公共租界工部局、法租界公董局签订了30年的专营协议,垄断了租界内部的电话业务,公司为此获得巨额利润。华洋德律风公司是1900年由公共租界工部局组织外国洋行的大班创办。

[4] 按照现代建筑基础分类理解,满堂基础即为筏型基础,又叫筏板型基础,是把柱下独立基础或者条形基础全部用联系梁联系起来,下面再整体浇注底板。由底板、梁等整体组成。建筑物荷载较大,地基承载力较弱,常采用砼底板,承受建筑物荷载,形成筏基,其整体性好,能很好地抵抗地基不均匀沉降。

[5] 资料来源:上海地方志办公室,上海名建筑志,http://www.shtong.gov.cn/node2/node71994/node81772/node81774/node81784/userobject1ai108952.html。

　　钢筋混凝土框架结构技术为建造高层建筑提供了结构安全，保障业主获得更多建筑面积赚取更多利益提供了前提。1913年由通和洋行设计的福新面粉厂主厂房建成，高6层，由英商马海洋行（Moorehead Hales & Robinson）设计，被誉为外滩1号的亚细亚大楼，1915年底建成，高8层，由公和洋行设计的扬子大楼、永安公司等都为钢筋混凝土结构建筑的代表，发展至20世纪10年代末，钢筋混凝土结构建筑在上海租界已经得到广泛应用，技术上已经发展较为成熟。

　　高层钢结构技术在中国得到引入，最开始也是从上海、广州等开埠城市首先得到运用[1]。1898年位于南京路工部局市政厅旁的中国菜场建成，这是据史料记载上海最早完全采用钢架结构并覆盖玻璃天棚的结构物之一[2]，1913年杨树浦发电厂一号炉建成，这是上海最早的大型钢结构厂房[3]。20世纪10年代末，钢结构开始运用至民用建筑，以公和洋行为代表的外国建筑师几乎垄断了钢框架结构高层建筑的设计市场，首先是1917年完工的坐落于外滩的有利大楼，建筑设计与结构设计都由公和洋行完成，高7层，是上海第一座采用钢框架结构的建筑。（图2-4-5）[4]随后公和洋行接连完成了几座钢框架结构建筑的设计工作，包括1923年兴建的汇丰洋行、1925年兴建的华懋公寓，及1927年建成的新海关大楼等。新海关大楼建筑主体高达98.5英尺（约28.95米），值得一提的是，在这一建筑基础设计中，

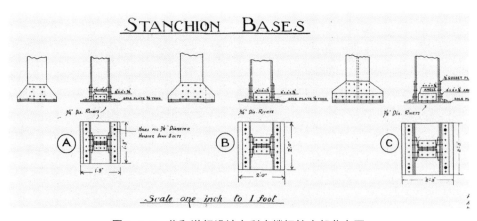

图2-4-5　公和洋行设计有利大楼钢柱底部节点图

[1] 李海清.中国建筑现代转型.南京：东南大学出版社，2004，166.
[2] 薛士全.闲话工部局中、早期建筑活动.东方巴黎，1991，47，转引自唐方.都市建筑控制：近代上海公共租界建筑法规研究.南京：东南大学出版社，2009，177.
[3] 唐方.都市建筑控制：近代上海公共租界建筑法规研究.南京：东南大学出版社，2009，177.
[4] 郑时龄.上海近代建筑风格.上海：上海教育出版社，1999，205.

公和洋行率先使用了长达16米预制钢筋混凝土桩,用以取代传统的洋松木桩,由于考虑到外滩地质原因,这一水泥钢骨用量达到1 000余根,此后混凝土的出现逐渐取代木桩结构[1]。(图2-4-6)到20世纪20年代末,上海摩天楼高度逐渐突破10层,1929年建成13层的沙逊大厦,1934年建成21层高的四行储蓄会大厦,1937年结

图2-4-6 江海关新屋采用水泥钢骨的施工现场图

构完工的17层高中国银行总行新厦等都为钢框架结构建筑。

从1917年上海第一幢钢结构建筑竖立,至1937年,钢框架结构占据了高层建筑很大一部分市场,钢框架结构高度不断攀升,结构跨度也不断加大,西方工程师们先进的建造技术和现代的建筑材料为上海建筑工业的发展带来了巨大可能,也为上海摩天楼的发展提供了必不可少的技术支撑。

2.4.3 营造业发展与建筑设备进步

在上海近代建筑史中,建筑施工行业旧称"营造业"。鸦片战争前,上海只有水木作式的营造行业,至清朝道光二十五年(1845)才有文字记载的水木作[2]出现。1840年,随着帝国主义入侵和资本输入,上海的传统营造行业开始发生变化。可以肯定的是,自五口通商开始,第一批西式建筑的技术手段主要由外国业主和中国工匠两方面控制,这一时期的业主一般为外国商人或者是传教士,而当时中国本土工匠们对西式建筑的砖石承重墙技术体系十分陌生,业主则不得不亲自担任设计并且指导施工,可谓二者皆为"非专业"[3]。

进入19世纪下半叶,随着上海租界居留地里西人所做贸易的稳定发展,西方来华的建筑师人数开始增加,大批上海近代早期的营造厂基本都是由外国人经营,与水木作坊及个体工匠形成了三足鼎立的局面。到19世纪60年代,上海早期

[1] "Is Shanghai Outgrowing Itself?" The Far Eastern Review, Vol.XXXII, Oct. 1927, 448,转引自:(法)娜塔丽.工程师站在建筑队伍的前列——上海近代建筑历史上技术文化的重要地位.汪坦,张复合.第五次中国近代建筑史研究讨论会论文集.北京:中国建筑工业出版社,1998,102.
[2] 到明朝,实行以税代役,进一步解放了官役、私养工匠人身的自由,出现了独立专职从事营造业的施工机构,称作"水木作",即建筑手工业作坊。
[3] 李海清.中国建筑现代转型.南京:东南大学出版社,2004,41.

的房地产业与建筑业结合，"建筑房地产"成为热门行业，一批外商洋行在经营贸易的同时开设了营造厂，也被称为建筑公司。随着太平天国运动的逐渐平息，上海社会环境进入相对稳定时期，建筑建造需求增加使得营造业进一步发展，并且引进了建筑市场竞争机制与管理办法。

19世纪60年代后期已出现建筑项目施工承建的招投标雏形。1864年，法商希米德与英商怀氏斐欧特两家外籍营造厂投标竞争承建法领馆大楼，希米德营造厂中标[1]。当时报纸上开始刊登招商投标广告："现欲造房子一所，在外虹桥南塊，如有愿做此工者，可至本局（指英租界工部局）管理工务写字房内问明底细，标定工价，写明信上，其信封外左角上著名做某生活，送至本局写字房查收，于8月18日12点钟止。所付之价不论大小，任凭本局选择，或全不予做均未可定，如不予做，用去使费，与本局不涉。可予做者，要得真实保人保其做完此工方可"。[2]至1969年，在上海英租界当局公布的第三次"土地章程"中规定："欲新建建筑新屋之人，呈送建筑全图、分图，以便董事会前往查勘（有迁移、拆毁权）"[3]，上海法租界当局也于1874年颁发了类似公告，规定建造房屋必须持有规定的凭证，"如擅行，除邸行提禁外，当照例惩办"[4]。

随着上海的逐步开放与发展，上海建筑业作为独立产业在19世纪末初步形成，建筑市场开始出现。在分工当中一些关键环节，如设计、建筑材料、土木工程技术、水电设备安装等多由外商或买办经营，而劳动量大、条件艰苦、利润较少的土建工程由营造厂及农村工匠承担。19世纪末20世纪初随着市场机制渐渐成熟，在上海出现了多层建筑，并且安装上了水暖、卫生等设备，上海建筑业快速学习并很快开始应用来自西方先进的建筑新结构、新材料、新设备。1857年3月23日，美国纽约一家楼高五层的商店安装了首部使用奥提斯安全装置的客运升降机，不到半个世纪，在1906年上海汇中饭店中已采用此技术，而1923年兴建的汇丰银行则是最早使用了冷气设备的大楼。

经历近半个世纪发展，上海的水木作主们不断学习西方技术及管理经验累积

[1] 何重建.上海近代营造业的形成及特征.汪坦主编.第三次中国近代建筑史研究讨论会论文集，北京：中国建筑工业出版社，1991，119.

[2] 申报，1864年8月8日，转引自何重建.上海近代营造业的形成及特征.汪坦主编.第三次中国近代建筑史研究讨论会论文集，北京：中国建筑工业出版社，1991，119,

[3] 费唐法官研究上海情况报告书，转引自《上海投资》1988年第2期，引自何重建.上海近代营造业的形成及特征.汪坦主编.第三次中国近代建筑史研究讨论会论文集，北京：中国建筑工业出版社，1991，119.

[4] 申报，1874年4月16日，转引自何重建.上海近代营造业的形成及特征.汪坦主编.第三次中国近代建筑史研究讨论会论文集，北京：中国建筑工业出版社，1991，119.

资本，1880年（清光绪六年）川沙籍泥水匠杨斯盛在上海成立了第一家由国人创立的现代营造厂——杨瑞泰营造厂[1]。1893年，杨瑞泰营造厂独立承建完成了当时规模最大、式样最新的西式建筑——江海关二期大楼，建造之精良令"西人赞叹不已"[2]，杨斯盛之后成为上海营造界的领袖人物[3]。1895年，由杨斯盛一手培养出来的顾兰洲开设了顾兰记营造厂，其后来承建了先施公司大楼，同年，杨斯盛、顾兰洲等10几位知名的营造厂主商议筹建水木业公所，取代于1823年（清道光三年）由水木作头们创办的带有浓厚的古代封建行会色彩的鲁班殿，从此，国人开办的营造厂逐渐在行业中占据主动地位。至20世纪二三十年代上海近代营造业发展至鼎盛时期，大小建筑公司、营造厂、水木作等最多的一年达到3 000多家，从业人员10万余万，各类工种20多个[4]，当时较为著名的有馥记、陶桂记、新仁记、久记等营造厂。（图2-4-7）

图2-4-7　刊登在《建筑月刊》上的新仁记营造厂广告

在1895—1927年间，上海建筑施工企业中，尚有英商德罗洋行、法商上海建筑公司等数家实力雄厚的外籍企业在活动，并承包了汇丰银行、徐家汇天主教堂等几幢重要建筑，到20年代则大多被中国营造商承建。据建筑活动资料统计显示，从1919年至1937年这一时期共建造花园住宅、公寓、别墅447座，大型豪华饭店、酒家24座，大光明、大上海、卡尔登等影剧院84座，其中10层以上大楼有35幢，包括24层的四行储蓄会大楼、22层的永安新厦、20层的百老汇大厦、17层的中国银行大厦及13层的沙逊大厦等，这些建筑主体结构承建全部被中国营建商包

[1]《上海建筑施工志》编纂委员会.上海建筑施工志.上海：上海社会科学院出版社,1997,3.
[2]《哲匠录》载《中国营造学社汇刊》四卷一期,转自转引自何重建.上海近代营造业的形成及特征.汪坦主编.第三次中国近代建筑史研究讨论会论文集,北京：中国建筑工业出版社,1991,119.
[3] 汤志钧.近代上海大事记,上海：上海辞书出版社,1989.
[4]《上海建筑施工志》编纂委员会.上海建筑施工志.上海：上海社会科学院出版社,1997,76.

揽[1]，如擅长吊装的史惠记营造厂，负责四行储蓄会大楼施工时的吊装部分；在基础打桩行业，由于沈生记、陈根记的成功经营，形成了与1919年成立的著名丹麦打桩公司康益洋行分庭抗礼的局面，新海关大楼、百老汇大厦、中国银行等摩天楼的打桩工程均由他们承揽；擅长石作工程的陈林记营造厂，从石头的粗胚制作、打平磨细到砌筑技术都相当精湛，外滩一带的沙逊大楼、汉弥尔登大楼等建筑的外墙石作工程均有他们承包，可想当时上海本土营造业发达之程度[2]。

对于摩天楼来说先进的建筑设备与进步的消防能力是大楼投入使用必要保证。随着租界内房屋建筑的增多和单位面积人口数量的增加，导致相应交通量增大，使得紧急情况下逃生带来挑战。1883年英商自来水公司建成后，应工部局的要求，公司在租界主要道路旁安装了消防水龙头，但因水厂刚开始供水不久，水压不稳定，有时候水也出不来，或者水流很小，为此工部局警务处经常测试水压，甚至每两小时测试一次。作为自来水公司也在水厂泵站安装了一个电铃，通过电线同租界消防队建立联系。只要电铃响起，水厂即派人调整水压。英商自来水公司安装的这批消防水龙头，也是近代中国城市出现的第一批消防栓。到1930年，公共租界内各条道路等处共有专用的消防栓543个，基本覆盖了租界区域20世纪30年代，沙逊大厦、国际饭店、新新公司等这一批高楼相继建成，高楼消防用水成为问题，工部局为此使用泵浦结合器，这种泵浦结合器可以连接高楼内的消防水管和消防车，通过消防车的加压，提供高楼灭火用水。法租界的消防栓建设自成系统，至1910年，法租界内安装了各种消防水龙头571个[3]。

在1928年建造的光陆大楼中已经运用了最先进的机械通风、空调、消防系统（包括自动喷淋及消火栓系统），还有现代卫生设施等等。对于空调系统，《字林西报》有过详细的报道："剧场部分的加热和换气是通过一个组合系统，机器设在建筑屋顶上特别设计的房间中。新鲜空气从建筑的顶部引入，通过一个蒸汽调温盘管进入到空气过滤装置，这里将喷水与引入的空气结合，从而消除所有的杂质、灰尘、脏东西和气味，此后再进入除湿器，使空气变得既纯净又干燥。鼓风机使处理过的空气进入特别设计的风管而后到达剧场，而后穿过座椅下面安装的栅栏到达地板。冬天，空气进入风管之前首先经过加热机组，空气能够被限定在任何温度；夏天，这一系统同样可以对空气降温。同时，不新鲜的空气会被抽回到屋顶，排入

---

[1] 孙熙泉，吕鸿畴，上海市建筑工程局，上海市建筑材料工业管理局，上海市房地产管理局，上海市住宅建设总公司.上海经济区工业概貌——上海建筑·建材卷.上海：学林出版社，1986，5.
[2] 《上海建筑施工志》编纂委员会.上海建筑施工志.上海：上海社会科学院出版社，1997，3—5.
[3] 马长林.上海的租界.天津：天津教育出版社，2009，78.

大气中,或者重新循环。"[1]这与当下的空调处理系统已经非常相似,可见在20世纪20年代这一设备已经相当先进了。

综上,摩天楼建造的技术性问题在20世纪初已完全解决。随着工业革命的发展,1854年奥提斯在纽约博览会上验证了安全电梯的可靠性,解决了摩天楼的垂直交通问题;1876年电话发明,使人们能够在不同的办公室里方便地沟通;1884年芝加哥工程师詹尼发明了钢结构框架承重系统和鲁特发明的筏型基础;消防条件与建筑设备配套的进步等,使建造摩天楼成为现实,这些新材料与新技术飞速地传入了由西方列强统治的上海租界,伴随着空间与人口的扩张,经济业态发展的逐渐成熟与社会商业需求的增加,刺激了房地产业的兴盛,这一切都推动着上海的建筑向高处发展。

2.5　建筑法规的制定与建筑师专业化之路

2.5.1　建筑法规制定[2]

19世纪末至20世纪初期,随着钢筋混凝土结构在城市建筑中的广泛应用,建筑越建越高逐渐成为一种趋势,而这一时期欧美各国,尤其是在摩天楼蓬勃发展的美国对监管这类工程的法规条例的研究与颁布也一直在不断地探索与调整当中。以美国芝加哥市为例,经济繁荣发展催生了对大量高层商用建筑的需求,从芝加哥保险公司大楼(1884—1885)建成算起,混凝土新材料与金属框架结构在高层建筑中的成功应用,为芝加哥建筑发展带来了黄金十年,直到1893年政府第一次颁布了有关高度控制的法规,规定每幢建筑不能超过130英尺(39.62米)相当于10至11层楼的高度,后又将限高调整至260英尺(79.25米),直到1923年芝加哥颁布的新的区域制度取消了对于建筑高度的限制。1893年至1923年间的高度限制大大抑制了摩天楼在芝加哥的发展,有调查显示截至1923年在卢普区(the Loop)10到22层楼高的建筑仅有92幢。

相较之,美国纽约的摩天楼起步虽比芝加哥晚上几年,但是势头更盛。纽约市直到1889年才通过建筑规范允许建筑使用这一新型的结构,从1889年通过允许使用钢框架结构法规至1916年,这一时期在纽约建造的高楼没有任何高度限

---

[1] 字林西报,1928年2月8日,7.

[2] 在此仅对上海各界相关法规制定过程作一概述,法规当中与摩天楼设计有关的具体高度控制条例在第1章略有提到,关于条例规定对摩天楼设计的具体影响将在第5章中进行详细分析。

制，摩天楼的发展基本呈自由主义（laissez-faire）的发展态势[1]，1916年纽约第一部区划法令颁布，条例限定了建筑的高度与体量，并且通过与建筑基底相邻街道宽度结合的限制条件，有效控制了由于摩天楼的无节制建造给城市空间与人居环境带来的负面影响。

近代上海建筑法规制定首先从租界地开始。开埠之后，由于战乱频发致使租界人口增加，为了缓解激增的住房需求，这时期建造了租界最早一批房屋，但房屋大多简陋，多为一二层楼的木板房建筑，图纸也只是根据外国商人、传教士的草绘图样，或者是直接把外国图样拿来，让中国建筑工匠们依样画葫芦。1864年太平天国起义被镇压，租界外部形势逐渐趋于稳定，租界经济也开始稳步发展，虽然因躲避战乱逃进租界的华人返回家园使得租界房地产业进入了阶段性萧条，但西人放弃了短期投机的观念不再敷衍盖楼，而是开始了以投资经营为根本的长期营建活动，另一方面，由于当时租界大批房屋都为木板房，火灾问题、建筑过分密集、卫生问题等都开始引起了租界工部局重视，制订建筑规则成为城市健康发展及安全建设的必要保证。

1. 公共租界

1869年9月，第三次土地章程"洋泾浜北首租界章程"公布，标志着公共租界内部行政管理制度的完善和定型[2]，在章程正文二十九款条文后，有附则四十二条有关市政建设的规定，包括沟渠、道路、房屋、煤气、水管、垃圾、卫生等。章程条款及附则规定了工部局对房屋建筑图纸享有审批权，对建筑施工有颁发执照全，其中规定："欲建新屋之，呈送建筑全图、分图，以便董事会前往查勘"，附则中与建筑相关的有：第五条规定"造屋于沟面必有公局准据"，第八条规定"造屋必先筑沟照局示而行"，第十四条"房屋须有水落"，第二十条"失修房屋"，第二十三条房屋"伸出街道各项"，包括"搬开、修拆伸出街道、拦阻街道的一切物品"[3]等。不难看出，这些规定尚只是为了保证市政建设顺利进行，而对于建筑的设计、结构、构造、材料等要求还不具体。进入19世纪70年代，告别了房地产短暂的萧条，公共租界房屋建造渐渐有了起色，由于这一时期华式房屋数量增加，因此在1877年工部局成立委员会着手制定华式建筑规则，但由于种种原因，该项提案不了了之，而

[1] Carol Willis. *Form Follows Finance: Skyscrapers and Skylines in New York and Chicago*. New York: Princeton Architectural Press, 1995, 9.
[2] 赖德霖.中国近代建筑史研究.北京：清华大学出版社，2007，55.
[3] 以上条文摘自王铁崖编.中外旧约章汇编（第一册）.北京：生活·读书·新知三联书店，1957，291—307.

在工部局相关文件中并未有披露规则内容,尽管如此,这仍可看作近代中国建筑法规制定的最初尝试。

在经历了 19 世纪 80 年代初中法战争引起的经济萧条后,上海自 1885 年逐步恢复繁荣,公共租界人口至 1890 年涨到 17.2 万,比 1876 年 9.7 万上涨了 77.3%[1],建筑总数也从 18 059 幢增加到 24 390 幢[2],这一时期,公共租界房屋建筑仍以砖木结构为主要形式的华式建筑占据了相当大的部分。《海关十年报告》中写到:"中国人有涌入上海租界的趋向。这里房租之贵和捐税之重超过中国的多数城市,但是由于人身和财产更为安全,生活较为舒适,有较多的娱乐设施,又处于交通运输的中心位置,许多退休和待职的官员现在在这里住家,还有许多富商也在这里。其结果是中国人占有了收入最好的地产……租界内,外国住房的租金正逐渐上涨,因为在每一幢旧的外国房子拆毁后,中国人的住房就取而代之。"[3]同时,甲午战争后,列强获得在华设厂权,对华资本输入加强,上海成为西人在华兴业的重点城市,而建设量的巨大与专业建筑师的短缺形成了尖锐的矛盾[4],因而,如何在建筑建造量持续增加的情况下,对建筑营建进行有效控制,成为工部局工务处迫切需解决的问题,在这一背景下,租界工部局再一次对土地章程进行了修改,并在 1898 年获得北京公使团批准。

在这一"增订上海洋泾浜北首租界章程:增订后附规例"中新增的第三十款为对租界房屋建筑专门规定,内容是:"公局可随时设立造屋规则,以便稽查新造房屋之墙垣、基地、屋顶、烟囱是否坚固,足御火灾,留出空地,清气能否流通,沟渠、坑厕及堆放垃圾处是否合式,至不宜居住之屋或应永闭,暂关等事。各租主建盖房屋须先将图样送公局,查阅工作时可派人勘视,如造屋违式,可以令拆去或改造式样。公局拟行规例,须交地产董事核阅,然不能驳回;会议立定后并俟宣示六个月,方可同行。"在附则第八条中,还明文规定了"凡欲新造房屋或旧屋翻新,须将各图样呈送公局,听候核示,准否应于十四天内示知。倘造违式房屋,经公局派人拆去,所用工费向屋主或乘造者追缴,按控追偿款之例行。[5]"这一次土地章程建筑部分增订内容对租界的建筑管理具有重要意义,首先"公局可随时设立造屋

---

[1] 参见 2.2.1 表 2-3 人口统计数据。

[2] 根据《上海公共租界工部局年报》1880—1890 年数据统计。

[3] 徐雪筠等译编.上海近代社会经济发展概况(1882—1931)——《海关十年报告》译编.上海:上海社会科学院出版社,1985,21.

[4] 唐方.都市建筑控制:近代上海公共租界建筑法规研究.南京:东南大学出版社,2009,47.

[5] 王铁崖.中外旧约章汇编(第一册).北京:生活·读书·新知三联书店,1957,811—813,在此"公局"为公共租界工部局。

规则"授予了工部局具有建筑立法权利，其次"须将图样送公局，听候核示"说明工部局具备审批权，"如造屋违式，可以拆去或改造式样"，表明工部局具有监管权，如此三权，将保证公共租界工部局在管理租界内建筑建造上具有更大的主动性。

工部局在1900年10月和1903年8月又分别第一次颁布了《中式房屋法规》（*Chinese Building Rules*）和《西式房屋法规》（*Foreign Building Rules*），规定新建房屋必须按建筑章程设计，建筑业主提出建筑请照单时，须同时提交设计图纸，经工部局审查合格后，才能颁发施工执照。在此值得一提的是，在工部局对"西式建筑法规"进行修订及讨论的过程中对英国，及其他欧美国家相关的建筑法规多有借鉴，在有关建筑高度及高层防火问题上对法国及美国规定参考较多，这一点我们可以从历史档案中找到考证。1902年8月13日工部局指示工程师参考巴黎建筑法规当中有关建筑高度和公共道路上突出物的规定（巴黎这一建筑法规制订于1887年7月23日），工部局认为有必要将之与新拟定的《西式建筑规则》进行比较，"并估计新规则在不同情况下可能出现的优缺点。[1]"在高层建筑消防水箱问题上，工部局和地产业主们在讨论中提出"考虑到公众利益有必要尽早知道目前在美国时兴的摩天楼中灭火的最佳方法"，并且建议"完全借鉴美国的相关条例[2]"。

1905年，工部局董事会对限制外滩建筑的高度达成共识，认为在像广东路这样狭窄的马路（宽度为30英尺或小于30英尺），建造一幢115英尺高的建筑物是不妥当的，故推迟审议有关建房的申请。在1906年，某洋行申请在四川路九江路转角建一幢9层高楼房，高度达到130英尺，董事会认为在只有40英尺宽的马路上造这样一幢建筑物"十分不合适"，复信表示"由于这样一幢建筑物的存在，交通量必将大量增加"，"董事会不愿违反建筑规章关于此点的规定"。当时华洋德律风公司申请采用钢筋混凝土材料建筑建造高层建筑物时，董事会决定发给建筑许可证，但表示关于安全问题，即根据《土地章程》第30款，董事会"不予承担责任"。1909年，由于俄国银行、客利饭店及其他高层建筑物的沉陷导致马路对面的人行道遭到损坏，工部局董事会决定重新铺路[3]。从上可知，建筑限高与相邻城市街道

---

[1] U1-14-5682，上海公共租界工部局工务处关于印刷新的建筑规章等文件（1902—1940），上海市档案馆。
[2] U1-2-246，上海公共租界工部局总办处关于修改外国楼房建筑章程、辅设电车、建娱乐场及河南路拓宽等文件（190210—190212）。
[3] 上海档案馆.工部局董事会会议录，第16册，551,553,562,659—660,第17册,633.

的关联已经露出端倪，虽然这一阶段对建筑的高度限制仅为简单的数值制约，但随着城市空间的不断扩张、道路的扩建，已经公共租界工部局对城市公共空间管理的越发重视，有关建筑高度更严格的控制也在不久出台。

第一次世界大战结束后，世界经济迅速复苏，上海经济也呈飞速发展态势。1914年工部局成立了"建筑规则修改委员会"，对1900及1903年颁布的建筑法规进行了第一次全面修订工作，而1914年的两场特大建筑火灾则成为这次公共租界建筑规则全面修订的直接起因。（公共租界工部局年报1914）1914年，怡和纱厂（Ewo Cotton Mill）[1]和福利公司[2]（Hall & Holtz Corp.）——两幢建筑相继发生火灾，损失严重，这引起了工部局的高度重视。1914年3月12日在上海火险公司致工部局的信中，指出"西式建筑的规则实际上没有关于防火墙以及建筑物内部分隔的严格规定，这会带来极大威胁，而这些危险是完全可以也应该通过对建筑法规的修订被最大程度地避免的。[3]"，同时火险公司还提出，火灾时的水供应和水压力也是一个应该引起重视的问题，尤其是在当时租界内高层建筑物大量兴起的背景下[4]。由此可见，摩天楼建造数量的增加使不少有关建造及使用中可能出现的问题浮出水面，这使得工部局必须给予更大的关注及控制干预，同时付之于这一次的建筑法规的修订案当中。

新建筑规则草案在1916年11月完成，经过租界"中国工程学会"（The Engineering Society of China）的讨论，于12月公布，次年6月21日正式实施。新修订的建筑法规包括：两个普通规则——《新中式建筑规则》《新西式建筑规则》；两个特别规则——《戏院等特别规则》《旅馆及普通寓所出租屋特别规则》；两个技术规则——《钢筋混凝土规则》和《钢结构规则》。从新颁布的规则内容来看，工部局已经针对大型的公共建筑、旅馆、戏院制定出了特别的规定进行限定，对于新型的钢筋混凝土与钢结构建筑也进行了专项规范，可以看到，建筑类别与体量的不断丰富与增加，需要有组织的控制与规范。在1919年及20世纪30年代末，公共租界对中式建筑法则及西式建筑法还进行了两次修正与完善条例工作。因此，

---

[1] 英商怡和纱厂，始建于1896年，《马关条约》签订后，外国投资者来华享有设厂特权，该厂是外资在沪开办的最早的工厂，也是当时规模最大的工厂，开创了资本主义"棉纺织时代"在华模式的发端，俗称老怡和纱厂。

[2] 福利公司是上海第一家百货公司，也是近代上海最大的一家外资百货公司，由英商爱德华活儿创办，位于南京路四川路东北转角，最后是生产面包、西式食品兼营杂货的商店，1854年侨民霍尔茨入股，更名为Hall & Holtz Corp。

[3] 上海公共租界工部局公报（1914），127.

[4] U1-2-441，上海公共租界工部局总办处关于火损及修改建筑条例，拟在市政厅举办义卖游园会的文书.123,132,上海档案馆。

自20世纪初公共租界建筑法规的颁布，结束了上海租界内建房无章可循的历史，也开启了西人完全控制管理公共租界建筑建造的时代。

2. 法租界

法租界颁布相关章程要稍晚一些，在建筑控制方面，法租界与公共租界采取的建筑营造规章存在一定的差异性。在1874年，法租界公董局即制订了有关建筑管理条例，规定任何房屋的建造，均须向工务处提交申请，由总董签章才能生效。否则，立即封禁建设工程，并照章惩办。1910年公董局制定《公路、建筑等章程》，其中第二篇"建筑"篇规定建房者必须向公董局工程师提出申请表，附上地形图和拟建房屋图纸，设计图纸应清楚说明拟建房屋用途、路面标高、排水沟情况、房屋墙壁截面、屋盖形式等，随后方可申请营造许可证程序，14天后，公董局工程师发出批准或不批准的通知，不批准的工程项目，须修改设计直至符合章程；在1936年10月5日，法国领事署311号令颁布经公董局修订的《上海法租界公董局管理营造章程》规定营建、改建、修理工程应申请"大执照"或"小执照"后才能施工。全部或部分地拆除一项不管是何性质的建筑物，应申请一张"小执照"。我们可以看到，相较于公共租界工部局而言，法租界公董局对建筑工程要求更加严格，公董局在审核是否批准许可证前，还要听取路政科、捕房及卫生部门的一件。对舞厅等可能妨碍居民利益的建筑，还要听取附近居民的意见。设计方案细节不清，公董局在发证前还会提出一些附加条件。无证施工处以100—1 000元罚款外，工程还要修改，费用由业主承担。[1]1931年，上海工务局发布《上海市各区请照办法》，规定请照人应先绘具营造图样2份、地盘图3份（其中1份用蜡纸或蜡布制成），在申请执照时连同图样一起送上。工务局收到申请后，派员实地勘察，如发现图样与建筑规则不符，须设计师改正。法租界对建筑高度的限定条例在《警务及路政条例》中，这一条例最早的版本是在1869年10月，在1930年2月公董局董事会在修改《警务与路政章程》第2篇"建造中"对建筑高度进行了比较明确的规定[2]。

3. 华界

在行政隶属关系上，晚清上海属松江府下一县，设县署衙门，其上为道署衙门。道署主官为道员，简称"道"，俗称"道台"。按照当时清制，上海道台是监督苏州、松江（上海县属松江府所管辖）、太仓两府一州地方行政的高级长官，正式称谓为"分巡苏松太常等地兵备道"。1843年11月上海开埠后，上海道台除了负

---

[1] 上海租界志编纂委员会编.上海租界志.上海：上海社会科学出版社.2001，569—570.
[2] 详见第1章第2节。

责鸦片战争前监督地方行政、维持地方治安，及兼理海关等几项工作外，清政府赋予了道台更重要的职权：办理地方外交与从事洋务活动。直到1911年中华民国临时大总统选举前，上海县内对外一切事务均由上海道台兼理。但由于中国封建社会传统的管理体制在近代意义上的市政建设可以说是空白，关于清道、路灯、筑造桥路、修建祠庙，甚至是消防救火等事项均由民间慈善团体组织经办。直到民国十六年（1927）7月上海特别市政府成立设立工务局之后，才有了统管华界内建筑工程方面事务的行政机构。1928年7月首次颁布了《上海特别市暂行建筑规则》，初订时已达十章237条，这一暂行规则在1932年（民国二十一年十二月修订）有过一次修订出版，后经过1937年的补充修订，最终发展成为《上海市建筑规则》，共十章239条。因近代上海华界显有摩天建筑建成，在此对其建筑规则不过多讨论。

2.5.2　建筑师的专业化之路

观察美国摩天楼的设计者可以发现，不论是工程师还是建筑师，他们大多受过正统的职业训练，尤其受到法国学院派影响较大。如第一幢摩天楼的设计者，芝加哥学派的领导人物威廉·勒巴隆·詹尼生于美国马萨诸塞州费尔黑文市（Fairhaven, the state of Massachusetts），1856年毕业于巴黎中央理工学校（原称：艺术与制造中央学校，Ecole Centrale des Arts et Manufactures）工程系；路易斯·沙利文（Louis Sullivan），芝加哥学派的中坚人物，生于波士顿（Boston），分别于1872年在麻省理工学院，及1874在巴黎美术学院费德勒默尔工作室（J.-A.-E.）进行了学习；约翰·魏尔伯恩·鲁特（John Wellborn Root, 1850—1891），出生于乔治亚州的兰普金市（Lumpkin, Georgia），在美国内战时期到英国利物浦生活过一段时间，后回到美国在纽约大学取得学位。卡尔·W.康迪特（Carl W. Condit）曾在书中对这群建筑师们取得的成绩做出了极高的评价："只有最强大的精神与最大胆的想象力才能应对这一次挑战。他们的成就被当代无数座美观而实用的建筑所证实，他们的作品是世界一流商业建筑的最集中代表。[1]"

由于摩天楼这一类型已不同传统建筑类型，在建筑高度超过一定界限，建筑师需要对建筑的结构设计、功能设计、建造、施工等环节有完整而精确的控制力，在西方建筑专业学科知识系统化发展及城市发展诸多项目实践经验的影响与积累下，不论是在美国，还是在上海，建筑师的职业化是必经之路。中国古代至近代

---

[1]　Carl W. Condit. *The Rise of the Skyscraper*. The University of Chicago Press, 1952, 7.

早期,建筑师一直以匠人身份存在,对于建筑师这一角色从未有过清晰定义,上海近代建筑业在19世纪的最后10年才出现,"建筑"一词也是到19世纪末才在汉语中出现,据考"Architecture"一词的标准译语"建筑"还是由日本人伊东忠太论证采用的[1]。最初在近代上海建筑业的从业人员都是外国人,据记载开埠后的上海,1850年在官方登记的外国人名单中,只有一位英国建筑师,叫吉奥·斯特罗恩（Geo Strachan）,他是斯特罗恩公司（Geo Strachan Co.）的负责人,这家事务所可算作上海有记载的第一家建筑事务所[2],除了从事建筑设计业务之外,斯特罗恩还开办了一所技校,学员主要是宁波人,这不仅仅是作为第一个西人设立课堂,正规的传授西方建筑学知识与工艺,而且是中国历史上也是绝无仅有的,这创举使得本土匠人对这一新式技艺有了长足进步[3]。

在上海开业的建筑师,最初是英国人,有几个是英国皇家建筑师学会会员,大多以土木工程师身份开展业务,到20世纪30年代,"建筑师"和"建筑事务所"才进入汉语[4],建筑师也从土木工程师的行列中分离出来,成为建筑设计的领衔人。在租界初期,上海乃至中国技术人员都十分缺乏,工程师几乎承担了从铺设铁路到设计建造房屋的所有项目。最早在上海成立建筑师事务所的是有恒洋行（Whitfield & Kingsmill）,1860年创立,主持人为怀特菲尔德和金斯密,其他建筑师有布莱南、爱尔德等。早期的建筑师和工程师执业没有严格的区分,英国土木工程师和电机工程师学会会员玛里逊（G.L. Morrison）,1876年来华参加中国第一条铁路——淞沪铁路设计,后来与英国皇家建筑师协会（RIBA）成员格兰顿（F.M. Gratton）建筑师合伙开设玛礼逊洋行,从事土木建筑工程设计。早期外国建筑师开设的设计事务所,又参加房地产投资经营,因此事务所均冠名为洋行,后来,在洋行"打样间"协助外国建筑师设计、绘图的有些中国人,边干边学,掌握了业务技术后自己开设事务所。

1880年以前,虽然上海开埠后建筑建造需求不断增加,但在上海开业建筑师未超过3人,这批西方建筑师大多往返于上海、香港、日本和东南亚各地飞来飞去,哪里有业务就到哪里去。1885年6人,1893年仅7人,发展缓慢。1890年以前,凯

[1] 路秉杰.建筑考辨.时代建筑,1991年第4期,27-30.
[2] KOUNIN I.I., The Diamond Jubilee of the International Settlement of Shanghai, Shanghai: Post Mercury Company Fed. Inc. USA, 1937, 20-21, 转引自［法］娜塔丽.工程师站在建筑队伍的前列——上海近代建筑历史上技术文化的重要地位.汪坦,张复合.第五次中国近代建筑史研究讨论会论文集.北京:中国建筑工业出版社,1998,96.
[3] 郑时龄.上海近代建筑风格.上海:上海教育出版社,1999,38—39.
[4] ［法］娜塔丽.工程师站在建筑队伍的前列——上海近代建筑历史上技术文化的重要地位.汪坦,张复合.第五次中国近代建筑史研究讨论会论文集.北京:中国建筑工业出版社,1998,97.

德纳（William Kidner）是当时上海唯一的英国皇家建筑师学会会员。虽然总的来说，这批被日本人称为"渡海建筑师"的人们在专业水平并非多么优秀，但好过此前由业主亲自上阵的无章之果，同时，是这批早期来华闯荡"新世界"的"冒险建筑师们"首次将西方的建筑技术较为系统地介绍给了上海本土的工匠，他们对西方建筑技术体系在中国的引入与发展起了不可忽视的传递作用。

　　进入 20 世纪，上海城市建设不断发展，根据最新土地章程的第三十款逐步形成了一系列建筑设计法规，原来建筑营造无序的状态得到了控制，租界内也出现了既具有建筑技术知识又熟悉各项建筑法规的专业机构与设计人才[1]。1900 年以后，一批专业的外国建筑师事务所活跃于上海建筑舞台，其中最著名的有通和洋行（Atkinson & Dallas Architects and Civil Engineers Ltd.）、公和洋行（Palmer & Turner Architects and Surveyors）、德和洋行（Lester, Johnson & Morris）、新瑞和洋行（Davis, Brooke & Gran Architecture）、倍高洋行（Becker & Baedecker）、思九生洋行（Stewardson & Spence）等，日本建筑师平野勇造和福井房一也十分活跃。[2]

　　至 20 世纪 20 年代，上海租界早期的建筑几乎都由这些外国建筑师事务所包揽设计。例如 1868 年创立于香港的公和洋行，1912 年来到上海开设事务所，在近代上海做出了不少标志性作品，外滩有 9 幢建筑都由该洋行设计，几乎占到了总数的一半。如仁立于外滩的上海第一座钢框架结构有利大楼（1916）、上海汇丰银行（1923）、上海标志性建筑海关大楼（1927）、沙逊大厦（1929）等，此外，还有公共租界工部局大楼（1922），汉弥尔登大楼（1933）、都城饭店（1934）等等。邬达克洋行是另外一家为近代上海建筑版图做出巨大贡献的外籍建筑事务所，1925 年在上海成立，主持人拉斯洛·邬达克（L.E. Hudec）出生在斯洛伐克一个建筑世家，21 岁毕业于布达佩斯皇家学院，又作为军官加入了奥匈帝国的军队，2 年后当选为匈牙利皇家建筑学会会员，又"远东第一高楼"之称的国际饭店就出自其手。另外，还有 1899 年成立的德国倍高洋行（Becder & Becker），最早在上海使用砂垫层替代打桩技术，1866 年成立的英国德和洋行（Lester. H. & Co.）设计了 9 层高钢筋混凝土结构的字林西报大楼。至 1910 年，上海开业建筑师事务所已达 14 家，建筑设计从业人员增多，他们的到来为上海城市建设不仅带来了先进的建造技术与设计理念，同时也从建筑风格上为近代上海注入了全新的面貌与活力。

---

[1] 娄承浩.薛顺生编著.老上海营造业及建筑师.上海：同济大学出版社,2004,54—55.
[2] 郑时龄.上海近代建筑风格.上海：上海教育出版社,1999,60.

20世纪20年代之后，中国本土才有真正意义上的职业建筑师出现，直到因庚子赔款获得出国学习建筑专业机会的中国留学生回国。这一时期，上海贸易和工业产值飞速增长，新的工厂、公寓、商业办公大楼与日俱增，城市建设进入鼎盛阶段，中国第一代留学海外学习西方建筑专业的留学生，纷纷学成归来创办自己的建筑师事务所，这一回归彻底打破了西方建筑师进入中国，依靠掌握西方先进建筑技术与思想对城市新建项目几乎垄断的局面，他们成为我国在建筑学领域拥有的第一批专业人才。如参与设计外滩第一高楼——中国银行的建筑师陆谦受（1904—1991），毕业于英国伦敦建筑学会建筑学院，回国后在上海中国银行担任建筑课课长，1937年其与英商公和洋行合作设计了位于外滩原德国总会旧址的中国银行大楼，楼高17层，打破了当时外滩全部高楼无中国建筑师设计的零记录。八仙桥设计师范文照也是从美国学成归来，并对中西方风格建筑做出了探索与努力。

图2-5-1 《上海建筑协会会报》第四期封面

后来陆续回国的第一代建筑师包括庄俊（1888—1990）、董大酉（1899—1973）、陈植（1902—2002）、童寯（1900—1983）等人，他们为近代上海做出了很多优秀作品，结束了外国建筑师独霸上海设计市场的局面，为近代上海城市建设做出了贡献，并为中国建筑设计事业奠定了基础。与此同时，中国第一批建筑师的归国促使国内在建筑创作、建筑教育、建筑学术活动等方面的活跃局面，1927年成立上海市成立建筑师学会，后改名为中国建筑师学会；1931年成立上海市建筑协会两会分别出版了《中国建筑》和《建筑月刊》；中国营造学社也于1930年成立并出版《中国营造学社汇刊》。

1907年7月，根据工程师报告中的建议，工部局董事会决定采用类似香港的做法，对建筑师进行注册登记，并制定与香港相似的规章[1]。根据工部局规定，由建筑

---

[1] 工部局董事会会议录.第16册.上海档案馆,706,714.

师设计图纸，在建筑图纸审核后，由工程师作出用料计算书。该图纸及计算书转呈工部局工务处审核通过，取得许可证方能施工。民国初年，租界内的建筑行业已经逐步建立一整套严格的管理程序、规范，包括建筑绘图所使用的仪器、材料，全套建筑部件等，都使用英语专业术语的中文译名。到1929年南京国民政府公布《技师登记法》，由实业部核发技师证书，凡有技师证书者，均可向全国各地政府登记申请开业，从1927年与1929年两张建筑师、工程师登记资格比较图观察，正式登记人数1929年较1927年上升约5个百分比，外国籍登记人员明显增加，同时，暂行登记中普通学校毕业者与专校修业者比重增加，说明建筑工程行业正在逐渐教育规范化。1930年，上海市工务局依据《技师登记法》颁布《上海市建筑师、工程师呈报开业规则》，规定建筑师、工程师应在领到开业证书后，方能承接市内建筑工程的委托。由于建筑师、工程师业务能力高低悬殊，1932年公布了技师、技副开业规则，以区分资质高低及承接建筑工程的范围，至1936年注册登记建筑师事务所达39家，其中12家是中国建筑师创办。[1] 不可否认，如果没有工程师建筑师的专业化，摩天楼的出现与进步是几乎不可能完成的任务。

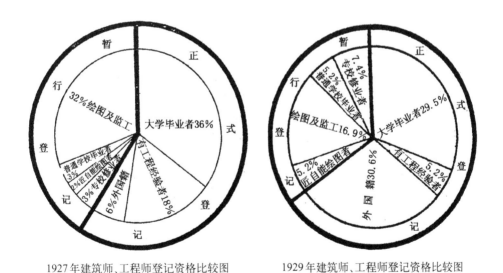

1927年建筑师、工程师登记资格比较图　　1929年建筑师、工程师登记资格比较图

图2-5-2　1927年与1929年建筑师、工程师登记资格比较图

[1] 娄承浩，薛顺生编著.老上海营造业及建筑师.上海：同济大学出版社,2004,52—54.

2.6   本章小结

现代化浪潮拉开了西方世界与非西方国家的差距：一端是新兴工业国家和现代工业文明，另一端仍然停留在农业文明，而开埠后的近代上海，由于租界时期受西方近代城市建设与管理的影响，理性的、重视法规的、科学的、工业发达的、效率高的、扩张主义的西方和因袭传统的、全凭直觉的、人文主义的、以农业为主的、效率低的、闭关自守的中国相遇[1]，两种文明在这里产生了碰撞与交融，极大地改变了上海城市的面貌，在进入快速城市化的过程中，上海现代化发展的动力来源也经历了从外部驱动逐渐转变为内在需求的过程。

罗小未先生曾经说过"建筑不仅仅是一座座历史建筑，而是物化了的社会"[2]。任何新兴事物的出现都有其复杂而又合乎逻辑的动因演变，近代上海摩天楼的出现亦然，受经济利益驱动而出现的特殊社会属性，决定了分析这一类型出现的时代背景、地域性社会变革及城市发展带来的经济结构转变等方面内容的必要性。本章紧紧围绕近代上海摩天楼出现的时代背景，从社会、经济、人口等几方面出发论述了近代上海的现代化进程中的具体表现，同时从这些数据背后牵引出与摩天楼发展的关联，公共租界工部局公布的人口普查中有关人口密度的详细数据，及"现代办公建筑"集中建设的观点成为文章接下来考察摩天楼选址发展的重要线索。同时，从城市建设角度出发，讨论上海房地产业兴起地价增长刺激建筑往高处发展，并且以多国地价与房屋高度限制数据为基础，进行比较性讨论，侧面说明地价增长与房屋高度限制政策之间的互相影响，高度限制越宽松，地价增长空间越大。最后，对近代上海摩天楼建造的必要前提，包括新技术手段、建筑市场规范化与建筑师职业化等方面进行论述，由于西人治理的缘故深受西方技术与思想影响。研究近代上海是如何崛起与发展，对了解摩天楼在近代中国的上海蓬勃发展具有重要意义，同时与美国芝加哥、纽约等摩天楼发展代表性国际城市进行相关数据的横向比较，有助于站在全球视角更全面完整的认知摩天楼出现在上海的动因。

---

[1] ［美］罗兹·墨菲（Rhoads Murphey）.上海——现代中国的钥匙.上海社科院历史所编译，1986，4—5.

[2] 伍江.上海百年建筑史1840—1949（第一版）.上海：同济大学出版社，2008，序.

中 篇

时间轴上的研究
——近代上海摩天楼的发展（1893—1937）

北邙一片辟蒿莱，
百万金钱海漾来。
尽把山丘作华屋，
明明蜃市幻楼台。

——《租界》[1]

---

[1]（清）葛元煦撰．郑祖安标点．沪游杂记,上海书店出版社,2006,197.

第**3**章
摩天楼建造的初期发展（1893—1927）

从19世纪末至1927年，上海摩天楼建造发展基本经历了从萌芽到稳定发展的一个完整时期，也可比作上海摩天楼建造发展进入繁盛发展的铺垫阶段，这一时期既是技术进步与完善、经济快速发展的阶段，也是对现代化进程中的建筑新类型的意识普及阶段。在面对两次鸦片战争的惨痛失败情况下，清朝政府内外交困，统治集团内部以曾国藩为首的一些较为开明的官员主张学习利用西方先进生产技术，天朝大国的姿态逐渐放下，转而开展起"师夷长技以制夷"的洋务运动。随着国人对西方文化逐渐由抵触向接受的慢慢转变，上海租界社会发展稳定，在清朝内战的影响下，华人涌入租界，人口的增加也促进了租界地经济的繁盛发展，洋务运动的铺垫为华洋双方的互相适应奠定了一定基础。19世纪50至60年代，租界内人口活动主要集中在外滩至河南路一带，70年代延伸到了浙江路附近，20世纪初到达西藏路，并且继续向西面纵深扩展，随着外商投资的增加、商业的繁荣使这里成为上海城市现代化的起点，尤其是外滩及外滩往西纵深方向的街区，成为"十里洋场"最繁华的地段。1905年，在南京路四川路转角处建造起了高五层的惠罗公司，1908年七层高的汇中饭店在南京路与外滩的转角处落成，成为上海第一座使用钢筋混凝土结构并安上了电梯的高楼，在经济利益的驱动下，地产商开始广建商用高楼，以摩天高楼为背景的繁华都会正在黄浦江边悄然升起。

3.1　萌芽：最初的"摩天"建造

在人类文明发展进入工业时代之前，人类对空间向高处发展充满着敬畏之情，世界上最高的建造物必会具备宗教意义，东方有高塔，西方为教堂。对高处

图3-1-1　龙华塔及相邻建筑景观（1912年《进步》期刊封面照片）

的向往只有在心怀神灵祈福祭祀的时候，才能坚定地毫不怀疑地克服建造中的诸多困难，耗费更多的时间人力财力物力将其实现。对于近代上海而言，带有"摩天"意义的建造也是从西人教堂开始。

虽至19世纪中叶上海已是商贾云集的繁华港口，但是此时建筑大多2层高，占据上海制高点的一直是位于龙华重建于宋朝的7层砖木结构高塔——龙华塔（图3-1-1）。直到1893年，租界内距离外滩不远的九江路上的圣三一教堂（Holy Trinity Cathedral, 1869）加建了一座高约110英尺（约33.5米）的塔楼，成为上海租界制高点，钟楼的建造者是来自英国的"著名摩天人开番姆君（Mr. Jake Capham）"，在1914年《东方杂志》第10卷第9号标题为《摩天人》文章中对他进行了详细的采访。[1]据考，这也是近代上海中文期刊中最早出现对上海当地建造以英文单词"skyscraper"进行形容的文章。在这里，"skyscraper"描述的对象是人，而非建筑，文章开篇便对"摩天人"概念予以解释："摩天人 Human Skyscraper 一语。乃指修造尖塔者而言。以其高可摩天也。此等匠人之工作。述之令人称奇而战栗。其人于距离数百尺之高处工作。"可见，"skyscraper"在此处作形容词"摩天的"之用，修饰从事"摩天"建造事业的"人"。文中说"上海及东方各处。以无尖塔。故亦无此等匠人。若欲见之者。当往见之于纳尔逊纪功碑。或圣保罗礼拜堂。或其他各处之尖塔。以及纽约四五十层之高楼。皆可。美国固号称产此类匠人之地也。"从上文看，虽已提及"纽约四五十层之高楼"，不管是"skyscraper"这一移植而来的外文单词的译文，还是摩天楼作为一种建筑类型的概念都尚未被人们接受。

从整篇文章来看，采访者对摩天人开番姆君的描述与提问都表达出对这一项"摩天"事业的敬畏与担忧之情，"若往此等处一观其匠人之工作。令人惊羡人类之脑力胆力洵有卓绝者。不觉呆立如着魔。为之忧虑。恐其跌落"，"君愿以此等事业布之众人。而使人知何以业此者独能高出天乎"，"君曾达何等至高之处"，"君之

---

[1] 竞夫.译海卫年报.摩天人.东方杂志，1914，10（9），1.

体重于此等事业似嫌过重"，"摩天工
匠最要者。系何事"。[1]从另一方面
看，这也反映了当时一个普遍大众心
理，即潜意识里对建筑往高处建造这
一现象存在的抵触与忧虑。

　　这一抵触的情绪在20世纪初
的报纸上已初见端倪。1903年4月
21日《字林西报》（*the North China
Daily News*）上刊登了一封读者来
信，题为"A SKY-SCRAPER IN THE
SETTLEMENT"（《租界里的一幢摩
天楼》），这也是第一次在近代中国公
共媒体上出现"sky-scraper"这一英
文单词，以下是来信全文：

图3-1-2　《摩天人》文章中所登圣三一教堂尖
顶及建造者开番姆君肖像照片

"To the Editor of the

　　　'North-China Daily News'

　　Sir, will you kindly grant me space in your column to pass a few remarks on
the proposed construction of a New York 'sky-scraper' in this Settlement. I am
surprised that abler pen-wielders than myself have not taken the matter up, but
probable I am premature.

　　That the Settlement, to retain its title of 'model,' must move with the times
and adopt those improvements offered by latter day science and skill, I quite
admit. But is it possible to describe the innovation of sky-scrapers in Shanghai
as an improvement? Are we so pressed for house accommodation, either for
business purposes or dwellings, that it is necessary to build an eight-storey affair,
a veritable beanstalk, on less than three mow of land? I hardly think so. But the
question seems to be me to be, not, is it necessary? But, can it possible be done
without?

　　What a Shanghai summer will be like when the Settlement is deprived of its

---

[1]　竞夫.译海卫年报.摩天人.东方杂志,1914,10（9）,1—4.

fresh-here, even now, might be inserted an interrogation mark-air by unsightly 'sky-scrapers' is too dreadful to even contemplate, yet too important not to have the community's serious attention. The intense heat that prevails during the summer months in Shanghai should cause the prohibition of structures in general, over, say, three stories.

The New Astor House building will prove to a number of residents in its vicinity to be a huge screen between them and the summer winds, with decidedly uncomfortable results.

But the propietors of the proposed steel structure to be erected on the Bund, it must be noted, intend giving the community an opportunity to share in the profits derived at the expense of their health and comfort. Generous people!

In conclusion, I would like to make, what seems to me, a most reasonable suggestion; that is, that this 'bean-stalk' syndicate obtain, at entirely its own expense, the services of the New York fire-brigade.

Thanking you, Mr. Editor, for the space granted me in your valuable columns, and enclosing my card,

I am, etc.,

BUNGALOW.

18th April, 1903." [1]

这封信中共出现了3次"摩天楼"（sky-scraper）。来信者首先对"一个要在租界建造纽约式摩天楼的提案"[2]表达了十分焦虑的心情,据信后讲,这幢"摩天楼"将会有8层高,笔者非常惊讶还没有人对这一提案事件发表评论,总之他是反对的。信中第二段肯定了租界需要跟随先进科学与技术进步起到的"模范"作用,但对于要实现"摩天楼"这一进步创新的建筑物表示了深深怀疑。他认为上海夏季炎热潮湿,三层建筑已是极限,对于要建造一幢难看的摩天楼更不堪想象,他认为即将建成的新礼查饭店（图3-1-3）将会证明,这一犹如巨大屏风般的建筑给附近的居民的居住通风会造成非常不好的结果。那么在外滩建造这样一个巨型物简直就是在拿大众的健康与舒适开玩笑。最后,这一写信者给出一个最理智的建

[1] BUNGALOW.A SKY-SCRAPER IN THE SETTLEMENT. *The North-China Daily News*, 1903.04.21.
[2] 笔者根据这一"8层楼建筑"信息检索,不能准确肯定这封信里指的是租界里哪一幢建筑的提案,根据时间判断可能是指7层高的汇中饭店新屋。

议,需要业主为这个类似"豆秆"的
建筑准备好与一支"纽约消防队"。

　　从此文可以判断,第一次被公众
讨论的近代上海摩天楼是在外滩,拟
建8层楼高,这个高度对于大众心理
来说已然是摩天楼了,5层高的楼房
与通常建造的2、3层高的房屋来说即
算是高层。这位作者对建造摩天楼
这一提议是持强烈反对意见,他的确
提出了以当时技术条件限制摩天楼
建造的两个重要问题,空调设备与火
灾消防,但我们也可以看到在当时西
人认知里,这些技术问题在美国纽约
已经得到解决,因此,相对来说,从这
一笔者来信中可感受到更多的是他
对这一来自纽约的"建筑类型"的不
认同与不接受。(图3-1-4)

　　值得一提的是,当时圣三一教堂
塔楼的地基处理已采用了新型建造
材料水泥。19世纪末期,随着地价增
长,租界内建筑越造越高,建筑开始

图3-1-3　苏州河对岸的新礼查饭店

图3-1-4　1900年上海外滩照片,圣三一教堂
尖塔占据了天际线最高点,近处次高建筑物是
1893年建成第二代海关大楼的6层方形钟楼

由两三层高向四五层高发展,由于木桩基础会受土质影响腐烂,建筑师开始尝试
新的建筑基础处理方式。尖塔基础在地下5英尺处,基础由边长40英尺厚4英尺
4英寸的水泥混凝土组成,角部采用木柱基。混凝土由3份大花岗岩碎石、2份小
的花岗岩碎石、3份沙子、一份波特兰水泥混合而成,重约300吨,建成后沉降8英
寸[1],稳定性比较理想。

　　通过对近代上海19世纪末至20世纪初建造考察及以上历史文献分析,近代
上海对于摩天楼的讨论可以追溯到20世纪初,但中文期刊与西文期刊中所反映出
的国人与西人对"skyscraper"的认知程度还具有一定的差异。在大多数人眼中,

[1] C. Mayne and W.J.B Carter. Foundations in Shanghai. Shanghai Society of Engineers and Architects
Proceedings of The Society and Reporters of the Council, 1902–1903, 87.

这一时期讨论的"摩天"建造虽然仍不是已实现的特定的建筑类型，但人们已经开始逐渐有意识地将"skyscraper"认同为一种具有比喻意义的建造现象，即使这一现象还未成为一种类型存在，但已经具备了明显的建筑特征——"高"，同时在西人的讨论话题中，已经开始涉及具有现实意义的技术与设备领域。

3.2 发展原点——外滩建筑的向上生长

大清王朝被鸦片战争的英国大炮强行"轰开"国门，政局变化对一直闭关自守的清王朝经济贸易格局产生了巨大影响，当然这也深刻影响着五口通商口岸之一的上海。如果需要给上海的一切蜕变确定一个坐标原点的话，那么它一定是外滩，这里不仅是英国侵略者早早青睐有加的垂涎之地，同时也是近代上海建筑业发展的起点，以及不断向上演进的摩天楼建造也由此发端。

3.2.1 作为商业核心区的确立及第一幢"摩天楼"的出现

在这一系列具有法律效用的条约章程保障下，各国商人、冒险家、传教士等纷纷到来，期待在一片未知的沃土上"传道解惑"敛财聚富。外滩，本是位于黄浦江与吴淞江交汇处的一片滩涂，英国总领事巴富尔认为此处容易防守，利于贸易运输，大有发展余地，占据了此处就等于扼制住了上海的咽喉，故租地建屋将英国领事馆从老城厢里迁至了黄浦江和苏州河汇合处的李家庄位置，在上海县城北面沿江的830亩土地上开辟居留地。根据爱如生数据库检索，"外滩"第一次出现在中文报纸上是1873年于上海出版的《申报》，一篇论述上海设立招商轮船局自制轮船之事，文中提到"累日中国制造轮船需用厚薄铁片大小铁饿木皆不能自制必须购于外滩此亦西人之利也"，这里"外滩"应该便是泛指上海老城厢之外西人洋行所在之地[1]。而1899年公共租界工部局对外滩的官方称呼直至1899年前仍是"扬子路"（Yang-tsze Road）、"黄浦路"（Wang-poo Road），到1899年"Bund"首次出现在官方估价文本的地籍图上[2]。可见西人进入了这一段黄浦江滨约30余年之后，

[1] "再书论西人不秘密制造船舶后"，申报1873年9月17日，第427号（上海版），1.
[2] U1-1-1026，公共租界工部局地价表（1876）；U1-1-1027，公共租界工部局地价表（1880）；U1-1-1028，公共租界工部局地价表（1882）；U1-1-1029，公共租界工部局地价表（1882—1889）；U1-1-1030，公共租界工部局地价表（1889—1892）；U1-1-1031，公共租界工部局地价表（1896—1897）；U1-1-1032，公共租界工部局地价表（1899），上海市档案馆。

图3-2-1　1849年外滩全景图（1849—1850年绘画作品）

国人才对这片滩涂有了一个新的称呼：外滩[1]。

　　因外滩特殊的区位条件迅速发展成为外商洋行及金融银行的聚集地。1843年最早来上海开设的有英商怡和、宝顺、仁记、义记等四家洋行，随后沙逊、祥泰等洋行也相继来到上海开业，从1844年到1857年间，上海以经营进出口贸易为专业的洋行已有44家，这时上海已经取代广州，成为全国最大的进出口贸易中心。随着19世纪60年代电讯交通的进步及银行业务的扩展，至1880年上海已有洋行100余家，由于洋行不断增加，融通资金需要，外资银行开始在租界设立洋行，外滩地段成为外资金融机构、官办银行选址首选，最早开办的是5家英商洋行，随后法、德、美、俄、日、比等国家相继开办银行，至1897年国人自办的第一家银行——中国通商银行在外滩开业，这里逐渐发展为全市的贸易融资中心及外汇调剂中心[2]。（图3-2-2）

　　外滩地段大致经历了三次大规模的建筑变迁，开埠至19世纪六七十年代为第一阶段，19世纪末至20世纪10年代为第二阶段，20世纪20至30年代为第三阶段。在租界划定之后的一年，第一批外国人自己建造的房屋陆续建成，它们沿黄浦江西岸建造，这一批西式建筑最初在功能上大致分为两部分，其一为供领馆外交官员居住与办公的领馆官邸，另一部分则是供洋行商馆开展贸易使用的仓库、办公与居住结合的建筑空间。至19世纪六七十年代，这一阶段建造基本完成，建筑基本上都为墙体承重的砖石结构建筑，楼层与屋顶结构均采用木质[3]建筑质量，层数

[1] 外滩的英文名为 "the Bund"，该词源于印度语，并非外滩的英译，是英国人17世纪从印度根帕西人（Parsees）学来，"Bund" 在波斯语系中表示 "东方水域的江岸"，辗转漂泊至印度，又被英国人带到了中国的上海，用在了黄浦江滩。

[2] 上海市黄浦区志编纂委员会编.黄浦区志.上海：上海社会科学院出版社,1996,256—286.

[3] 李海清.中国建筑现代转型.南京：东南大学出版社,2004,39.

图3-2-2　19世纪60年代由北向南望去具备码头功能的黄浦江畔

大多为两层。外滩第二阶段的建造从19世纪六七十年代开始，但较为集中的改造是在19世纪末至20世纪10年代。

　　19世纪末至20世纪初，超过一半数量形式颇为"简陋"的外滩建筑开始进行第二轮重建工作。第一轮建造的旧屋大多被彻底拆除，改建为3、4层高的楼房，除了砖木结构，砖石钢骨混合结构的建筑也出现了。这一阶段中，1906年重新开工翻建的汇中饭店（Palace Hotel）建造高度达到了94英尺（约28.7米）[1]，6层高，位于公共租界中区册地31号地块（Cad Lot No.31）（图3-2-3[2]），这座由葛雷登（E.M. Gratton）的弟子沃特·斯科特（Walter Gilbert Scott）[3]设计的仿安妮女王风格建筑，也被誉为上海第一"摩天楼"[4]。严格来讲，汇中饭店并不符合本书对摩天楼的学术定义，它所采用主体建筑结构仍为传统的砖木结构，而仅小部分使用了钢

---

[1] U1-14-6015.上海公共租界工部局工务处关于外滩附近建筑物高度的文件.上海档案馆。

[2] 考虑到公共租界地块历年都有分化与合并变化，为统一文章分析底图，故本书标注建筑所在地块底图选择公布时间较晚的1933年公共租界地籍平面图，来源为U1-1-1044，公共租界工部局地价表（1933）。

[3] 英国建筑师沃特·斯科特（Walter Gilbert Scott），出生于印度加尔各答，毕业于英国汤顿市基督教卫斯理学院，1889年来华，先在上海莫里逊＋葛雷登（Morrison & Gratton）建筑事务所见习，以后逐渐成为该事务所的合伙人。1902年他与卡特（Carter）合伙成立（Scott & Carter）建筑师事务所，1907年卡特去世，他将其股份并入自己名下，设事务所在北京路3号新怡和大楼内。他设计的作品有汇中饭店、惠罗公司、新怡和大楼、洋泾浜住宅，以及北京和天津的汇丰银行分行、汉口的标准渣打银行分行等等，后来他担任了上海建筑师协会理事，是上海著名的建筑师。

[4] 左志主编.64条永不拓宽的道路：中山东一路（下）.风貌保护道路（街巷）专刊，上海城建档案馆，总第31期，2012年12月，27.

筋混凝土结构，不能算真正意义上的摩天楼，但由于在20世纪初，建筑建造高度、对新型建筑结构的尝试，以及运用了高层建筑必备的先进建筑设备——电梯，这些已使得这幢1908年就竖立于外滩的汇中饭店具有不同意义。

图3-2-3 汇中饭店所在公共租界中区32号地块

大楼的建造商华商王发记营造厂对局部采用了新型钢筋混凝土结构的决定也是非常慎重，据史料记载，在建造过程中对所采用的两根长约127英尺（约38.7米）的钢筋混凝土梁进行了承重性能的测试：两根梁受测部分长28.5英尺（约8.7米），由砖墙和两根钢筋混凝土柱支撑，两根钢筋混凝土柱的轴间距为27英尺（约8.2米），梁的计算承重为26吨，但最终逐渐加到超过100吨时，显示梁的弯曲仅为1/8英尺（约0.04米）[1]。

汇中饭店前身是在外滩第一轮建设中建造起来的中央饭店（Central Hotel），这幢英国式的3层楼房建成于1854年，是当时上海最豪华的旅馆。1905年1月21日由当时工部局主席安德森先生主持奠基翻建新楼[2]，英国香港上海饭店股份有限公司投资[3]，新的汇中饭店于1908年建成对外开放。饭店占地约1 555平方米（约2.3亩），面积达11 190平方米，大楼1层为大堂酒吧间、餐厅和茶室，2至5层有客房120套，6层为员工宿舍[4]，为方便旅客上下，在建筑中部安装了两部电梯，开创了中国建筑使用电梯的先例。当时，饭店董事会为此颇感自豪，后来他们在编写的宣传册子里写道："从南京路大门进入饭店，客人会被漂亮的布置和宽敞的门厅吸引，与众不同的是这里的电梯会把你送到想去的楼层而不必再费力地拾级而上"[5]。（图3-2-4）

[1] *The North-China Herald and Supreme Court & Consular Gazette*, 1905-06-30（633）.

[2] *The North-China Daily News (1864-1951)*. 1905-01-10（5）.

[3] 1865年，香港汇丰银行来上海设分行时就曾租界这里做饭店经营，直到1874年自建新房之后才迁出。1903年中央饭店产权被英商汇中洋行买下改组为汇中饭店。(资料来源：左志主编.64条永不拓宽的道路：中山东一路(下).风貌保护道路(街巷)专刊，上海城建档案馆，总第31期，2012年12月，26）。

[4] 上海城建档案馆已无汇中饭店原始设计图纸，故西侧阁楼是否为原始设计不甚清楚，数据来源：左志主编.64条永不拓宽的道路：中山东一路(下).风貌保护道路(街巷)专刊，上海城建档案馆，总第31期，2012年12月，26。

[5] 钱宗灏.阅读上海万国建筑.上海人民出版社，2011，38。

图3-2-4　汇中饭店历史照片

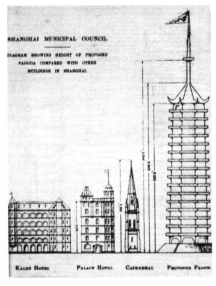

图3-2-5　上海拟在租界中央区建造一幢高达350英尺的中国塔式钢筋混凝土结构摩天楼

在上一节（3.1节）中讨论到1903年4月21日《字林西报》上刊登的那封题为"A SKY-SCRAPER IN THE SETTLEMENT"（《租界里的一幢摩天楼》）的来信，信中讨论的就是一幢拟建于不到3亩土地上的8层高楼房，从高度、占地面积、区位、建造时间等考虑很可能讨论的即是汇中饭店，虽不能完全肯定，但可管中窥豹了解大众对建造这种高度房屋所持的否定意见，不安情绪占据上峰。不到一年之后《北华捷报》上刊登玛礼逊洋行要设计6层高带屋顶花园的汇中饭店的报道，并且重点提到要尽可能地使用防火材料[1]，这也可能是对1903年就已出现在外滩建造"sky-scraper""民声"的一种回应。报道称新汇中饭店建成后会成为上海最高的建筑[2]。

即便如此，作为摩天楼在上海出现的先驱，汇中饭店开创了上海建筑向高处发展的新局面，进口电梯的新设备推动了建筑向更高处发展的可能，混凝土的新型建筑材料已在尝试运用之中，并且屋顶花园的新形式更新了晚清国人固化封闭的生活方式。1910年，上海工部局董事会通过了一项决议，计划"在租界中央区建造一幢高达350英尺（约106.7米）的中国塔式的钢筋混凝土结构摩天楼"（图3-2-5），并且让工部局工程师和上海工程师、建筑师协会对建造技术的可行性进行研究分析[3]，图中还能看到由低向高逐个排列的新礼查饭

[1] The North-China Herald and Supreme Court & Consular Gazette, 1904-07-22（197）.

[2] The North-China Herald and Supreme Court & Consular Gazette, 1905-01-27（190）.

[3] The North-China Herald, 1910-05-25（680-681）.

店、汇中饭店、圣三一教堂塔楼及拟建的中国塔式高楼。该方案虽最终未能实现，但足以显示当时市政当局对上海现有工程技术的信任，及对未来上海摩天楼建造发展的强烈信心。

3.2.2　新功能、新结构、新高度——超过100英尺高的"办公建筑"

之所以给"办公建筑"打上引号是因为，在当时这一建筑类型是在商业社会应社会新需求而产生的功能空间，其初期是受经济利益驱动往高处开发建造的。1912年1月1日，中华民国成立，孙中山在南京就任中华民国临时大总统，2月12日，清帝下诏退位，满清覆亡，中国两千多年的封建君主专制制度也随之结束。同年3月10日，袁世凯在北京就任临时大总统，中国进入北洋政府军阀混战的民国时期[1]。在中国时局动荡不堪之时，由英美共同管理的上海公共租界呈现另一派景象，从最初租界初期施行"华洋分居"政策，到受战争影响形成"华洋杂居"的局面，公共租界社会秩序逐步建立。随着租界经济发展，外商洋行势力在上海迅速壮大，对固定的办公空间需求也大大增加，实力雄厚的洋行开始选址外滩建造起总部大楼，在可靠的营造技术保障下，社会商业需求迅速催生了一种新的功能建筑——高层办公大楼。

此时公共租界已建立出较为完整的市政管理系统，所有建造营建活动皆由租界工部局工务处统一负责管理，建筑营建前都需向工部局工务处提交请照单（Application For Building Permit）并附上所有建筑图纸，在审批通过后才可施建。在这一页由工务处提供的格式化的请照单上，其中一项必须说明所建建筑之性质，初期请照单上通常会列有5个固定选项供勾选，包括：① 西式房屋（Foreign Houses）；② 中式房屋（Native Houses）；③ 仓库（Godown）；④ 工厂（Mill）；⑤ 缫丝厂（Filature），由此我们可推断，直至20世纪初，这5种性质的建筑为公共租界申请营建需求最普遍的项目，基本可将所有性质建筑囊括在内。但在1913年3月8日，由公和洋行向工务处提交的请照单上，我们看到了变化。这张请照单是关于公共租界中区册地56号地块（Cad. Lot No.56）有利大楼（Union Building, 1913—

---

[1] 1911年的辛亥革命并没有结束中国国内混乱的局面，1912年中华民国成立，而各国势力均在不同军阀中选择己方的代理人，中国陷入军阀割据时期。1914年，第一次世界大战爆发，日本对德国宣战，入侵胶州湾德国租界，进而占据山东。1915年1月18日，日本跟急于想称帝的袁世凯签订《二十一条》，取代德国在山东的特权。中国北洋政府虽然参加一战并为战胜国，在巴黎和会中提出了废除外国在华势力范围、撤退外国在华驻军等七项希望取消日本强加的"二十一条"及换文的陈述书，但遭到列强纷纷拒绝，并签署将德国在中国山东的权益转让给日本，此事成为五四运动的导火线。

图3-2-6　有利大楼与亚细亚大楼所在地块

1915）的营建申请，在建筑性质这列，建筑师放弃了基础勾选项，而是手写道：欧式风格大楼，兼顾办公及公寓功能，4至5层做仓库之用（One Block of European Style; Office with Residential flat; 4th-5th floors Godown）[1]。几个月后，紧接在亚细亚大楼的请照单上也同样出现了"一幢大楼"（one block）字样，1913年6月13日由马海洋行提交了关于公共租界中区册地61号地块（Cad. Lot No.61）亚细亚大楼（McBain Building, 1913-1915）（图3-2-6）营建申请，在建筑性质这列，手写上了：一幢兼具办公与公寓功能的钢筋混凝土大楼（One Block of Office and Flat in Reinforce Concrete）[2]。从中可以发现，这时期建筑已经出现办公功能建筑，同时考虑到业主需求，建筑师在设计时仍兼顾了公寓功能。在亚细亚大楼的这份请照单上，申请者更是将建筑所采用的建筑结构也写在上面，按理说结构并不属于建筑性质范畴，在此可以看作建筑师对于这一新型结构运用的有意强调。至20世纪20年代中期，请照单上已不再会出现手写的"一幢大楼，办公"（one block, office）等字样，原因是工部局工务处的请照单已经"改版"，原有的5个建筑性质，改为9个[3]，"办公建筑"（office building）已成为其中的一个基础选项，而办公建筑即是芝加哥摩天楼的早期雏形。

时代经济的飞速发展对建筑提出了新需求——办公商用，这使得房地产业主们开始以经营的头脑重新看待土地与其之上的建筑，新材料新结构为建造带来了更大的机遇与可能性，"商业风格"建筑进入人们的生活。通过西人将西方现代化进程中出现的新材料与新技术引入了他们的"第二故乡"，有利大楼与亚细亚大楼的建筑高度都超过100英尺（约30.48米）。

---

[1] 有利大楼，案卷题名6193，上海城市建设档案馆，由于年代久远，并且为手写字迹，因此笔者将自己所能辨认出的单词写出，尽量保证原真性。

[2] 亚细亚大楼，案卷题名6415，上海城市建设档案馆。

[3] 这9个选项分别为西式住宅（Foreign Dwelling House），办公建筑（Office Building），工厂（Mill），中式平方（Chinese Bungalow），仓库（Godown），中式房屋（Chinese House），制造厂（Factory），警卫室（Gatehouse），棚屋（Sheds）。

位于公共租界中区册地56号地块的有利大楼[1]，原名联保大楼，是上海第一幢钢框架结构高楼。建筑业主为於仁洋面水险保安行（Union Insurance Society of Canton Ltd.），又名友宁保险公司[2]。该地块东北两面分别临外滩和广东路（Canton Road），高6层，局部7层，地面至屋顶底面栏杆高度为106英尺（约32.3米），转角塔楼高达150英尺，被称为上海外滩建筑中的"巨人"，成为当时上海最高建筑之一[3]。据工部局工务处关于大楼施工进度报告记载，大楼于1913年3月8日递交了请照单，建筑的平面图纸在3月12日即通过了审查，3月15日获准建设，工期长达2年之久，于1915年4月11日竣工[4]（图3-2-7）。

图3-2-7　有利大楼历史照片

有利大楼是英商公和洋行在上海接到的第一个设计任务，也是上海首例采用钢框架结构的建筑，是上海营建史上采用新技术与新材料的成功尝试，它的顺利完成足以证明这家英商洋行的实力。公和洋行是一家非常严谨的事务所，由于申请营建钢结构建筑在公共租界乃至整个上海都属首例，因此，在公和洋行向工部局工务处递交请照单之前两日，也就是3月6日，公和洋行给工务处发了一封长达6页有关建筑结构图纸的信件说明（在查阅诸多建筑档案过程中，笔者发现这种预先报备的情况在流程上是少有的）。这封邮件收信人是"工部局工程师"（the Municipal Engineer），信中提到该幢他们将提交公共租界中区56号地块的新建筑的图纸（图3-2-8），包括：

（1）1—11号关于基础、超级结构的平面及立面图纸（Drawings numbered 1 to 11. comprising plan of foundations, plans and elevations of Super-structures etc.）；

---

[1] 有利银行，最早进入上海的外资银行之一，总部设在伦敦，1854年就在上海开设分行，行址数度迁移。1920年后，曾长期租用外滩26号扬子保险大楼。大楼产权几经转手，直至1936年，为英国有利银行购得，更名"有利大楼"。
[2] 友宁保险公司于道光十五年（1835）成立于广州，远东一流的水上保险公司，总公司设在香港。
[3] *The North-China Herald*, 1915-01-23（235）.
[4] 有利大楼施工进度表，案卷题名6415，上海城市建设档案馆建筑档案。

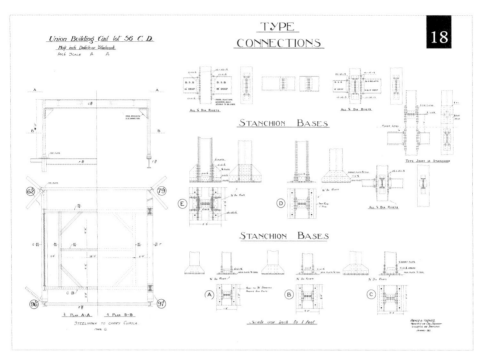

图3-2-8　有利大楼钢结构节点细部图纸（公和洋行）

（2）6张钢结构平面（Six sheets of Steel-work details）；

（3）3张钢结构节点详图（Three sheets of Steel-work details）；

（4）立柱荷载表（Table of stanchion Loads）；

（5）立柱尺寸设计（Schedule giving sizes of Stanchions）。

有利大楼的建筑基础采用的是新式的钢筋混凝土筏型基础（档案中的英文原文是"proposed consists of a ribbed Reinforced concrete raft"），信件还对建筑的"基础"（Foundation）及钢结构作了详细的尺寸数据说明（Specifications For Steel Framing）[1]，随后，根据工部局工程师提出的疑问，公和洋行都一一写信回复。从档案可见，对这幢上海首例钢结构的建筑，公和洋行投入了大量心血，尤其是在钢结构图纸审批环节，工部局工务处的工程师们与公和洋行的设计师们互相进行了非常认真的沟通审核。随着有利大楼的成功建造，钢结构被广泛应用于上海高层建筑的结构设计中，随后建成的汇丰银行新厦、新海关大楼、沙逊大厦、百老汇大厦、中国银行新厦等都采用钢结构建造技术。

---

[1]"有利大楼"文件档案，案卷题名6415，上海城市建设档案馆建筑档案。

亚细亚大楼是在有利大楼递交请照单的三个月后，即1913年6月向工部局工务处递上了营建申请，当月获得建造许可即开始建设，两个工程进度相当，建筑于1915年12月1日竣工完成。据档案记载业主是亚细亚火油公司华北分部（The Asiatic Petroleum Co., North China, LTD., Shell House）。这幢大楼是继上海总会（1910）

图3-2-9　亚细亚大楼（近）与有利大楼（左一）街景

之后另一幢钢筋混凝土框架结构的建筑，地块东临外滩，南临爱多亚路，建筑至屋顶底面高度为106.5英尺（约32.5米）[1]。通过建筑结构剖面图纸看到，大楼总高8层，由英商马海洋行（Moorehead Hales & Robinson）的建筑师马矿司（Robert Bradshaw Moorehead）设计，华商裕昌泰营造厂建造[2]，钢筋混凝土框架结构。在1915年底建成之时，8层高的亚细亚大楼在当时外滩，乃至上海都是最为高大之建筑（图3-2-9）。

观察开建于一次大战之前的这两幢摩天高楼的业主，有利大楼业主所处领域为金融业务中当时已十分兴盛的保险业，亚细亚大楼业主为跨国垄断的大型集团公司，突破性建造如此庞大高耸之建筑，既彰显了他们在资本财富上的强大实力，也足见这些外资洋行对接下来在上海发展的巨大信心。上海公共租界的工业化发展后引发的产业结构改变催生了商业办公空间需求，框架结构与电梯设备是摩天楼得以完成与实现的必要技术保障，而隐藏于建造背后隐形的财富资本则是支撑一幢幢摩天楼得以竖立的关键条件。

3.2.3　被媒体称作"skyscraper"的建筑

1914年7月28日第一次世界大战爆发，至1918年11月11日结束，这是一场在欧洲爆发但波及广泛的世界大战，战争过程主要是同盟国和协约国之间的战斗，德国、奥匈帝国等国属同盟国阵营，英国、法国、俄国、意大利、中国北洋军阀政府等则属协约国阵营，1917年8月14日中国对德、奥宣战。受战争影响，各国经济

---

[1] 亚细亚大楼，案卷题名6415，上海城市建设档案馆建筑档案。

[2] 亚细亚大楼施工进度表，案卷题名6415，上海城市建设档案馆建筑档案。

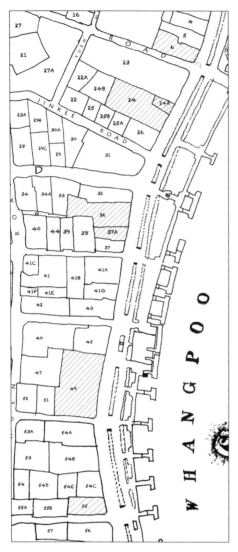

图3-2-10　7幢高层办公建筑对应的地块位置

发展都有一定减速，截至战争结束，上海仅有一幢超过100英尺的办公高楼建成，为位于公共租界中区册地24A号地块（Cad. Lot No.24A）的扬子保险公司大楼（Yangtze Insurance Building），基地仅一面临街，东侧与外滩相邻，大楼从地面至屋面栏杆顶总高度达106.5英尺（32.5米）[1]，由英商公和洋行设计。

20世纪10年代末一战结束后，上海建造开始缓慢恢复，外滩也进入第三次，也就是最后一次大规模翻建改造时期。这一阶段也是外滩高层办公建筑的繁荣建造阶段。截至1924年，外滩共有6幢超过租界建筑法规规定84英尺限高的高楼竣工，分别是日清汽船株式会社大楼（Nishin Navigation Company Building, 1919–1921）、怡泰大楼（the Glen Line Building, 1920–1922）、麦加利银行大楼（Chartered Bank of India, Australia and China Building, 1921–1922）、汇丰银行大楼（Hongkong and Shanghai Banking Corporation Building, 1921–1923）、字林西报大楼（North-China Daily News Building, 1921–1923），及横滨正金银行大楼（The New Yokohama Specie Bank, 1922–1924）（图3-2-10）。从扬子大楼及其之后新建的6幢建筑高度考察（表3-1），20年代初兴建的6幢建筑中，仅1923年建成的字林西报大楼超过了扬子大楼建筑高度，以130英尺（约39.6米）[2]高度成为当时上海的最高建筑。

---

[1] 上海城建档案馆已无汇中饭店原始设计图纸，故西侧阁楼是否为原始设计不甚清楚，数据来源：左志主编.64条永不拓宽的道路：中山东一路（下）.风貌保护道路（街巷）专刊，上海城建档案馆，总第31期，2012年12月，48。

[2] 字林西报大楼楼板层高度，字林西报大楼，案卷题名A1347，上海城建档案馆。

表3-1　1918—1924年间外滩建成高层商业建筑列表

建　筑　名　称	建　造　时　间	册　地　号	主 体 建 筑 高 度
扬子保险公司大楼	1916—1918	Cad. Lot No.24A	106.5英尺（32.5米）
日清汽船株式会社大楼	1919—1921	Cad. Lot No.55	92英尺（28米）
怡泰大楼	1920—1922	Cad. Lot No.6	106.5（约32.5米）
麦加利银行大楼	1921—1922	Cad. Lot No.36	95英尺（29米）
字林西报大楼	1921—1923	Cad. Lot No.37A	130英尺（约39.6米）
汇丰银行大楼	1921—1923	Cad. Lot No.49	96.5英尺（约29.4米）
横滨正金银行大楼	1922—1924	Cad. Lot No.24	101英尺（约30.8米）

　　1920年8月3日《北华捷报特别增刊（1850—1920）》上登载了一幅扬子大楼照片，也是目前从可考文献资料中发现的第一幢在公共媒体上以"sky-scraper"做照片题名的近代上海建筑[1]。照片由名为伯尔（Burr）的作者站在建筑的东南角拍摄，建筑高8层，和当时左右毗邻的三层高建筑形成了强烈的高度反差。照片源自《北华捷报》特别增刊，是为庆祝《北华捷报》创刊70周年（1850年8月3日—1920年8月3日）而出版，上面同时还登载了反映开埠来上海城市发展的建筑与街道照片，已建成的有利大楼及亚细亚大楼的照片也登载其中。从编辑措辞来看，照片取名"one of Shanghai's sky-scrapers"，说明他认为新建成不久的扬子大楼是上海众多"摩天楼"中的一幢，应该包括外滩已建成的汇中饭店、有利大楼、亚细亚大楼等建筑。相信"sky-scraper"在这里出现，与1903年那一封读者来信中写道的"sky-scraper"意义相近，从大众眼中，此时"sky-scraper"的建造更可称为一种建造现象，仍尚无更专业人士从建筑学角度将其作为一特殊建筑类型进行讨论。（图3-2-11）

　　那么第一次在公共媒体上将"skyscraper"即"摩天楼"作为一种时代发展下发生的特有建筑类型进行讨论与报道的是字林西报大楼，大楼至屋顶高度130英尺（39.6米）[2]。1924年2月16日发布的《北华捷报新建筑增刊》中，为介绍大楼的"建造与设备"设置了专栏，文章称新厦落成是"上海摩天楼建造的第一次实验"（"Shanghai's first experiment in the way of a 'skyscraper'"），这是第一幢被媒体

[1] *The North-China Herald Special Anniversary Supplement*, 1920-08-03（21）.
[2] 字林西报大楼楼板层高度，字林西报大楼，案卷题名A1347，上海城建档案馆。

图3-2-11 "上海摩天楼之一"——登于
1920年8月3日《北华捷报特别增刊（1850—
1920）》上的扬子大楼（左）

图3-2-12 刊登在1924年2月16日《北华捷
报新建筑增刊》上的封面照片——字林西报
大楼（右）

称作"skyscraper"的高层建筑，"以一种摩天楼的方式"（in a way of a skyscraper）[1]
肯定了一幢高层建筑以"摩天楼"作为类型的设计建造过程。

大楼业主为字林西报社，至1924年《北华捷报》已发刊74年，《字林西报》也
已发刊60年，1901年字林西报社搬到中区37A号地块，由于业务发展需要，原来楼
房已经不敷使用，于是决定重建新楼。据建筑档案记载，位于公共租界中区册地
37A地块（Cad. Lot No.37A）的字林西报大楼于1921年8月5日提交请照单，同月
24日被批准，1923年6月竣工，建筑主体分两部分，临近外滩东面10层高，西侧建
筑8层高，由英商德和洋行（Messrs. Lester, Johnson & Morriss）设计，美商茂生洋
行（the American Trading Co.）承建，为钢筋混凝土框架结构（图3-2-12）[2]。

文章开篇就赞扬了这一次建造是建筑师与建造商共同合作下"大胆地实验"，
"在上海松软地基上成功建起了8层高（总高10层）的大楼"，"虽然汇丰银行[3]

---

[1] *The North-China Daily News Supplement*，"新建筑增刊"，1924-02-16（5）.
[2] 字林西报大楼楼板层高度，字林西报大楼，案卷题名A1347，上海城建档案馆。
[3] 汇丰银行即香港上海汇丰银行，1864年于香港发起，资本为500万港元，最初担任发起委员会成员的
包括宝顺洋行（Messrs Dent & Co.），琼记洋行（Messrs Aug Heard & Co.），沙逊洋行（Messrs Sassoon
Sons & Co.），大英轮船（The Peninsular & Oriental Steam），太平洋行（Gilman & Co.），禅臣洋行
（Messrs P Cama Co.）等十家洋行，1865年3月3日正式在香港创立，一个月后在上海的分行开始营
业，营业厅设于后汇中饭店所在地，1874年因为业务发展，房屋面积已经不够使用，故用6万两银子买
下了海关大楼南面地块。

的穹顶占领了租界的制高点"（图3-2-13）[1]，"可我们却拥有在上海可供人居住的最高楼层"。文章还对建筑的基础与楼板设计、地基挖掘等设计决策过程作了专门介绍。建筑结构设计由德和洋行的建造部完成，最终选择钢筋混凝土结构是在"综合了结构可行性与经济性两方面因素"而作出的决定，"最初设计也考虑过装配式钢结构，但由于运输的费用及时间不确定等因素而放弃"，经过精细的设计计算，最终确认采用钢筋混凝土结构在坚固性、抗压强度及耐火性等方面均可胜任。建筑采用连续的平板式筏型基础和木桩基，并且综合考虑楼板荷载、隔声性、防火性及刚度等因素，选择了带有金属板吊顶的肋形楼板结构（ribbed floors with metal lath ceiling）。[2]

1924年2月15日字林西报大楼举行落成典礼，特地邀请英国驻华公使马克雷爵士（Sir James Ronald Macleay）自北京专程至上海主持开幕，公使在发言中对这

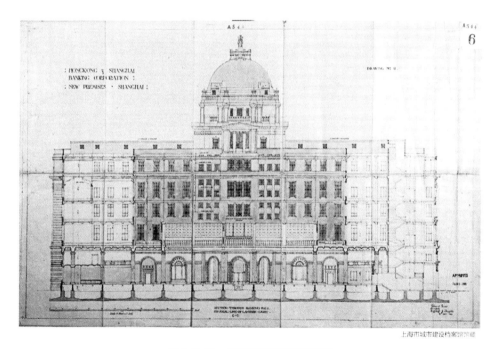

图3-2-13 汇丰银行彩色剖面图

[1] 汇丰大楼位于公共租界中区册地的49及50两个地块（Cad. Lot No.49/50），1921年5月5日开工，整个工程历时25个月，主体建筑高度96.5英尺（约29.4米）（U1-14-6015.上海公共租界工部局工务处关于外滩附近建筑物高度的文件.上海档案馆），建筑中部穹顶距地面高达176英尺（约53.6米），建筑造价为1 000万两白银，几乎相当于汇丰银行两年的赢利，占当时外滩所有建筑造价的一半以上。
[2] The North-China Daily News Supplement，"新建筑增刊"，1924-02-16（5）.

幢字林西报的新式办公楼给予了极高的评价，他认为"通过德和洋行建筑师们的杰出才能与娴熟技巧让这一建筑的狭窄正立面得到了完美呈现，并且这座新建筑以极佳的现代商务大楼的示范形象丰富了外滩界面，同时还兼顾了建筑的实用、宽敞及大规模等特性"[1]。

从扬子大楼到字林西报大楼，进入20世纪20年代，近代上海建造业发展逐渐加快，与10年代相比，建筑高度在不断上升，同时高层建筑建造数量增加明显（图3-2-14）。这一阶段选址外滩开发建造办公高楼的业主一般都实力雄厚，除开发自用以外，通过剩余面积出租获得可观的商业利润，以及将建筑物作为显示资本雄厚的象征物也是重要目的，在建筑功能设置上，除办公功能以外，业主也会加入客房、顶层公寓等多种复合功能。至此，外滩所有高层商用建筑的设计方都为英商洋行设计，承建商为英商或美商洋行。

图3-2-14　1924年外滩全景图（从图中看到此时字林西报大楼已基本竣工，汇丰银行大楼外墙脚手架尚未完全拆除）

3.2.4　高度竞争的开端——海关大楼

自字林西报大楼与汇丰银行大楼建成之后，凡在外滩建造高楼且实力雄厚的业主开始有了高度竞争的意识，1924年年初字林西报大楼刚刚在自家报纸上给自己的总部大楼冠上了上海第一高摩天楼称号之后，不多久，报纸上便登上了即将重建的新海关大楼方案，并且称"摩天楼"（skyscraper）"临外滩一侧建筑主体高度将达到150英尺（45.7米），至塔楼高度将达到260英尺（79.2米）"[2]（图3-2-15）。1925年12月新海关大楼（Chinese Maritime Customs. New Custom House Shanghai）

---

[1] SHANGHAI NEWS, "'N.C. DAILY NEWS' BUILDING OPENED BY SIR RONALD MACLEAY", *THE NORTH-CHINA HERALD*, 1924-02-23（285），节选："... Messrs. Lester, Johnson & Morriss, who by making the fullest and most skilful use of the narrow frontage at their diposal, have enriched The Bund with this admirable specimen of a modern business building-at the same time practical, massive and commodious."

[2] *The North-China Herald*, 1924-11-29（361）.

奠基开工，1927年12月落成后[1]，超
过了字林西报大楼成为当时上海最高
建筑。

上海海关设于19世纪60年代，距
离1925年大楼第三次重建过去了65年，
上海已成长为远东最大的贸易中心，截
至1925年，海关税收达到27 000 000两，
大约是整个中国海关收入的三分之一，
而每年入港船舶吨位也从19世纪60年
代的不到1 000 000涨至1924年统计得
超过32 000 000，这使得上海甚至成为
全世界最重要的港口之一[2]。1923年华
丽雄伟的汇丰银行竣工，相毗邻于1891
年建造的海关大楼相形见绌，再则20
世纪20年代以来，社会发展海关税收
激增，江海关原有建筑已经不敷使用，
故海关大楼迎来了它的第三次重建[3]
（图3-2-16）。

建筑位于公共租界中区册地45号

图3-2-15　1924年11月29日登载于《北华捷报》上关于新海关大楼的报道，此时公布的建筑方案与建成大楼还有一定差别

地块（Cad Lot No.45）（图3-2-17），1927年12月建成，建筑主体分东西两部分，东
临外滩部分高10层，至楼面高度为147.5英尺（约45米），西面主体高5层，加上顶
部钟楼部分建筑总高度达到了257.75英尺（78.6米）[4]，与1924年第一轮方案公布
的建筑高度非常接近。大楼基地四面临街，其东面临外滩，北临汉口路，南为汇丰
银行与海关大楼之间的一条私有道路，西为四川路，整座建筑是在一个东西宽、南

[1] 海关大楼，案卷题名10000，上海城市建设档案馆建筑档案。
[2] "NEW SHANGHAI CUSTOM HOUSE: Foundation Stone Laid by the Superintendent of Customs, Before a Distinguished Gathering: Shanghai's Future Trade and Its Requirements", The NORTH-CHINA HERALD, 1925-12-19（522）.
[3] 上海海关最早设于清康熙年间，称"江海关"。上海开埠后，在英租界内分设"江海北关"，1857年，清政府在外滩建造了一座官衙式建筑，作为海关办公场所。1891年，在海关总税务司赫德主持下，将旧房拆毁，建筑了一幢红砖西式风格的大楼，由杨斯盛负责营造。现在的海关大楼是第三次重建。
[4] 笔者根据档案图纸计算，海关大楼，案卷题名10000，上海城市建设档案馆建筑档案。

图3-2-16　第一代江海关（1857）与第二代江海关（1893）

图3-2-17　江海关新屋所在45号地块位置

北窄的基地之上，建筑沿汉口路一面长度达到了约450.7英尺（约137.4米），因此海关大楼不仅在高度上成为上海第一高摩天楼，同时也以超过36 000平方米的建筑面积成为当时上海滩体量最大的建筑[1]。

由公和洋行设计的大楼采用了钢筋混凝土框架结构，介于外滩松软地质而大楼体量与高度之巨大，大楼基础采用了水泥钢骨浇筑而成的筏型基础，同时在基础建造过程中创造了上海建筑基础桩基新时代。大楼基础采用的不再是木桩，而是特殊预制钢筋混凝土桩，基础共打下了1 542根预制钢筋混凝土桩，上面支撑钢筋混凝土筏，承载重量超过4 000吨钢结构和8 000吨重的花岗岩。带有波纹边（corrugated side）的单根混凝土桩长50英尺（约15.2米）、重达7吨，顶部边长16英寸（0.4米），底部装有特殊的铸铁件。在建筑基础的大部分位置桩间距为4英尺（约1.2米）至6英尺（约1.8米），但在中部支撑建筑最高的钟塔部分则更加密集。大楼桩基由伦敦罗根、雷诺兹及法勃尔公司（Messrs. Logan, Reynolds and Faber）设计，现场通过木质模具浇筑而成，四组大的打桩机进行打桩，每组打桩机桩锤重达3.5吨。这是上海第一次使用这一桩基系统，在当时远东也是独一无二。[2]大楼主体承建商是华商新仁记

---

[1] 笔者根据档案图纸计算，海关大楼，案卷题名10000，上海城市建设档案馆建筑档案。

[2] Pile Driving in a New Phase. *The North-China Herald*, 1925-02-07（221）。

营造厂，在仍为西人占据绝大部分上海建筑设
计与建造市场的当时来说，可谓国人一大骄傲。
（图 3-2-18）

钟楼上制作精良的大钟之于上海也独具
意义，其与英国威斯敏斯特宫钟塔的巨钟（大
本钟）[1]一样，是由同一家英国公司乔伊斯公司
（Messrs. J.B. Joyce & Co., Ltd.,）生产完成，耗时
一年[2]，钟楼旗杆顶为当时全沪上最高点。1925
年位于剑桥的经度国际委员会（Inernational
Commission on Longitudes）会议决定对上海所
在地理坐标进行测量，最终于1928年定下以海
关大楼的旗杆作为上海地理位置的标志点，以
格林威治天文台的本初子午线为基准，将上海
坐标定为北纬31°14′20.38，东经121°29′0.02[3]。

然而，就在新海关大楼开工之前，距离其
仅两个街块位于南京路与外滩交角的沙逊大

图 3-2-18　建成新海关大楼

厦（Sassoon Building）已在1925年11月的《北华捷报》上发布了标题为《外滩南
京路转角地块翻建工程》的新闻（图3-2-19），副标称其为"拥有奢华立面的150
英尺高建筑"，当时建筑仍未确定名称，称新建大楼临外滩一侧建筑主体将会有12
层楼高，最高的公寓套房将在距离马路150英尺（45.7米）高的位置，"蚊子恐难飞
上来"[4]。1926年9月的《北华捷报》上刊出了与建成后相差无几的建筑模型，这也
即意味着，随之竣工的沙逊大厦将取代海关大楼成为上海第一高摩天楼。在一张
摄影师误拍下来的照片中，不远处汇丰银行的穹顶还不到沙逊大楼模型的一半位
置，有媒体戏称才完工三年号称"从苏伊士运河到远东白令海峡最讲究的建筑"
的雄伟大楼似乎已经成为过去式[5]，当然，这张照片的出现完全是因为摄影师的误

[1] 英国威斯敏斯特宫钟塔的巨钟，又称大本钟，是伦敦的标志性建筑之一。钟楼高97米，钟直径9英
尺，重13.5吨。作为伦敦市的标志以及英国的象征，大本钟巨大而华丽，大本钟从1859年就为伦敦城
报时，根据格林尼治时间每隔一小时敲响一次。

[2] 中外大事记：上海近事：江海关的大钟到沪.兴华,1927,24(39),45-46.

[3] "PUTTING SHANGHAI ON THE MAP: Determining Latitude and Longitude of Customs Flagstaff",
The NORTH-CHINA HERALD, 1928-04-28(146).

[4] THE REBUILDING OF THE BUND-NANKING ROAD CONER SITE, *The NORTH-CHINA HERALD*,
1925-11-07(245).

[5] THE CAMERA NEVER LIES, *The NORTH-CHINA HERALD*, 1926-09-25(604).

打误撞,沙逊大楼的模型照片的拍摄地位于有利大楼楼顶,而不远处的汇丰银行穹窿与沙逊大楼模型一并进入了摄影师的镜头之中。事实是,沙逊大楼建成后的确将比汇丰银行的穹窿高出约20余米的高度（图3-2-20）,同时取代海关大楼成为外滩天际线最高点（图3-2-21）。

图 3-2-19　1925年11月7日登载于《北华捷报》上关于外滩南京路地块翻建新沙逊大厦的报道,此时公布的建筑方案与建成大楼出入还较大

图 3-2-20　新沙逊大厦模型照片

图 3-2-21　建成后的沙逊大厦将成为外滩天际线的制高点

3.3　由外滩往西方向的扩展（1917年以后）

一直到20世纪10年代末，业主洋行基本皆集中选址于外滩建造高楼，而这一局面终于被南京路上建造起的百货公司所打破，高层商业建筑选址开始往西扩张，本节着重分析20世纪10年代末近代上海高层商业建筑的选址区域变化，虽然扩张区域的高层建筑建造高度始终未超过同时期外滩建成建筑高度，但这一选址扩张的发展对理解近代上海摩天楼的单体选址具有重要意义，选址发展对公共租界南京路向西的延伸段、西区静安寺路跑马场段的用地性质转变产生了不可忽视的作用。

3.3.1　南京路上百货公司建造的"摩天"意象

学者李欧梵曾在"重绘上海文化地图"时说到："如果说外滩是殖民势力和财政的总部，那么由外滩向西的南京路就是它的商业中枢"[1]。南京路是紧接外滩快速发展起来的公共租界主要街道，而奠定南京路成为上海最大的商业和娱乐街的决定性因素正是由于百货公司[2]这一新型商业业态的出现。进入20世纪，在西方文化为主导影响下的上海都市空间中，随着上海工商业迅速发展，人们水平生活质量上升速度加快，消费经济发展呈现一片繁荣景象，与外滩的商业型办公空间需求急剧增加的情形相仿，南京路成为社会休闲消费空间建造的首选地，10年代后，在建造技术发展与空间需求增加的双重条件的催化下，百货型商业建筑高度也表现出"摩天"化的建造意象。

开埠后由于第一代跑马场[3]的设立使得南京路作为休闲消费区域地位得到初步确立，1853年9月小刀会起义军攻占上海老城后，大批华人进入租界避难，打破了开埠之初设立的"华洋分居"的禁令，也为租界内商业的繁盛发展提供了必要的人口条件，加快刺激了南京路的商业经济发展（图3-3-1）。早期在南京路外

[1] 李欧梵.重绘上海文化地图（系列之一）.万象编辑部编.城市记忆，辽宁：辽宁教育出版社，2011，31.
[2] 百货公司的一般特征是由股份公司组织，并具有规模大、资金多、经营范围广等大型综合零售业商店的要素。（《近代上海的百货公司与都市文化》，79页）
[3] 跑马是当时西人酷爱的一项运动，上海刚开埠时，南京路一带还只是溪涧纵横芦草丛生的荒僻之地，至19世纪50年代，南京路以北、河南路以西的位置修建了上海的第一个跑马场，并以花园围绕跑马道，供西人消遣娱乐，而后修了一条由此通往外滩的小路，方便往来交通。这条路起初取名为"花园弄"（Park Lane），据说当时老百姓经常看到外国人在这条路上骑马，故又称为马路。

图 3-3-1　19世纪末20世纪初的南京路

滩附近开设的百货公司皆为西洋资本，包括福利（Hall & Haltz, 1858）、汇司（Weeks & Co. Ltd., 1895）、泰兴（Lane, Grawford & Co. Ltd., 1895）、惠罗（Whiteawag Laidlaw & Co. Ltd., 1907）等，它们经营世界各地进口的品牌商品，从食品、服装到家具、船具、杂货等商品（图3-3-2）。由于这些百货公司设立的影响，许多小型的中外商店进入南京路，20世纪初，南京路东端（由外滩往西与四川路、江西路、河南路的道路交叉口区域为主）已经成为有名的商业街。

同时，由于第一代跑马场位置的迁移，至19世纪末南京路西端浙江路南京路交叉处至西藏路靠近跑马场位置发展成为上海传统茶馆的集中地[1]，据统计，到1906年，南京路上有洋广杂货、洋布绸缎、衣庄、银楼、茶食等30余行业共184家商店，随着1909年跑马场对普通国人开放，更是刺激南京路客流增多，1914年以后，上海南市老城厢里的店铺大规模向南京路转移[2]。辛亥革命后，南京临时政府为了发展中国的资本主义而对华侨资本实行优惠政策，1917年起，在南京路西端由广东华侨资本投资建造的大型百货公司先施与永安相继开业，南京路也因此繁华发

图 3-3-2　南京路上最早的百货公司，从左至右分别是福利公司、汇司公司及惠罗公司

[1] ［日］菊池敏夫著.陈祖恩译.近代上海的百货公司与都市文化,上海：上海人民出版社,2012,81.
[2] 上海市各区志系列丛书.上海市黄浦区志,上海社会科学院出版社,1996,145—146.

展,最终实现了整体商业繁荣。

　　1917年5层高的先施百货公司（The Sincere Co. & Ltd.）开业,是当时上海由华人开办的第一家集百货、酒楼、旅馆和娱乐设施为一体的综合性大型商店;1918年6层高的永安百货公司（The Wing On Co.［Shanghai］Ltd.）就在先施百货的正对面开业,与其展开了激烈的竞争,它们分别占据了南京路浙江路交叉口的东北角与东南角。两大公司的开业使得南京路客流量显著上升,使其成为上海最大的商业娱乐街道空间。

　　先施公司由英商德和洋行设计,为典型的新古典主义风格,与当时外滩的高层建筑风格相近,建筑主体五层高,于20年代初加建两层,沿南京路浙江路两侧为模仿香港、广东的骑楼式外廊形态[1],屋顶设有屋顶花园、茶座等休闲设施。先施公司最有特色的便是南京路浙江路转角主入口处的塔楼设计,达到了8层楼高度,由5层主体结构向上有一三层高塔楼,平面自下而上逐层收小,以塔斯干柱式支撑,顶部以巴洛克式圆亭收头,设置了近代根据时间来行动的谐音时钟,时钟上方是“先施”标牌的霓虹灯广告。 这一被称作“摩星塔”的塔楼设计成为先施百货公司的标志性装饰,在南京路浙江路转角醒目位置日日霓虹闪烁,也被视为现代都市文化中“消费与欲望”的象征[2]。（图3-3-3）

　　1918年9月,郭氏兄弟在上海创办永安百货,场地就选在了先施公司的正对面,位于南京路街道的南侧,建筑面积有3万余平方米,为英商公和洋行设计,同样为新古典主义风格,面向南京路一侧的建筑中部同样建造了一座超过6层主体建筑的“摩天”塔楼,每当夜幕降临,高塔上的霓虹灯会闪烁着红色的英文单词“Wing On”及绿色的中文汉字“永安”,昭示着象征永安公司的摩登与繁荣（图3-3-4）。这一阶段南京路上最后一幢开业的高层大型百货公司是进入20世纪20年代后建成的新新公司。至1926年,在先施公司西侧,第三大百货公司“新新百货”开业,楼高7层,“统办环球日用商品,推销中华特产国货,搜奇集异”[3],还成为上海商场中最早安装冷气空调的公司[4],由匈牙利商鸿达洋行设计,虽为折中主义风格,但整体立面装饰已简化许多,直线条为主,只在二楼有水平腰线。建筑在临南京路一侧中央也竖起了一个超过30余米的“摩天”塔楼,高高耸立（图3-3-5）。

[1] 先施百货公司成立于1900年12月,创设人为侨商马应彪。其总部设在香港。1911年和1917年先后在广州、上海设分公司,主要业务是经营百货、旅馆、游乐场等业务。这一骑楼造型也可以理解为经营者将故乡的样式带入上海。
[2] 申报.1925年5月22日.
[3] 上海新新有限公司开始营业.申报.1926年1月25日.
[4] 上海历史博物馆编.走在历史记忆中——南京路1840—1950,上海:上海科学技术出版社,2000,48.

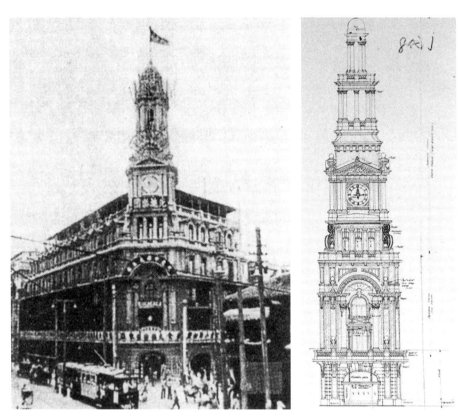

图3-3-3 （左）建成后先施公司（1920）;（右）先施公司摩星塔立面设计图

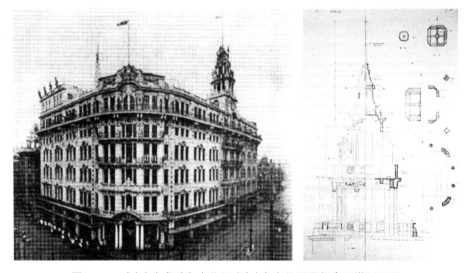

图3-3-4 （左）建成后永安公司;（右）永安公司局部摩天塔剖面图

至此，三家华人资本创立的大型百货公司形成了三足鼎立的形势，而他们互相竞争的资本权力较量最终从建筑的高度上表露无遗，勾勒出南京路上完全不同的天际线，这一崇高的意向使得它们的立面轮廓清晰耸立，成为近代上海都市化城市形象的重要地标；同时，闪烁着霓虹灯装饰的摩天塔楼也成为近代摩登都市文明的象征；而建筑内部具备购物、餐厅、旅馆、游戏场所、露台花园等多功能综合性的空间结构，及室内冷热空调、自动扶梯、高速电梯等各种现代化设施设备，无疑为刚刚从农耕社会步入现代化进程的市民带来了新奇刺激的感官体验。

一位名叫达温特的人在《一九二〇年上海手册》中这样描述这条街："南京路当然是世界上最有意思的街之

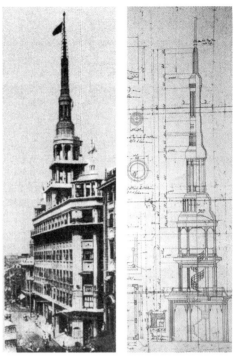

图3-3-5　（左）建成后新新公司；（右）新新公司局部摩天塔剖面图

一……我想游客一定会惊奇——这大概是他的第一印象——路上都是中国人！一百万中国人对少的多的一万五千西洋人。[1]"这里几乎可以买到世界上所有的新奇玩意，南京路也成为上海、乃至全中国都绝无仅有的商业一条街，而百货公司高耸的"摩天"塔楼的形态设计也成为繁盛经济发展下摩登都会的标志性象征，而事实上，在接下来持续不断的经济刺激与商业发展下，真正的消费型商业摩天楼的建造指日可待。

3.3.2　外滩地区的延伸发展

20世纪20年代，外滩进入最后一轮翻建阶段，有限的用地及迅速增长的高昂的土地估值使得不少洋行与地产商开始寻找其他的地块开发商用办公楼，作为外

---

[1] 李欧梵.重绘上海文化地图（系列之一）.万象编辑部编.城市记忆，辽宁：辽宁教育出版社,2011,31.

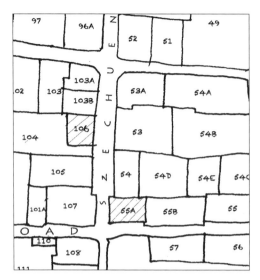

图 3-3-6　普益大楼与卜内门洋行大楼所在地块

图 3-3-7　普益大楼现状街景

滩界面城市功能的延伸与支持，四川路（Szechuen Road）[1]地段自然成为大家青睐的选择。

　　根据笔者实地调研，该路段留存至今的数十幢近代历史建筑大多为20世纪初兴建，同时，几乎全为办公功能建筑，进入20世纪20年代，高层办公建筑成为建造开发的主要工程。于20世纪20年代初建成的较具代表性的大楼有普益大楼与卜内门洋行大楼（图3-3-6）。

　　位于公共租界中区册地55A号地块（Cad. Lot No.55A）的普益大楼，由美商普益房地产司投资兴建于1921年，翌年完工，成为四川路上的首幢钢筋混凝土高层办公大楼，大楼基地所在位置位于广东路[2]与四川路交界口的东北角，拥有通往外滩的便捷交通，大楼高度达到了105英尺（约32米），楼高8层，这一高度已经逼近有利大楼与亚细亚大楼的高度（图3-3-7）。另一幢位于四川中路133号的卜内门洋行大楼也于同年竣工，大楼地块位于公共租界中区册地106号地块（Cad. Lot No.106），福州路南侧，建筑高7层，建造为卜内门公司（Tata Chemicals Europe）中国总部

---

[1] 根据最早的英租界官方道路规划，1855年（清咸丰五年）公开出版发行的《上海洋泾浜以北外国居留地（租界）平面图》，此时四川路已规划建设，当时英文路名为"Bridge Street"桥街，1865年工部局以中国省份名称更改公共租界道路名，因此桥街改名为四川路。四川路道路全长1.2公里余，南起爱多亚路（Avenue Edward VII），北至苏州路（Soochow Road）。

[2] 广东路是上海开埠前通向黄浦江四条土路之一，又称五马路。

大楼[1]之用，由英国建筑师格雷
姆·布朗和温格洛夫负责设计，主体
结构为钢筋混凝土构造，大楼坐西向
东，与普益大楼对街而建。

除了靠四川路靠南端广东路附近
区域，进入20世纪20年代末，四川路
与汉口路、九江路的道路交叉口也成
为业主选址建造高楼的集中区域。位
于89A和89B号（Cad Lot No.89A,
Cad Lot No.89B）两地块的建筑于这一
阶段动工（图3-3-8），分别为上海四
行储蓄会联合大楼[2]与东亚银行大厦
（图3-3-9），两座地块位于汉口路与

图3-3-8　四行储蓄会联合大楼与东亚银行大
楼所在89A号与89B号地块位置

九江路两条道路之间，前者东临四川路，南临汉口路，后者东临四川路，北临九江路。

东亚银行1918年于香港注册，1920年（民国九年）4月在上海开设分行[3]，
1927年东亚银行兴建东亚银行总部大楼，由匈牙利商鸿达洋行设计，钢筋混凝土
结构，体量沿转角北向九江路及东临四川路的两侧街道跌落，主体高8层，中央转
角塔楼高10层，建筑立面装饰已经少有古典样式，向现代的装饰艺术风格转变。
另一幢四行储蓄会大楼是由四行储蓄会成立于1923年，是由金城、盐业、大陆、中
南四家银行组成的联营组织共同创立的经济实体。1926年四行储蓄会在四川路
汉口路转角筹建总部大楼，也称为"联合大楼"，由匈牙利籍著名建筑师邬达克
（L.E. Hudec）设计建造，这也是邬达克首次为中国业主设计的大型公共建筑[4]，为
符合当时法规要求沿街转角建筑必须呈圆形，因此建筑是在道路转角处设计了一
个巨大的拱券作为建筑主入口，同时转角处塔楼高9层，也成为建筑制高点。

[1] 卜内门洋行由经营洋碱起家，由英国人卜内门氏合作创建于1873年，总部设于伦敦，主要经营纯碱、
化肥。近代的卜内门有限公司集团是世界五大公司之一，英国当时四大公司之一，在英国有工厂300
多家。到1900年（光绪二十六年），在上海设立驻中国总公司，另在天津、青岛、汉口、广州、厦门13个
大中城市设立分公司，联号遍布全世界。20世纪初卜内门公司几乎独占中国的纯碱市场，30年代达
到经营的顶峰。
[2] 原是四大银行行，中南银行（The China and South Sea Bank）、大陆银行（The Continental Bank）、盐业
银行（The YienYieh Commercial Bank and Kincheng Corp.）及金城银行成立的联合储蓄会（The Joint
Savings Society）行址，故得名联合大楼。
[3] 民国九年四月大事回顾.新民报,1921,8(4).
[4] 华霞虹,等著,上海邬达克建筑地图,同济大学出版社,2013,55.

图3-3-9　四行储蓄会联合大楼与东亚银行大楼沿四川路立面

随着20世纪20年代的空间发展，四川路这一带逐渐成为中资银行办公建筑的选址中心，从20年代初的普益大楼、卜内门洋行大楼到20年代末的东亚银行大楼与四行储蓄会大楼的建成可以发现，商用办公建筑的高度在不断地被突破与超越之中，而且，建筑高度的增长还在继续。

3.3.3　静安寺路跑马场地段的开端

静安寺路（Bubbling Well Road），位于公共租界西区，紧接公共租界中区南京路西端，属于上海租界扩张中最早一批越界筑路的道路之一，它的出现与1862年跑马总会[1]的西迁关系密切。至20世纪20年代，静安寺路一代建筑密度仍然较低，周围建筑多为两层高民居，悠闲僻静（图3-3-10）。跑马场搬至此处后，土地用地性质逐渐往休闲娱乐功能转变，直到西区第一幢摩天楼的兴建，标志着静安寺路跑马场段都市功能的彻底转变[2]。

---

[1] 清道光三十年（1850），英国麟瑞洋行大班霍格（W. Hogg）及吉勃（J.D. Gibb）、蓝格兰（E. Langley）、魏勃（E. Webb）、派金（W.W. Parkin）等5人，成立了"上海跑马厅委员会"，又称"跑马总会"。

[2] 1862年跑马总会在当时公共租界西界泥城浜以西购买了466亩土地，这是跑马厅的第三次迁址，同时，跑马总会利用出售第二跑马厅土地的一部分款项在第三跑马厅的北侧修筑了一条用于马车通过的大道，东面则在泥城浜上搭建木桥连接当时还被称为英租界（the English Settlement）里的大马路南京路，西面则一直通向7华里外的静安寺，这就是最初静安寺路的形成经过。

1922年，华安合群人寿保险公司[1]管理层饶有眼光的看重了位于公共租界西区跑马场北面静安寺路上的地块，购得土地约11亩，计划兴建高楼。公司原办公地址位于四川路北京路交界，公司业务发展十年业绩斐然，办公面积急需扩张。

1923年10月，华安大楼向公共租界工部局工务处提交建筑申请，当时附近地段仅有卡尔登大戏

图3-3-10　1920年代的静安寺路（《北华捷报特别增刊（1850—1920）》）

院、旧的新世界商场以及新世界游乐场，华安大楼业主称自己的建筑是"扩大上海商务区域的先锋，如果被后来者继续，它将缓解市中心的交通问题"[2]。1924年初《北华捷报》刊登文章介绍静安寺路上这幢宏伟大楼的建造计划，同时表示对华安高层决策的大大夸赞，文章称"华安公司管理层明白不过几年如今的商业区范围将会延伸，而且一定会扩张至租界的西区，现在华安就已经身在这场扩张运动当中了"[3]。1925年在《丹麦特刊》上一篇题名《华安合群保险公司轮奂之新屋》的文章中，作者也对跑马场前静安寺地段广阔商业前景给予肯定，言"其地位面临广阔无限之运动场，且地位之重要乃无与伦比，将与浦滩滨江一带之建筑物相等。"[4]（图3-3-11）

大楼位于公共租界西区册地6号地块（Cad Lot No.6），华安公司投资100万建造了华安合群人寿保险公司大楼，由美国建筑师哈沙德先生（Mr. Elliott Hazzard）设计，上海康益洋行测量建造，平面呈工字型筏型基础，采用25米长美国松木桩[5]。大楼总高达到了127.5英尺（约40米），至中央塔楼圆弧塔顶面（不包括塔尖）的高度更是达到了211英尺（约64米）[6]的高度，可见虽然受到建筑开发预算及面

[1] 华安合群保险公司主要创办者是南汇人吕岳泉，其是中国人身保险业的创始人。公司于1912年（民国元年）7月创立，距公司建设大楼经营十二年有余，业绩很好，至1924年营业总额约达到1 334万8 042元，收入达约111万6 445元，这一成绩可谓执当时保险业界之牛耳。（数据摘自《华安合群保险公司轮奂之新屋》，丹麦特刊，1925，6.）
[2] U1-14-5766，转孙倩博士.上海近代城市建设管理制度及其对公共空间的影响.申请同济大学工学博士学位论文，2006，190-191.
[3] SHANGHAI NEWS: "BUBBLING WELL ROAD BUILDING SCHEME: China United Assurance Society's Huge New Offices and Residential Flats"，*The NORTH-CHINA HERALD*，1924-01-26（129）.
[4] 华安合群保险公司轮奂之新屋.丹麦特刊，1925，6.
[5] 华安合群保险公司轮奂之新屋.丹麦特刊，1925，6.
[6] 华安大楼，案卷题名A4500，上海城市建设档案馆建筑档案.

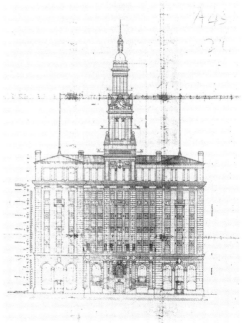

图3-3-11　登在《字林西报》（1924-02-　图3-3-12　华安大楼立面中央高耸的"摩天"
18）上华安大楼的方案效果图，中央高耸着　塔楼
摩天塔楼

积需求的限制，高层建筑向上耸立的摩天意向还是非常明确（图3-3-12）。华安大楼1926年完工，是20世纪20年代跑马厅北侧沿静安寺路逐渐形成商业中心后公共租界西区竖立起的第一幢，也是第一幢由中国人自己投资建造的摩天楼。

　　紧接华安大楼工程尾声，与其相隔一个地块的位置，公共租界西区册地12号地块上（Cad Lot No.12）（图3-3-13）另一幢摩天楼便破土动工，即西侨青年会大楼（Foreign Y.M.C.A.[1] Building）。早在1876年，在上海的西侨就成立了"Foreign Y.M.C.A."，中文名"西侨青年会"，协会在西侨青年中开展体育活动，组织体育赛事，随着外侨体育活动日渐盛行，为了让西方侨民有个固定休闲和社交的场所，由美国教会及在沪侨民发起捐助建造了一座现代化娱乐和体育为一体的大楼。这一次捐助金额从1美金至美国洛克菲勒先生（Mr. John D. Rockefeller）的60万两

---

[1]　"Y.M.C.A."为基督教青年会（Young Men's Christian Association）的英文缩写，该组织于1844年成立于英国伦敦，后发展成为基督教跨教派、泛国籍的男青年组织。宗旨通过团体活动发扬青年的高尚品德，培养青年在体、群、智、德育等多方面发展。而利用青年活泼好动特点，开展体育活动更成为该组织团结青年的手段。

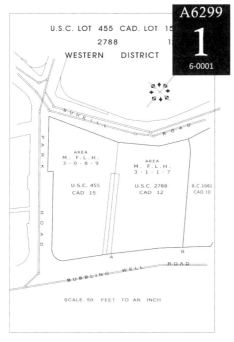

图3-3-13　西侨青年会大楼所在西区12号
地块平面

图3-3-14　西侨青年会大楼效果图

银子不等，另外一部分的大额捐款来自西侨居民、在沪公司等，捐赠总计达20万两银子[1]。1925年12月大楼基础动工，次年春天开始建造主体结构，据档案图纸显示建筑最高部分楼高约136英尺（41.4米）大楼分南北两部分，南部分高9层，北部分高10层，钢筋混凝土结构，由美商哈沙德洋行承担设计[2]。（图3-3-14）大楼1927年底主体结构完成，次年7月举行了大楼的开幕仪式[3]。

至20世纪20年代末，公共租界西区跑马场对面静安寺路旁就已有两幢摩天楼矗立在旁，这也明确预示着公共租界中区由外滩、南京路向公共租界西区商业功能的空间延伸。

[1] SHANGHAI NEWS: "THE FOREIGN Y.M.C.A. BUILDING: Arrangements in New Building Opposite Race Course", *The NORTH-CHINA HERALD*, 1928-02-25（304）.

[2] 西侨青年会大楼，案卷题名A6299，上海城市建设档案馆建筑档案。

[3] SHANGHAI NEWS: "THE FOREIGN Y.M.C.A. BUILDING: Arrangements in New Building Opposite Race Course", *The NORTH-CHINA HERALD*, 1928.2.25, 304; SHANGHAI NEWS: "NEW FOREIGN Y.M.C.A. OPENED: Imposing New Building Opposite Race Course Formally, Handed over to Board of Trustees", *The NORTH-CHINA HERALD*, 1928-07-07（17）.也有书上记载建筑是1932年扩建以后达到10层楼高度，笔者此处根据档案馆查阅到图纸资料进行计算。

3.4　本章小结

近代上海摩天楼的建设首先在公共租界集中出现，与摩天楼在美国芝加哥的起源发展相似，上海摩天楼的开端也是从高层商业建筑（commercial building）开始，同时也经历了类似关于名称的困惑，对新材料、新结构、新设备的探索及运用阶段，对摩天楼这一西方移植而来的建筑类型，也有了从建造现象向建筑类型认知的转变过程。随着第一次世界大战接近尾声，高层商业建筑选址界域延伸说明了租界用地的空间扩展及土地利用的空间演变；同时，建筑高度的不断突破显示着租界内业主资本的雄厚实力。

总体而言，这一阶段上海摩天楼发展仍较为缓慢，以高层商业建筑为起点的向上发展可分两个方面总结，一是这一时期建造的量与质的变化，从外滩高楼的建造数量和高度就可以观察，初期外滩区域的高层建筑呈点状发展，到明确摩天楼这一建筑类型后，字林西报大楼、海关大楼、沙逊大厦等建筑的高度角逐和向高处发展；二是选址区域的扩张特征，这一阶段除了公共租界中区由外滩向西至西区的延伸外，在法新租界也已有高层公寓建筑破土动工[1]。

进入20世纪20年代后，世界经济脱离战争阴霾开始回到正轨。对上海而言，这一阶段也是整个都市文明进入摩登时代的渐进过程，进入20世纪20年代后期，上海的建筑业逐步进入了一个繁荣新时期，大批代表着上海现代都市面貌的标志性建筑物都是在这个阶段动工建造，摩天楼的建造发展，尤其是在建造高度上的突破与社会稳定与经济发展密不可分。

---

[1]　截至1927年尚未竣工，在下一章介绍。

第4章

摩天楼发展的繁盛阶段（1928—1937）

　　从1928年至1937年，近代上海基本经历了建造业发展至繁盛而后下行至停滞的一个完整阶段。根据1937年7月《经济统计》[1]中一篇题为《上海建筑之营造》（中英文对照）[2]的研究性文章中指出，1927年上海公共租界及法租界所发之营造执照数目都处于阶段性谷底，在1930年到达了峰值后基本呈下行路线（图4-0-1）。

　　20世纪20年代末进入中国近代建筑史发展兴盛期的后期，也是上海近代建筑发展的高潮阶段，由于世界性金融危机导致全球建材和工业原材料价格大幅下降，海外华商和国内投资者纷纷在上海投资房地产[3]；同时，政局变化也是促因之一，中华民国的最高行政机关南京国民政府于1927年4月正式成立，随后国民政府颁布《特别市组织法》，于同年7月7日宣布上海设立"特别市"，隶属于国民政府，这是上海设市之始，也是全国第一批建市的城市"[4]。南京国民政府的成立

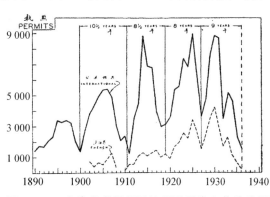

图4-0-1　上海公共租界及法租界所发之营造执照数目（1890—1936）

---

[1]《经济统计》由南京金陵大学农学院农业经济系出版。

[2] 雷伯恩（John R. Raeburn），胡国华.上海建筑之营造（附图表）（中英文对照），经济统计，1937（6）.1，4-10.

[3] 上海地方志办公室，http://www.shtong.gov.cn/node2/node71994/node71995/node71998/node72049/node72073/userobject1ai77506.html.

[4] 1930年5月20日国民政府颁布《市组织法》，规定取消"特别"而一律称"市"。"市"一律隶属于行政院，于是上海特别市也改称上海市。

使得中国的政治中心南移,随之而来的是整个国家的金融中心南移。伴随着特别市的设立,上海作为全国最大金融中心的地位也得到了确立,此时的上海金融辐射功能十分显著,资金集散、吞吐作用进一步增强,这也是北洋政府时期的上海所不能比拟的。在这一政治利好局势的推动下,社会与经济的稳定蓬勃发展将近代上海摩天楼建造推向繁盛的发展阶段。但后期因为战争时局影响,上海摩天楼建造发展停滞,似戛然而止。

4.1 公共租界复合功能摩天楼建设(1928—1933)

这一阶段的摩天楼建设受到沙逊大厦完工的影响,不论是在建筑功能、体量、风格上都保持了一定的延续性,从建造选址上看,绝大部分都聚集在江西路以东的区域。根据1931年2月27日公共租界工部局发布的关于"1930年人口密度普查"(1930 Census Density of Population)公报数据显示,中区江西路以东区块的夜间人口数(night population)不足中区任一区域夜间人口的1/4[1],而后公报提出假设,"自1920年以来,导致中区江西路以东区块的人口大量流失的原因是大型现代办公大楼(large modern office buildings)的建造,随之而来的是住宅性质的里弄及房屋相应减少"[2]。(参见第2章图2-2-2)

从上章论述的摩天楼选址发展历程来看,这一"假设"合乎道理,从开埠外滩建造洋行仓储功能用房以始,进入20世纪10年代外滩开始翻建以办公功能为主的高楼,到20世纪20年代向外滩以西四川路及外滩源头的"外滩源"地区的选址扩张,江西路以东已经逐渐成为实力雄厚的洋行金融银行的主要首选办公之地。进入1930年代,四川路的办公型摩天楼建造也已接近尾声;同时,这一时期摩天楼选址继续往西面拓展至江西路段,形成了以江西路九江路段及江西路福州路段摩天楼集聚性建造的开发现象,在这一点上也验证了工部局工务处基于人口密度普查结果总结出的"假设",只是这一阶段摩天楼功能已不仅局限在大型办公,而开始兴建更具复合功能摩天楼。

---

[1] 这一数据中未将外滩及苏州河岸滩涂面积计算在内。
[2] 数据来源:上海市档案馆:卷宗号U1-14-627,上海公共租界工部局工务处关于上海工部局1927、1930和1935年的人口调查,同见本书第2.2节。

4.1.1　摩登象征[1]：沙逊大厦

　　沙逊大厦是近代上海的摩登象征，大厦建成后不仅在主体建筑高度及层数上超越了海关大楼成为上海第一高楼，同时也表现了建筑风格从古典向现代风格的彻底转型。大楼于1926年11月开工，但是竣工略晚，耗时三年，至1929年8月举行开幕仪式。大楼位于公共租界中区册地31号地块（Cad Lot No.31）（图4-1-1），是沙逊先生（Elias Victor Sassoon）所有的新沙逊洋行[2]投资兴建，地块两面临街，东临外滩，南临南京路，

图4-1-1　沙逊大厦所在31号地块位置

其南面正对的即是上海第一幢超过30米的建筑——汇中饭店。这一地皮曾被沙逊集团内部称作"侯德产业"，原属于美商琼记洋行，早在沙逊大厦建造前五十多年，沙逊集团即已看中这块土地，并从当时濒临破产的琼记洋行手中购入[3]，一直等到沙逊1923年到上海来全面主持新沙逊洋行业务，以建造沙逊大厦为起点，正式迈开了其在上海成为第一大房产商的脚步[4]。

　　沙逊大厦所聘设计方与施工方与海关大楼相同，都是由英商公和洋行设计，华商新仁记营造厂承建。建筑采用钢框架结构，在平面设计中，建筑师较好的因地制宜，结合东西向窄、南北面宽的基地特征，设计出呈"A"字形平面。建筑临外滩的东部塔楼高13层，至13层楼面高度为164.5英尺（50.1米），加上尖塔约60英尺的高度，整座建筑制高点达到约224.5英尺（约68.4米），西侧沿南京路8层，沿滇池路高9层[5]，创造了当时摩天楼高度之最。

[1]　取自书名,常青.摩登上海的象征——沙逊大厦建筑实录与研究,上海：上海锦绣文章出版社,2001.

[2]　维克多·沙逊（Elias Victor Sassoon, 1881—1961），英籍犹太人，世袭准男爵，出身于沙逊家族（Sassoon family），一个具有伊拉克犹太人血统的国际知名家族，原本以巴格达为根据地，后来迁移至印度孟买，再扩散至中国、英国及世界各地。沙逊在第一次世界大战期间曾参加英国皇家空军，作战中左脚负伤致残，人称"翘脚沙逊"。他1918年在印度继承家产，取得新沙逊洋行的经营权，1923年来到上海主持业务，先后建立起新沙逊银行、华懋地产公司、远东投资公司等。

[3]　张仲礼、陈曾年著,沙逊集团在旧中国,上海：人民出版社,37—38.

[4]　随着沙逊大厦的竣工,沙逊随后又建成了河滨大厦、都城大厦、汉弥尔登大厦、华懋公寓、格林文纳公寓等高楼巨厦,通过办公、公寓及商店面积的出租获得高额租金,房地产成为新沙逊洋行在上海的主要产业,新沙逊洋行成为上海最大的房地产商。

[5]　沙逊大厦,流水号A6980,上海市城建档案馆档案号。

　　沙逊大厦从立项之初到最终建成，从外部形态到内部功能，都经过了较多次的改动与调整，不仅在上海建筑摩天楼的高度史上有重大突破，在空间功能及立面风格设计上都具有里程碑式的意义。首先是建筑功能，沙逊大楼首开底层设置商店的先河，设计师特别将底层立面设计为拱廊样式，大面积的窗户使得商店里面的货品能够更好地呈现出来，这一摩登的橱窗做法在美国摩天楼当中已经出现，在上海尚属首例。大楼二三层为出租办公空间，四层至九层为华懋饭店，而十层以上为沙逊本人的独用空间（图4-1-2）。

　　其次，大楼建筑风格的转变更是彻底，如果说海关大楼是摩天大楼呈现新古典主义风格的尾声，那么，沙逊大厦则是开启现代风格的标志性建筑。建筑立面处理简洁，以竖线条构图为主，外部以花岗石贴面，在檐部和基座线脚等处均采用抽象几何图案，高耸的塔楼顶部为墨绿色方穹窿屋顶。[1]作为近代上海第一座装饰艺术风格的摩天楼，沙逊大厦的建成反映出当时租界经济的繁荣，以及侨民对奢华高档的社交生活的内心渴求，沙逊大厦连同外滩建筑天际线成为摩登上海的都市象征，在1929年10月《北华捷报》的广告上，华懋饭店被称为"远东地区最现代的饭店"（图4-1-3）。

图4-1-2　沙逊大厦立面图　　图4-1-3　登于《北华捷报》1929年10月刊上的广告

---

[1] 具体风格讨论请见第5章。

同时，短暂的社会稳定与经济的飞速发展为高楼巨厦大量出现预备了土壤，沙逊大厦完工后高耸现代的建筑形象为沙逊集团带来巨大的社会效应与经济回报，也激励了其他资本雄厚的洋行开发商，为随后近代上海摩天楼的短时期大规模建造产生了巨大的催化作用。

4.1.2　江西路段（以东）的密集开发

江西路福州路口

1929 年即上海第一高摩天楼——沙逊大厦建成的同时，新沙逊洋行紧接着向公众展示了两项全新的摩天楼建造计划。在同年 7 月 6 日的《北华捷报》上首次刊出了"汉弥尔登大楼"（Hamilton House）效果图，文章标题为《上海市中心的摩天楼》（*Skyscraper for Central Shanghai*），当时这幢大楼规划位置在江西路福州路交口东北角，建筑功能为商店、办公及小型公寓的复合功能，效果图显示大楼整体向上线条明显，为典型的装饰艺术风格，体量上由转角的 14 层高度向福州路江西路两侧跌落，临福州路为 6 层高（图 4-1-4）。

图 4-1-4　《北华捷报》上首次刊出的"汉弥尔登"大楼效果图

不久，在 11 月 23 日《北华捷报》上刊出了新沙逊洋行的又一项建造计划，地块位于江西路福州路两条道路交叉口东南角，新沙逊洋行花费 55 万两白银买下，建筑同样被命名为汉弥尔登大楼，建筑高度、功能几乎与此前公布的东北角大楼完全一致，似乎是将东北角建造计划完全复制至现在的东南地块，而当时东北角地块已在拆除基地上的旧建筑[1]。道路交口西北角地块便是工部局大楼[2]，即是公共租界最高行政机

---

[1]　参考文献：SKYSCRAPER FOR CENTRAL SHANGHAI, *The NORTH-CHINA HERALD*, 1929.7.6, 13. NEW DEVELOPMENT IN Central: Large Transaction for New Building Scheme, *The NORTH-CHINA HERALD*, 1929-11-23（303）.

[2]　工部局大楼顾名思义是，位于公共租界中区册地 168 号地块（Cad Lot No.168），由公和洋行设计，华商裕昌泰营造厂承建，1913 年动工，但由于第一次世界大战影响，大楼于 1922 年才最终完成。施工时间长达十年之久，当时就有人感叹"比建罗马教堂的时间还长"，建筑具有罗马艺术风格的新古典主义风格建筑，是远东最杰出的仿罗马建筑之一。也有资料称 1924 年才竣工。

构工部局的办公地址,而沿着福州路往东经过四川路至外滩便是甚为华丽的汇丰银行,这两项建造摩天楼的计划完全展现出犹太商人维克多·沙逊作为上海地产大亨的眼光,也可想见他的建造野心。

这南北对角两大地块的摩天楼于20世纪30年代初相继完工,成为继外滩沙逊大厦之后的第二高摩天楼,建筑总高194.1英尺（约59.2米）,至建筑最高层即第14层屋顶面高度为164.1英尺（约60米）（图4-1-5）。建筑同属于新沙逊洋行下属的华懋地产公司,由英商公和洋行设计,华商新仁记营造厂承建,钢筋混凝土结构建筑,由于在外形及高度上十分相似,两幢摩天楼亦被称为姊妹楼。位于东南角中区册地100B号地块（Cad. Lot No.100B）的汉弥尔登大楼以办公及公寓复合功能为主,都城饭店位于东北角的中区册地99号地块（Cad. Lot No.99）（图4-1-6）,稍晚完工,于1935年正式对外营业,成为当时上海最豪华的饭店之一,也是该阶段唯一以酒店功能为主的摩天楼。两楼主楼正面皆呈凹弧型,主入口在街道转角处,建筑体量都是从8层起开始逐渐退台向上收进,最终形成中央塔楼的退台造型,沿路口转角呈凹弧转角。建筑立面风格也完全一致,立面竖线条明显,仅在底层腰线、顶层压顶和中央塔楼等部位作简洁装饰处理,呈现当时摩天楼盛行的装饰艺术风格,大楼外墙底层有花岗岩砌筑,其余为简朴的水泥饰

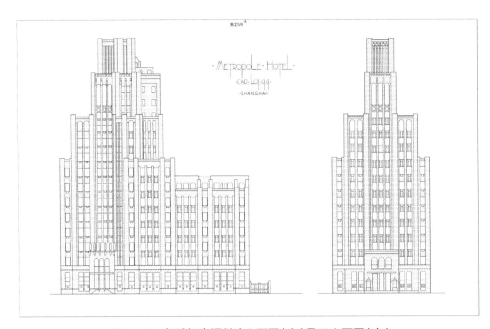

图4-1-5　都城饭店福州路立面图（左）及正立面图（右）

面, 建筑的外观风格被媒体认为颇具有"纽约摩天楼风格"（the New York Style of sky-scrapers）[1]。

九江路段

沿着江西路福州路口往北穿过汉口路, 会到达九江路段, 此时九江路一带已经是股票证券交易的集中地, 也成为另一个摩天楼选址建造的聚集地, 在册地86A号地块（Cad. Lot No.86A）、87号地块（Cad. Lot No.87）、89C号地块（Cad. Lot No.89C）（图4-1-7）分别建起了突破工部局建筑规则规定的84英尺高度的大楼。

这三幢建筑中以册地89C号地块上的大陆银行[2]大楼（Continental Bank Building）为最高, 总高度达107.5英尺（32.5米）, 1932年建造, 1933年竣工, 由基泰工程公司设计[3], 装饰艺术风格, 钢筋混凝土结

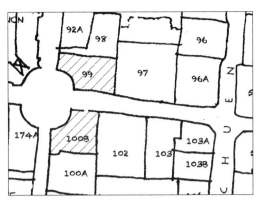

图4-1-6　99号与100B号地块位置

图4-1-7　86A、87及89C号地块位置

构[4]。大楼从外观上看有10层高, 但实际使用楼层仅有9层, 底层设有夹层, 并设有半地下层, 首层一层都为银行自用, 二层以上为出租办公空间（图4-1-8）。由于大楼建成前就已经在媒体杂志上曝光, 门面富丽堂皇, 楼内所设钢制保险库由美国名厂定制, 精致坚固, 等到完工之时, 办公空间已经被其他各商号公司租赁一空[5]。总体来说, 这一时期江西路九江路段建筑高度基本停留在8层, 功能上也

[1] SKYSCRAPER FOR CENTRAL SHANGHAI, *The NORTH-CHINA HERALD*, 1929-07-06（13）.

[2] 上海大陆银行为天津大陆银行分行, 创立于民国9年, 在天津路建有办公行屋, 由于业务发展, 办公空间不敷使用, 故在九江路购地自建巨厦。

[3] 基泰工程师, 是一家由中国建筑师关颂声、朱彬、杨廷宝、杨宽麟等组成的建筑事务所, 1920年在天津创办, 1930年后业务发展至上海, 先后设计了上海中山医院、大陆银行、大新公司等建筑。

[4] 大陆银行, 案卷题名B1625, 上海市城建档案馆。

[5] 金融: 大陆银行新屋落成, 银行周报, 1933年第17卷, 第48期, 48.

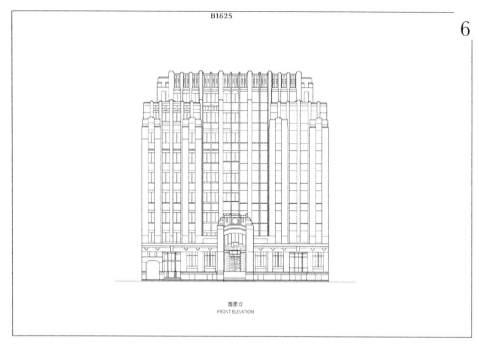

图4-1-8　大陆银行大楼正立面图

都以办公功能为主,在高度上没有大的突破,比起福州路口的两幢摩天姊妹楼更远不可及。

四川路段

　　这一阶段作为外滩界面城市功能延伸面的四川路上的摩天楼建造也已接近尾声,建筑高度突破仍旧不大。1928年公共租界中区册地47号地块（Cad. Lot No.47）的新汇丰银行办公仓库大楼（New Office Building and Godown for the Hongkong and Shanghai Banking Corporation）向公共租界工部局工务处递交请照单,1930年完工,大楼高124.3英尺（约37.9米）,共9层[1],钢筋混凝土结构,是为紧邻的49号地块上的汇丰银行大楼提供服务的辅助楼。建筑由公和洋行设计,整体仍呈现明显折中主义的三段式立面构图,但是在装饰纹样上已经简化许多,大楼除了具有辅助型后勤办公功能外,还兼顾了仓储及职员宿舍的居住功能。

---

[1] 新汇丰银行办公仓库大楼,案卷题名A8817,上海市城建档案馆档案号。

位于四川路最南端的一幢摩天楼是位于公共租界中区册地118号地块（Cad. Lot No.118）（图4-1-9）的中国企业银行大楼（Office Building for Lieu Ong Kee）（图4-1-10），大楼位置已临近公共租界与法租界的分界道路——爱多亚路（Avenue Edward Ⅶ）。大楼于1931年建造，高108英尺（约33米），总共8层[1]，由哈沙德洋行设计，昌盛营造厂建造，典型装饰艺术风格。值得一提的是，中国企业银行大楼是由中国近代著名实业家刘鸿生先生[2]投资，并在当时以其姓名命名的办公大楼，也是继公共租界西区华安大楼之后第二幢由中国人投资的摩天楼。

4.1.3　苏州河沿岸的文娱摩天楼

20世纪20年代末，摩天楼的建造已由外滩向西北方向苏州河沿岸延伸。1925年12月，位于公共租界中区册地7号地块（Cad Lot No.7）的光陆大楼（Capitol Building）动工（图4-1-11），建筑基地位于博物院路与苏州河路交叉口东南角一不规则地块上。

基地所在区位属于两江交汇较为重要位置，是苏州河（旧称吴淞江）与黄浦江两江交汇的黄浦滩头，1848年英租界第一次扩张就将北界由最初

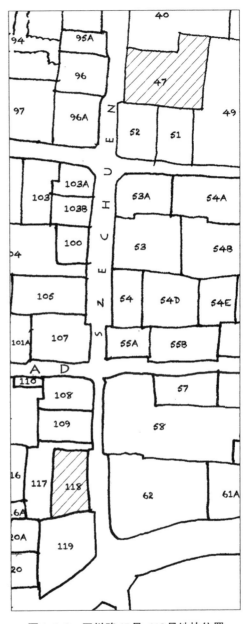

图4-1-9　四川路47号、118号地块位置

---

[1] 中国企业银行大楼，上海市城建档案馆档案号，案卷题名B478。
[2] 刘鸿生（1888—1956），男，浙江定海（今舟山）城关人，出生于上海，中国近代著名爱国实业家，曾被誉为中国的"煤炭大王""火柴大王""毛纺大王""水泥大王""企业大王"，1931年创办中国企业银行，为其工商企业融资提供便利。

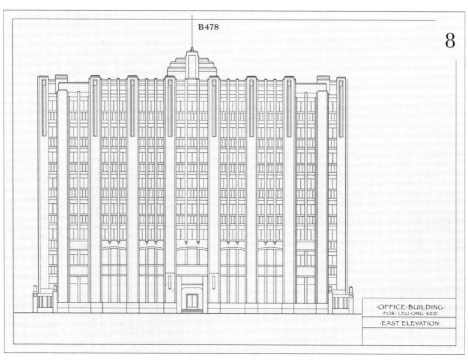

图4-1-10　中国企业银行大楼正立面图

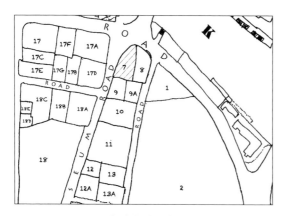

图4-1-11　光陆大楼所在7号地块位置

的李家厂推至北端苏州河畔[1]。根据《1855年大上海外国租界规划》显示，当时西面四川路至苏州河延伸部分仍用虚线表示，至1858年，工部局初步改建完成了苏州河南岸的滩路，称为苏州河滩路（Bund on the Soochow Creek）[2]，至19世纪60年代末，这一块街区内部道路建设也基本完成，包括香港路（Hongkong

[1]　按照1845年《租地章程》规定，最初英租界位置相当于今延安东路至北京东路的外滩，面积约830亩（约55.3公顷），当时并未规定西面界限，1846年，在今河南中路位置开辟"界路"作为西界，这样，从黄浦江西岸开始，最初的英租界向西深入约1华里，面积1 080亩（约72公顷）。至1848年，英租界北界由李家厂推至吴淞江即苏州河南岸，西界由原界路推进至泥城浜（今西藏中路），租界面积扩大为2 820亩（188公顷）（吴圳义，《上海租界问题》，58）。
[2]　钱宗灏.百年回望：上海外滩建筑与景观的历史变迁，上海：上海科学技术出版社，33.

Road）、博物院路（Museum Road）及圆明园路（Yuanmingyuan Road）[1]等。

随着租界商业贸易的发展，外来侨民也逐渐增多，西方文化与宗教传播也紧跟而来。由于该区域邻近英国领事馆，区域位置重要，又靠近黄浦江滩，英美战舰皆停于此，故区位上也十分安全，因而成为西方文化传播交流的前沿地带。

光陆大楼于1928年2月竣工，业主英商斯文洋行（Messrs. S.E. Shahmoon & Co.），总高8层，转角9层，建筑在转角顶部采用了当时高层商用建筑中最常被建筑师用到顶部"摩天"塔楼造型。当时《北华捷报》上撰文称其"开上海建造史之先河，将办公、公寓建于剧院之上。这不仅鼓励将剧院建在城市最繁华之地，同时也证明了上海在各个方面都与国外的现代建筑技术保持着同一个步调。"[2]（图4-1-12）

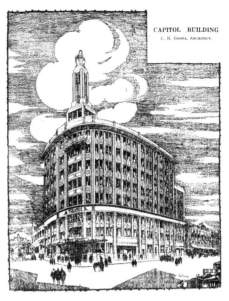

图4-1-12　光陆大楼效果图（登载于《北华捷报》1928年2月11日）

该建筑设计建造的最杰出特点体现在影院部分的结构技术处理上，剧场部分为大跨度的空间结构，整个观众厅位于底层，为了保证观众视野，采用的是无遮挡设计，观众厅中间没有任何柱子，观众厅上楼面为穹窿薄拱顶结构，楼座及两侧包厢为悬臂结构[3]。大楼采用了如此大胆且创新的结构建筑，以至于被《北华捷报》誉为当时"上海最为艰巨的建设任务之一"，而且完成的结果"非常令人满意"（图4-1-13），同时由于建筑主体将影院、现代办公及新式公寓等功能复合一体，并且采用了当时最先进的建筑设备，大楼被称为"所有现代潮流的代表"[4]。这座总高超过84英尺的高楼在当时总得来说有几大创新突破：第一，上

[1] 王方."外滩源"研究——上海原英领馆街区及其建筑的时空变迁（1843—1937）.南京：东南大学出版社,2011,16-18.

[2] SHANGHAI NEWS: "SHANGHAI'S LATEST THEATRE, Completion of the CapitolBuilding: A Theatre with Five Floors of Offices Superimposed", The NORTH-CHINA HERALD, 1928-02-11（219）.

[3] SHANGHAI NEWS: "SHANGHAI'S LATEST THEATRE,Completion of the CapitolBuilding: A Theatre with Five Floors of Offices Superimposed", The NORTH-CHINA HERALD, 1928-02-11（219）.

[4] "SHANGHAI'S LATEST THEATRE, Completion of the Capitol Building: A Theatre with Five Floors of Offices Superimposed", The NORTH-CHINA HERALD, 1928-02-11（219）.

图4-1-13　光陆大楼底层电影院室内

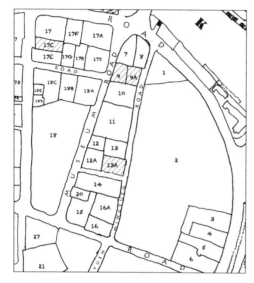

图4-1-14　建筑所在9,9A,13A,17C号地块位置

海第一座集剧院、办公楼、公寓于一身的复合型综合楼[1]；第二，建筑风格抛弃折中古典风格的繁冗样式向现代摩登风格转型；第三，成功实现首层为剧院空间的复杂高层结构设计，因此不论从建筑功能的复合型特征方面，还是立面风格转变上来说，光陆大楼在上海近代摩天楼发展中都具有重要意义。

1930年8月公共租界工部局工务处通过真光广学大楼（China Baptist Publication & Christian Literature Society Building）提交的请照单，请照单上填写的建筑性质为办公建筑（office building），建筑师为邬达克（L.E. Hudac），工程于9月开工，1932年3月竣工。实际上该项目是两个宗教组织联合开发建造的两幢办公大楼，地块也相应分为两部分，真光大楼对应地块为中区册地9号地块（Cad. Lot No.9），广学会大楼所在为册地9A号地块（Cad. Lot No.9A）（图4-1-14、图4-1-15），由相同建筑师及营造商设计建造完成。据档案记载，原向工部局提交的申请为靠近博物院路的广学会楼建8层高，而靠近圆明园路的真光大楼建造6层，后因结构荷载计算允许，故业主向工部局提交申请将真光大楼加建至7层高，最后实际完工真光大楼高84英尺（约25.6米），为8层楼高，局部7层，广学会大楼高98英尺（约30米），为9层，建筑采用筏桩基础（raft and pile foundation）。[2]

---

[1] 第一栋综合楼的说法参见上海档案馆U1-14-3679。
[2] 真光广学会大楼,案卷题名B1032,上海市城建档案馆。

真光大楼投资达 385 000 两白银[1]，建筑建成后，底层、二层及七层分别为书局、浸会在沪组织以及南北浸会合作创办的沪江学校所使用。大楼底层为书局出版与印刷功能，并且还设置了沿街书店，因此在这一大楼空间中同时存在着从办公、出版、印刷至销售，与出版流程相关的完整配套空间。该建筑的设计者邬达克即是其租户之一[2]。广学会大楼

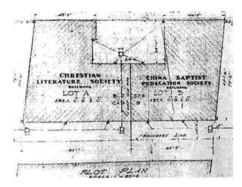

图 4-1-15　真光广学大楼总平面图

（the Christian Literature Society Building）的业主为广学会[3]，1887 年创建于上海，在新大楼的空间分配中，广学会主要位于底层沿街的空间做书店，在七层设有员工宿舍，八层、九层为核心办公区，其他部分全部为租赁办公空间。（图 4-1-16）

图 4-1-16　（左）广学会大楼正立面；（右）真光大楼正立面渲染图

[1] Luka Poncellini, Laszlo Hudec A Shanghai (1919-1947), 127, 转引自王方. "外滩源" 研究——上海原英领馆街区及其建筑的时空变迁（1843—1937）. 南京：东南大学出版社, 2011, 119.

[2] "1932 年后邬达克洋行迁至圆明园路 219 号浸信大楼 8 层 801 室"，华霞虹. 邬达克在上海作品的评析. 同济大学 2000 年申请硕士学位论文, 21.

[3] 广学会（the Christian Literature Society for China），1887 年 11 月由苏格兰教会差会（the Church of Scotland Mission）的传教士威廉森（Alexander Williamson）创建于上海，建立之初的英文名为 "the Society for the Diffusion of Christian Knowledge Among the Chinese"，可从此知道该协会是 "在中国人中传播基督教知识" 的成立目标，中文名开始为同文书会，后改为广学会，字林西报, 1932 年 5 月 18 日.

图4-1-17　《字林西报》上刊登的加利大楼的照片

几乎同时，在圆明园路同一界面上，随着真光大楼开工建设，册地13A号地块（Cad Lot.13A）中华基督教女青年会全国协会委员会大楼（National Committee of Y.W.C.A. Building）于1930年9月获准建设，在请照单上该幢建筑性质填为总部大楼（headquarters building），1932年5月竣工。建筑总高91英尺（约27.7米），共8层，钢筋混凝土结构。[1]建筑设计师为美籍华人李锦沛先生[2]，其设计作品中常常将中国传统的建筑符号融于西式建筑之中，在中华基督教女青年会大楼的立面设计中尤为突出，大楼既有现代建筑的体形轮廓，又具有传统建筑的特色。沿苏州河岸最后一幢摩天楼为加利大楼（Gallia Building），位于公共租界中区册地17C号地块（CAD. Lot No.17C），于1932年5月提交请照单，6月开工，时隔一年，于1933年7月竣工。大楼由中国建业地产公司（上海）（Fonchere Et Immobiliers De Chine）投资建设，中法实业公司（Minutti & Co. Civil Engineers-architects）设计。建筑分东西两部分，最高九层，共105英尺（约32米），东侧仓库部分7层，高82英尺（约25米）。建筑位置位于"外滩源"区域边缘地带，远离文化宗教传播建筑较聚集的博物院路虎丘路附近，靠近办公空间聚集的四川路北端，因而建筑开发的功能性质为办公及仓库用房。大楼沿四川路部分为办公，后为仓库，中间由核心交通组织相连。这栋大楼在立面上完全简化，毫无任何装饰，而空间组织也是本着简单高效的设计原则，我们可以猜想业主方将大楼看作为赚取利润的手段，而未花更多心思来思考建筑本身。（图4-1-17）

[1] 基督教女青年会大楼，案卷题名B1089，上海市城市建设档案馆。

[2] 李锦沛，美籍华人，出生于美国纽约，1920年毕业于普莱特学院建筑系，并获得纽约州立大学颁发的注册建筑师（R.A）证书。1923年来上海，参加了八仙桥青年会设计，1930年设计了基督教女青年会，设计作品中常常将中国传统的建筑符号融于西式建筑之中，中华基督教女青年会大楼尤为突出。

4.1.4　江西路以西的选址延伸

这一时期公共租界的绝大部分建造活动都集中在江西路以东区域，仅有少量摩天楼的建造选址向西发展。1932 至 1933 年间，江西路北京路口西南角中区册地 144 号地块（Cad. Lot No.144）的中国垦业银行大楼，江西路天津路口西北角中区册地 151F 号地块（Cad. Lot No.151F）的中央储蓄会大楼（广东银行大楼），及位于河南路北京路口西北角中区册地 188C 号地块（Cad. Lot No.188C）的国华银行大楼相继建成。（图 4-1-18）

中国垦业银行[1]大楼位于 144 号地块，由赵新泰营造厂营建，于 1932 年建成，从外观看，建筑入口转角高起为 11 层塔楼，主体 8 层，为钢筋混凝土结构，平面形式呈梯形，整体上强调竖向线条，檐部及其他部分用抽象性麦穗做装饰母题。（图 4-1-19）中央储蓄会大楼位于 151F 号地块，由著名建筑师李锦沛设计，张裕泰营

图 4-1-18　江西路以西 144、151F、188C 号地块位置

图 4-1-19　中国垦业银行大楼街景

---

[1] 中国垦业银行由俞佐廷、童今吾等人创办，成立于 1926 年，总行设于天津，原行址在法租界六号路 82 号（现哈尔滨道 34 号），由于该领导人主持不力，故于 1929 年 3 月实行改组，由上海金融界人士秦润卿、王伯元、李馥荪等接办，经营商业银行储蓄、仓库及发行业务，嗣因国民政府定都南京，该行为办事便利起见，将上海分行改为总行，天津总行改为分行，于 1929 年 6 月正式开业。1948 年该行更名为中国垦业商业储蓄银行。

图4-1-20　中央储蓄会大楼街景

造厂建造,1933年建成完工,建筑为钢筋混凝土框架结构,建筑转角塔楼高10层,向两侧跌落。建筑具有装饰艺术派特征的现代建筑风格大楼,具有水泥仿石墙面,转角塔楼向两侧跌落,至北部又高起成为副中心。塔楼强调竖向线条,两侧强调水平线条,入口门厅贯穿两层,一、二层间窗间墙金属表面,几何装饰精美。钢窗为黑色,其局部细节非常精致(图4-1-20)。

另一幢位于188C号地块的是国华银行总部大楼。国华银行开业于1928年,是当时上海主要的一家商业银行,华侨资本占相当大比重,1931年,国华银行委托英商通和洋行和李石森(李鸿儒)建筑师设计国华银行大楼,建筑为钢筋混凝土结构,由华商怡昌泰营造厂建造。大楼体量中部面向街道转角处高11层,沿北京路河南路两翼高10层,1933年8月竣工(图4-1-21)。大楼设地下室,底层为营业大厅,二、三楼为银行写字间,六楼为银行俱乐部,其余楼层均为出租写字间。银行营业厅大门设于街道转角,拾9级台阶而上至高达两层的拱洞形大门,顶部拱洞镂空,以醒目的半圆形孔雀开屏图案装点,甚为气派(图4-1-22)。

图4-1-21　国华银行大楼街景

图4-1-22　工人正在清洁国华银行大门

　　这三幢摩天楼在整体布局与建筑风格体量上的特征都较统一。首先，从选址上讲，根据工部局公布人口普查数据显示[1]，与江西路以东人口密度比较，江西路以西区域的夜间人口密度大之数倍，也就是说由东往西区域的功能属性在由商务办公向居住功能进行转变，换句话说，江西路以西并不是开发商选址开发办公空间的普遍选择，那这几幢摩天楼虽然选址于江西路以西，但地块位置几乎无一例外的位于两条街道交汇的道路转角处[2]，这一交通交汇点的位置优势无疑是对地块本身所处位置远离商用办公集中开发区片的地理补偿；其次，与之前大多数业主皆为外国开发商不同，这几个地块摩天楼开发的业主皆为国人，且集中在较有资本实力的金融业领域，这点也是对前一点的补充，国人资本实力会稍逊于西方洋行资本，选择江西路以西地价稍低的地块进行开发建设也属合理；第三，从建筑体量风格上来说，这几幢位于转角的摩天楼建筑基本都呈现出由转角塔楼向街道两侧进行退台的体量，且立面带有典型的装饰艺术风格装饰。

　　最后，关于第一点选址可以补充的是，在旧上海影响较大的银行中，仅有两家银行将总部大楼设在河南路以西的地块，这两幢皆是国人资本开发，一幢就是位于188C号地块的国华银行大楼，另一个则是位于法租界的中汇银行大楼[3]，可以推测这和业主投资的资本实力强弱有着直接关系。

4.2　公共租界摩天楼的突破性发展（1934—1937）

　　本书将这个短暂的四年作为一个阶段讨论主要是因为，即使受到战争时局等客观因素影响，在近代历史发展阶段的尾声，摩天楼建造不论从建筑体量还是建筑功能的复合发展上来说，都有非常多突破之处，以高潮点睛收尾，虽可惜，但精彩。

4.2.1　超越：从国际饭店到永安新厦

　　公共租界中区南京路西段经过20世纪10年代末至20年代末十余年发展已经成为近代上海重要的商业街，以三大百货公司（先施、永安、新新）及紧邻的跑马场

---

[1] 数据来源：上海市档案馆：卷宗号U1-14-627，上海公共租界工部局工务处关于上海工部局1927、1930和1935年的人口调查，同见本书第2.2节。
[2] 工务报告：建筑总巡捕房新屋案.上海公共租界工部局公报，1931，2(48)，1-2.
[3] 详见本章第3节。

为引导的消费性休闲商业功能的空间驱动，使得南京路西段向西延伸的地理空间发展成为近代上海最主要的商业消费功能区，进入20世纪30年代，几幢具有里程碑意义的复合型商业摩天楼的相继建造彻底奠定了南京路西至静安寺跑马场区域作为近代上海的商业核心区地位，影响至今。

这一阶段围绕公共租界中区与西区交汇的跑马场地带，建筑的功能类型已经非常丰富，各类型建筑汇集于此，大光明电影院、跑马总会、跑马总会公寓、东方饭店、大中华饭店、一品香旅社、慕尔堂等。在这个商业娱乐中心区，经过两年的酝酿，自1932年8月开工到1934年6月完工，一幢以酒店功能为主的商业摩天楼在静安寺路面向跑马场位置竣工，这一幢有着远东第一高楼之称的国际饭店是30年代唯一一幢在公共租界西区竖立起的摩天楼。（图4-2-1、图4-2-2）国际饭店是由四行储蓄会投资建造的，金城、盐业、大陆及中南四大银行联合设立的四行储蓄会经过10年发展已经非常有实力，最初工程名称叫"上海四行储蓄会二十二层

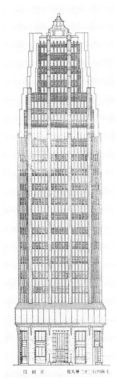

图4-2-1　四行储蓄会大楼正立面图

图4-2-2　建成之初的国际饭店

大厦"，其初衷是建造一幢代表四行储蓄会[1]形象具有财富象征意义的一幢办公型摩天楼，由四行储蓄会主任兼盐业银行总经理吴鼎昌先生发起的，四行储蓄会副主任钱新之负责工程筹建，本意是将这一巨厦建成远东第一高楼，同时借大厦竖立储蓄会"实力雄厚、信誉可靠"的形象，从而吸引更多的储户来存款。据说，后来四行储蓄会大楼要建远东第一高楼的消息不胫而走，美商信通汽车公司推销部远东上海经理卢寿联得知后，向吴先生建议"开一家豪华饭店比办公楼更加赚钱"，[2]故最后吴先生接受建议决定兴建饭店。

国际饭店位于公共租界西区册地15号地块（Cad Lot No.15），建筑至22层高度达到265.9英尺（约81.1米）[3]，成为当时上海滩乃至全中国的第一高摩天楼。建筑由邬达克洋行设计，桩基工程由丹麦康益洋行承包，桩基采用圆木美松，五根美松为一组，俗称梅花桩，桩头直径为35厘米，最深处打入39.8米，相当于大厦地面以上总高度的一半，由于桩打得深、密度又高，国际饭店建成后沉降很少。大楼地下室二层由洽兴营造厂承包，大楼主体工程由馥记营造厂承建，同时还请到曾留学英国的金福林任工地主任。建筑为钢框架结构，由德国西门子洋行设计，中华造船厂分包安装。钢材选用璜铜钢，具有较高的坚韧性和防锈性。钢框架完成后现浇各层楼面和小梁，分隔墙用汽泥砖铺砌，外贴甘蔗板，再用粉麻丝灰和石膏刮平，墙面平整，隔音好。[4]基地占地面积较小，仅2.7亩（1 800平方米），地上21层，地下2层，底层营业厅高约25英尺（约7.6米），二层餐厅层高约17.5英尺（约5.3米），客房标准层高度在10.5英尺（约3.2米）至11.3英尺（约3.5米）之间，[5]这也是与一般办公楼剖面设计之均一标准层高不同，由于客房等级与标准不同，客房层高会有相应微调，在14层处设屋顶花园。大楼共安装了6部电梯，3部自动快速电梯，3部服务电梯。

大楼建成后，四行储蓄会西区分会迁入底层营业大厅营业，夹层出租给中兴轮船公司、中兴煤矿公司和光艺照相馆，二至十九层为饭店营业部分，2层为大餐厅，3层为会客厅茶点部及厨房，4至13层为客房部，14层为小餐厅及屋顶花园，15至19层为公寓式客房，19层设董事长办公室，20至21层为机电设备间等，22层为顶塔。（图4-2-3）值得一提的是，建筑外墙面所铺釉面砖为国产的益中福记机器

[1] 中南银行、大陆银行、盐业银行和金城银行于1923年创办四行储蓄会，创办时资本仅有100万元。1931年时已有存款4 000万元，继而决定投资500万元兴建巨厦。
[2] 黎霞.马路传奇.上海：上海锦绣文章出版社，2010，115.
[3] 上海四行二十二层大厦剖面图［画图］.建筑月刊，1933年，1（5），11.
[4] 薛顺生.上海老建筑.上海：同济大学出版社，2002.
[5] 上海四行二十二层大厦剖面图，平面图［画图］.建筑月刊，1933年，1（5），7—11.

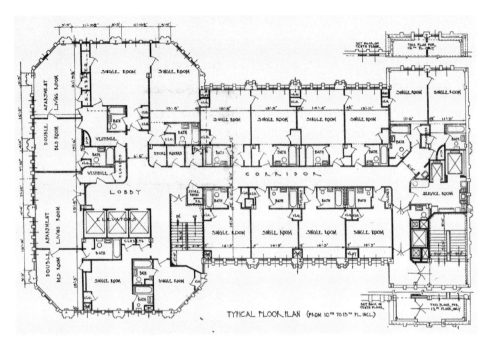

图4-2-3　国际饭店标准层平面图

瓷电公司出品，质料色泽都在舶来品之上，同期在南京路上正建造的另一幢高度相当的摩天楼——永安公司新厦也采用了这一国产釉面砖[1]。

国际饭店建成引发上海轰动，一时诸多媒体发文感叹，"东亚第一高楼是国际饭店，计二十二层，为高等华人，大班，要人所休憩地，豪华冠亚东，普通市民要想到国际观光简直是梦。……"[2]，可想，这坐落在上海最核心商业区的摩天楼也成为普通百姓不敢妄想的奢侈消费场所。

距离国际饭店不远，在公共租界西区与中区交界，西藏路南京路口的大新公司于饭店建成的同年动工建造，这是粤侨在上海南京路上继设立先施、永安、新新之后，开设最晚的一家商业综合型摩天楼，具备百货公司、剧院、展览、餐饮等复合休闲商业功能。大楼选址于中区西界册地617号地块（Cad Lot No.617），位于南京路西藏路东北角，东临劳合路（现六合路），摩天楼高155.5英尺（约47.4米），共10层，于1936年1月正式开业。（图4-2-4）在其建成后，有媒体如此形容："在建筑方面，巍巍峨峨的十几层的摩天楼，淡黄色的砖墙，在伟大之中，又带着庄

[1] 益中福记机器瓷电公司新出品.申报,1935年10月15日.

[2] 孙之儁.内地风光：上海游记.实报半月刊,1936,2（1）,118—119.

严的气象。[1]"

大新公司是由澳大利亚华侨蔡昌投资兴建,当时他的广东老乡开办的先施公司、永安公司及新新公司都非常红火,故1932年蔡昌来沪选址,最后决定在新新公司西侧开设大新公司,它比1917年开业的先施公司、1918年开业的永安公司晚了近20年,比1926年开业的新新公司也晚了10年。该地块原为20世纪初建造的联排式里弄——忆鑫里,地块占地面积3 667平方米,建筑面积达28 000平方米,钢筋混凝土结构,1934年动工,1936年1月便正式营业,由基泰工程司设计,馥记营造厂建造,同时,蔡昌还聘请了从美国麻省理工大学获得土木工程硕士学位的王毓蕃作为项目的顾问工程师。(图4-2-5)

由于大新公司建成时间较晚,当时建筑技术也大有发展,故大新公司装有从铺面直贯三楼的电扶梯,为当时国内独有,商场各层还装有可随时调节空气的冷暖气管;同时,不仅在铺面、楼层设有商场,地下室设商场在国内还是首例,这些首创在大新公司开业那天引起了巨大轰动,而大新公司名中的"大新"也是取自"规模之大、设备之

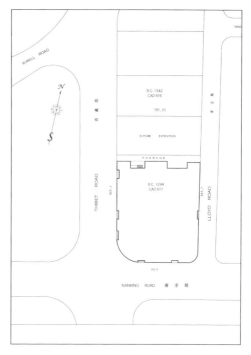

图4-2-4　大新公司基地平面图

图4-2-5　1936年大新公司建成

新"的意思。大楼作为超过40米的摩天楼,地基处理也非常坚实,共打37米长桩240根,30米长桩862根。冷暖工程由炳耀工程公司承建,由于楼内柱间距较大,故铺面宽敞,采光通风也好。商场设奥提斯电梯7部、自动扶梯2部,每部每小时能供

[1] 上海大新公司一瞥.粤风,1936,2(2),3.

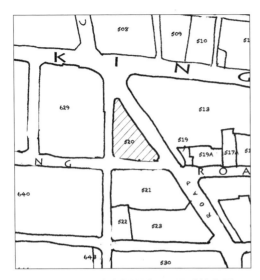

图4-2-6　永安新厦所在520号地块位置

4 000人流通，在六合路及西藏路另设楼梯及电梯4部不与商场连通，供商场以外娱乐空间单独上下，这一人流交通疏载能力也在当时百货公司大楼里首屈一指。大新公司是杂糅中国传统建筑风格的现代式摩天楼。

当时公共租界工部局的工务处处长对这相邻的两幢摩天楼——国际饭店与大新公司的基地选址给予了"非凡地点"的评价，由于考虑到建筑面对的是空旷场地，在这两个项目的审批中工部局同意对其高度控制与外滩同等对待[1]。这样，跑马场周边地产将不受高度限制，对建筑体型的控制主要是计算建筑容量，以保证不加大交通压力。跑马场给了工部局鼓励高层建筑的机会，也给了这个城市除外滩之外另一处摩天楼集聚的选址机会。

这一时期最后一幢，也是最高的一幢摩天楼于1936年10月建成。永安公司新厦在南京路老永安公司旁落成[2]，位于中区南京路册地520号地块（Cad Lot No.520）（图4-2-6）上的摩天楼以总高279英尺（约85米）[3]22层的高度再一次刷新国际饭店创下的纪录，成为整个上海滩的制高点。1930年永安二代郭琳爽从国外考察回国，开始着手规划建造新厦，为解决商场面积已经不够使用的发展需要，及老永安公司租地1946年到期面临还屋的现实情况[4]，因此决定购入紧邻原老永安公司东侧原天蟾舞台旧址，一三角形地块兴建大楼。永安公司邀请美商哈沙德洋行设计，馥记营造厂承建，因为受三角形地形限制，建筑平面也呈三角形，建筑西北端最高处有22层，呈跌落式，沿三角形地基长边布置7层高长方形体量，一楼沿街橱窗以绿色花岗石镶嵌，二层以上以浅黄色釉面砖镶贴。

[1] U1-14-5766，上海公共租界工部局工务处关于西区男青年会大楼及该区违章建筑、危险建筑的文件，上海市档案馆。
[2] 永安十八层楼下月落成择期举行典礼.申报，1936年9月25日.
[3] 永安新厦，上海城建档案馆，案卷题名B3477。
[4] 1916年，永安公司与哈同洋行签订"租地造房"之合同，以5万租金向哈同购得册地629号地块建造大楼，租期30年。1918年永安公司6层（局部7层）大楼建成并开业。

因为永安公司新厦所具有的复合型商业功能，及其与西面永安老楼在6层处设两座天桥[1]成功联接（图4-2-7），被中国建筑设计院顾问寿震华先生认为是"中国早期建筑综合体的典范"[2]。商业综合体是商业发展到一定程度必然出现的复合型建筑功能体，当下将建筑综合体定义为集写字楼、公寓、酒店、商业、娱乐于一身的综合性建筑，1930年位于美国纽约曼哈顿的洛克菲勒中心是当时世界上最早出现的摩天楼综合体样本。（图4-2-8）不过几年，南京路上竣工的永安新厦可谓追赶世界潮流，成为上海滩乃至整个远东地区摩天楼综合体典范，集合了大型百货公司、茶楼、酒店、办公、舞厅和影院等多功能空间，大楼1至5层为公司用房，6层为"七重天"游乐场、永安剧场、天韵

图4-2-7　永安新厦过街天桥施工

图4-2-8　矗立于南京路上的永安新厦

楼茶园、大东旅社、舞厅及上海最早的旱冰场等商业娱乐性功能空间，大楼顶部为公司董事室。

这座南京路上的第一高摩天楼以其高耸挺拔的姿态展现了摩登都市应有的令人惊艳赞叹的城市景象，从当时媒体评价中，我们可以看到这幢摩天楼再一次刷新了近代上海摩天楼建造的历史："这一幢新的立体型的二十一层大厦，

[1]《会议记录摘要：乙、工务委员会：永安公司建造过路天桥案》，"永安公司代表赫查尔君，曾向本局陈请，准许该公司建造横越浙江路之天桥两座，一座双桥，一座单桥，借以联络该公司之新旧两所房屋，而使顾客便于往来其间，新屋计高七层，两桥之距离地面纯净高度，一约五十七呎，一约六十九呎。

　　工务处处长建议：倘其报告书内所列之各项条件，该公司悉能依照，则本局对于此项陈请书，可予批准。警务火政两处长，对于此项建议亦均赞同。工务委员会五月二十四日开会时决议，倘永安公司能遵照工务处处长所定各项条件办理，则本局可准如该公司所请，在册地第五二〇号及第六二九号上所筑屋宇之间，建造天桥两座。"摘自上海公共租界工部局公报，1932，3（23），257。

[2] 上海永安百货：中国最早的建筑综合体，http://bj.house.sina.com.cn/news/2005-02-03/174161911.html。

The "Times Square" of Shanghai
Wing On Company Annex, Nanking Road.

图4-2-9　永安新厦——被媒体誉为上海的"时代广场"

非但是四大公司里最高伟的一座，就在全国百货公司里也堪称翘首了。在它的最上层，可以望见五十公里以外的昆山景色，房屋的建筑费一共花了一百二十多万元哩[1]"，还有媒体将永安新厦与老楼之间所创造出的城市空间誉为上海的"纽约时代广场"[2]，我相信这是对于永安新厦的开发者与设计师给予的极高评价（图4-2-9）。

4.2.2　江西路以西摩天楼建造的尾声

这一阶段江西路以西的摩天楼建造也接近尾声，与1930至1933年江西路以西建成的摩天楼相比在建筑高度上有所突破，它们由南往北由东往西分别是江西路福州路口西南角中区册地174A号地块（Cad. Lot No.174A）的建设大厦，紧邻其西侧中区册地174号地块（Cad. Lot No.174）的上海中央巡捕房新屋，位于河南路福州路口东南角中区册地173号地块（Cad. Lot No.173）的五洲大药房（图4-2-10）。

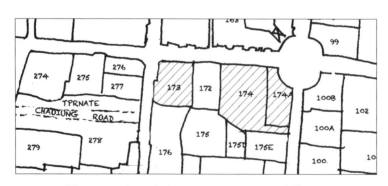

图4-2-10　江西路以西174A、174及173号地块位置

---

[1]　上海的百货公司：大新高楼打倒了三大公司,永安也建筑二十一层大厦,大家勾心斗角吸引雇主.民生周刊,1936(37),13-14.

[2]　建筑月刊,1934,2(8),2.

中央捕房（Central Station）新屋，又称总巡捕房大楼，1935年竣工，建筑总高仅8层，立面简洁。距离总巡捕房不远的是五洲大药房总公司投资建造的摩天楼，这一建筑位于福州路河南路转角，位置极佳，1933年开工，1935年竣工，由英商通和洋行设计，总高132英尺（约40.2米），共9层，建筑底层高17.5英尺（约5.3米），设夹层，具备接待、商店及药房诊所等功能，上层为办公空间（图4-2-11）[1]。

建设大厦，全称是中国建设银公司大楼，也被称作通商银行大楼，为国民党政府财政部与英美法三国财团集资组建的中国建设银行公司所有。大楼于1934年开建，1936年7月竣工，由英商新瑞和洋行设计，华商馥记营造厂承建，大楼造型上以竖直线条为主，建筑中部塔楼为，沿街道两侧逐层退台。建筑师在基地面积仅1.8亩（约1 199平方米）的土地上建造起了17层高的摩天楼，超越了大楼东面正对汉弥尔登大楼及都城饭店两幢高14层的摩天楼。大楼原租地建楼的业主为中国通商银行，从20世纪20年代至30年代起，许多商业银行开始纷纷拆旧屋建新楼，中国通商银行决定从外滩6号的办公旧址迁出，投资210万元在江西路福州路口西北角地块上建造新址，但由于1935年中国通商银行因滥发银行券发生挤兑，终由中央银行垫资平息挤兑风潮，造成银行资金紧缺，只得将即将竣工的大厦以150万元卖给了国民政府财政部控制的中国建设银公司，大楼定名为"建设大楼"。（图4-2-12）

图4-2-11　总巡捕房新屋效果图

图4-2-12　建设大厦效果图

[1] 五洲大药房建筑档案图纸，案卷题名B6028，上海市城市建设档案馆。

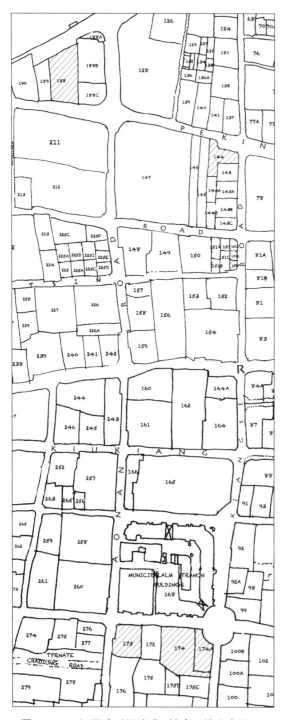

图4-2-13　江西路以西建成6幢摩天楼分布图

结合上一节上一阶段江西路以西建成的6幢摩天楼分布总体观察（图4-2-13），它们在地籍图上分布南起福州路，北至苏州河，与江西路以东的选址建造相比较，区间大幅拓宽，除了江西路河南路间福州路段建造仍较为集中外，另外三幢大楼的选址都在南京路以北，总体建造密度大幅降低。在风格上，除位于福州路的总巡捕房大楼立面去装饰呈现简朴现代风格外，位于转角的摩天楼建筑仍呈现出由转角塔楼向街道两侧进行退台的体量，立面都具有装饰艺术风格特征。

4.2.3　江西路以东最后4幢摩天楼的建造

1934年底，公共租界北区苏州河沿岸以北建立起了又一幢标志性的摩天楼，百老汇大厦（Broadway Mansions），是当时上海著名的酒店式公寓大楼（图4-2-14）。大楼业主是英商业广地产公司（Shanghai Land Investment），于1930年开工，1934年建成，地块东临大名路，南临苏州河汇入黄浦江处的外白渡桥，大厦高22层，高度超过70米，已经超越了当时外滩界面最高摩天楼沙逊大厦。业主聘公和洋行为顾问，由业广地产公司建筑部自己设计，新仁记营造厂施工，建筑开发定位便是专供在上海的英国侨民和商人居住的公寓。建筑

采用了打满堂洋松长桩现浇箱型基础的设计方案，成功解决了上海软土地基的问题。（图4-2-15）

根据公共租界所发营造执照的数目显示（图4-1-1），公共租界内建筑建造数量于1936年跌落谷底，1937年抗日战争全面爆发，租界地域因为其治外法权的特殊性进入了短暂的"孤岛繁荣期"，但建筑建造业的发展已经接近停滞，这一年，江西路以东一幢摩天楼竣工，一幢结构完工，一幢因为战争爆发施工暂停。

图4-2-14　刚建成百老汇大厦

顺利竣工的这幢摩天楼是位于四川路与南京路路口的迦陵大楼，同时也是四川路界面的摩天楼制高点。迦陵大楼位于公共租界中区册地34号地块（Cad. Lot No.34）的迦陵大楼（图4-2-16），于1937年12月竣工，最高层达到了176英尺（约53.6米）的高度。建筑基地为南北向长方形，大楼呈南高北低的跌落式体量关系，主体以10层和14层两部分体量为主，南面14层部分还有12英尺（约3.7米）高的地下室一层，整幢建筑几乎都为办公功能，由英商德利洋行与世界实业公司联合设计，新申营造厂承包打桩工程，馥记营造厂承建，建筑立面上具有装饰艺术风格元素，但更趋简化，接近现代派风格[1]。大楼地块位于四川路与南京路路口东南角，原为英商福利公司所有，1930年被哈同洋行收购，据资料统计，从1916年开始，至1933

图4-2-15　苏州河沿岸摩天楼景观，远处为百老汇大厦，右侧为光陆大楼

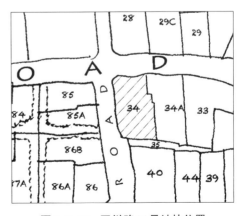

图4-2-16　四川路34号地块位置

---

[1] 建筑数据来源：迦陵大楼.建筑月刊，1937年第4卷第10期，6—14.

年上海房地产投机顶峰时期，哈同一直位于南京路地产大户第一的位置[1]，迦陵大楼是哈同为感谢其妻罗迦陵对其一直以来的帮助支持，特以其妻名字命名的大楼。（图4-2-17）

　　1937年建筑结构竣工，但受到战争影响后续工程有所拖延的摩天楼是位于外滩的中国银行总行大厦。1934年10月位于外滩滇池路北面，与沙逊大厦隔路相望的中国银行总行大厦（New Head Office, Bank of China, Shanghai）举行了建筑奠基典礼，这是外滩界面建造的最后一幢摩天楼。事实上，中国银行原计划是兴建28层办公大楼（图4-2-18），占据外滩天际线顶端[2]，但迫于沙

图4-2-17　迦陵大楼沿四川路透视图

图4-2-18　中国银行总行大厦第一轮双塔楼方案效果图

---

[1] 1930年哈同已拥有南京路土地14块，面积106.267亩，所占面积在前三名占有土地总面积的百分比为66.8%，至1933年时达顶峰，占有南京路土地16块，面积111.578亩，占南京路地产总额的44.23%，在前三名占有土地总面积的百分比达到73.1%，可见哈同作为南京路地产拥有第一大户，位列第二及第三名房地产商与哈同有着巨大的差距，因此当时传说"哈同拥有南京路的半条街"并非虚言。摘自：旧上海的房地产经营，21—22。

[2] 金融：中国银行改建二十八层大厦.银行周报,1934,18(48),3.

逊这位大财阀的压力,其提出的不得超过沙逊大厦高度的荒唐意见终被接受,大楼方案最终调整至了17层高度,建筑高度为224英尺(约68.3米),从图纸剖面图高度计算来说仅仅比沙逊大厦低0.5英尺(约0.15米)。如果严格按照建筑高度计算规定,不计顶部构筑物,从地面至建筑楼层女儿墙高度来计算的话,沙逊大厦至13层的高度仅为164.5英尺,而中国银行则从地面计算至顶层坡屋面檐口高度,总计约达216英尺(约65.8米),超出前者50英尺的高度,那么,中国银行总行大楼作为外滩第一高摩天楼的地位应该实至名归[1]。

　　建筑基地占据了公共租界中区册地5块地块(Cad. Lot No.22, 25, 25B, 25A, 26)(图4-2-19),26号地块原为德国总会,也曾经为上海最高建筑。基地北邻横滨正金银行大楼,南邻滇池路,西邻圆明园路,东向黄浦江,占地约5 075.2平方米,建筑面积约32 548平方米,大厦分为东西两幢大楼,东大楼临江,地上高17层,全部采用钢框架结构,所用钢材全为德国克虏伯钢铁厂产品,西大楼为6层高钢筋混凝土建筑[2]。中国银行大楼业主是国民党统治时期的四大国家银行之一,其前身是清朝户部办的户部银行,1904年开业,上海分行地址在汉口路3号,1912年民国建立

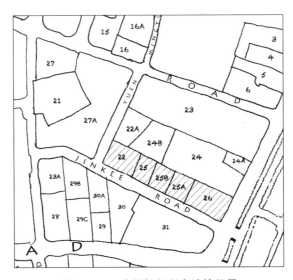

图4-2-19　中国银行所在地块位置

[1] 高度计算按照两幢建筑档案中剖面图进行计算,顶端构筑物等高度为比例尺估算(中国银行大楼,上海市城建档案馆档案号,案卷题名B6142;沙逊大厦,上海市城建档案馆档案号,案卷题名A6980)。

[2] 中国银行大楼,案卷题名B6142,上海市城建档案馆档案号。

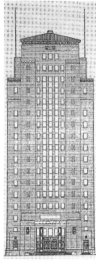

图4-2-20　（左）外滩德国总会；（中）中国银行总行大厦正立面；（右）大厦建成后1940年代外滩

后，中国银行替代户部银行成为国家银行。1927年国民党南京政府成立后设中央银行，中国银行因而分出成为主要从事国际汇兑业务的银行，发展至1934年，银行已成为全国实力最雄厚的华资银行。大楼由任中国银行建筑部毕业于英国建筑学院的建筑师陆谦受设计，英商公和洋行作为顾问共同参与大楼设计工作，这也成为外滩上首个由中国人自己参与设计的建筑，是外滩界面上首个采用中国元素装饰的摩天楼（图4-2-20）。

　　最后一幢受战争影响未能在近代时期建成的摩天楼是位于江西路九江路转角东南角中区册地88号地块的聚兴诚银行[1]大楼（New Building of the Young Bro's Banking Corp.），也是江西路段最晚兴建的摩天楼。大楼为基泰工程司设计，根据设计图纸显示，大楼总高12层，坐东朝西，沿江西路九江路两翼皆为10层，转角中央部分为12层，从地面至重檐攒尖二层檐口（第十二层）高度达到156.3英尺（47.6米）[2]。其中，基泰工程司将擅长的中国古典装饰元素运用到设计方案中，使聚兴诚银行大楼成为租界里面少有的民族传统风格摩天楼。底层入口处用飞檐

[1] 聚兴诚银行，是1914年由四川聚兴诚商号杨依仍兄弟创办的一家商业银行，总行设于重庆，1919年在上海河南路设立分行，以代理四川与上海的商业结算和汇划业务为主。银行投资了上海电话公司、中国植物油厂和房地产业，促进了西南地区贸易发展，且资本实力增长显著，1937年改组为股份有限公司，是近代上海非常有影响力的川帮民间银行。

[2] 聚兴诚银行大楼，案卷题名B7078，上海市城建档案馆。

门罩，精心设计了斗拱、霸王拳等中国传统古建筑的构件；屋顶有两重蓝色琉璃瓦的飞檐，墙面贴浅黄色大理石，中间设腰线，窗框下饰回纹图案；顶部塔楼是一座仿宋代式样的钟楼，屋顶为八角重檐攒尖顶蓝色琉璃瓦。可惜的是，1937年当大楼施工到4层时，因战争爆发被迫停建，底层入口处基本按原样施工，仅蓝色琉璃瓦改成绿色，直到1988年由于上海许多办公用房紧缺，才在原有4层基础上进行加建，但是受到当时政策限制，虽然按照原来图纸加建，但是四层以上部分的中式传统纹样装饰都被略去，钟楼、琉璃瓦檐、中国传统构件及图案等全部取消，甚为可惜。（图4-2-21）

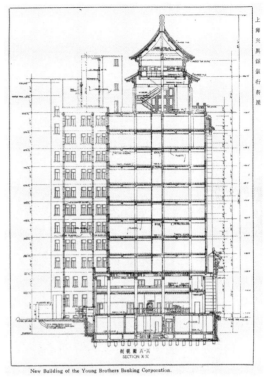

New Building of the Young Brothers Banking Corporation.

图4-2-21　聚兴诚银行大楼剖面图

4.3　法租界里的摩天楼建设

4.3.1　土地空间发展概述

1848年（清道光二十八年）法国领事敏体尼向上海道台提出开辟居留地的要求，次年，上海道台发布告示，以上海县城北门外，南起城河（今人民路），北至洋泾浜（今延安东路），西至关帝庙褚家桥（今西藏南路一带），东至广东潮州会馆沿河至洋泾浜东角（今金陵东路东端）围合区域辟为法侨居留地，计986亩（65.7公顷）[1]，法国成为继英美之后第三个在上海设立租界地的国家。至1861年，法国领事又以法国皇家邮船公司为开辟沪法之间航线事项向法领事租地，而法领事无地可租的理由，协议租得上海老城厢小东门外的37亩土地，将法租界的边界向南扩

---

[1]《上海城市规划志》编纂委员会.上海城市规划志,上海：上海社会科学院出版社,1999,63.

展至小东门。最初法租界位于英租界南界洋泾浜与上海老城厢围墙间隔出的东西窄向延伸区域，1861年将县城围墙至黄浦江段，舟山路以南至小东门一带，纳入法租界管辖范围。据当时来上海的外国人记载："英租界和上海县城城墙之间的一段地区，尤其泥泞，在黄浦江边'满是污泥的斜坡上有一些受水侵蚀、破烂不堪的房子'。每年大潮汛的时候，潮水把河里的淤泥带到这块低洼的土地上。它的整个外貌像一个城市的郊区，阴沉、肮脏，……"[1]，从此形容判断，当时法租界所围界地状况着实不是太好，由于地势原因，这一地区河沟纵横，原本是上海县城居民选作坟墓之地，故坟墓遍野，在较长一段时间，除了法国将领馆设于此外，也只有几户中国民居，一片郊野景象，因而，从原始条件来看，相较于英租界，法租界不论在地理位置上，还是地质条件上都毫无优势可言，更不用提及吸引洋行商人眼光在此造屋起居办公。

从路网形成与发展方面来看，法租界晚于英租界。自开埠至1853年，租界内形成纵向街道仅有辣厄尔路（Rue Laguerre，今永安路）、孟斗班路（Rue Montauban，今四川南路）、北门街（通向县城北门），以及一条连接以上马路的横向马路，也是法国人去往英租界的通道公馆马路（Rue du Consulat），接着法外滩路（今中山东二路）于1856年（咸丰六年）铺筑。（图4-3-1）1857年法租界道路管理委员会成立，但"委员会作用很小，差不多只限于有关眼前利益的道路问题"[2]，直到1862年5月法租界公董局成立后，有计划地道路规划才初见端倪，到60年代末泥城浜以东租界路网发展基本完善。19世纪70年代至90年代，大部分道路建设集中在扩宽现有

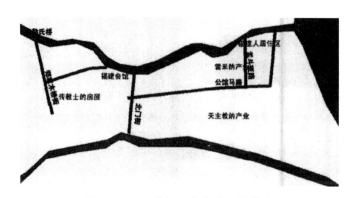

图4-3-1　19世纪50年代法租界道路

[1] "巴荣纳人"号召华航行记，第1卷，297，转引自［法］梅朋、傅立德著，倪静兰译.上海法租界史，上海：上海译文出版社，1983，17.

[2] ［法］梅朋（C.B. Maybon），傅立德（J. Fredet）著.倪静兰译.上海法租界史，上海：上海译文出版社，1983，75-78，329.

道路层面，至1890年代，法租界城市化逐渐往西推进，八仙桥公墓一带开始有一些道路，如恺自尔路（Rue Kraetzar）、敏体尼荫路（Rue de Montigney）和白尔路（Rue Eugine Bard）[1]等，至此老法租界的道路建设基本完成。（图4-3-2）到20世纪初，法租界最繁盛的区域仍是靠近外滩的公馆马路东段和孟斗班路一带，该区域空间利用率高，集中了法国领事馆、公董局大厦、旅馆、教堂等公共建筑，而公馆马路西端还不甚发达，建筑不多，仅有沿洋泾浜、泥城浜和城河浜附加散布民居，界外一带更是如此。总的来说，法租界在工业、商业、贸易等方面发展一直不如公共租界繁盛。在法租界发展初期，因为法租界位于英租界与老城厢间，紧

图4-3-2　19世纪70年代法租界道路

图4-3-3　20世纪20年代初法租界外滩街景，远处能看到公共租界已建成的亚细亚大楼、有利大楼及汇丰银行等高楼巨厦

邻上海旧城，因而早期吸引较多华人入住，故法租界早期在零售业上发展繁荣，但不足以吸引房地产商对界内土地进行商业地产开发，因此至20世纪20年代，即使是在法租界外滩沿街建筑也只有两至三层高度，房屋建造开发程度完全不能与公共租界相提并论（图4-3-3）。

　　其后法租界还经历过两次扩张[2]，至1913年法租界最终控制区面积达到了15 150亩，是法租界最初辟界面积的15倍，但是房地产开发在法租界仍未盛行起

---

[1] 恺自尔路今金陵中路，敏体尼路今西藏南路，和白尔路今自忠路东段及太仓路北段。

[2] 法租界后两次扩张包括，1900年范围北拓至北长浜（今延安东路西段），西至顾家宅、关帝庙（今重庆南路），南至打铁浜、晏公庙、丁公桥（今西门路、自忠路），东至城河浜（今人民路东段），总面积比之前扩展1倍，面积达2 149亩；最后一次也是最大规模的一次扩张是在1913年，当时的法国公使康德向中国政府索求界外马路警权，欲图再一次扩充租界面积，当时民国政府已经成立，袁世凯政权为拉拢西方，答应了法租界的扩张要求并与法国签订了关于法租界界外马路协定十一条，法租界控制区面积达到了15 150亩，是法租界最初辟界面积的15倍。

来,进入20世纪20年代后期,通过公董局对法租界内建筑类型和土地使用进行有目的控制,结合住宅类房地产项目的开发以及受战争影响1938年颁布"整顿及美化法租界计划"的影响,使得新开辟的法新租界逐渐发展成为上海的高档居住区,由于良好的基础设施和环境建设成为大批欧美侨民及华人中上层人士居宅首选。

4.3.2　法租界里的摩天楼建设

1. 老法租界商业摩天楼

进入20世纪30年代,从法租界外滩景致的变化可以看到法租界商业发展速度加快,从前3层房屋也已经翻建为6层左右的多层建筑。(图4-3-4)

首先是位于敏体尼荫路(现西藏南路123号)的八仙桥基督教青年会大楼(Chinese Y.M.C.A New Building),大楼于1929年动工,1931年建成,总高9层,后加建一层,现10层楼高,钢筋混凝土结构,江裕记营造厂承建。(图4-3-5)基督教青年会是一个具有基督教性质的国际性青年活动团体,上海青年会成立于1900年,在四川路香港路有两栋总部办公建筑,一幢于1907年正式启用于办公,另一幢为男生学校及部分办公之用,经过20多年发展,截至1926年来自中国各省成员已达3 000余人,办公空间已不敷使用,因此在社会的捐助下,其中包括来自美国基督教青年会的捐助,选择在八仙桥附近建造起了新大楼,包括土地募捐投入预算总计555 000两。[1]八仙桥青年会设计师由两位中国建筑师范

图4-3-4　20世纪30年代法租界外滩北望

图4-3-5　八仙桥青年会大楼历史照片

---

[1] *CHINESE Y.M.C.A.'S NEW PLAN*, The North-China Herald, 1926-05-15（299）.

文照[1]（1893—1979）与赵深[2]，及美籍华裔建筑师李锦沛（也是中华基督教女青年会及广东银行的建筑师）共同完成，李锦沛是作为基督教青年会的派遣建筑师来到上海，参加青年会大楼的设计，而后作为青年会一方邀请皆从美国宾夕法尼亚大学学成归国的范文照建筑事务所及赵深共同完成了这一建筑。

在这一时期，建筑设计业务大都仍由西人设计洋行占据，在建筑风格上也基本上是西方新古典主义及折中主义形式为主，八仙桥青年会是中国建筑师难得的能将中国传统建筑设计元素融入新建筑的尝试机会。三位具有学贯中西之深厚素养的建筑师将中国传统的民族形式融入西式建筑形式当中，八仙桥青年会大楼坐东朝西，正立面朝对敏体尼荫路，立面仍为古典主义的典型三段式划分，但是立面设计融入了丰富的中国传统装饰元素，以石料花纹装饰拱券入口和腰线，底部采用平整花岗石砌筑，中部采用泰山面砖，顶部采用重檐蓝色琉璃瓦的中国传统盝顶。八仙桥青年会设计师以西式建筑加上中国传统屋顶和内部门扇仿造中国古典隔窗的设计处理，是国外归来青年建筑师将中西方建筑风格相融合的一种尝试，虽然这一效果并未有非常理想，但已经是在探索"中国固有式建筑思想新形式"之道路上。

1916年5月，洋泾浜被填修筑了爱多亚路（今延安东路）（图4-3-6），帝国路为河南路南段，也名北门街，呈接公共租界的河南路段，填筑过后两方并没有统一修正道路计划，直到1925年，公共租界法租界联合对爱多亚路进行道路校直工作，最大一处的修正退界达到100英尺的宽度，此道被列为高速路的交通规划当中，修筑完成后分别设三条分离车道，其中两条为慢车道，中间一条为供机动车及公共汽车使用的快速道，这一高速路（speedway）的通车不仅实现了公共租界"商务区"（the business area）与"西面住宅区"（the western residential area）的交通连接，降低了因道路交错形成许多"岛状体"（islands）而引发交通事故发生率，而且缓解了

---

[1] 范文照（1893—1979），1921年毕业于美国宾夕法尼亚大学，获建筑学士学位。1927年开设私人事务所，应邀与上海基督教青年会建筑师李锦沛合作设计了八仙桥青年会大楼，并结识了建筑师赵深。1928年至1930年，赵深作为合伙人参加范文照建筑师事务所（赵于1930年离开而独立开业）。以八仙桥青年会大楼为例，范文照早期作品通常以折中主义的思路在西式建筑中融入中国传统建筑的局部。

[2] 赵深（1898年8月15日—1978年10月16日），出生于江苏无锡，1919年于北京清华学堂毕业后留学美国宾夕法尼亚大学建筑系，1923年获得硕士学位，于美国实习数年，期间考察游历欧洲考察建筑，于1927年回国，设计作品有南京大戏院、南京铁道部办公楼、上海浙江兴业银行等，在设计八仙桥青年会大楼时与范文照相识，1928年至1930年作为合伙人参加范文照建筑师事务所，1930年离开独立开业，次年时任中央大学农学院副教授的著名林学家陈植加入，1932年又有毕业于费城宾夕法尼亚大学建筑系的童寯先生加入，故1933年1月1日，赵深陈植事务所更名为华盖建筑事务所，地址位于上海宁波路40号（部分资料来源：《赵深陈植建筑事务所更改新名》，建筑月刊，1933,1(3),66）。

图4-3-6　（左）19世纪末的洋泾浜；（右）洋泾浜被填平后修筑快速道爱多亚路

图4-3-7　爱多亚路道路校直图（部分）

"早中晚交通高峰南京路上的车辆通行压力"，[1]同时，交通的便利性也为爱多亚路南侧的法租界地块开发带来了机遇（图4-3-7）。

　　20世纪30年代法租界延爱多亚路上建造起两幢摩天楼中汇银行大楼与麦兰捕房。[2]中汇银行大楼位于爱多亚路河南路转角（今河南南路16号），四面临街，建筑使用楼层共9层，高36米，加塔楼共16层高67米，1934年9月完工，由法国贵安洋行和中国建筑师黄日鲲共同设计，法国建筑师丽娜樊赛负责总体设计，久记营造厂建造，钢筋混凝土结构，建筑造价45万两[3]。坐落在"上海商务最繁华中心区域"的中汇银行大楼（图4-3-8）在"招商楼书"中这样写到："本行在爱多亚路英法租界衔接繁华之区自建九层大楼北通棋盘街南临法大马路左右为典当街及老北门大街交通便利装置精美光线充足卫生器具水汀电梯等应有尽有……"[4]，同

---

[1] THE NEW ALIGNMENT OF AVENUE EDWARD VII: Two Councils Combining to Make One Straight Road East and West, *The NORTH-CHINA HERALD*, 1925-08-22（212）.

[2] 中汇银行为一家商业银行，1928年设在爱多亚路97号，董事长为与黄金荣、张啸标齐名的上海滩三大亨之一杜月笙。

[3] 久记承造中汇银行新屋，建筑月刊，1933,1（3）,66.

[4] 中汇银行大楼图，地产部，上海城建档案馆存档。

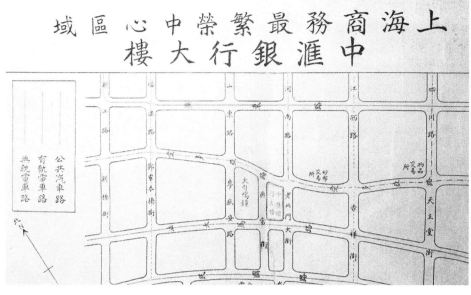

图4-3-8 中汇银行大楼区位图

时"楼书"中还详细交代了通达大楼的各条电车、公共汽车线路，包括"英租界电车第四路直达门口"，"法租界电车第十七六四二一路直达门口"，"英租界公共汽车第九五路直达门口"[1]等，可见大楼虽位于法租界，但处在公共租界中区商务中心区与法租界连接的位置是其区位上的明显优势，同时，交通的便利性及可达性、建筑内部精良的装饰与设施设备成为集银行、写字间和公寓为一体的中汇大楼的招租优势。大楼沿法大马路、典当街及老北门大街三面铺面，地下室设为银行保险库，底层作为营业大厅及职员办公室和会客室等之用，二层至七层作为写字间出租给其他公司，如南公茂纱线店、日新盛棉布店，还出租给会计师、理财师、建筑设计事务所等，共百余间，每层都有宽大休息场所，供租户会客休息，八至九层为公寓，每户3至5室，附有卫生设施、厨房及佣人房[2]。大楼为现代派建筑，外墙大部分用红砖饰面，部分为实墙面，尤其是红砖墙上白色折线形勾缝独具个性，大楼北部逐层收进的退台造型营造出摩天楼高耸向上的感觉。（图4-3-9）次年紧邻中汇银行大楼地块西侧，落成了10层高之麦兰捕房（Poste Mallet），钢筋混凝土框架，

---

[1] 中汇银行大楼图，地产部，上海城建档案馆存档。

[2] 以上数据皆来自《中汇银行大楼图》中，新中国成立后大楼顶部退台式塔楼改造后空间利用起来作为他用，在此不多论述。

建筑设计者仍为法商赉安洋行建筑师莱纳德(A. Leonard),维瑟瑞(P. Veysseyre)及科鲁兹(A. Kruze),承造者为新林记营造厂(Sing Ling Kee & Co.),全部水电暖气工程则为麟记工程所(Liou Ling Kee)承办(图4-3-10),两座摩天楼高度相当好似"两雄并立"[1]。

　　法租界内最后一幢建成的大楼,也是近代上海最后一幢建成摩天楼,法国邮船公司大楼(Nouvel Immeuble des Messageries Maritimes Quai de France-Shanghai),于1937年开始建设,直至1939年才完工,大楼总高40.4米,高十层,加其上两层水箱塔楼高度达到46.8米,建筑基地为29.6米(东西)×26米(南北)的不规则长方形(图4-3-11),南面紧邻法领馆,东面面向黄浦江,且仅此一面临街[2],即1856年修筑连通英租界黄浦江路至上海老城厢路段的法外滩路,地段极好。建筑投资方为法国邮船公司,是1862年在法国政府支持下成立的邮船公司,首次开辟了巴黎—香港—上海的水上线路,[3]这也从此彻底改变了之前中法之间尚无直接远洋航船,大部分法商只能从英国伦敦市场上转购上海出口的生丝的贸易局限,经过

图4-3-9　中汇银行大楼建成

图4-3-10　麦兰捕房前公共广场

[1] 上海爱多亚路"麦兰捕房",建筑月刊,1935,3(8),16.

[2] 中法邮船公司大楼档案图纸,上海城建档案馆。

[3] 中法航线建立的目的是要在巴黎—上海之间建立直接的贸易关系,削弱伦敦在东方贸易市场上的地位,这一航线的建立对中法贸易产生了积极影响,至1894年法国生丝贸易便上升至占上海对外贸易总额36.8%的水平。

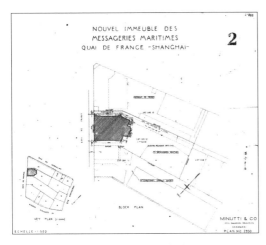

图4-3-11　法国邮船公司大楼总平面图

图4-3-12　法国邮船公司大楼历史照片

逾半个世纪发展，中法邮船公司也逐渐发展成为法商在上海租界时代的翘楚，面浦江而建的中法邮船公司大楼亦是公司身份与财富的象征。大楼为中法实业公司设计（Minutti & Co., Civil Engineers Architects）、法商营造实业公司承建，钢筋混凝土结构，立面强调竖线条构图，形体简洁，入口拾大台阶而上，门洞贴黑色磨光花岗石，外墙为水刷石饰面，为现代派风格。大楼建成后皆作为写字间出租，曾分层出租给中法工商银行、百利洋行等机构使用，荷兰驻沪总领署、瑞典公使馆也曾设于此。（图4-3-12）

2. 法新租界公寓式高层的开发

这一阶段在新法租界区域还建成了几幢标志性的高层建筑，皆为服务于当时上层社会名流的高级公寓。

其中1929年完工的华懋公寓（Cathay Mansion）（图4-3-13）与1934年建成的峻岭寄庐（Grosvenor House）都为新沙逊洋行开发建造。作为20世纪20年代末至30年代初上海滩最高且最具代表性的摩天楼沙逊大厦开发者，新沙逊洋行在房地产业务

CATHAY MANSIONS SHANGHAI'S NEWEST SKY-SCRAPER

图4-3-13　1927年《字林西报》上刊登华懋公寓效果图，称其为上海又一"摩天楼"

发展中广建高楼的战略对近代上海城市风貌的影响颇深。新沙逊洋行在法新租界的相邻地块上计划建造两幢标志性的高层高档公寓，华懋公寓于1925年动工，与沙逊大厦同年建成，在当时是与海关大楼、沙逊大厦齐名，超过50米高的建筑，建筑内部多以若干套间组成，多以两室户、三室户为主，由于华懋公寓位置很好且建造精良，同时又具有非常好的空调取暖、卫生设施及电梯设备，一经建成便销售得很好。另一幢峻岭寄庐体量更是巨大，主楼地上高18层，地下3层，总高度超过70米，是当时上海仅次于跑马场国际饭店的高层建筑（图4-3-14）。两幢大楼都为公和洋行设计，他们也是新沙逊洋行其他三幢摩天楼的设计师，可谓新沙逊洋行房地产开发业务的御用设计洋行，这五幢大楼立面都采用了当时设计摩天楼盛行的装饰艺术风格。（图4-3-15）。

值得一提的是，与峻岭寄庐同时期建成的百老汇大厦的投资者英资业广地产公司实际的控制者就是新沙逊洋行的所有者犹太商人维克多·沙逊。十年不到的时间，近代上海6幢最高建筑皆出自沙逊先生之笔，由此可见其财力之雄厚、选址眼光之独到、地产战略布局之深远，更是上海滩上独一无二之具魄力者。

由于法租界土地利用发展与公共租界之间的巨大差异，地理位置上并无优势的法租界在商业贸易方面的发展也不如公共租界繁盛，因而最终也未形成与其北面毗邻的公共租界中区的那般繁荣的地产开发广建高楼的兴盛景象，但由于法新租界优雅的环境倒是成为高档高层住宅集中开发之地。由万国储蓄会投资新建，分别建成于1935年与1936年的盖斯康公寓与毕卡第公寓即是很好的案例，两幢建筑皆为赉安洋行设计（图4-3-16、图4-3-17）。两幢公寓外立面都以Art Deco装饰竖线为中轴，立面两边对称，风格现代简约，公寓租金也相当高昂，住户多为外侨和领事馆人员。

图4-3-14　公和洋行所绘峻岭寄庐效果图

图4-3-15　历史照片：左后方为华懋公寓，居中后方建筑为峻岭寄庐

图 4-3-16　盖斯康公寓（"Gasgoigne"）
草图

图 4-3-17　1936 年建成高 15 层毕卡第公寓

4.4　本章小结

　　1927 年中华民国最高行政机构正式成立以后，建筑营造也进入新一周期循环，从 1927 年的谷底迅速到达 1930 年的峰值点，上海摩天楼建造也由此发展至兴盛的最高点，不可否认接下来 1931 年日军发动入侵中国的"九·一八事变"及紧接着次年于上海爆发的"一·二八"事变[1]对上海社会发展产生的消极影响，虽然 3 月 3 日，日军在英、美、法等国"调停"下，宣布停战，[2]但中日双方签署《淞沪停战协议》规定中国国民党军队不得驻扎上海，只能保留保安队，日本取得在上海驻军的权利这一极不稳定时局因素也促使当时上海整个工商业不景气情形加重，虽然摩天楼 1930 年代在整体区域分布格局上拉大，从汉弥尔登大厦到国际饭店再到新永安大楼，建筑高度也一再突破此前记录，但受整体政治经济时局影响，建造数量减少之趋势无法避免，除法租界中法邮船公司大楼外，1937 年以后几乎再无摩天楼动工。

　　1930 年近代上海建筑活动发展至最后一个繁荣顶点，摩天楼也迎来了它的鼎盛期，1929 年上海第一高摩天楼沙逊大厦的建成似乎昭示了摩天楼建造的新阶

---

[1] 1932 年 1 月 28 日晚日本海军陆战队进攻上海闸北，史称"一二八"事变，3 月 3 日，中日双方签署《淞沪停战协议》，规定中国国民党军队不得驻扎上海，只能保留保安队，日本取得在上海驻军的权利。

[2] 李新主编，中国社会科学院近代史研究所中华民国史研究室编. 中华民国史，第 8 卷上册，北京：中华书局，2011 年，42-43.

段，继沙逊大厦后新沙逊洋行立即又公布了其在福州路江西路转角建造两幢姊妹摩天楼的建造计划，其超越沙逊大厦的态势不仅可以理解为外滩土地利用饱和后新沙逊洋行择地打造的另一个商务核心区的战略版图，此举也完全彰显了翘脚沙逊志做上海第一大地产商的雄心，"它们的竣工将会成为上海极为壮观的弧形界面"。这一年许多建造计划一一颁布，位于四川路近爱多亚路的中国企业银行大楼、江西路南京路口的上海电力公司大楼的效果图都刊在了媒体上，《北华捷报》在6月1日发布的《北华星期新闻增刊》上如此赞颂"《上海不同寻常的发展》"，"公共租界土地估价达到800 000 000两；超过2 500幢建筑在建；12座更加现代的公寓；虹口区令人瞩目的发展……"[1]，开埠后不到一个世纪的时间，完全在一片郊野之地生长出来的1930年的上海，无论是其位于远东地区经济发展中的核心金融地位，还是透过外滩界面展示出的国际化形象，不可否认，这个已然具有国际大都会特质的城市展现在世人面前的成绩是惊人。（图4-4-1）

图4-4-1　1930年代末公共租界外滩摩天楼天际线

[1] The Remakable Development of Shanghai, *THE NORTH-CHINA SUNDAY NEWS*, June 1, 1930, 3–6.

　　1930年代中期上海房地产市场开始进入萧条时期，但这一时期建成的国际饭店、永安新厦、中国银行等代表性摩天楼却在建筑体量再次创造了新的高度，同时建筑的空间功能属性也趋多元化发展。不可否认的是，受到战争及经济衰退影响，居民购买力的低落，政府政策上的举棋不定，尤其是财政政策的动摇不定，使上海工商业进一步衰退，1934年全年公共租界发放房屋执照4 571个，1935年1月至10月统计总数仅为2 026个，不到上年一半数额[1]，1936年媒体认为"此空前之蓬勃现象，转瞬即为淞沪之战所毁灭。嗣后上海协定于5月签订，外交渐趋平静，地产投机之买卖虽复继起，终不能恢复'一·二八'以前状态"[2]。

　　1937年抗日战争全面爆发，租界地域虽然因为其治外法权的性度过了短暂的"孤岛繁荣期"，但整个上海建筑活动停滞，摩天楼的天际线也未有继续发展，1941年太平洋战争爆发，上海摩天楼的发展进入完全停滞阶段。不只是摩天楼，包括国家之经济、文化进入全面停滞状态。1949年中华人民共和国成立后，上海经济复苏经过了相当长的一段时间，直到改革开放，都基本上保留了租界时代上海的城市形态与轮廓线。到20世纪90年代，上海房地产市场经历市场经济机制转变激发了潜藏半个世纪的能量，自由竞争下的房地产商将继续改写上海摩天楼的天际线。

---

[1] 锋．上海公共租界：两年来之房屋建筑进度比较．建筑月刊，1935，3（11/12），30．
[2] 上海之房地产业．建筑月刊，1936，4（3），33-36．

下　篇

空间维度的研究
——近代上海摩天楼建筑的特征

摩天楼对城市性格的决定性远远胜过其他都市现象,它改变了城市物质性与土地利用方式,推动了设计、技术及城市基础设施建设的发展,创造了内部工作的环境,甚至对曾经由性别、阶级和种族确定的个人与团体的边界与期望进行了重新定义。

——诺贝塔·芒德瑞(Roberta Moudry)[1]

---

[1] Roberta Moudry. The American Skyscraper: Cultural Histories, Cambridge University Press, 2005, title page.

第5章

5

第 章

摩天楼设计案例剖析

建筑是应对人类文明发展进程中出现的社会新问题所做出的反应,工业革命后引发的产业结构改变催生了社会商用办公空间需求,框架结构与电梯设备是摩天楼得以完成与实现的必要技术保障,在房地产业发展的刺激下,近代上海摩天楼应运而生。尽管由于社会发展阶段及经济发展水平的不同,近代上海摩天楼的建造发展远未达到当时其他几座盛行建造摩天楼的城市的规模,如美国芝加哥市或纽约市,但从高层商用建筑在外滩界面的出现开始,经过二十余年发展,影响摩天楼单体设计的因子体系已发展的较为完整。由于当时的上海租界由西方侨民治理,尤其在摩天楼集中建造的公共租界,城市行政管理制度的建立多以英国与美国的制度为借鉴,设计师也多由西方建筑师或是从西方留学归来的华人建筑师完成,因此,近代上海摩天楼的单体设计还是受到了西方,尤其美国摩天楼发展的很大影响。在本章对单体案例做具体分析的时候,会有较多对西方摩天楼研究理论的借鉴与讨论,并且进行一定的比较研究。

5.1 空间功能及平面布局类型分析

租界时期的上海在资本主义经济发展带来的繁荣中迅速成为世界瞩目的国际大都会,生产方式的快速转型引发了建筑空间的全面商品化与市场化,"建筑空间中的生产也转变为空间本身的生产"[1],摩天楼是在资本主义生产模式的刺激下生成的建筑空间生产的典型案例,摩天楼的空间功能发展与商业社会的消费空间需求息息相关,而每幢建筑"崇高"的意图背后的本质则是资本驱动。上海摩

---

[1] 亨利·列斐伏尔(1991),华霞虹.消融与转变,同济大学申请工学博士学位论文,2007,71,74.

天楼的建筑空间功能发展不仅反映了业主对资本利润最大化的本质追求,同时,从具有多种商业功能的百货公司发展来的摩天楼空间,更是引领了近代上海都市文化与消费文化发展,是对市民的日常生活体验的侧面反映。空间的生产融合了资本与文化的内涵,但空间本身的类型设计中与人类文明的科技进步还是息息相关,本节除了探讨摩天楼功能演化之外,还会从光线照明对摩天楼平面设计影响的角度,对摩天楼设计的基础平面类型进行讨论分析。

5.1.1 空间功能发展

1. 由商用办公为主体向复合型商业空间发展的转变

近代上海1927年以前兴建摩天楼的空间功能较为单一,大多以办公空间为主体,如上海最早在外滩建起的两幢高层办公建筑有利大楼与亚细亚大楼,当时建筑师在申报时已将建筑所包含的功能组成一一罗列于建筑的请照单上,有利大楼的请照单上写着"欧式风格大楼,兼顾办公及公寓功能,4至5层做仓库之用"[1],亚细亚大楼是"一幢兼具办公与公寓功能的钢筋混凝土大楼"[2],办公功能是这一时期建筑空间的主要商用功能,另外会在拥有较好视野的顶上1—2层配以公寓、后勤配套等空间,供公司高级职员或外籍员工使用,字林西报大楼[3]、海关大楼也都如此。(图5-1-1、图5-1-2)

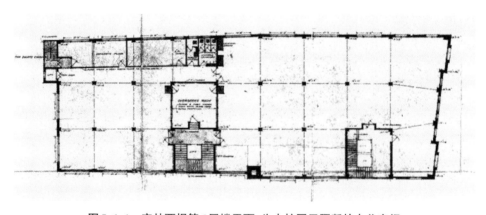

图5-1-1　字林西报第6层楼平面,为大柱网无隔断的办公空间

---

[1] 有利大楼,案卷题名6193,上海城市建设档案馆,由于年代久远,并且为手写字迹,因此笔者将自己所能辨认出的单词写出,尽量保证原真性。

[2] 亚细亚大楼,案卷题名6415,上海城市建设档案馆。

[3] 字林西报大楼,案卷题名6193,上海城市建设档案馆。

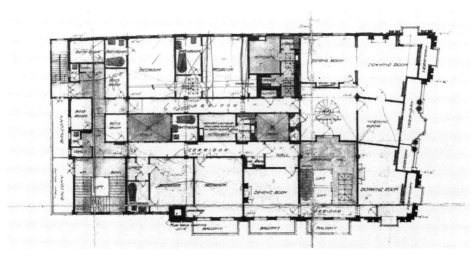

图 5-1-2　字林西报第 8 层楼平面,包括了卧室、餐厅、盥洗室等公寓使用功能

　　总地来说,摩天楼的建造即是在优质地块上对平面进行单一的复制增殖,追求单位土地面积上的建筑空间最大化。在《普通城市》(*Generic City*)一书中库哈斯认为,今天城市变化的真正力量源于资本流动,而非职业设计,作为大都市高密度空间的核心单元,摩天楼具有非常典型性。显然,藏于高楼建造背后隐形的财富资本是支撑一幢幢摩天楼得以竖立的关键条件。直到 1929 年沙逊大厦完工前,近代上海摩天楼建造的业主多为实业金融或保险业洋行自建,以开发自用为前提,再考虑剩余空间的出租经营行为。观察开建于一次大战之前的两幢摩天高楼的业主,有利大楼业主友宁保险公司所处领域为金融业务中当时已十分兴盛的保险业,亚细亚大楼业主为跨国垄断的大型集团公司亚细亚火油公司华北分部,在当时突破性建造建筑面积超过 1 万平方米的如此庞大高耸之建筑,足见其已在华攫取巨额的财富资本,及他们对于接下来在华发展的巨大信心。到 1927 年建成的海关大楼,建筑面积达到 36 000 平方米,成为上海滩体量最大的以办公功能为主的摩天楼。

　　1927 年以后摩天楼空间开始多样化发展,1928 年苏州河畔建成的光陆大楼、1929 年建成的沙逊大厦都明显呈现复合型商业空间功能。1928 年建成光陆大楼首先在底层增加了剧院功能。光陆大戏院开张前,上海已有 19 座电影院[1],但是从外滩一直到河南路之间都没有一家影院存在,业主英商斯文洋行(Messrs. S.E.

[1]　上海通社编.上海研究资料续集.上海:上海书店,1984,544.

图5-1-3　1928年建成的光陆大楼

Shahmoon & Co.）在这一文化中心区域选择将剧院功能涵盖其中不无道理，而且基地毗邻苏州河北临乍浦桥与虹口租界地连通，大可想见在如此优势之位置建造一座现代剧院可以吸引多少戏迷影迷趋之若鹜。（图5-1-3、图5-1-4）

大楼基地由于位于道路交叉口，加上工部局拓宽道路进行征地的影响，地块仅剩下1.4亩左右的用地面积，形状不规则。事实上根据1916年工部局颁布的《戏院等特别规则》规定："该项房屋（戏院）不得建造于其他任何房屋之下或其顶上"，但作为补偿，工部局对于地产的建设要求做出让步，允许该大楼建造为综合性质，光陆大楼也是公共租界第一个打破此限制的案例[1]。大楼设计师鸿达洋行（Messrs. C.H. Gonda）在申请

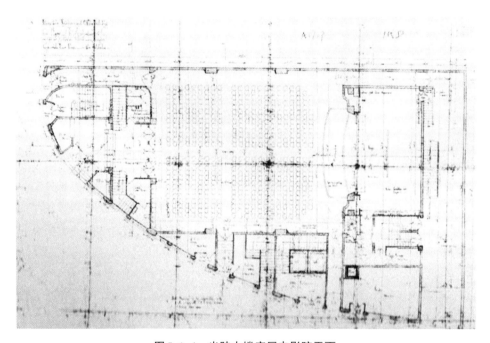

图5-1-4　光陆大楼底层电影院平面

---

[1] 王方.“外滩源”研究——上海原英领馆街区及其建筑的时空变迁（1843—1937）.南京：东南大学出版社,2011,135.

建设时原计划底层（包括夹层）及 2 层为
电影院，3 层以上为办公，在整体结构完
工后，1927 年 4 月业主又擅自将大楼的 4
至 7 层改为公寓性质用房[1]，使光陆大楼
成为名副其实的"多功能"的复合型摩天
楼。（图 5-1-5）

　　1929 年沙逊大厦完工，新沙逊洋行
开发新建的这座摩天楼彻底打破了单一
办公功能开发的局面。沙逊大厦的建筑
图纸经过了多轮设计更改，在 1926 年 12
月的图纸中，建筑从 1 层至 5 层都为标准
层，主要为办公空间，底层结合部分商业
空间及银行营业空间，7 层为公寓，8 层为
后勤配套并在东端景观最好处设高级公
寓，10 至 11 层为沙逊自用空间，但在 1930
年版的图纸中，底层改动不大，但办公标

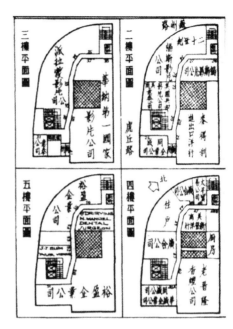

图 5-1-5　1947 年光陆大楼 2 至 5 层楼面租户情况

准层减少，仅至 3 层，4 至 7 层都设计为酒店客房，8 层为休息娱乐空间，9 层、10 层
为餐厅与宴会厅，11 层为沙逊私人套房（图 5-1-6），因此，建筑整体以办公为主要
功能的空间组织向办公、酒店、娱乐等功能的复合商业空间组织转变[2]。

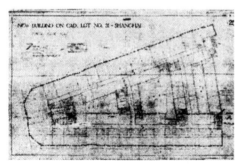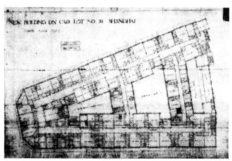

图 5-1-6　（左）沙逊大厦 1926 年版图纸标准层（2—5 层办公空间）
　　　　　　（右）沙逊大厦 1930 年版图纸标准层（5—6 层酒店客房）

---

[1] 光陆大楼.上海市城建档案馆档案号.流水号 A5717，在工程进度表中记载："1927 年 4 月 22 日，将第
　　三、四、五、六（即 4—7 层）改为公寓，正在进行隔墙与窗户的改造……对于这些图纸修改未经过工部
　　局审核"。

[2] 沙逊大厦.案卷题名 A6980，上海城市建设档案馆。

与之前摩天楼空间功能设计比较，沙逊大厦有两点大的突破：首先是底层平面布置具有公共开放性特征的功能空间，如底层百货、银行营业厅等功能，在这一点上完全遵循了19世纪末芝加哥学派对高层建筑空间的设计理念，当时学派代表人物路易斯·沙利文（Louis Sullivan）在他1896年发表的论文《高层办公建筑的美学思考》（*The Tall Office Building Artistically Considered*）里谈到具体设计的第一点即是："在建筑的底层设置商店、银行等其他需要宽敞空间的功能，同时注重主入口设计以吸引来往人流"，底层外立面应该以"自由广阔并且奢华的"方式呈现[1]，沙逊大厦底层采用了开放的大空间，以简化了的古典样式的拱形门窗间隔，价格高昂的花岗石饰面，这些要素完全符合"自由广阔并且奢华"的设计表达。

其次，在空间组织上放弃"办公功能"＋"自用公寓功能"叠加，而转向复合型商业空间发展，加入了酒店客房与休闲消费娱乐空间，这一点与经济原因密切相关。在绝对优势地块上，一般地价高昂，选择建造商用空间而非居住空间是因为公寓出租的价格有上限，办公空间一般高于公寓空间，而高档酒店则可以收取更高的租金且灵活得多[2]。一般来说，高层商业建筑比公寓建筑造价要高出许多，以沙逊大厦及1931年完工的格林文纳公寓相比较，沙逊大厦总面积约38 800万平方米，至1929年落成，建筑的总造价共计560.2万两（不计地价），换算为当时计量单位法币约为783.6万元，而后者建成有18层楼高，完工时地价和建筑费用总计425万元。但也由于沙逊大厦所处地位优越，又是当时上海第一高摩天楼，建成后的办公空间租金与酒店客房租金收取标准都极为高昂，建筑底层和1、2楼的租金高达4两/平方米，沿南京路外滩底层租给华比银行一间的月租就达1 354两，租给荷兰银行的那间达1 355两，据统计，1930年至1935年，沙逊大厦仅底层、夹层、1至3楼一部分的租金收入总额分别为，1930年为25.3万两，1931年为26.9万两，1932年为27.5万两，1934年为38.5万元，1935年为38.1万元，从1929年至1938年，仅这一部分房租的收入就已经达到了380万元左右。而沙逊大厦4层以上的客房套间，都布置得极为豪华，分为有中国、日本、英国、美国、法国、西班牙等国家的风格样式，每套房间的日租金高达20两至70两。[3]（图5-1-7）这里还没有加上

[1] Cervin Robinson and Rosemarie Haag Bletter, *Skyscraper Style: Art Deco New York*, Oxford University Press, 1975, 36.
[2] 宋庆.外滩历史老大楼研究——沙逊大厦的历史特征与再生策略,申请同济大学硕士毕业论文,2007年6月,15.
[3] 陈曾年,张仲礼.上海公共租界的土地估价和沙逊集团的高层建筑——沙逊集团研究之三,上海经济研究,1984年第3期,48—49.

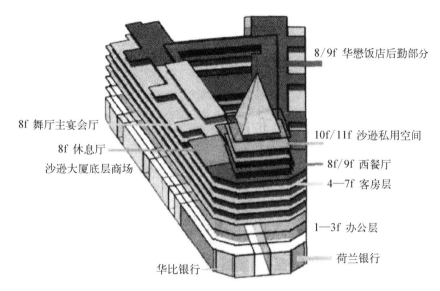

图5-1-7　沙逊大厦空间功能分析图（1930）

沙逊大厦楼顶餐饮娱乐赌场舞厅等空间的消费额，可见，多元化的商业消费空间经营及高昂的租金价格为新沙逊洋行带来了巨大的财富利润。

2. 百货公司复合功能引导下的摩天楼空间发展

在20世纪30年代上海摩天楼建造发展过程中，还有一类以百货公司的复合型商业空间为主导进行功能演变的商业摩天楼在南京路上出现，大楼内部空间削弱了办公出租的面积比例，功能组合更趋迎合满足大众日常生活需求的休闲商业趣味。20世纪10年代末20年代初出现的先施公司、永安公司、新新公司等几家大型百货公司大楼已在功能上解决了面对"摩登上海"的中产阶级对"摩登生活"的需求与想象[1]，以最早经营的先施公司为例，建筑1至3层为面向南京路的商场，设有24个部门，有1万余平方米，还有一个3层楼高的浴德池，可同时接待230名客人，是当时上海有名的大型浴场，建筑4至5层设有餐厅和一家有140间客房的旅馆，6至7层为先施乐园的游艺场，除了有茶室、餐厅、台球室外，还有表演歌舞、京剧、魔术等各类节目的剧场，以及电影厅、屋顶花园等，永安公司里的消费空间也与先施公司相当类似，除了商场，旅社、舞厅、茶室、游艺场等都是必不可少的消费场所。于1936年建成的大新公司、永安新厦两幢摩天楼基本上是在以上功能构

---

[1] 宋庆.外滩历史老大楼研究——沙逊大厦的历史特征与再生策略，申请同济大学硕士毕业论文，2007年6月，15.

架的基础上发展出来的。

他们之间几乎具备非常相似的共性特征：大多在底部几层设商品陈列售卖的百货公司（department store），使用空间要求为连续性无隔断的流动性空间，当然它们对采光要求也不如办公空间那么高，因此这类平面多为一体式布局；而到上层则会复合戏院、茶室、餐饮、旅馆等休闲娱乐功能，及小面积的办公辅助空间，在功能属性转换后，空间的平面布局则会依据柱网尺寸进行调整，分隔出适宜相应功能面积的空间，再通过内廊中庭等形式组织内部人流动线。如位于西藏路南京路口的大新公司，其地下一层、首层、二层、三层皆为无隔断开敞空间，除首层平面中心位置设有直达二层的自动扶梯外，其余各层的交通空间全部在平面端部，不影响大空间平面的商品柜台陈设；四层将平面空间分隔为两部分，内设走廊，东北部分仍为百货公司一部分，西南侧空间为商品陈列室（commercial museum）；五层设员工办公室、储藏室、员工餐厅与娱乐室、厨房及食物准备间等后勤辅助空间；六层空间更加细化，设主餐厅及多间包房餐厅；七层主要以休闲娱乐空间为主，中间设天井，围绕组织了包括前厅、戏院、茶室及展览等多样的休闲空间，而将这些空间串联起来的内廊空间也不再是走廊（corridor），而成为2倍于普通内廊宽度的漫步长廊（promenade），可见设计师通过在细节尺度上的变化对空间使用者传递着"休闲漫步"的轻松氛围；八层设电影院功能；九层设有小面积展览空间，及机房等设备用房。[1]（图5-1-8、图5-1-9）在永安新厦中还加入了溜冰场、电影院、旅馆等更加多元的商业娱乐空间（图5-1-10），可见，在这一类复合了百货公司、商品陈列、柜台展示、戏院、茶室、餐饮、剧院及后勤办公空间等多功能摩天楼之中，需要平面布局根据功能变化进行更加灵活的组合变化，事实上，南京路上的永安新厦与大新公司已经是近代大型商业综合型摩天楼典范作品。

摩天楼作为20世纪新生物，几乎给生活在这座城市的每个人都带来了一个独立的新世界，每一个功能空间都作为一种都市机能，通过模块化的柱网与混凝土的框架架构被置入进这个垂直的城市空间，成为解决"摩登上海"中都市中产阶级对于"摩登生活"需求的对策方案。库哈斯在《癫狂的纽约》中将摩天楼描绘成一种不可知的城市主义（urbanism）的手段，每个固定地块上都有其独特的功能用途策划，这一点已经超出了建筑师的控制[2]，其多用途的功能空间为都市带来不

---

[1] 根据上海城建档案馆提供大新公司原始档案图纸分析（大新公司，上海城建档案馆，案卷题名 B3723）。

[2] Rem Koolhass, Delirious New York, New York: The Monacelli Press, 87.

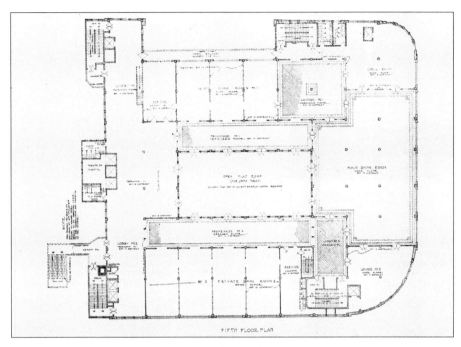

图 5-1-8　大新公司底层平面图

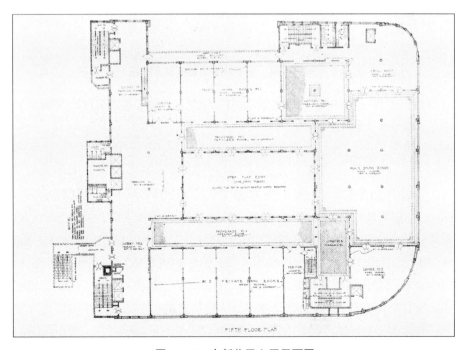

图 5-1-9　大新公司六层平面图

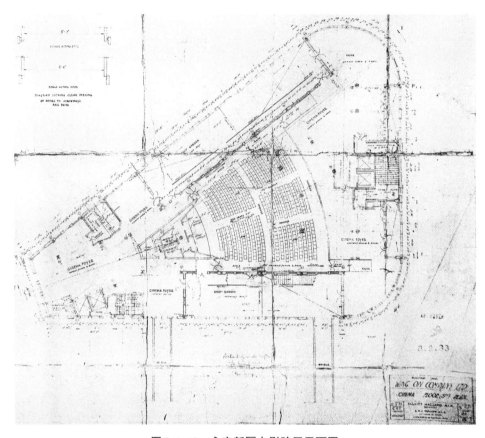

图5-1-10 永安新厦电影院层平面图

可预料的激情与活力，但同时也带来了巨大的可变性与不稳定性，因为利润与资本才是构建摩天楼的核心驱动力。

5.1.2 办公空间平面设计与照明条件之关系

尽管在20世纪初，电线已成非常常见之物，但实际上白炽灯（incandescent bulbs）的照明功效仍属微弱，在20世纪40年代荧光灯发明前，自然光一直是白日里建筑室内空间的主要光照来源。由于大部分摩天楼以办公空间为主的功能属性，决定了其较于住宅单元、酒店客房、低层商业等功能空间，对光照条件具有更高的要求；同时，考虑业主通过空间出租获利的商业属性，适宜的平面尺寸为空间创造出良好的光照条件，必然会提升摩天巨厦里的单位租赁面积的出租价值，这也使得摩天楼的平面设计成为影响办公空间质量的重要因素，会间接影响到房地产商通过办公空间出租所得利益。故考察当时在设计摩天楼这一以办公属性为主的空间场所中,建筑师其对建筑平面尺寸的考量具有特殊意义。

首先,我们对人工光与自然光的照度数值进行下比较:根据美国当时的研究数据表明,一般来说当时这类人工光源所能提供的照度为3至4英尺烛光(foot-candles[1]),而室外夏日里的太阳光光照强度约10 000英尺烛光,即使在多云的天气,日光照度也能达到200至500英尺烛光。20年代上半叶的美国开始研究与制订有关室内照度的数值标准,并且这一标准数值一直在调整当中,例如在1916年纽约市的调查当中给出的照度建议数值为8至9英尺烛光,1920年代这一数值上升至10至12英尺烛光,而到20世纪30年代,由于受当时美国大型电力公司饶有野心的销售宣传策略影响,一些学者在当时给出过25英尺烛光的室内照度建议[2],是10年代初的3倍。

事实上,在西方研究中表明,对于自然光的需求的确在设计时对办公空间深度尺寸的推敲起到一定影响作用,即从外立面窗户处至室内隔断墙面,或至公共走廊的距离。1925年美国期刊《房屋与房屋管理》(*Buildings and Building Management*)的第25期上刊登了一张图,很好说明了房间深度与房间内日光照度之间的关系(图5-1-11),图中A、B、C、D四根曲线分别代表了6月晴朗天气、6月多云天气、12月晴朗天气及12月多云天气的四种日照条件,随天气时令影响,ABCD光照条件逐渐减弱,它们的窗口最佳日光照度

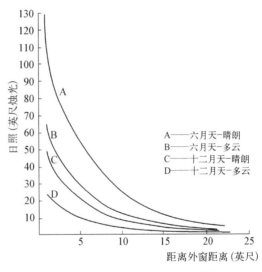

A——六月天-晴朗
B——六月天-多云
C——十二月天-晴朗
D——十二月天-多云

图5-1-11 办公空间日光照度测量

[1] 1英尺烛光单位的光照相当于距离一支蜡烛一英尺远的光照亮度。

[2] 即使是在摩天楼盛行的美国,相较于许多关于住宅及工厂卫生条件的调查,有关办公空间的内部工作条件的研究仍旧非常之少。这部分数据是引自: Carol Willis. *Form Follows Finance Skyscrapers and Skylines in New York and Chicago*. New York: Princeton Architectural Press, 1995, 25. On the 1916 report by the New York City Department of Health see Charles M.Nichols, ed., *Studies on Building Height Limitations in Large Cities with Specail Reference to Conditions in Chicago, Proceedings of an Investigation of Building Height Limitations Conducted Under the Auspices of the Zoning Committee of the Chicago Real Estate Board, Zoning Committee of the Chicago Real Estate Board in 1923*. Chicago: The Chicago Real Estate Board, 1923, 34–36; *Building Height Limitations*. Statistics from the 1920s appeared in Reid, "Artificial Light in Offices and Stores," op. cit.: 43–44.

分别为130英尺烛光,65英尺烛光,50英尺烛光,及25英尺烛光,可以看到随着季节及天气变化,冬日多云天气照度仅为夏日晴日光照的1/5,随房间深度增加,房间内日光照度逐渐减弱,以曲线A为例,在6月晴天窗口最佳日光照度为130英尺烛光,距离窗口10英尺(3米)照度为30英尺烛光,距窗口15英尺(4.6米)时照度已经下降为15英尺烛光,当房间深度达到20英尺(6.1米)时,已经降至8英尺烛光的照度,而观察另三条曲线,当房间深度达到20英尺时,照度更低至5英尺烛光以下,而不得不依靠人工光源进行补充才能达到办公空间照度标准。19世纪末,在美国关于摩天楼的平面设计研究也经历过一段试验期,随着摩天楼的开发管理者及建筑师的经验逐渐丰富,平面布置也逐渐标准化起来[1]。直至40年代荧光灯出现前,美国摩天楼设计中办公空间距离外墙深度尺寸最普遍为20至28英尺(约6.1～8.5米),这一数值几乎没有变动,10至12英尺(约3.0～3.7米)的层高,4至5英尺(1.2～1.5米)宽,6至8英尺(1.8～2.4米)高的开窗尺寸,成为当时美国摩天楼设计中最常见的"标准尺寸"。

19世纪70年代,上海租界内煤气灯照明开始普及推广,而在西方世界刚刚问世不久的电的发明和电力弧光灯的应用,引起在上海的外国人注意。1882年上海第一座发电厂——上海申光电气公司建成,并且首批弧光灯投入使用。照明事业发展至20世纪初,上海租界的所有弧光灯已改为白炽灯,也就是说,20世纪初上海发展起来的摩天楼室内空间照明的光照设备即为白炽灯[2]。因此,根据美国摩天楼中研究表明办公空间的品质及出租率与建筑平面柱网、开窗及层高之间的密切关系,可知良好的柱网开间尺寸,高且宽的窗户及越高的层高,更有助于日光能更深地照进室内,增加室内空间的日照时间,下文将以此研究理论及数据为基础,比对考察近代上海摩天楼的平面设计特征。

5.1.3　照明条件影响下的平面布局

建筑向高层发展后,给建筑设计带来了更多的复杂性,高层建筑空间功能的差异性及多功能的复合性使得建筑单体平面设计具有更多的可能,因此,根据基地面积、形状的限制条件,及摩天楼的功能属性差异,建筑师在平面设计过程中进行更加理性分析与合理布局,总的来说可以分为三类基本情况进行讨论。

---

[1] 创刊于1913年的美国工业类杂志《房屋与房屋管理》(*Buildings and Building Management*),上面刊登了许多讨论有关办公平面效率的问题。
[2] 马长林.上海的租界.天津:天津教育出版社,2009,131—133.

1. 类型一：天井式平面

首先是位于长方形大面积地块的摩天楼，建筑平面多采用天井形式以获得更好的自然采光，这类地块多位于外滩界面。以位于公共租界中区 45 号的海关大楼为例，基地为东西长，南北窄的长方形地块，建筑由东西两组体块组成，对应平面由东面临江一南北长长方形与西面一东西长长方形组成，两体块间稍有转角，面江体块南北向尺寸为 128 英尺 4 英寸（21′-7″+21′-7″+14′-0″+14′-0″+14′-0″+21′-7″+21′-7″），约 39.1 米，而东西向尺寸分别为 93 英尺 8 英寸（东体块）与 360 英尺（西体块）(22′-0″+22′-0″+22′-0″+22′-0″+22′-0″+30′-0″+22′-0″+22′-0″+22′-0″+22′-0″+22′-0″+27′-6″+27′-6″+27′-6″+27′-6″），即整体建筑东西向长度达到了450 英尺 8 英寸，约 137.4 米，东面临江体块办公空间距离外墙尺寸约 31 英尺（约9.4 米）与 40 英尺（约 12.1 米），西侧集中设置了走廊、六台电梯、楼梯通风井等辅助服务性空间，西面长形体块中间设 32 英尺宽天井供自然采光，使得分布于两侧办公空间可双面采光距离，因而这部分办公空间距离可采光墙面距离仅一个柱网尺寸，即 22 英尺 6 英寸的距离（约 6.9 米），可见天井的设置为内部空间提供了更为理想的自然采光条件，相较于东面体块，西面内部空间采光达到了上节美国摩天楼设计研究当中所指的 20 至 28 英尺（约 6.1 ～ 8.5 米）的较为理想的空间尺寸标准。（图 5-1-12）不过，东侧体块上北、南及东外墙面上的开窗宽度都调整至了 6 英尺，这比西侧体块墙面的 5 英尺开窗宽度增加了 1 英尺，开窗高度在 7.5 英尺至 10 英尺之间，都大于了上节所提到美国摩天楼设计研究中提供的 4 至 5 英尺（1.2 ～ 1.5米）宽，6 至 8 英尺（1.8 ～ 2.4 米）高的标准开窗尺寸（图 5-1-13），在开窗细节上的调整优化了东侧体块室内采光条件，是建筑师为弥补内部空间布局不足、改善室内自然采光条件所做的进一步努力。[1]

关于通过建筑外墙的开窗及室内天井形式来改善办公建筑室内的自然采光与通风条件的讨论，在 1924 年 2 月《北华捷报》专门介绍字林西报大楼建成的特别增刊上就有过专门讨论，文章以 "不同寻常" [2] 一词来形容镶嵌于每层楼外墙上的多扇大面积连续性开窗（unusually large and numerous windows），字林西报大楼外墙窗高 8 英尺（约 2.4 米），窗宽达到 10 英尺 6 英寸（约 3.2 米），[3] 然而，在空间使

[1] 所有资料数据来源于上海城建档案馆提供海关大楼原始档案（海关大楼，上海城建档案馆，案卷题名 10000）。

[2] NEW BUILDING SUPPLEMENT, *"N.C. DAILY NEWS"BUILDING OPENED BY SIR RONALD MACLEAY, Aug.4*, The NORTH-CHINA HERALD, 1924-02-16（8）.

[3] 所有资料数据来源于上海城建档案馆提供字林西报大楼原始档案（字林西报大楼，上海城建档案馆，案卷题名 A1347）。

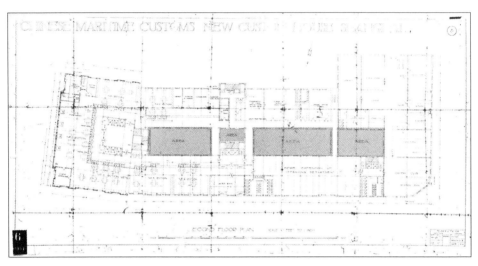

图5-1-12　海关大楼平面图中天井位置示意

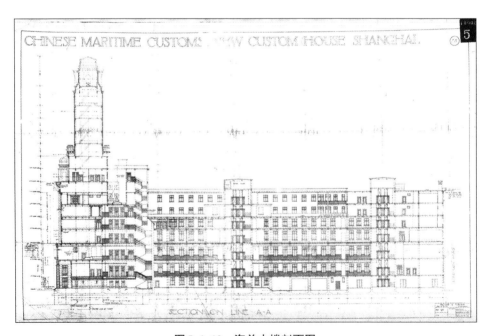

图5-1-13　海关大楼剖面图

用过程中,尤其在夏天编辑部房间因窗户设置过多而产生了刺眼的眩光,两扇窗户被填上了,因此,在创造适宜室内采光环境的同时,外窗的布置也需注意适量性[1]。(图5-1-14)

图5-1-14　字林西报大楼开窗与室内采光实景照片

在平面设计中,这一天井形式的采用还出现在了其他大面积地块的建筑设计中,包括临外滩的汇丰银行大楼、横滨正金银行、临静安寺路的西侨青年会大楼、临苏州河路的光陆大楼、临爱多亚路的中汇银行等建筑之中。

2. 类型二:内廊式平面

摩天楼设计中第二种平面类型为内廊式布局,这其中根据地块所处位置又可分为两类进行分析,一类是横向轴长更小的长形地块,另一类则位于街道转角。如位于四川路南端近爱多亚路的中国企业银行大楼,地块南北长东西窄,建筑坐西向东,标准层宽82英尺4英尺(约25.1米),长149英尺4英尺(约45.5米),为内廊式布局,平面居中布置8英尺(约2.4米)宽走廊,首层办公空间距外墙最大距离为41英尺10英寸(51′-0″-8′-0″-3″-3″-8″,约12.8米),标准层平面做内凹式处理,优化了走廊西侧空间距外墙较远的采光条件,办公空间距外墙最大距离为28英尺6英寸(51′-0″-8′-0″-3″-3″-8″-13′-4″,约8.7米),接近美国摩天楼研究中满足办公空间基本采光条件的28英尺这一最大经验值,但是大楼外墙开窗高度为7英尺$^{1}/_{2}$英寸,宽度仅3英尺$^{1}/_{4}$英寸,狭窄的窗户并不能给室内带来良好的自然采光[2](图5-1-15)。

位于公共租界西区以酒店功能为主的国际饭店,其平面也为内廊式,地块南临静安寺路呈东西窄南北长的长方形,建筑标准层平面东西宽84英尺6英寸(约25.8米),南北长137英尺7英寸(约41.8米),通过中间设6英尺宽走廊(约1.8米),标准间距离外墙最大距离为23英尺6英寸(约7.2米),该建筑是邬达克继真光大楼之后又一力作,不得不说,与真光广学会大楼一样,其内部使用空间的尺度把握

---

[1] NEW BUILDING SUPPLEMENT, *"N.C. DAILY NEWS"BUILDING OPENED BY SIR RONALD MACLEAY, Aug.4*, The NORTH-CHINA HERALD, 1924−02−16(8).

[2] 所有资料数据来源于上海城建档案馆提供中国企业银行大楼原始档案图纸(中国企业银行大楼,上海城建档案馆,案卷题名B478)。

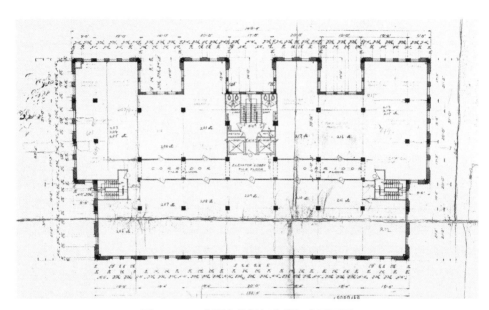

图5-1-15　中国企业银行大楼标准层平面

及良好采光条件的创造为使用者提供了非常好的舒适性，但国际饭店的外墙开窗宽度稍窄，为2英尺9英寸（约0.8米），开窗高7英尺5英寸（约2.3米），与沙逊大楼开窗尺寸相近，因此，不同于办公空间仅仅对室内自然采光条件的要求，笔者相信建筑师在考虑到沙逊大厦与国际饭店的酒店客房功能的私密性要求时，对外墙开窗尺寸略有调整，同时这一尺寸也适应了装饰艺术风格对立面视觉向上的要求。[1]（图5-1-16）

　　3. 类型三：位于转角地块摩天楼的内廊式平面布局

　　另一类内廊式平面布局通常还会被用在两街道交界的转角地块上。如位于南京路四川路口的迦陵大楼，大楼所在的中区34号地块为东西窄南北宽的长形地块，建筑平面依地块以长方形布置，设6英尺6英寸（约2.0米）宽内走廊，两侧布置办公空间，距离外窗最大距离为22英尺7英寸（约6.9米），外墙开窗高基本为7英尺5英寸（约2.3米），宽度有4英尺2英寸（约1.3米）、3英尺10英寸（约1.2米）、3英尺3英寸（约1.0米）及2英尺6英寸（约0.8米）几个开窗尺寸，主体办公空间以前两个大尺寸开窗宽度为主。[2]同样位于转角地块的五洲

---

[1] 所有资料数据来源于《建筑月刊》上刊登四行储蓄会二十二层大厦（国际饭店）建筑图纸（《建筑月刊》，1933年，第1卷 第5期）。

[2] 所有资料数据来源于《建筑月刊》上刊登的迦陵大楼建筑图纸（《建筑月刊》，1937年，第4卷 第10期）。

药房总公司,虽然其所处河南路福州路交界的173号地块也为长方形,但是建筑师并没有像迦陵大楼那样依照地块的长方形进行布局,而是以转角为中心沿相邻街道两侧发展(图5-1-17),大楼平面以6英尺9英寸(约2.1米)宽内廊组织空间,转角处体量较大,此处办公空间最大深度达到了34英尺6英寸(约

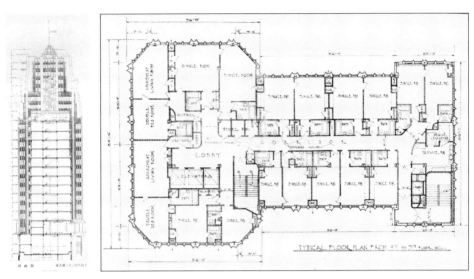

图5-1-16　(左)国际饭店剖面图;(右)国际饭店五至十层标准层平面图

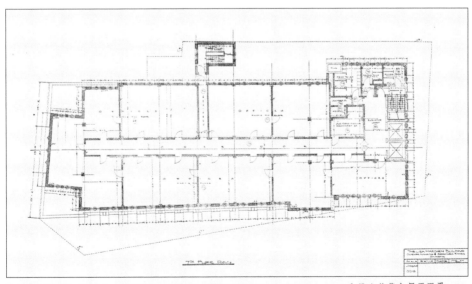

图5-1-17　迦陵大楼7层平面图

10.5米），侧面最大深度为29英尺3英寸（约8.9米），采光条件的把握不甚理想（图5-1-18）[1]。

　　另一幢位于江西路九江路转角地块的聚兴诚银行大楼，也是以转角为中心沿街道两侧做平面布局，但是其中心转角体量控制较好，以6英尺（约1.8米）内廊组织两侧办公空间，办公空间深度控制在28英尺（约8.5米）以内，建筑的核心交通空间布置在端部[2]。（图5-1-19）不少位于两街道转角地块的摩天楼平面设计都与五洲大药房、聚兴诚银行大楼的平面布局类似，这样设计的优势在于建筑在立面上会呈现出以转角为中心沿街道两侧逐层跌落的体量关系，以其高度与体量感成为街道转角的标志性建筑，进而成为两条道路交叉口节点空间的视觉中心，如位于江西路福州路转角的都城饭店与汉弥尔登大楼（图5-1-20），江西路天津路口中央储蓄会大楼，江西路北京路口的中国垦业银行大楼等都采用了同样的平面形式。

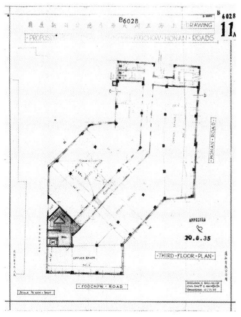

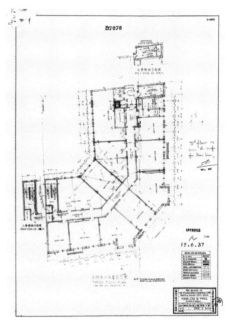

图5-1-18　五洲大药房标准层平面　　　　图5-1-19　聚兴诚银行大楼标准层平面

[1] 所有资料数据来源于上海城建档案馆提供五洲药房总公司原始档案图纸（五洲大药房，上海城建档案馆，案卷题名B6028）。
[2] 所有资料数据来源于上海城建档案馆提供聚兴诚银行大楼原始档案图纸（聚兴诚银行大楼，上海城建档案馆，案卷题名B7078）。

图 5-1-20　《北华捷报》上刊登名为"壮丽的街道转角即将落成"的效果图照片,左为都城饭店,右为汉弥尔登大楼

5.2　中西方文化交融下的摩天楼样式风格特征分析

近代上海摩天楼从高层商用建筑向摩天楼演进发展的历史时间仅仅持续了20余年,从1915年建成有利大楼、亚细亚大楼起始,至1927年海关大楼建成,这十余年时间由于租界经济发展水平限制,建筑物高度没有太大突破,摩天楼建筑的样式风格也还停留在初期复古主义样式学习的探索阶段,直到1929年建成的沙逊大厦成为摩天楼建筑风格探索的转折点,接下去10年不到的时间,对于摩天楼建筑的样式处理,中西方建筑师在租界上海这一具有特殊政治意义的舞台上做出了许多的努力和尝试。

每一种建筑风格的形成都是一个较为长期的建筑历史发展的结果,受到当时的社会环境、经济水平、宗教信仰及政治体系影响,呈现出反映当时当地文化特征的一种建筑形式的外化表现。事实上,因为近代上海摩天楼发展演进时间较短,并没有形成具有强烈地域性的统一的建筑风格，但由于上海是中西方文化交汇地，上海租界同时包含了英、美、法、德等欧美大国的多种文化思潮与建筑思想，建筑师在这里思考设计摩天楼的风格样式时受多元文化影响，并从中进行比较、选择、吸收或者综合，最后，近代上海摩天楼所呈现出的样式特征同样表现出多元复合的特点。建筑形式是当时当地文化特征在建筑领域的外化表现[1]，研究近代上海摩天楼样式风格不仅在建筑领域具有历史价值，同时，作为城市风貌的重要组成部分，其对城市性格及地域文化特征的侧面反映也具有重要意义。在本节中，笔者还将穿插对同时期美国摩天楼风格发展的脉络与特征进行梳理，使大家可以在尽量完整的全球视域下更加明确近代上海摩天楼风格样式演绎发展的源流，对何为"拿来"的国际特色，何为地域民族性的样式风格有更加清晰的认知。

5.2.1 以复古主义样式为起点

直到20世纪20年代中期，折中主义与新古典主义[2]一直是近代上海高层商用建筑的"普遍外衣"。从上海开埠至19世纪末年，当时盛行于西方的古典复古主义建筑[3]对整个大清帝国里的匠人来说仍然遥不可及，西方侨民在居留地建造的第一批建筑样式为"殖民地外廊式"，是英国砖木结构的坡屋顶建筑在他们的亚、非殖民地的变体[4]，这阶段并没有专业的建筑师来到这里，仅有依靠基督教传教者及洋行业主自己绘制的简单打样图，再请本地工匠建造起来的二至三层高的西式房屋。随着近代上海经济的繁荣发展，以及其远东第一大都市的地位逐步确立，租界内的洋商们不再仅是抱着探险的目的把这里当作一次性地掠夺财富之地，繁荣可持续的经济发展势必带动房地产与建筑业发展，至19世纪末20世纪初，租界迎来了自开埠以来的第一次大规模重建时期（图5-2-1），经济条件的发展成熟与社会需求增加，吸引着西方职业建筑师与工程师前来大展身手。

---

[1] 罗小未.上海建筑风格与上海文化.建筑学报，1989年10月刊，7.

[2] 从西方建筑风格自身的发展演绎来看，新古典主义最初的兴起可以认为是对当时宫廷贵族盛行的巴洛克风格（Baroque style）与洛可可风格（Rococo Style）的一种批判，而欧洲启蒙运动中考古学家、建筑学者们对古希腊、古罗马建筑风格的礼赞，使得古典复兴成为18世纪中叶最盛行的历史风格复兴潮流，至19世纪中叶最终发展成为以新古典主义和折中主义为主的风格演绎。

[3] 古典复兴主义建筑是伴随着西方工业革命以及欧洲启蒙运动（Enlightenment）出现的。17世纪第一次工业革命从英国开始逐渐向欧洲各国传播开来，伴随而来的是一场先进的思想文化解放运动——欧洲启蒙运动，新古典主义在这一急剧改变着人和自然之间关系的两种不同而又有联系的进程中产生。

[4] 常青主编.大都会从这里开始——上海南京路外滩段研究.上海：同济大学出版社，2005，98.

图 5-2-1　"漫步外滩"——20世纪初的公共租界外滩

1. 盛行至20世纪20年代的复古主义样式

由于西方正统建筑师的到来，近代上海摩天楼由高层商用建筑发展而来的早期作品完全接轨于西方世界正在流行的建筑样式，据统计该阶段来到上海的外国建筑师中具有英国皇家建筑师学会（RIBA）会员资格的人数已从19世纪末的6人，上升到17人[1]，不少知名的建筑设计机构都是在这一时期成立，同时外来成熟设计机构也被吸引来此设立分支，至1910年上海开业的建筑师和合伙事务所已达14家[2]。

这一阶段总的以折中主义风格作品为多，如外滩的有利大楼、亚细亚大楼、扬子大楼、日清大楼、字林西报大楼、怡泰邮船大楼，四川路上的普益大楼、卜内门洋行等。关于折中主义风格，1842年英国建筑理论家唐纳森曾做了一个形象的比喻，宛如建筑师们"正在实验室的迷宫里徘徊，正尝试用一种各个国家每个时代的各种风格中的某些特征的混合体，去形成具有一些自己的，与众不同特点的纯一整体"[3]。这一风格建筑的设计方法主要有两个特征，首先是对历史风格的整体模仿，其次，是在局部或者片段拼贴组合其他历史样式，在立面上通常集合了过去多种风格的形式或者细部。如建成时为上海最高建筑的亚细亚大楼，建筑立面采用横三段、竖三段处理，底部两层为基座，采用花岗石饰面，中部3至5层以罗马拱券装饰，上部6至7层有贯通两层的爱奥尼克双柱式柱廊装饰（图5-2-2），与底层入口爱奥尼克双柱上下呼应，入口处的断檐山花门罩及6层三角形的断檐窗罩具有

[1] 村松伸.上海·都市と建筑：1842—1949，株式会社PARCO出版局，1991，112，转引自伍江，上海百年建筑史 1840—1949，上海：同济大学出版社，2008，182.

[2]《中国建筑史》编写组，中国建筑史（第三版），北京：中国建筑工业出版社，1993，291.

[3]［英］彼得·柯林斯.现代建筑设计思想的演变，北京：中国建筑工业出版社，1987，138.

图5-2-2　亚细亚大楼沿街立面　　图5-2-3　亚细亚大楼入口及东南转角凹弧形细部设计

巴洛克风格特征，东南转角都做了凹弧形处理，具折中主义风格（图5-2-3）。到1924年建成的字林西报大楼，建筑整体立面装饰已经开始简化，仍然是三段式的立面处理，底部两层以粗糙花岗岩大石块贴面作为基座，入口处采用罗马陶立克柱式和文艺复兴时期浮雕的大理石门额装饰，中段3至7层仅用细石水泥粉刷，处理简洁（图5-2-4）；中部与上部过渡檐口处由8座男性亚特兰提斯雕像作为承托（图5-2-5），使上部托座过渡较为自然，又带有强烈的装饰效果，顶部南北两侧各设巴洛克式的塔亭一座，建筑设计语言上仍会采用巴洛克样式，但整体外貌上给人以朴素之感。

　　同阶段的建筑中，以汇丰银行、横滨正金大楼、华安大楼为代表的建筑则呈现的是新古典主义风格。新古典主义建筑在欧洲基本为两种诠释文本，分别是以古希腊与古罗马为蓝本的古典复兴，但在崇尚用简约手法体现尊贵气质的这一原则上，所有的新古典主义建筑都是一致的，也就是说建筑师摒弃来自巴洛克、洛可可时期以来的律动自由、华丽繁复的雕塑装饰，几乎完全以建筑的比例和线条来凸显形体。两座大楼同出于英商公和洋行之手，后者建成时，在《北华捷报》上获得

图5-2-4　字林西报大楼近照　　　图5-2-5　字林西报大楼陶立克柱式与男性亚特兰提斯雕像细部

了很高赞誉。另外,1925年开工位于公共租界西区静安寺路的西侨青年会大楼,建筑立面遵循三段式构图,以两层高巨柱与拱形大长窗分隔为中段,墙体厚重,具有罗马风倾向,同时,建筑立面风格受到工艺美术运动[1]影响,外墙放弃粉饰,以不同深浅的棕色面砖砌筑,底部中部嵌以菱形图案,底层中间三扇大门和左右各三扇门窗的门框均为浅色调,二、三层浅色巨柱及穹形窗框装饰,使得一至三层立面线条流畅又显尊贵,上部因平面内凹,立面体量感强烈(图5-2-6)。

　　近代上海高层商业建筑设计发展至1924年,建筑的样式风格已经开始转变,这时以德和洋行设计完工的字林西报大楼的立面为典型,已较之前建成的折中主义风格建筑的装饰要朴素得多。1924年7月、11月及次年12月《北华捷报》上分

[1] 工艺美术运动(the Art & Crafts Movement)是19世纪下半叶,起源于英国的一场设计改良运动,其产生的背景是工业革命以后大批量工业化生产和维多利亚时期的繁琐装饰两方面同时造成的设计水准急剧下降,英国和其他国家的设计家希望能够通过复兴中世纪的手工艺传统,恢复英国传统设计的水准。这场运动的理论指导是约翰・拉斯金(John Ruskin),运动主要实践人物是艺术家、诗人威廉・莫里斯(William Morris)。在美国,"工艺美术运动"对芝加哥建筑学派(Chicago School of Architecture)产生较大影响,具有代表性的作品有莫里斯的"红屋"。

— 209 —

图5-2-6　西侨青年会大楼近照　　　　图5-2-7　海关大楼近照

图5-2-8　"第三代"海关大楼设计方案的三轮演变

别刊登了"第三代"海关大楼（图5-2-7）的三轮效果图（图5-2-8）[1]，1924年11月一稿虽为通过江海关官方认可的定稿方案，但在1925年12月发布的效果图上，即最终建成方案上，还是能看到一些微小调整，这一调整主要集中在钟楼以上塔楼部分。从一稿向二稿调整看到，二稿取消了前一稿钟楼以上带有明显向上收进的

[1] *"THE PROJECTED CUSTOM HOUSE FOR SHANGHAI"*, The NORTH-CHINA HERALD, 1924-07-26（203）.

体量特征,而是在钟楼上部加上了一座带有巴洛克风格语汇的塔亭;二稿向三稿的改进仍然集中在顶部塔楼,原本巴洛克式塔亭被改进地更加具有几何感,设计者试图在寻找介于一稿与二稿塔楼造型之间的一种形式平衡。仔细观察7月发布的"拟建设的海关大楼"的第一稿效果图可以发现,项目主持建筑师公和洋行总建筑师博思韦尔先生(Mr. E. Forbes Bothwell)已经在思考如何将高层建筑风格由古典复兴风格向现代风格转型,显然一稿中建筑在向上逐步收进的体量感带动下显得要修长得多,但是在考虑到与外滩整体风格统一及业主对建筑风格的折中主义倾向,才有了第二稿的改动,相信在建筑师与业主的双方努力与妥协之下最后实现第三稿的最终定稿。建筑仍采用了横三段和竖三段的立面构图,大楼正面入口为希腊神庙式,柱廊设陶立克柱式,大门上方横向的陇间壁上刻着海船与海神的神话雕刻,檐壁上的希腊式三陇板装饰以及严格对称的处理手法都为古典主义风格特征,古典的青铜门至今保存良好,底部两层采用花岗石砌成的基座,粗石墙面显示出粗犷恢宏的风格特征,建筑层高较高,3至7层的中段墙面再无多余装饰,从第4至7层设计成竖向连续窗带,整4层的高度大大加强了建筑的向上感,与南侧的汇丰银行的横向线条形成鲜明对比。

在这幢建筑中,从建筑基座直至钟楼顶部的竖向线条及层层向上的高耸体量感已经显示出摩天楼建筑风格由传统的古典形式向现代风格的微妙转变,以公和洋行为代表的建筑师已经开始从当时盛行的复古主义样式中突围,并在努力使业主与大众接受异于传统更加现代的新风格。除此之外,鸿达洋行也是该时期对摩天楼设计风格进行突破的代表性洋行,他们设计的光陆大楼及东亚银行大楼都具有明显的风格转变倾向,位于苏州河畔1925年12月开工1928年建成的光陆大楼,建筑立面无明显三段式构图,底部两层高(含夹层)主要为剧院部分,上部为办公及部分公寓,两段中间以简单的线脚做体量分割,窗间墙面仅有简单的竖向线条装饰,强调建筑整体竖向感,窗楣下方有简单几何图案装饰,建筑顶部更有一比较典型的向上收分的尖塔,表现出强烈的体积感与高耸感,而这一尖塔在最初的设计造型中还在顶部置有一"巴黎味"十足的大理石女性雕像[1],最终由于业主的坚持,塔顶仍然是我们现在看到的模样。而位于四川路九江路转角上的东亚银行,虽为古典复兴风格,但转角顶部尖塔为阶梯状向上收分,造型趋于几何化,强调向上的高耸感,设计师鸿达洋行也曾想在转角体量顶部的环柱式圆形塔亭顶上安放一个硕大的金属地球仪,而这一具有颠覆传统视觉效果的设计最终没有得到业主

---

[1]　钱宗灏,20世纪早期的装饰艺术派,申请同济大学工学博士学位论文,2005年10月,135.

的认可[1]。（图5-2-9、图5-2-10）

1890年的纽约建成了一幢24层高的摩天楼圣保罗大楼（St. Paul Building），其建筑师乔治·波斯特（George B. Post）在做建筑设计分析中将古典柱式引入其立面设计，巧妙地解释其是如何将古典柱式的三段式引入摩天楼设计的立面分段当中（图5-2-11），底部5层为"基座"（"base"），顶部3层为"柱头"（"capital"），中段16层为"柱身"（"shaft"），而且为了弱化摩天楼的整体高度，建筑师将中段每两层以线脚分割，看上去像1层，使得16层高度好似8层[2]。基于这一案例，我们可以管中窥豹地看到古典主义样式被运用到摩天楼这一建筑新类型上的格格不入，虽然样式被勉强套用，但是其中所包含的"旧风格与新技术"的对抗、表皮形式与内在结构的分裂、"传统与现代"的对立，都已浮出水面，一种新的属于摩天楼的现代风格正在它的发源地美国酝酿着。经历了"向正统西方靠近[3]"的复古主义潮流，上海摩天楼开始从"三段式"的古典主义设计样式向"正统美国摩天楼"的现代风格转变，这一风格将伴随上海摩天楼建造高潮的到来而盛行。

图5-2-9　东亚大楼设计效果图与建成实景对比

[1] 钱宗灏，20世纪早期的装饰艺术派，申请同济大学工学博士学位论文，2005年10月，134.

[2] Edited by Roger Shepherd. *Skyscraper: The Search For an American Style 1891–1941*, New York: McGraw-Hill, 2003, 33.

[3] 郑时龄.上海近代建筑风格.上海：上海教育出版社，1999，207.

图5-2-10 东亚大楼入口设计（左）；光陆大楼顶部细节（右）

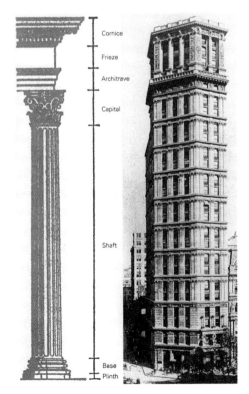

图5-2-11 按古典柱式比例对圣保罗大楼
高度进行"三分段"

2. 同时期风靡纽约摩天楼的折中主义样式探索

早在20世纪初，近代上海的期刊就已经开始对美国芝加哥与纽约的摩天楼建造表示关注，并且对建筑会做相应报道，在十余年发展中，近代上海摩天楼风格探索的开端与同时期的美国摩天楼风格发展趋同，都采用了古典复兴样式。对19世纪末至20世纪初的美国摩天楼风格探寻发展的认知，是为近代上海摩天楼样式源流的背景补充，同时也是对下一阶段近代上海摩天楼风格样式的发展讨论提供了基础。

美国对摩天楼的风格探索始于19世纪80年代的"芝加哥学派"，作为现代建筑在美国的奠基者，基提恩在他的《空间，时间与建筑》一书中将其形容为"迈向纯粹的形式"。该学派除了在建筑基础与结构上为建筑发展做出了革命性的贡献外，同时开创了前所未有的"商业风格"（the commercial style）的建筑，以惊人的大胆创造出了跳脱于古典主义，追求建筑结构与形式表皮统一的建筑流派，其立面

图5-2-12 胜家大楼

形式——芝加哥窗（Chicago window）的设计，解决了业主对这一"商业建筑"室内采光的高要求，其简洁独特的立面与当时盛行的折中主义建筑繁琐的雕饰立面风格形成了鲜明对比（图5-2-12）。

这一学派对建筑迈向现代之路产生了极大的影响，可惜的是这一进程仅仅持续了十年时间。1893年芝加哥市主办了以"纪念哥伦布发现新大陆400周年"为主题的哥伦比亚世界博览会（The World's Columbia Exposition），在这次展览中，主要的展馆建筑外表模仿希腊罗马式建筑（Greco-roman architecture），几乎所有展馆的铁骨架结构上都以灰泥浆、水泥及黄麻纤维等混合物覆盖，对构造的表达（structural expression）消失了，这与他们在设计当中使用的建筑材料及结构没有任何关系，从参观者角度来说，丝毫没有芝加哥学派近十年来取得成绩的影子。这一"古典的回归"对整个城市乃至美国的摩天楼风格发展影响深远，芝加哥学派代表人物路易斯·沙利文（Louis Sullivan）曾在书中沉痛感叹"芝加哥哥伦比亚博览会对美国建筑发展的破坏性影响将持续半个世纪"[1]。而后由于房地产业的不景气及

[1] Louis Sullivan. *The Autobiography of an Idea*. New York: Dover Publications, 1956, 325.

政府第一次颁布了有关高度控制的法规[1]，芝加哥引人注目的摩天楼发展第一个十年到此结束。

于是在19世纪与20世纪的交汇点上，美国摩天楼风格探寻的接力棒被纽约接过，经过自摩天楼在芝加哥的发源发展及受到芝加哥哥伦比亚博览会的影响，可以说在这一阶段，大多数受到布扎传统教育的美国建筑师们对过度具有"革命性"的风格并不感冒，或者说他们不愿意与过去的传统断裂，而是更倾向于进行改变"固有语法"（rephrasing of given modes）[2]的形式探索。至20世纪20年代中，纽约的摩天楼仍风靡以古典复兴形式为主，但在整体造型、装饰细节等方面对历史样式进行了更广泛的探索实验，同时，由于摩天楼的商业性需求，尤其是办公空间对采光的要求，从立面的开窗细节上仍能发现芝加哥学派影响。1903年完工的伯纳姆设计的熨斗大厦（Flatiron Building, 1901—1903就是很好的例证），这幢大楼总高达到了307英尺（约93.6米）（图5-2-13），设计者为伯纳姆建筑师事务所（D.H. Burnham & Company, architects），建筑自3层以上都以赤色陶土覆盖，在华丽的法国文艺复兴时期装饰覆盖下的立面犹如泛着微光的幕帘，在这一两条街道围合出的锐角三角形地块上，熨斗大厦以其引人注目的三角形体量及华丽的古典装饰获得了美学上的极大成功，至今仍是纽约最具标志性的摩天楼之一，成为城市的地标象征。熨斗大厦曾被著名建筑评论家保罗·戈德伯格（Paul Goldberger）称为"所有华丽的折中主义摩天楼的精神引领"（"the

图5-2-13　纽约熨斗大厦

[1] 这是芝加哥政府第一次颁布了有关高度控制的法规，规定每幢建筑不能超过130英尺（约39.6米），相当于10至11层楼的高度，从1893年到1923年的三十年间，限高调整至260英尺（约79.2米），相当于20—22层高度，这一高度限制大大抑制了摩天楼在芝加哥的发展，直到1923年，有调查显示在芝加哥卢普区10到22层楼高的建筑仅有92幢。

[2] Cervin Robinson and Rosemarie Haag Bletter, *Skyscraper Style: Art Deco New York*, Oxford University Press, 1975, 6.

spiritual parents of all the ornate, eclectic skyscrapers"）[1]。

　　紧接700英尺（约213.4米）高的美国大都会人寿保险公司大楼（Metropolitan
Life Building, 1909）、539英尺（约164.3米）高的银行家信托大楼（Bankers Trust
Building, 1910）、792英尺（约241.4米）高的伍尔沃斯大楼（1913）[2]等摩天楼纷纷
建成（图5-2-14）。前两者是非常强调从意大利钟楼（Italian campanile）造型中寻
求摩天楼立面形式的解决方法，以意大利圣马可广场上的钟楼作为原型演绎出这
一塔楼造型，一度成为纽约曼哈顿岛上摩天楼的风向标[3]，近代上海摩天楼发展的
下一阶段里程碑式建筑——沙逊大厦的样式造型就学习了这一立面形式的处理
方法。

图5-2-14　纽约曼哈顿岛上一度盛行的摩天楼塔楼造型，从左至
右依次为19世纪90年代建成的家庭人寿保险公司大楼（the Home
Life Building），大都会人寿保险公司大楼，银行家信托大楼

[1] Paul Goldberger. *The Skyscraper*. New York: Knopf, 1981, 38.
[2] 建筑数据资料来源于纽约摩天楼博物馆。
[3] Montgomery Schuyler. The Work of N. LeBRUM & Sons, *Architectural Record*, Vol.XXVII, No.5, 1910,
　　1. Edited by Roger Shepherd. *Skyscraper: The Search For an American Style 1891-1941*, New York:
　　McGraw-Hill, 2003, 161.

　　由建筑师卡斯·吉尔伯特(Cass Gilbert)设计的伍尔沃斯大楼可以说是纽约折中主义风格时期的最经典之作,建筑塔楼顶部仍有钟楼原型留存,同时建筑师成功运用了哥特式的细部勾勒建筑整体线条,从建筑整体尺度上看与中世纪哥特式建筑没有任何关联,但其细部确实狂热地采用了哥特式样,以陶土材质做装饰覆盖的尖拱、拱券和飞扶壁,卡斯毫不掩饰他对哥特样式的热情,"摩天楼因其消失于云层的高度而独具纪念性,这使得它的体量需要被激发得更高,而哥特风格给予了我们表达这一最强烈热情的可能……[1]"。从建筑师吉尔伯特的感叹中不难看出其受到沙利文对高层建筑的美学思考影响,而哥特式的解决方案(the gothic solution)成为建筑师完成摩天楼传达出优雅且高耸的内在精神的设计手段(图5-2-15)。

图5-2-15　伍尔沃斯大楼远景及大楼陶土装饰细部

---

[1] Paul Goldberger. *The Skyscraper*. New York: Knopf, 1981, 44.

这一时期的美国摩天楼风格探索也尚处于一个归纳、借鉴与突破的阶段，从纽约熨斗大厦到伍尔沃斯大楼，建筑立面已经更加趋向简洁，折中主义的复古样式已经开始减弱，建筑整体的三段式处理及立面开窗的设计与"芝加哥学派"风格更为接近，哥特风格的借鉴也更加明确了摩天楼风格探寻的下一步方向。同时期近代上海摩天楼的发展尚处于雏形期，与1885年芝加哥建成第一幢摩天楼时间段比较，近代上海摩天楼的出现虽晚于美国摩天楼几十年，但在接下来不到十年时间，建筑师们及时追赶起源自美国的摩天楼的样式风格，不论是整体形式，还是风格细节上都"流露"出对当时纽约摩天楼风格的"追随"；紧接着进入以沙逊大厦为起点的下一阶段，近代上海摩天楼的建造数量与体量在迅速发展的同时，中西方建筑师向美国摩天楼风格的学习表达更加明显，上海租界里摩天楼样式风格的探索与解决方案则呈现出更加多元化的发展方向。

5.2.2　进入以装饰艺术风格为主线的摩登年代

自20世纪初，上海的报刊上便有对美国摩天楼的报道，尤其进入20世纪20年代末30年代初，关于纽约标志性摩天楼及其营造的现代都市景象的各种报道与图片新闻更是频繁出现（图5-2-16），实际上，在纽约折中主义风格的摩天楼

图5-2-16　20世纪30年代上海期刊上对美国摩天楼的介绍

风靡过后,美国摩天楼风格探索有了巨大发展,一种全新的属于摩天楼的现代风格已经在美国出现,而近代上海的摩天楼也以1929年建成的沙逊大厦为标志,进入装饰艺术风格时代。谈到"装饰艺术"风格,最容易被人们想到的应该是以1925年在巴黎举办的国际装饰艺术与现代工业博览会(Exposition Internationale des Arts Décoratifs et Industriels Modernes)为起点的发展缘起,美国摩天楼的装饰艺术风格特征与这次事件不无关系,但也有美国建筑师在对摩天楼风格探寻过程中的独立思考,面对时代发展的精神回应。本节首先会对近代上海摩天楼装饰艺术风格的源流美国摩天楼中装饰艺术风格的出现、发展及风格特征做梳理,然后再对应近代上海摩天楼的装饰艺术风格的特征进行比较讨论。

1. 源流:专属于摩天楼的"现代"(modern)风格—装饰艺术风格在美国的出现

受到第一次世界大战(1914—1918)影响,美国摩天楼的开发与建设也稍有停滞,新一轮建造与摩天楼风格探索的热潮,因1922年芝加哥论坛报为庆祝创办75周年之际举办的一场名为"世界上最漂亮办公建筑"(the most beautiful office building)[1]的建筑竞赛而再次掀起(图5-2-17),在芝加哥论坛报大楼(the Tribune Tower)近250份参赛作品当中,由豪尔斯与胡德建筑事务所(Howells & Hood)的雷蒙德·胡德(Raymond M. Hood)[2]设计的方案最终获得了第一名。这幢摩天楼以哥特式样来表达建筑的钢结构柱,随着凸出的窗间壁自下向上升至顶端,这一强有力的竖向性立面造型与顶端的哥特式飞扶壁相遇、结束,而为了加强摩天楼优雅高耸的效果,建筑师将顶部犹如皇冠般的装饰设计成在夜间可以点亮的霓虹,其实景效果当时让人惊叹(图5-2-18)。紧

图5-2-17　芝加哥论坛报大楼竞赛广告发布

[1] The Chicago Tribune competition, *Architectural Record*, Vol.LIII, No.2, 150-157, Edited by Roger Shepherd. *Skyscraper: The Search For an American Style 1891-1941*, New York: McGraw-Hill, 2003, 199.

[2] 雷蒙德·胡德(Raymond M. Hood, 1881-1934),曾就读于MIT,巴黎艺术学院设计学院(École des Beaux-Arts)。

图5-2-18　芝加哥论坛报竞赛第一名作品夜景效果图

接着1924年，建筑师胡德又设计了美国散热器公司大楼（the American Radiator Company Building），他在解释自己是如何开创性地设计出这两幢大楼时，说到："在我至今的实践中，仅有的这两幢摩天楼设计经历并不能说明我在建筑表现上认为一幢建筑是否就应该是垂直地，或者水平地，亦或是立体主义的，恰恰相反，这个过程让我明确了设计中不应该存有一个确定的想法，以这两幢摩天楼为例，他们都具有'垂直'风格（'vertical' style），或者被称为'哥特'的（'Gothic'），可这只是因为我碰巧将它们设计成了这样。如果在设计它们的过程中，我还仍沉醉在意大利钟楼或者中国宝塔的图景想象中的话，我想最后的体量构成一定是'水平的'……如果在这一风格的发展探索阶段，我们自由的训练与想象就已止步，仅依靠我们贫瘠的标准的程式化的知识以及经验，那么这一切都不可能发生。"但胡德自己也表示"也许，我应该更准确的讨论下这一不同风格，但与我而言，就像我对其他一切事物认知一样，之于风格，它仍还悬在云端。"[1]（图5-2-19）

如果说获得芝加哥论坛报业主青睐的第一名作品风格仍还"在云端"的话，那么，竞赛中由芬兰著名建筑师埃利尔·沙里宁（Eliel Saarinen）[2]设计获得的第二名作品，有关这一张图稿后期的大量出版，及其在业界获得的如潮般赞誉与

[1] Cervin Robinson and Rosemarie Haag Bletter, *Skyscraper Style: Art Deco New York*, Oxford University Press, 1975.

[2] 埃利尔·沙里宁（Eliel Saarinen, 1873-1950）是一位天才艺术家，他曾在赫尔辛基大学艺术学院学习绘画，同时在赫尔辛基理工大学建筑系学习设计，并于1897年毕业。老沙里宁是世纪之交芬兰民族浪漫主义的领导人之一，1912年加入了"德意志制造联盟"，在他获得"芝加哥论坛报大楼"竞赛第二名之后，于1923年全家迁居美国，并在美国培养出小沙里宁、伊莫斯、伯托埃等一批划时代人物，被称作"美国现代设计之父"。代表作品赫尔辛基火车站，为浪漫古典主义建筑的代表作，既具有古典厚重的纪念性却又不呆板。

图5-2-19　(左)胡德设计芝加哥论坛报大楼效果图植入城市空间的实景呈现;(中)芝加哥论坛报建成(1925);(右)大楼入口细节实拍

积极评论,对摩天楼的风格转变起到了变革性的作用,难以想象的是,这还是一幢未建成的建筑(图5-2-20)。能与这一幢纸上建筑("paper architecture")的影响力媲美的,大概只有1919年密斯·范·德罗设计的那一幢透明的"玻璃"摩天楼[1]。沙里宁在这一竞赛作品当中,将整个建筑分为三段,基座中段与顶部,但体量呈收分式向上退台收进,风格的弱化是建筑的明显特点,但建筑师仍采用了少量哥特式的装饰要素强化建筑优雅的竖向性,同时在每一退台部分的顶端也采用了竖向性装饰强化,这一放弃大量折中主义的繁复装饰,同时以退台式的建筑体量及每一退台体量顶端的竖向装饰强化的设计语汇,完全应和了沙利文早年提出的高耸且尊贵的(loftiness)摩天楼的外貌呈现。沙利文在1923年《建筑实录》上发表关于这一竞赛的文章中,对沙里宁的设计

图5-2-20　沙里宁设计的芝加哥论坛报大楼被插入城市肌理当中,背后是已建成的芝加哥论坛报大楼(1927)

[1] Ada Louis Huxtable. The Tall Building Artistically Reconsidered: The Search For a Skyscraper Style. New York: Pantheon Books, 1984, 40.

图5-2-21　1925年巴黎展上老佛爷展馆（Pavilion of the Galeries Lafayette）

评价到"在崇高且悦耳的话语中，它预示着一个时代的到来，而且已不是很远，到那时，思想将挣脱于对旧有观念的狂热与束缚[1]"。

的确，沙里宁的设计思路将建筑师从看似已经毫无逆转的摩天楼设计的延续风格中解放出来，而建筑中采用的退台式体量风格与1916年纽约颁布的区划法案中对建筑高度与街道宽度之间的比例关系的控制也"恰巧"不谋而合[2]，"沙里宁风格"（the Saarinen Mode）通过在区划法案中对建筑高度控制的不断修正中发展成熟，简单讲，我们现在看到纽约许多摩天楼犹如金字塔状的体量形态就是受到这一法规控制的影响。而1925年另一个重要的事件，即在巴黎举办的国际装饰艺术与现代工业博览会，其对于美国摩天楼现代风格的形成也起到了关键性作用。（图5-2-21）就在曾经受训于法国布扎的建筑师及亲法的美国建筑师（Francophile American architects）不知该如何摆脱传统的"学院派"布扎传统教育体制，如何解决建筑功能与表皮装饰细节之间缺乏联系的设计方法，对于装饰踌躇不定之时，这一博览会的举办犹如一个信号，美国建筑师们认为博览会上展出的各式各样装饰艺术元素已经作为工业时代的现代主义（modernism）被法国所接受，之于美国摩天楼风格的历久探寻，这一博览会的举办就像难题解答中的最后一环，使得一切迎刃而解了。

美国现代的"摩天楼风格"的形成，是在以沙利文为核心的芝加哥学派最初思想的影响下发展起来，同时在风格与法规，传统与现代，功能与装饰的对抗之中不断曲折前进的探寻过程，事实上，除了1916年纽约区划法案、1922年芝加哥论坛报大楼竞赛，及1925年巴黎装饰艺术博览会等大型事件的影响，伴随整个过程发展的还有美国、欧洲同时代同时期其他存在的建筑思想艺术思潮及设计作

---

[1]　The Chicago Tribune competition, *Architectural Record*, Vol.LIII, No.2, 150–157, Edited by Roger Shepherd. *Skyscraper: The Search For an American Style 1891–1941*, New York: McGraw-Hill, 2003, 201.

[2]　1916年纽约颁布的区划法案要求建筑的高度需根据所临街道的宽度决定，而仅建筑基地面积的四分之一面积的建筑高度是没有高度限制，笔者将在下一节讨论剖面设计的内容中对这一部分内容作详细的比较性研究。

品，如美国建筑现代运动中代表人物弗兰克·劳埃德·赖特的"有机建筑"（organic architecture）思想，德国表现主义（expressionism）及法国立体主义的作品等。（图5-2-22、图5-2-23）自1925年起，从第一次世界大战恢复过来的纽约新建筑建造数量激增，据统计，这一年的数值是第二次世界大战到1957年之间未有任何一年超过其50%，而次年1926年的建造数量，第二次世界大战到1957年之间未有任何一年超过其30%[1]，这一建造的高潮正好为摩天楼的现代新风格创造了兴盛的绝佳条件，短短5年，大批具有高耸优雅的形态意向的摩天楼以退台式的全新体量风格

图5-2-22　约瑟夫·霍夫曼（Josef Hoffmann）设计的布鲁塞尔斯托克莱住宅（1905—1911）

图5-2-23　弗兰克·劳埃德·赖特设计好莱坞住宅（1920）

开始伫立于纽约街头，最显著细部的特征就是建筑入口、退台体量交接处及顶部的加强型华丽装饰（图5-2-24），多为浮雕式陶土彩釉图案，或几何型，或自然植物纹样，入口处也加入金属材质。从1927年建成的纽约公园街大楼（Park Avenue Building）中可以明显看到摩天楼风格上的演进，这座大楼由巴克曼建筑事务所出品（Buchman & Kahn, architects），主创设计师为伊莱·雅克·卡恩（Ely Jacques Kahn）[2]，整座建筑立面通过精湛的砖砌技术搭配跳跃熟练的陶土彩釉装饰共同实现，建筑选用了暖色砖面进行大面积铺陈，同时在建筑退台分段体量顶部以另一种色调的楣饰勾勒，窗下墙辅以几何形的色彩装饰细节，完工后的摩天楼在阳光下呈现出清晰完美的色调与阴影的变幻（图5-2-25）。

　　1931年，高1 250英尺（381米）的纽约帝国大厦建成，成为世纪第一高摩天楼，建筑装饰图案简化，体量愈加简练，公园街大楼后侧即是建成的帝国大厦。大

[1] Gordon D. MacDonald, *Office Building Construction, Manhattan 1901-1953*, New York: Real Estate Board of New York, 1952.
[2] 伊莱·雅克·卡恩（Ely Jacques Kahn, 1884-1972），1907年毕业于纽约哥伦比亚大学建筑系，随后四年在巴黎高等艺术学院学习，1915年进入巴克曼建筑公司，该公司专门研究大型工业建筑及办公楼设计。

图5-2-24　家具交易大楼（Furniture Exchange Building, 1926）与巴克雷–维塞大楼（Barclay-Vesey Building, 1930）细部装饰

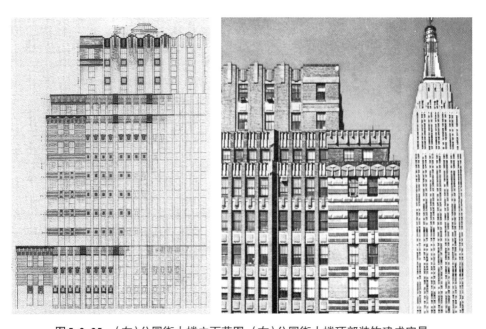

图5-2-25　（左）公园街大楼立面草图；（右）公园街大楼顶部装饰建成实景

厦建成后，紧接着发生的美国经济大萧条延续了 20 余年，直到 50 年代后期，这座更具现代风格的摩天楼作为全纽约、乃至全球第一高楼的位置，一直到 1972 年才被纽约世贸中心以 1 368 英尺（约 417 米，毁于 2001 年）[1] 的高度超过；纽约乃至整个美国的现代摩天楼风格探寻在此达到鼎盛，也几乎止于此，但是值得注意的是，这时还未有对这一已发展出完整设计语汇，且具有时代精神的风格进行任何命名，仅有"金字塔式""退台式"等的样式称呼。

对于 20 世纪 20 年代至 30 年代，美国以纽约为代表的摩天楼风格研究，直到 20 世纪 60 年代，才有建筑师、摄影师开始关注这座城市中的珍贵历史建筑，起初关于讨论装饰艺术（Art Deco）的文章与书并不切题，由于中间萧条的 20 余年，一时间未能从摩天楼风格探索的整个过程进行研究，进入 60 年代末 70 年代初，这一"现代"（moderne）的风格，源自巴黎国际装饰艺术与现代工业博览会（Exposition Internationale des Arts Décoratifs et Industriels Modernes）中的法语单词"Arts Décoratifs"被正式赋予了 1920 年代后期盛行于美国的摩天楼风格，也被称作为"装饰艺术"（Art Deco）的，或者是"摩登"的、"现代"的摩天楼风格，有关的源流讨论渐渐清晰与丰富起来。这一属于摩天楼的装饰艺术风格，属于美国人的现代派风格，从沙利文一脉沿袭而来，是对应于商业大楼（commercial building）而出现的"商业风格"（commercial style），这一风格不仅受到欧洲装饰主义影响（European decorative influence），更是由来自美国本土的建筑师们几十年不懈努力所取得的成就，包涵了建筑师们对于现代都市的未来畅想，也许这里面还包含了美国在政治独立后试图在精神文化方面摆脱欧洲影响，试图寻求属于自己时代国家的一种具有精神象征的建筑风格。

2. 对装饰艺术风格样式的学习与演变

20 世纪 20 年代末，上海楼宇建造蓬勃向上的"摩天"化发展，受西方影响，其风格也向全新方向演进。继海关大楼之后，1929 年 8 月 3 日，公和洋行设计的沙逊大厦完工，成为上海滩标志性的现代建筑，从摩天楼风格角度来说，虽然建筑顶部的墨绿色金字塔铜皮屋顶造型仍然带有"钟楼"样式的折中主义风格影子，但是，不可否认，竖向性的建筑体量、摒弃古典装饰的立面及檐部和基座的几何图案线脚等特征细节都可以作为开启上海"摩登"建筑风格新时代的显著标志。

---

[1] 数据来源：纽约摩天楼博物馆。

THE REBUILDING OF THE BUND-NANKING ROAD
CORNER SITE

图5-2-26　1925年11月沙逊大厦在《北华捷报》上的第一次方案展示

"新"建筑是如何"炼成"的？让我们从沙逊大厦的几轮设计稿中找出答案。大厦第一次亮相是在1925年11月的《北华捷报》上，此时沙逊大楼还未定名，文章主标题为：《外滩南京路转角重建》（the Rebuilding of the Bund-Nanking Road Corner Site），从最初的效果图上我们就可看到建筑师已经采用了在纽约盛行一时的钟楼式摩天楼顶部造型（图5-2-26）。当时设计高度仅150英尺（约45.72米），从图上看建筑三段分段明显，底部为粗质石材贴面的拱券造型，中部为标准层，檐口为装饰简洁的线脚与顶部分隔，顶部一层设古典拱券柱廊，其上覆盖金字塔状尖顶，建筑面向东面临外滩立面较宽，建筑体量上并没有刻意加强向上竖向性，体态敦实。建筑底层设置了商店及银行功能，不做分割的大块玻璃为商店提供很好的橱窗展示性，这成为当时上海摩天楼功能设置上的一大创新。

实际上这一设计与芝加哥学派代表人物沙利文在他1896年发表的论文《高层办公建筑的美学思考》（The Tall Office Building Artistically Considered）里对高层办公建筑设计的阐释非常契合，沙利文认为当下高层建筑的出现是一个必须要接受的事实，设计的关键在于如何赋予这一粗鲁的"野蛮之物"以典雅之感，他提议"在一种类似于其自身演化的过程中"寻找答案；在具体设计中，其一，"在建筑的底层设置商店、银行等其他需要宽敞空间的功能，同时注重主入口设计以吸引来往人流"，底层外立面应该以"自由广阔并且奢华的"方式呈现；其二，底层之上的办公楼层一概标准化，"因为它们确实相同所以要让他们看起来一样"；最后，也是需要最着重强调的是顶楼（attic），告诉大家"这一系列的办公楼层已经完全结束了"。这一基本三分法设计（the basic three-part division）几乎运用到了所有后期摩天楼设计中，只有极少例外。沙逊大厦底层主要功能设置为商店与营业厅，商店上层原来设计是办公与百货公司功能，后来做调整。从这一阶段建筑立面看，虽然建筑师已经放弃大部分古典柱式与装饰纹样，但是，对摩天楼整体风格的把握还未与同时期美国盛行的摩天楼风格——装饰艺术风格接轨。

次年9月,定名为"新沙逊大厦"(the New Sassoon Building)的木质建筑模型再次在《北华捷报》上亮相,立面风格有了很大改善,设计已与建成作品十分接近。建筑高度调整至240英尺(约73.15米),底部拱券设计简化,无券心石,立面以面向外滩的东立面调整最大,不仅窗体尺寸调整,同时以三格窗户为一组,将每格窗户间与每组间的窗间壁都加厚,大大加强了建筑立面韵律,以及向上挺拔的竖向性效果。建筑10层以上两层向上做退台式收分,顶部金字塔屋顶造型采用铜皮材质,使建筑比例更趋向上。在这一次的塔顶设计中,最高处还加设了一颗被4个人像托起的巨大玻璃球(a large glass ball),这一玻璃球在夜晚可以点亮(图5-2-27)[1],这一"前卫"想法和1922年由美国豪尔斯与胡德建筑事务所

图5-2-27　"顶上明珠"——1926年9月刊登在《北华捷报》上的沙逊大厦模型局部

(Howells & Hood)的雷蒙德·胡德(Raymond M. Hood)[2]设计的芝加哥论坛报大楼顶部照明设计类似,强化了摩天楼的顶部造型及大楼高耸的摩天形象。遗憾的是,这一想法在最后的建成作品中没有实现,这颗巨大的玻璃球被改为一方尖形屋顶作罢,但丝毫也没有影响沙逊大楼建成后成为上海滩最耀眼的那颗"明珠"。

建成后的沙逊大厦,屋顶钟楼造型仍具有折中主义风格的样式特征,是从意大利钟楼造型中寻求的摩天楼立面形式的解决方法,以意大利圣马可广场上的钟楼作为原型演绎出的这一塔楼造型,正如上一节所讲,钟楼造型一度成为纽约曼哈顿岛上摩天楼的风向标,建筑竖状窗条引导体量向上挺拔、几何形装饰细部均呈出装饰艺术风格特点,杂志报纸纷纷以"沙逊巨厦[3]""沪最高建筑[4]""上海

[1] NEW SASSOON BUILDING, The NORTH-CHINA HERALD, 1926-09-25(604).
[2] 雷蒙德·胡德(Raymond M. Hood, 1881—1934),曾就读于MIT,巴黎艺术学院设计学院(École des Beaux-Arts)。
[3] 郎静山(赠印).上海市一瞥:(一)沙逊巨厦:[照片],商业月报,1930,10(1),1.
[4] 朱琦.沪最高建筑南京路口沙逊房子:[照片],大亚画报,1929(197),1.

图5-2-28　沙逊大厦历史照片

一九二九年最宏伟之新建筑[1]"对其进行大标题报道。（图5-2-28、图5-2-29、图5-2-30）

挺拔高耸的新风格摩天楼——沙逊大厦，像一座立于黄浦江畔的巨型布告，似乎在告诉所有上海的建筑师们，一个向摩登风格转型的新时代的来临。自此至1937年，在不到十年的建造时间里，上海摩天楼风格呈现出趋于多元的发展特征，西方文明与中国传统的碰撞，摩登风与国际式的交融，西方建筑师与留美学成归国的中国建筑师们将各显其能，为上海近代的摩天楼披上各式外衣。

沙逊大厦建成后的标志性效果颇让翘脚沙逊满意，紧接公和洋行又接下了新沙逊洋行的又一任务委托，位于福州路江西路口两转角

图5-2-29　沙逊大厦钟楼造型的来源：意大利威尼斯圣马可广场钟楼（左）；1909年建成的大都会保险公司大楼明信片（右）

---

[1] 现代都市——上海：沙逊屋在黄浦滩南京路口为上海一九二九年最宏伟之新建筑：[照片]，中国大观图画年鉴，1930，185.

图5-2-30　沙逊大厦屋顶檐口墙面等装饰细节

地块的汉弥尔登大楼与都城饭店两幢姊妹摩天楼（图5-2-31）。1929年7月"汉弥尔登大楼"[1]效果图一经刊出，就被媒体感叹具有"纽约摩天楼风格"（"the New York Style of sky-scrapers"）[2]，这是近代上海第一幢具有现代装饰艺术风格的摩天楼。两幢楼外形神似的摩天楼，相继于1933年与1934年完工，大楼体量都以转角为最高，沿地块相邻的福州路与江西路跌落，这一退台式设计是为遵守公共租界建筑法规当中建筑高度受相邻街道宽度限制，这一点与纽约摩天楼体量受1916年颁布的区划制度控制相似，建筑分底部中层上端三部分，入口位于街道转角高两建筑分底部中层上端三部分，入口位于街道转角高两层，有三个圆拱形开口拉长比例，顶端以简单几何花纹装饰，做着重处理，底层为商业用途配置了大面积玻璃窗设计，建筑中部为标准层，以窗间壁强调建筑的竖向性，顶部再以女儿墙的圆拱造型收头，与入口造型呼应，强化了建筑整体的高耸感，同时在顶部以古典卷纹与几何图案搭配装饰，增加摩天楼的优雅之感（图5-2-32）。在建筑还未建成时，国际媒体凭借着已经甚是发达的讯息传播渠道及对潮流的敏感嗅觉，预测着上海的未来："从一开始的规划和构思中，其独特的面

图5-2-31　矗立于江西路福州路口的都城饭店（左）与汉弥尔登大楼（右）

[1] 该地块后实际建成为都城饭店，汉弥尔登大楼这一名称用在对面南转角地块。
[2] SKYSCRAPER FOR CENTRAL SHANGHAI, *The NORTH-CHINA HERALD*, 1929-07-06(13).

图5-2-32　汉弥尔登大楼（现名福州大楼）实景特写

貌就注定了它将要在这座城市的建筑复兴过程中，成为一件令人难忘的案例。伴随着渐进的、必然而来的变化，许多旧形式的消失将坚定地改变着上海城市的面貌，建筑的新种类和新形式将正在令人目不暇接地到来。借此机会，一些新的东西已经被公和洋行介绍进来了，这幢大楼模仿了美国城市中存在的摩天楼形式（尽管没想得那么高）便是其最明显的特征。"[1]

　　近代上海设计摩登装饰艺术风格摩天楼的另一位非常重要的人物则是匈牙利建筑师邬达克（László Hudec, 1893-1958），他设计的真光广学大楼（1930—1932）及国际饭店为近代上海装饰艺术风格摩天楼中另一支杰出作品代表。真光大楼二层以上外墙以赭石色砖墙砌筑，窗下墙砖采用偏铁锈红砖体，而窗间壁采用了较深偏褐色砖，建筑师通过砖体颜色的深浅变化生动地刻画出摩天楼高耸垂直的竖向性特征；其次，建筑底部被处理为白色，东立面大门头上镌刻着真光大楼四个字，大面积的玻璃橱窗设计、几何形线条勾勒的门楣、入口折线透视处理等细节都使得整座建筑具有强烈的现代感；同时，建筑退台端部及建筑顶部被着重刻

---

[1]　The Fast Eastern Review, Nov. 1929，转引自钱宗灏.20世纪早期的装饰艺术派.申请同济大学工学博士学位论文,2005年10月,141.

画,建筑师在窗间壁顶端以乳黄色砖作出挑式的镶边处理,退台顶部女儿墙也以乳黄色砖勾勒,强化了顶部线条;另外,建筑第八层到第九层的面砖砌筑方法发生变化,营造出动态向上的视觉效果,八层中部窗体改为尖券造型,八层女儿墙为几何三角折线形,与底部入口的几何线性门楣设计相呼应。西面广学会大楼入口作贯通立面的巨大尖券造型,气势宏伟,细部处理与真光大楼相似。在这里,如果只是简单将邬达克的摩天楼设计总结为运用了哥特式手法的装饰艺术风格建筑,可能过于轻率了,邬达克在整个设计过程中不仅非常强调窗间壁的垂直处理手法,同时底部着重处理、摩登几何折线装饰、材质变化、颜色对比等纯熟的设计手法与语汇,产生出传统与现代的美妙碰撞,将装饰艺术风格摩天楼所需具备的几个基本特征完美表达了出来。(图5-2-33、图5-2-34)

　　1934年完工的国际饭店是邬达克的另一个标杆性的作品,这幢一直被誉为"远东第一高楼"的作品也是近代上海装饰艺术风格的摩天楼杰出代表作。整座大楼高22层,同样是以窗间壁加强了建筑向上的竖向性,建筑自15层处开始向里层层收进,并且以加粗顶部四面角柱及窗间壁的方式强化了建筑高耸感,同时,由于建筑面向的静安寺路紧邻宽广的跑马场,因此建筑高度在此并不受限制,阶梯状的退台式设计完全是应装饰艺术风格摩天楼的造型需求,大楼整体色彩凝重优雅,外墙砌筑采用国产深褐色波纹面砖,建筑建筑底部采用黑色磨光花岗石饰面,建筑师在二、三层面向跑马场的南侧采用了全玻璃幕墙窗的设计,

图5-2-33　真光大楼沿圆明园路立面及墙面装饰细节

图5-2-34　真光大楼入口、顶部等装饰细节特写

使得宾客在此将跑马场之景一览无余，这一连续的长窗处理，在1931年其设计的大光明电影院里就已采用，先锋的设计手法与摩登的造型能力无不体现出邬达克建筑师的专业修养与创新魄力（图5-2-35）。然而，笔者觉得邬达克先生的摩天楼设计与美国建筑师胡德设计摩天楼的手法有很强烈的特征联系，当在纽约曼哈顿岛西40街看到胡德先生设计的美国散热器大楼（1924）时，真实地感到这是建筑师邬达克设计国际饭店的思路源头，无论是国际饭店的造型体量、表皮砖墙颜色材质选择，及真光大楼顶部出挑提亮的装饰手法等，胡德设计的散热器大楼建成时也被认为受到芝加哥论坛报竞赛第二名沙里宁所设计作品的深远影响（图5-2-36、图5-2-37）。考察邬达克个人经历，在1924年独立开业之前他在美商克利洋行工作，在1926—1928年连续三个夏天去过法国、西班牙、瑞士、德国及匈牙利游历避暑[1]，1929年邬达克赴美旅行，当时其正着手国际饭店这一项目，从纽约到旧金山的旅行使他掌握了摩天楼在美国的最新发展动态，从其之后的作品可以得到印证[2]。同时，需要肯定的是，邬达克先生设计的摩天楼，不仅是对美国典型的装饰艺术风格的摩天楼的模仿，同时也糅杂了其个人对当时欧洲现代设计思潮的理解。

总体来说，近代上海装饰艺术风格的摩天楼并未像当时美国摩天楼那般将装饰艺术风格做到极致，建筑体量的退台式设计，及强调窗间壁营造出的向上高耸

---

[1]　谈心.邬达克的上海故事.档案春秋.2012（7）,56—58.
[2]　邬达克在上海作品的评析.华霞虹.申请同济大学硕士学位论文,2000.

图 5-2-35 国际饭店沿静安寺路(现南京西路)立面

图 5-2-36 美国散热器大楼效果图(1924) 图 5-2-37 美国散热器大楼实景,后方背景建筑为纽约帝国大厦

之感就已经是近代上海装饰艺术风格摩天楼的典型性特征，如英商新瑞和洋行绘制的这张中国通商银行大楼效果图，其不断向上收分退台的体量设计及窗间壁营造出的垂直高耸之感可谓装饰艺术风格摩天楼的经典图说。（图5-2-38）由建筑师哈沙德与菲利普联合设计的永安新厦外形简洁，摩登装饰艺术风格的体现同样也是在退台式造型与竖向性的意境营造之上，立面上有简单浮雕图案装饰，永安新老两厦的联通与其前面南京路所营造出的城市空间格局被当时媒体誉为"纽约的时代广场"[1]（图5-2-48）。

至于在建筑表皮的细部装饰上，近代上海的摩天楼大多点到即止，或是体现在建筑檐部线脚图案，或是在底层入口，或是在窗间墙饰材质贴面上，又或者是建筑整体材质的选用，择其一二花上一些工夫，相信这里建筑师也需为业主在建造费用上进行考虑，如南京路四川路口由英商德利洋行与世界实业公司联合设计的迦陵大楼，建筑体量为退台式处理，整体外形简洁，仅在建筑端部做简单装饰；又如为中国建筑师（基泰工程公司）设计的装饰艺术风格风格代表作大陆银行，强调底部入口与顶部檐口设计，作为银行营业厅的底层立面强调竖向构图，底部两层

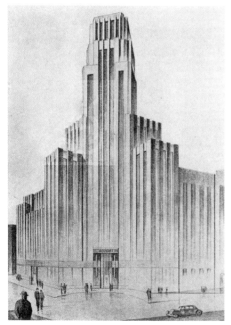 

图5-2-38　（左）中国通商银行新屋效果图；（右）大楼近照

---

[1]　建筑月刊，1934年，第2卷第8期，第2页.

为花岗岩砌筑,窗洞口上下连通,中部与顶部略有后退,形成对称层次感,建筑顶部女儿墙和基座花岗岩檐口上都有装饰性的几何图案。由华裔建筑师李锦沛设计的中央储蓄会大楼,转角塔楼高11层,体量向两侧跌落,至北部又高起成为大楼副中心,建筑底层采用水泥仿石墙面,中央转角塔楼强调竖向线条,一、二层窗间墙饰有金属贴面,几何形状装饰精美,钢窗为黑色,局部细节设计非常精致;位于四川路南端的由美商哈沙德洋行设计的中国企业银行大楼也是非常典型的装饰艺术风格摩天楼,整体褐色面砖的采用及窗间壁的强化效果,使得整座大楼既具有高耸向上之感又不失典雅气质。另外,30年代建成的大多数摩天楼作品皆为装饰艺术风格作品,如位于福州路河南路转角的五洲大药房(1934)位于法租界的中汇大楼(1934),及位置较为偏僻位于汉口路云南路口的扬子饭店(1933)等。毋庸置疑,承袭纽约摩天楼20世纪20年代后半叶发展出的装饰艺术风格,这一摩登风格也成为20世纪30年代上海摩天楼的主流风格。(图5-2-39、图5-2-40)

图5-2-39　永安新老两厦沿南京路立面及永安新厦墙面装饰细节

图5-2-40　20世纪30年代建成的装饰艺术风格摩天楼(从左至右依次为五洲大药房、迦陵大楼、中国垦业银行大楼)

5.2.3　"中国固有式"与装饰艺术风格的交融碰撞

1925年3月,第一任中华民国临时大总统三民主义民主革命纲领[1]提出者孙中山先生逝世,同年5月孙中山先生葬事筹备处通过决议,刊登孙先生陵墓之"南京中山陵"征求条例,进行国际性的建筑图案竞赛,按照条例规定,祭堂"须采用中国古式而含有特殊与纪念之性质",这一条例的英文表述是"classical Chinese Style with distinctive and monumental features",最终获得第一名的吕彦直先生[2]的作品在风格上融合了西方现代性与中国民族性(图5-2-41),这一案例可以说是民国建筑史上探寻现代中国式的最突出最重要案例[3],对其后兴起的"中国古典复兴"[4]思潮起着十分重要的推动作用。

1929年国民政府制定的南京《首都计划》首次出现了"中国固有式"的说法。在《首都计划》第六章《建筑形式之选择》中明确规定,建筑"要以采用中国

---

[1]　"三民主义"是孙中山先生所倡导的民主革命纲领。由民族主义、民权主义和民生主义构成,简称"三民主义",是中国国民党信奉的基本纲领。

[2]　吕彦直(1894—1929),字仲宜,别古愚,生于安徽省滁县(今滁州),中国著名建筑师,1911年,吕彦直考上清华学堂留美预备部。1913年清华学堂毕业后考取公费留学美国,就读于美国康奈尔大学。1918年获康奈尔大学建筑学学士学位。后进入纽约亨利·墨菲(Henry Murphy)建筑师事务所工作。1921年夏,吕彦直返回中国,进入墨菲事务所上海分所工作。翌年3月与黄檀甫共同创办"真裕公司"。1925年9月20日吕彦直设计的中山陵获得首奖,受聘为中山陵墓的建筑师,1926年所设计的中山纪念堂及纪念碑,再次获得一等奖。

[3]　赖德霖.中国近代建筑史研究.北京:清华大学出版社,1992,244—287.

[4]　"中国古典复兴",又称"传统复兴",参见潘谷西老师主编的《中国建筑史》(北京:建筑工业出版社,2001,376-377),一般指以西方现代物质和技术来体现中国古典造型。

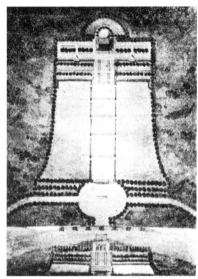

图5-2-41 "南京中山陵"竞赛由吕彦直先生设计获得的第一名作品：左为建筑正面效果图；右为仿钟形总平面图

固有之形式为最宜"，政治区的建筑物"宜尽最采用中国固有之形式，凡古代宫殿建筑物之优点，务必当一一施用"，至于商店方面如有需要，可以采用外国形式，可是"外部仍须有中国之点缀"，"外墙周围皆应增加中国亭阁屋檐之装饰"，而采用"中国固有式"的首要理由即是"所以发扬光大本国固有之文化也"。[1]同期，上海特别市时任市长张群开始组织"上海市中心区域建设委员会"，以江湾为中心着手制定大上海市建设计划，聘请董大西先生[2]为顾问及主任建筑师，他上任之后也明确提出新计划中之建筑需凸显中国固有形式的要求。(图5-2-42)

八仙桥基督教青年会大楼(1931)是法租界里首幢商业摩天楼，也是近代上海受"中国古典复兴"思潮影响，响应"中国固有式"建筑形式之倡导的第一幢摩天楼。建筑1929年10月动工，由美籍华裔建筑师李锦沛，及从美国宾夕法尼亚大学

---

[1] 国都设计技术专员办事处编.首都计划.南京：国都计划技术专员办事处，1929，转引自：王颖，探求一种"中国式样"——近代中国建筑民族风格的思维定势与设计实践(1900—1937)，3，84，85。

[2] 董大西(1899—1975)，中国建筑师，曾任中国建筑师学会会长。1922年毕业于北京清华学校(清华大学的前身)随后赴美国留学，获明尼苏达大学学士学位和哥伦比亚大学硕士学位，1927年进入亨利·墨菲的设计事务所工作。1928年，董大西返回中国，次年被推选为中国建筑师学会会长。1929年，上海特别市政府制定大上海计划，聘请董大西担任"上海市中心区域建设委员会"顾问及主任建筑师，负责主持"大上海计划"的城市规划和建筑设计，代表作有中华民国上海市政府大厦、上海市立图书馆、上海市立博物馆、上海市运动场等。1955年，董大西任北京公用建筑设计院总工程师。"文化大革命"中，董大西先生作为"反动学术权威"受到迫害。

图5-2-42 "大上海计划"中董大酉设计作品：（左）上海市政府大楼（今上海体育学院）；（右）上海市博物馆（现长海医院影像楼）

图5-2-43 八仙桥基督教青年会大楼沿西藏路立面与北京前门立面比较

学成归国的建筑师范文照与赵深三人共同完成，三位具有学贯中西之深厚素养的建筑师们，将中国传统的屋檐样式及细部装饰纹样融入于西式建筑形式当中。建筑立面虽然采用西式摩天楼的三段式，但也可看作是北京前门的"改编版"（图5-2-43），这种通过改变比例的方式对传统样式进行模仿的手法，在纽约的摩天楼中也有案例可循（图5-2-15）。建筑底部三层以浅色花岗石砌筑墙面，入口为拱券形式达两层高，青石门罩与腰线都雕刻中国传统云纹做装饰，大门为仿宫殿采用菱花格心的隔扇，两扇铜质门把手旁都铸印上了一个"推"字。立面中部五层采用褐色面砖装饰，顶部采用中国传统古建筑的重檐样式，为蓝色琉璃瓦屋面，两檐间有一层空间，飞檐翘翼，檐下饰斗拱，北面部分较高，与东面的屋面一样，铺蓝色琉璃瓦，但不起翘。建筑内部装饰也多采取中国传统形式，如仿中国宫殿油漆彩画，门扇都为仿中国宫殿建筑的隔窗等。（图5-2-44）

　　在仍以西方建筑师获得设计上海大部分大型建筑项目机会的情况下，八仙桥青年会大楼是当时中国建筑师能将中国传统建筑设计元素融入新建筑中的难得的尝试机会，但是仿古之味太过浓重，纯粹传统的表皮与现代的建筑功能结合的效果不甚理想。如何将中国传统建筑式样巧妙融合于西式建筑当中这一难题,在1929年《首都计划》对于商业建筑的"形式选择"提出的明确指导意见中,似乎给了建筑师们一剂良方:"可采用外国形式,但中国亭阁屋檐之装饰需成为外部必要点缀",这一指引对之后中国建筑师在处理商业建筑立面风格上产生了非常重要的影响,此时恰逢1929年沙逊大厦完工,装饰艺术风格与中国传统元素势必在摩天楼这一现代建筑的表皮上产生出精彩的碰撞。

　　1930年李锦沛设计的又一个基督教会建筑动工——位于外滩源的基督教女青年会大楼(1932)(图5-2-45),建筑师这次并没有排斥西式建筑形式,大楼立面

图5-2-44　八仙桥基督教青年会大楼细节特写

图5-2-45　基督教女青年会大楼沿圆明园路立面

装饰艺术风格浓重，外墙主体为浅赭石色清水砖墙，窗下墙采用仿花岗石的白色墙面，由于色彩对比，赭石色的窗间墙形成明显竖向感，由于街道宽度限制建筑高度，建筑体量上呈现退台式。而在建筑细节上，建筑师则在门头、檐口、窗下墙等处都采用中国传统经典的如意回纹、云纹等凸出的纹样装饰，建筑底层饰石刻莲花瓣须弥座勒脚，靠东南部窗下墙有"尔识真理，真理释尔"的会训碑刻。楼内装饰中也随处可见中国元素，如天花藻井，方内套圆，圆内有万字、吉字形装饰图案，以及宗教符号，办公室空间天花有简化的仿和玺彩画，该大楼是装饰艺术风格中融合中国传统元素较理想的案例（图5-2-46）。

另外，近代中国由中国人自己创办的最大的建筑事务所基泰工程司，其设计的两幢摩天楼大新公司（1936）与聚兴诚银行大楼（1937—1988），也成为30年代上海装饰艺术风格与中国传统元素交融的代表作。大新公司最初的方案比最后施工建成的方案更具中国式。1932年8月10日在北华捷报刊登出即将建于西藏路南京路口的商业摩天楼——大新公司的效果图，图上看到，在建筑转角顶部顶着一个夸张的中国传统样式的三层屋檐，或者说，是在建筑使用楼层的顶端以一个三层高小宝塔做了收头，建筑北面体量以重檐顶覆盖，建筑檐口有琉璃屋檐式样做装饰，底部入口浮夸，建筑主体立面仍有强调竖向性的窗间壁。从这张效果图上看，由于传统中国宝塔意象与重檐样式的夸张使用，使

图5-2-46　基督教女青年会大楼中国传统纹样装饰细节

得摩天楼视觉上的中国式远远胜过现代摩登风,但是这一方案最终未被采纳(图5-2-47)。1936年建成后的大新公司建筑外貌简洁明朗,建筑底部贴黑色花岗石,一层橱窗上设有大遮蓬,用料华贵,以中国黑闪石装饰,上部贴米黄色釉面砖,顶部传统的重檐与宝塔样式都被取消,仅在屋顶女儿墙上作中国式挂落装饰,外墙仍以竖直线条为主,强调现代的装饰艺术风格,室内采用彩色磨石子护壁及地坪,装饰花纹传统(图5-2-48、图5-2-49)。未能在大新公司设计中实现的中国传统意象,在1937年动工的聚兴诚银行上的设计图纸上,我们又看到了基泰工程司的再次尝试。这幢摩天楼转角高为12层,顶部再次以中国传统屋顶样式强化,第11层与12层结合中国古代琉璃瓦重檐八角亭的立面样式设计,11层虽墙面封闭,但外部仍设回廊作为装饰,墙面贴浅黄色大理石,中间设腰线,窗下墙饰回纹图案,底层入口处采用飞檐门罩,精心设计了斗拱、霸王拳等中国传统古建筑构件,装饰细节上体现了建筑师在现代摩天楼中融入中国式的煞费苦心,摩天楼156.3英尺(47.6米)高的竖向感仍然通过窗间壁强化(图5-2-50)。可惜的是这一具有强烈中国传统古建筑意象的摩天楼未能实现,由于战争原因大楼建造至4层便停建,一直到1988年按原图纸复建,但重檐、琉璃瓦檐、中国传统构件及回纹雕刻图案等全部取消。(图5-2-51、图5-2-52)

图5-2-47　1932年刊登于北华捷报上的大新公司最初方案

图5-2-48　大新公司历史照片

图5-2-49　大新公司顶部传统装饰细节

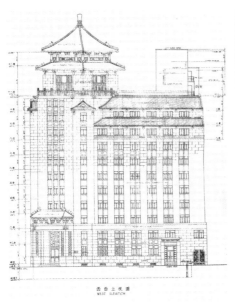

图 5-2-50　聚兴诚银行大楼正立面图

图 5-2-51　聚兴诚银行建成后入口

图 5-2-52　聚兴诚银行大楼顶部被简化的
传统装饰细节

在近代上海摩天楼当中仅有一幢融合中国传统元素的装饰艺术风格大楼是委托给西方建筑师完成，这就是外滩上最后完工的一幢摩天楼——中国银行总行大厦（1934—1937），不过，中国银行业主虽然将项目委托给了当时上海滩上最著名的公和洋行，但同时聘请从英国伦敦建筑学会建筑学院学成归国的陆谦受先生担任建筑课课长参与设计。从图纸上考源，中国银行总行大厦方案共经历三轮方案更改（从左往右），公和洋行所提第一轮方案在1935年《建筑月刊》刊出，按照当时计划这一摩天楼拟建至28层，副楼高6层，将成为外滩乃至整个上海滩的第一高楼，大楼立面为典型的装饰艺术风格，底部两层以横向线条为主，三层高的入口面向外滩，端庄高大的拱门设计营造出与众不同的气势，突出的窗间壁设计营造了建筑强烈的垂直高耸感，局部作退台错落的体量变化，建筑顶部以中国传统云纹装饰线脚收头，不失为一幢带有中国传统装饰纹样的现代典雅之作。不过这一轮方案没有最终通过，而建筑的高度也因为南邻沙逊大厦业主阻挠，降到了17

图 5-2-53　中国银行总行大厦第一轮与第二轮方案效果图

层,第二轮方案于1937年公布,建筑立面意象改动颇大,建筑师的署名也由上一轮"公和洋行",加上了"陆谦受建筑师""联合设计"。建筑立面最大改变是竖向线条弱化,体量更显出方正秩序,从效果图上看,建筑顶部四角有独立吻兽装饰,竖向镂空窗格顶部线脚勾勒均采用中国传统图案,入口拱门方案舍去,改为方正形式,门前两颗雕有中国传统吉祥纹样方柱,立柱上方雕饰"孔子周游列国"图样,从建筑立面图纸上依稀可见人物剪影,两扇紫铜图案雕饰大门气派庄重。(图5-2-53)但这一轮方案仍未定稿,最终建成作品去掉了建筑顶部角部装饰,加上了一个坡度平缓的四方攒尖形的琉璃瓦屋顶,檐口以石制斗拱装饰,其他地方未有明显改动(图5-2-54),建

图 5-2-54　中国银行总行大厦之鸟瞰

筑底层大厅装饰精致，穹形天花板两侧有八仙过海雕饰。也许加上这顶"帽子"在业主和中方建筑师心中才是真正兼具"中国固有式"之现代摩天楼。当时全国民族情绪高涨，号称为"南中国唯一之纯建筑刊物"的《新建筑》于1936年在广州发行，在创刊号上提出的"我们共同的信念"是："反抗现存因袭的建筑样式，创造适合于机能性，目的性的新建筑"[1]，将现代风格与中国传统式样结合的折中主义设计态度正是迎合了当时的国民情绪。（图5-2-55）

中国银行总行大厦是西方建筑师妥协于中方业主的经典案例，也是外滩界面唯一一幢由中国建筑师参与设计的摩天楼建筑。参与设计的业主方建筑师陆谦受先生在一篇文章当中，表明了他在设计时面对建筑的现代功能与风格的传统美学时候的态度："我们认为派别是无关紧要的。一件成功的作品，第一不能离开实用的需要，第二不能离开时代的背景，第三不能离开美术的原则，第四不能离开文

图5-2-55　中国银行总行大厦镜头特写：左为从下往上实拍大厦；右上为大门立柱上方"孔子周游列国"图样雕饰；右下为大厦沿外滩入口

---

[1]《新建筑》杂志在创刊词（1936. Vol.1）当中写到：建筑在南中国似乎是个很熟面的名词了，可是将他从泥水工匠的观念中解放出来，而认为是一种专门的技能，是在造型艺术领域中占着重要位置的艺术与科学的产物，恐怕是新鲜的学问罢。

化的精神。[1]"中国建筑师的崛起,打破了长久被西方建筑师垄断近代上海重要大型建筑设计业务的局面,八仙桥青年会大楼、基督教女青年会大楼、大新公司、聚兴诚银行大楼及中行大厦成为租界里面少有的几幢具有中国民族传统形式的摩天楼。正如美国的墨菲(Henry Killam Murphy, 1877—1954)所说:"我认为我们的思考必须从中国的外在形式出发,当需要满足一些特殊需要的时候可以引进一些外国的东西……这样才能创造出一栋真正的中国的建筑。"[2]在现代主义思想探索道路上,美国对摩天楼这一新类型出现时产生的有关传统与现代的讨论,有关形式与表皮的争论,在中国同样也出现了,虽然最终只是式样上装饰结合,但的确反映了中国第一代建筑师在学习接受西方现代建造技术与建筑新功能的同时,对于探寻一种作为民族身份认同的表皮形式所做出的尝试与努力。

5.2.4 "现代派"摩天楼

近代上海摩天楼当中,除了大部分以摩登的装饰艺术风格为主体的高楼外,还有少数几幢展现出来去装饰"少风格"(less-style)的摩天楼,通常被称为"现代派"。这几幢摩天楼主要都为法国建筑事务所设计,首先是中法实业公司(Minutti & Co., Civil Engineers Architects)设计的位于公共租界四川路上的加利大楼(1933),及位于法租界黄浦江畔的法国邮船公司大楼(1939)(图5-2-56)。两幢建筑的形体都方正简洁,外墙为水刷石饰面,立面不刻意强调建筑的竖向性,无窗间壁无装饰,法国邮船公司的入口设计稍加强调,拾级而上高两层,门洞以黑色磨光花岗石贴面。由赉安洋行设计的位于法租界的麦兰捕房(1935)则以突出地强调水平线条的立面

图5-2-56　法国邮船大楼沿外滩的简洁立面

[1] 陆谦受.吴景奇.我们的主张,中国建筑,3(2),转引自伍江.上海百年建筑史 1840—1949,上海: 同济大学出版社,2008,186.

[2] Henry Killam Murphy. "An Architectural Renaissance in China: The Utilization in Modern Public Buildings of the Great Styles of the Past," Asia, June 1928, 468.转引自彼得·罗.关晟译.成砚译.承传与交融,中国建筑工业出版社,2004,51.

特征而别于绝大部分的摩天楼，建筑形体简洁无装饰，整体造型立体，强调水平线条，体量由中间向两侧跌落退台。值得一提的是，从《建筑月刊》最早1934年刊登出来的建筑效果图看，建筑顶部仍具有明显装饰艺术风格特征的竖向装饰线条，可与其东侧中汇大楼顶部装饰呼应，但这一设计终稿被改动较大，成为现在建成立面造型，想必这里也是业主法租界公董局的意识介入，毕竟装饰艺术风格源自美国。不同于其他高楼几乎同一的开窗尺寸，麦兰捕房正立面的开窗尺寸超过三种，两侧大开窗及窗与窗之间以深色面砖间隔在阴影中形成横向水平的窗带，成为立面的主要构图，并且与中部的垂直线条形成对比，底部两层墙面开窗独立无线条装饰，与上部的水平向构图形成反差。（图5-2-57）赉安洋行主要建筑师为亚历山大·赉安（Alexandre Léonard, 1890—?）[1]是一名法国建筑设计师，1919年在巴黎美术学院毕业，当时在国内应该已经受到法国现代主义运动先锋思想熏陶，考察当时国内刊登在期刊上的文章，被称作"纯粹主义者"的法国现代主义运动先锋人物勒·柯布西耶（Le Corbusier）也已被介绍进来，关于"建筑是居住的机器"（1923）、"五项之建筑主张"（1926）等[2]重要思想已经传播开来，新建筑五点包括：底层架空柱、屋顶花园、自由平面、自由立面以及横向长窗，都是基于建筑采用

图5-2-57　法租界麦兰捕房前后设计改动比较效果图：左为1934年第一轮公布效果图；右为捕房建成效果图

---

[1] 赉安，1890年出生于巴黎，1946年3月13日于上海失踪。赉安于1922年来到上海法租界和沃伊西（Paul Veysseyre）创建了赉安建筑公司（又称赉安洋行），从1934年至1939年，Arthur Kruze加入赉安洋行，1946年3月13日于上海失踪。

[2] 赵平原.建筑与建筑家：粹纯主义者Lecorbusier之介绍（附图、照片）.新建筑，1936（1），20—23.

了框架结构,墙体不再承重,麦兰捕房的设计明显体现了来自法国现代主义运动思想影响。

　　同期,建筑师海耶克(H.J. Hajek)在1934年《建筑月刊》上已经几期发表了他的"国际式"的现代派摩天楼。他发表的第一个作品是一个高层公寓方案,刊登在1934年《建筑月刊》第2卷第3期上的"金神父[1]公寓"(Proposed "Pere Robert Apartment"),建筑高32层,完全为盒子式的简洁造型,立面干净无装饰。紧接在《建筑月刊》第2卷第4期上,刊登出建筑师海耶克的另一摩天楼方案效果图,该建筑为拟计划建于南京路上的"中央大厦"(Proposed "Central" Building),从外观上看楼高23层,建筑底部高3层,横向大玻璃开窗,外立面窗间柱真实地反应建筑的框架结构,建筑整体以转角为中线对称布局,两侧体量退台式上升,建筑中轴为从底部贯穿至顶部的玻璃竖带,现代感强。他发表的另一作品位于黄浦路上的办公大楼(Proposed Office Building)——"外滩事务院",高24层,强调横向线条,大面积的横向开窗,立面简洁明朗,体积感强,这几幢作品虽然都未建成,但都被登载了出来,可见其仍具有一定影响力。海耶克的几幢未建成的摩天楼设计受欧洲现代主义运动思想明显,体量简洁,强调建筑的实用功能,要求建筑的形式服从功能。(图5-2-58)

图5-2-58　海其克发表在《建筑月刊》上的建筑作品,从左往右依次为"金神父公寓"、"中央大厦"及"外滩事务院"

---

[1] "金神父"是当时法租界的一条道路名(Route Pere Robert),北起霞飞路,南至徐家汇路,1943年后更名为瑞金二路。

　　在1922年芝加哥论坛报大楼竞赛的100多份参选作品当中不乏从欧洲寄来的建筑师参赛作品,而它们大多都具有先锋特质,反映了当时欧洲建筑现代主义风格探索进程的方向(图5-2-59、图5-2-60)。从德国寄来的由格罗皮乌斯与迈耶共同设计的作品独具先锋气质,这幢30余层高的盒子式的摩天楼整个建筑形体方正简洁,外立面全无装饰,以大扇玻璃窗分隔立面,形成内外通透的流动空间(图5-2-61),当然,这对于当时美国所追寻象征新时代精神的摩天楼专属风格来说,与传统的完全断裂暂时还无法让他们接受。然而在德国,为彻底改变之前的设计中模仿已经司空见惯的古旧传统建筑的局面,以格罗皮乌斯为代表创立了魏玛包豪斯学院,在1919年的《包豪斯宣言》当中已充分表达了其要创造一种崭新的设计观念来影响德国的建筑界的伟大愿景,他们认为造型复杂华丽的尖塔、廊柱、窗洞、拱顶,无论是哥特式的式样还是维多利亚的风格,是无法适应工业化大批量生产的,强调设计的目的是为"人"服务,为此把功能性放在首位,然后把时代的美学特征加入到设计之中,反对单纯为了外部美而设计的观念,倡导艺术与技术相

图5-2-59　麦克斯·陶特(Max Taut)参赛作品

图5-2-60　阿道夫·路斯(Adolf Loos)参赛作品

统一的设计思想,使手工艺同机器生产结合起来,最终有利于使思想上的产品为大众服务付之于实际。受战争影响,欧洲一支的现代主义运动在20世纪30年代稍有停滞,但随着战后经济复苏,他们的思想的确全面影响着欧美乃至全球的建筑设计,成为主流的现代主义建筑思想,当然其中也包括摩天楼这一建筑新类型。

从20世纪30年代纽约当代美术馆开始研究策划关于欧洲以格罗皮乌斯为代表的"国际式风格"作品的展览就可看出端倪,这一源自欧洲的建筑风格已进入美国建筑研究机构的视域,1932年由纽约当代艺术馆(the Museum of Modern Art)赞助策划举办了举世闻名的一场名为"国际风格——1922年以来的建筑"的展览(the International Style: Architecture since 1922),展览重点介绍了来自欧洲的四位建筑师,他们分别是格罗皮乌斯(Gropius)、柯布西耶(Le Corbusier)、奥德(J.J.P. Oud)和密斯(图5-2-62),以及五位美国建筑师,包括赖特、胡德、豪威尔等,无疑"国际风格"已成为下一阶段摩天楼风格演进的一个新的风向标。(图5-2-63)

左上图5-2-61　菲利普·约翰逊在当代艺术馆介绍摩天楼从砖石结构向框架结构的演进

左下图5-2-62　密斯创作的玻璃摩天楼(左1919,右1921)

右图5-2-63　格罗皮乌斯与阿道夫·迈耶向芝加哥论坛报大楼竞赛提交方案效果图

— 249 —

面对20世纪时代的变革与文明的进步,个人都在以国家民族为主体的单位里面努力探寻着属于自己所处年代的风格与精神,美国建筑的现代主义运动思想与欧洲以德国、法国、维也纳等国家为代表的现代主义运动思想都不同程度地传播到了中国上海,由于特殊的政治格局与洋人资本强大主导,在这个新兴的东方大都会里,多样的西方现代主义建筑思想在此竞相展示,使得"摩登"的摩天楼在法租界与公共租界里呈现出完全不同的样貌。

5.3 城市建设管理制度下的摩天楼设计

摩天楼不同于以往建筑的空间尺度,其建造发生对城市街区空间及城市风貌都会产生巨大影响,随着近代城市化发展,在建筑法规制度的建立健全过程中,对建筑高度的控制一直是其中的重点内容,反而言之,摩天楼单体的高度、体量甚至形态都受到了建筑法规控制与影响,本节将以公共租界的摩天楼为例,分析公共租界法规是如何影响摩天楼设计,建筑师又是如何在甲方需求与政府控制本是矛盾的关系之中做到平衡,同时,本节还将与美国纽约市的区划制度及其对摩天楼设计的影响进行比较讨论。

5.3.1 公共租界有关建筑高度控制的条例内容

根据近代上海摩天楼出现发展及繁盛的时间判断,以公共租界为例,影响摩天楼建造的建筑规则主要为1903年颁布的《西式房屋法规》、1916年修订后颁布的《新西式建筑规则》,及1919年对有关建筑高度条款进行的补充修订条例[1]。

公共租界工部局于1903年制定的《西式房屋法规》中规定一般建筑高度不得超过85英尺。在1916年颁布的新规则第14条当中,将建筑高度控制在84英尺以下,并明确指出建筑的高度不能超过其二层以上外墙最外端到市政道路对面距离的1.5倍,若建筑与宽度超过150英尺的永久空地相邻则不受高度限制,因此建筑向高处发展很大程度上由毗邻道路宽度决定,换言之,房地产商造屋前的"选址"环节就显得更为重要。另外,除非得到工部局许可,所有建筑高度都不得超过84英尺,这比旧则当中85英尺降低了1英尺。同时,对高度超过60英尺的建筑必须

---

[1] 20世纪30年代末修订的《通用建筑规则》由于战争原因致使上海建造业几乎停滞,故后期条例修订不作主要参考。

执行新则附录2中所列的防火材料建造,这是因为当时救火机械喷水的有效高度
为60英尺[1]。相较于1903年的旧则,考虑到建筑与道路这一公共空间关系,限定
似乎更加严格,同时,对建筑相关的防火规范有了更明确表述。不久,在1919年
7月17日工部局对《新西式建筑规则》第14b条做出了如下补充修改:"任何建筑
(除合理的建筑装饰物外)面街一侧任何一点之高度不能超过至对面道路线的垂
直地面距离的1.5倍。在道路拓宽处,这一垂直点应该是从对面道路的规划道路
线算起。"[2]

　　规则的不断重制与修订顺应了社会动态发展过程中对建筑建造的必要指导
与控制调整。通过对1903年、1916年及1919年颁布的建筑高度控制条例及修订
条款进行比较,我们会发现在建筑法规刚刚颁布的初期,由于租界当局对公众利
益的保护考虑的还不够周详,对于建筑高度的控制仅以一个绝对数值来进行限
定,并没有根据城市街道、空间的差异进行区别考虑,但也可能与当时拟定颁布的
时间有关系,在20世纪初,上海租界房屋大多2至3层高,因此在制订法规时候还
未有更多的实例进行辩证考量。不过,在第一部建筑法规颁布的时候,就对建筑
高度这一问题进行了梳理,并开始尝试规范,表现出了市政当局对建筑高度控制
的意愿,与美国城市纽约1916年第一次颁布的区划制相比,上海公共租界对城市
建筑高度进行限定早了许多。

　　针对建造技术进步,建筑往高处发展明显等情况,为保证城市公共空间的使
用,工部局在1916年新则中对建筑高度进行了更严格的限定,但在法规实施过程
中,14b这条规定很快引发了争议,并进行了再次修订。究其修改原因,我们可以
从公和洋行给工部局的信当中略知一二:首先是消防安全问题,根据伦敦的经验
表明,当建筑物突出的底层在火灾爆发是可能会对上方楼层构成危险,而通常这
一情况下不太有可能使用太平梯,特别由于二层向后收进太多,几乎是不可能从
退界上方的建筑中救出建筑里面的人;其次,由于从二层开始退界,会使得业主损
失二层及以上几层建筑的楼层面积,因此会降低开发效益,影响地块的合理开发,
在业主可能无法获得相应回报的同时,他们可能会采取减少建造成本的方式来降
低支出,例如通过以木窗代替钢窗、软木代替硬木等廉价方式,影响建筑质量,从
而损害到租界良好发展的总体利益。同时公和洋行还在信件中指出,当时没有一

---

[1]　C.H. Godfrey, H Ross. Some Notes on the Shanghai Building Rules. The Engineering Society of China,
　　　Proceeding of the Society, 1916-1917: 239, 转引自赖德霖. 中国近代建筑史研究. 北京: 清华大学出版
　　　社. 1992, 65.
[2]　上海公共租界工部局公报 (1919), 245.

个大城市是执行这种规定的,因此建议上海也能够实施常用规定,即"允许建筑物沿建筑红线建造至相当于市政道路宽度1.5倍的高度,其上的楼层在按照规定角度向后收进。"[1]因此,工部局工程师对此表示同意,很快做出了修订,并发布公告:"任何建筑(除合理的建筑装饰物外)面街一侧任何一点的高度不能超过至对面道路线的垂直地面距离的1.5倍。"

结合公共租界的道路规划以及交通便利性考量,在租界制订出较为完善的建筑高度控制规范之后,其对租界地区的高层建筑分布起到了很大影响。公共租界大部分新建的高层建筑都集中分布在外滩、苏州河边以及跑马场(今人民广场)一带,新建建筑面对的都是超过150英尺的空旷地带,因此高度亦不受限制;另外,在地价高且宽度较大的道路两边也出现了大批高层建筑,如南京路地段。而建筑高度对整座城市的空间形态影响甚大,因此,这些对建筑高度控制的条例不仅直接对公共租界建筑本身的体量外观产生影响,同时间接地对城市区域空间形态及高层建筑在整个区域的空间布局起到较大影响。

表5-1　上海公共租界建筑规则中对"建筑物高度"的规定

颁布日期	条　款　内　容
1903/8/8	第48条: 未经本局核准,任何非铁骨架或钢骨架建筑(除教堂、礼拜堂以外),不计塔楼或其他建筑装饰物,从地面至檐沟底面,其高度不超过85英尺,以后增高亦不得超过此限度。
1916/6/21	第14条: (a) 未经本局核准,新建筑(除教堂、礼拜堂外)之高度不得超过84英尺,以后增高亦不得超过此限度。(除去尖塔或其他建筑装饰外)在本局允许或驳斥建造超过此项规定高度的建筑之前,应当考虑该建筑周围情况,若该建筑与宽度超过150英尺的永久空地相邻,本局则不予驳斥。 (b) 任何沿市政道路的建筑(教堂或礼拜堂除外)其高度不能超过其二层以上外墙最外端到市政道路对面距离的1.5倍。 (c) 若新建筑拟建于道路转角之处,该建筑高度以其相邻较宽之路为标准,但其沿较窄道路之长度不得超过其沿较宽道路之长度,且不超过80英尺。 (d) 新建筑高度不能超过60英尺,除非使用了本规则附录2中所规定的防火材料。 (e) 建筑高度以从路面起至屋顶底面为准。

[1] U1-14-6085.公和洋行给工部局工程师的信件(1919/1/29).上海档案馆。

颁布日期	条　款　内　容
1919/7/17	其他均与1916年条文相同,仅14(b)修改为: (b) 任何建筑(除合理的建筑装饰物外)面街一侧任何一点之高度不能超过至对面道路线的垂直地面距离的1.5倍。在道路计划拓宽处,这一垂直点应该是从对面道路的规划道路线算起。
20世纪30年代末	第6条第1项: 任何建筑物高度不得超过其相邻道路宽度的1.5倍,除非其上建筑物每升高1.5英尺即向后收进1英尺。但当沿街建筑物上部正面外墙在长度上比底层外墙每缩短1%时,它就可以向道路红线方向外移4英寸。在转角地块上,沿较窄道路一面的建筑物高度应以较宽的市政道路宽度为计算标准,但其沿较窄道路一面之长度不得超过其沿较宽道路之长度,且不得超过80英尺。

(资料来源:根据唐方,《都市建筑控制:近代上海公共租界建筑法规研究》,240—242,进行整理。)

5.3.2　案例分析:公共租界建筑规则控制下的摩天楼剖面设计

介于公共租界建筑规则中对"建筑物高度"的规定,建筑设计需根据所在地块相邻街道宽度,或者所临空地大小作出相应调整,因此本节笔者将依照摩天楼所在区位不同选择典型案例进行分析。

1. 区位1:外滩地块

外滩最先建造起来的有利大楼与亚细亚大楼,分别高106英尺与106.5英尺,都于1913年获准建设,1915年竣工,因此需遵循1903年颁布的《西式建筑规则》中有关高度控制条例,也就是未经工部局核准,任何非铁骨架或钢骨架建筑高度不能超过85英尺,而有利大楼为上海第一幢采用钢结构的建筑,亚细亚大楼也采用的是钢筋混凝土框架建筑,因此按照条例规定不包括在控制范围内。根据有利大楼向工部局工务处申请建造时提交的长达6页有关建筑结构图纸的信件说明,及公和洋行与工务处之间往来邮件可知大楼建造属于工部局特批范围[1]。

1916年以后,新规则规定若建筑与宽度超过150英尺的永久空地相邻则不受高度限制,因此外滩成为符合这一条件的极好地段,以新海关大楼为例,建筑面向外滩一侧不限高度,加上顶部钟楼部分建筑总高度达到了260英尺(79.2米),而根据1916年新条例14(c)规定,若新建筑拟建于道路转角之处,该建筑高度以其相

---

[1] "有利大楼"文件档案,案卷题名6415,上海城市建设档案馆建筑档案。

邻较宽之路为标准，但其沿较窄道路之长度不得超过其沿较宽道路之长度，且不超过80英尺。根据汉口路当时40英尺宽度，建筑沿汉口路一侧的限高为60英尺，为此公和洋行向工部局工务处提交申请，要求放宽要求允许其将大楼沿汉口路一侧高度由60英尺增加到93英尺，最初工务处处长态度上虽然不大赞成但也认为可以做出一些让步，经过多次协商后，最终以新海关大楼免费划出工部局拓宽四川路与汉口路所需土地来换取工务处的特许，而按照当时股价，这部分免费交出的土地价值大约为9万两银，[1]这是在公共租界"以土地置换高度"[2]的典型案例。而1929年完工的沙逊大厦，由于工部局在1926年颁布的官方道路拓宽计划中将南京路规划宽度为80英尺，因此沙逊大厦临南京路一侧高度可达到120英尺高度，所以沙逊大厦沿南京路上114.5英尺的高度是符合规定的[3]。（图5-3-1）

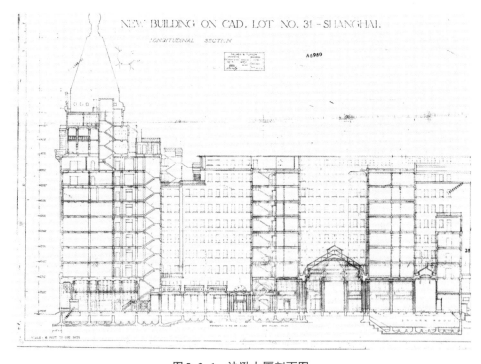

图5-3-1 沙逊大厦剖面图

[1] U1-14-6015.上海公共租界工部局工务处关于外滩附近建筑物高度的文件.上海市档案馆。
[2] "以土地置换高度"是指，在公共租界发展城市道路空间规划不断调整过程中，根据公共租界的道路延伸和拓宽计划，工部局需要私人业主出让土地来协同完成，通常情况下工部局会根据征地面积及当时土地估价折算金额给予私人业主补偿，但也有不少业主会以免费出让部分土地来换取最高允许建造高度，这一做法即业主与工部局协商的"土地置换高度"的折中方法。
[3] "有利大楼"文件档案,上海城市建设档案馆建筑档案,案卷题名6415。

2. 区位 2：沿街地块

随着公共租界经济的发展，人口增长及交通量的增加，尤其是公共租界商业集中区域的道路通行能力逐渐不能满足日益增长的交通需要，公共租界工部局会依据实际情况每年对界内道路宽度进行调整，并且公布官方道路拓宽计划，建筑师则需要根据最新公布拓宽计划中的道路宽度（表 5-2），依照建筑规则对建筑高度与街道宽度之间的限定关系，对摩天楼进行设计。

表 5-2　1905—1926 年公共租界中区年度官方道路拓宽计划（摩天楼所在主要道路）

年　份	拓　宽　计　划
1906	外滩道路拓宽至 60 英尺（公共花园对面处）
1907	北京路全长拓宽至 40 英尺
	九江路（外滩—江西路段）拓宽至 33 英尺
1915	福州路外滩至四川路段拓宽至 40 英尺
1916	劳合路宽度改回 40 英尺
1917	劳合路拓宽计划缩减为 40 英尺
1921	北京路拓宽至 70 英尺
	四川路拓宽至 70 英尺
	圆明园路拓宽至 40 英尺
	天津路、汉口路、福州路、广东路和浙江路拓宽至 40 英尺
1923	南京路近外滩册地 30、31 处拓宽至 60 英尺
	九江路曾颁布的局部 40 英尺拓宽计划现覆盖全长
1924	南京路拓宽至 60 英尺，河南路以东段保持 50 英尺
	福州路（河南路西）拓宽至 70 英尺
1925	博物院路（北京路至苏州路）拓宽至 50 英尺
1926	南京路拓宽至 80 英尺
1927	江西路（宁波路至苏州河段）拓宽至 40 英尺

（数据来源工部局工作年报和工部局公报中的专门项目官方计划（"official plans"），转自孙倩博士，《上海近代城市建设管理制度及其对公共空间的影响》，申请同济大学工学博士学位论文，2006，123—132。）

以位于九江路 86A 号地块的华侨大楼为例，建筑总高 90.5 英尺（27.7 米），大楼于 1924 年开始设计，当时所临九江路宽度为 33 英尺，从建筑剖面图纸可看到，华侨大楼在设计时被要求由原有建筑红线向后退界(图纸中的虚线部分是原有建筑的所在位置)，而图纸也标注出39英尺宽度，应为未来此处拟拓宽街道宽度，因此根据1919年对《新西式建筑规则》14(b)的修订条款："任何建筑沿面街一侧任何一点之高度(除合理的建筑装饰物以外)不能超过至对面工部局道路线的垂于地面水平距离的1.5倍。在道路计划拓宽处，这一垂直点应该是从对面道路的规划道路线算起"，按照39英尺的1.5倍计算，得58.5英尺，即建筑从地面建至58.5英尺高度后需进行退界处理，对照建筑剖面图纸可以很清晰看到退台设计的辅助线示意。(图5-3-2)建筑首次退界高度为 6″(室内外高差)+14′(底层高度)+11′(1层高度)+11′(2层高度)+11′(3层高度)+11′(4层高度)=58′6″，即在第五层高度58.5英尺后开始退台，并且建筑第6、7、8层也是严格按照1∶1.5这一街道宽度与建筑高度的比例进行体量处理，可见建筑师非常严格地遵守了建筑规则的退界规定，并且在满足建筑法规的前提下，最大限度地利用空间保障了业主利益。因此，最终建筑立面体量呈现出来的退台式风格实则为市政建筑控制与业主利益需求两方面博弈产生的结果。

又如位于中区册地47号地块的新汇丰银行办公仓库大楼，地块一面临四川路，大楼于1930年开始设计，当时四川路已拓宽至70英尺，因此按照街道宽度与建筑高度1∶1.5比例退界计算，也就是说建筑在105英尺(70×1.5)高度需进行

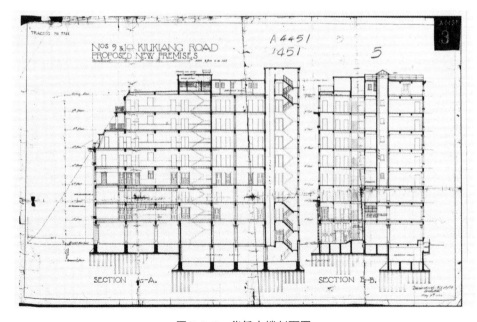

图5-3-2　华侨大楼剖面图

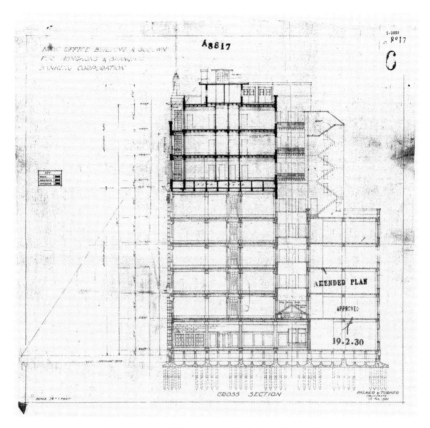

图5-3-3　新汇丰银行办公仓库大楼剖面图

退界处理，对照建筑剖面图纸，建筑首次退界高度即为105英尺，也就是第8层高度，第九层则严格按照1∶1.5的斜线控制向后退台收进，与华侨大楼一样，建筑师在提交给工部局工务处的图纸上都明确标明了这一比例控制斜线，以示建筑设计中对建筑规则的明确遵守。（图5-3-3）

　　1919年对于新规则中第14（b）修订后不久，于1920年5月公共租界工部局工务处就在会议里提出"九江路是因为没有严格遵守建筑规则而造成不好后果的最典型的失败例子"，同时一致同意在今后坚决反对任何会造成交通拥挤和妨碍空间通风采光的做法[1]。1924年之后上海建造业逐渐进入下一个高峰，工部局对于坚决贯彻执行建筑规则当中有关高度控制条例的态度与决心使得城市空间在高速发展的同时也能够保持井然秩序，而从设计案例考察建筑法规的实际执行情况，

---

[1] 上海档案馆，U1-14-6015，上海公共租界工部局工务处关于外滩附近建筑物高度的文件，9，18—19。

建筑师都较为严格地遵守了建筑条例,对于超过限高的建筑基本都按照条例当中街道宽度与建筑高度1∶1.5的比例关系进行退台式处理。

3. 区位3：道路转角地块

1933年3月,选址于南京路西藏路口东北角地块的大新百货公司向工部局工务处申请建造120英尺高度的建筑,地块三面临街,分别是南面临南京路,宽80英尺,西临西藏路,宽80英尺,东面临劳合路,时宽40英尺,因此根据建筑规则中对于建筑高度控制,沿西藏路与南京路沿道路红线自地面可建高度都为120英尺,而根据劳合路宽度,临劳合路建筑高度仅可建至60英尺高,但根据1916年建筑规则第14(c)规定,"若新建筑拟建于道路转角之处,该建筑高度以其相邻较宽之路为标准,但其沿较窄道路之长度不得超过其沿较宽道路之长度,且不超过80英尺,沿劳合路一侧仍可以建至120英尺但不得超过80英尺宽度,若超过高度都需要按照1∶1.5比例退台处理"。对照1934年3月基泰工程司提交给工部局工务处图纸显示,建筑师虽然按照建筑规则对建筑高度进行了说明,但根据此次提交图纸,建筑在转角部位120英尺高度以上仍局部设计了三层设备用房,每层高12英尺,并且在顶部设三层高6角攒尖古亭的中国传统建筑装饰意向,严重超过了建筑规则当中指定的。这一设计未通过工部局工务处审批。

起初,大新公司向工务处提出申建120英尺高度建筑的请求时,工务处并未按照曾确定的限高规定立刻批准该项目,而是研究了该地块位置的交通问题,工务处处长哈勃认为120英尺的建筑将在两条干道的交叉路口造成较大拥挤,并且提出业主应将建筑高度降至109英尺(沿南京路和西藏路的7层屋顶标高),转角处的塔楼作为建筑装饰允许更高。但是,大新公司业主提出109英尺高建筑的可支配面积不足以保证收回巨额投资,并且提出"密度率"(density ratio)的概念,他们认为目前建筑容积是4 090 000立方英尺,占地面积44 427平方英尺,密度率是92,希望可以增加200 000立方英尺,高度增加一层至120英尺,业主认为在这一重要地块值得工部局工务处在高度控制上作出让步,这将使得城市空间周边景观更好,土地升值,业主提出加层位于地下及顶层局部,这并不会带来同时的人流高峰,给南京路带来过大的交通压力。经过讨论,工部局工务处批准了大新公司120英尺的请照申请,[1]但是大新公司建筑风格有了很大调整,转角顶部过大体量的中国传统装饰也最终完全取消,8层高120英尺为建筑基本体量,仅在南京路与西藏路转角位置高度略有突破,9层局部设置机房,立面外观采用现代图案装饰。(图5-3-4)

---

[1] 上海市黄浦区志编纂委员会.黄浦区志.上海：上海社会科学院出版社,1996,448.

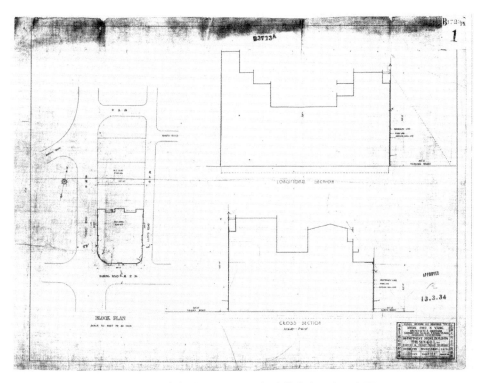

图5-3-4　大新公司总平面图与建筑高度研究示意图

　　20世纪20年代末至30年代,越来越多高层建筑开始兴建,尤其集中在公共租界商业中心区,建筑规则当中规定的84英尺限高已经形同虚设,大部分办公商业建筑都依照1919年14(b)的补充修订条款对建筑进行高度设计。出于对城市空间通风及采光等基础环境要素的考虑,建筑高度限制已经不仅是工部局考虑的唯一条件,在大新公司这一案例当中,建筑容积与"密度率"等参考数值已经纳入工部局在批准建设中的考虑要素,30年代以后建造起来的摩天楼当中建筑容积及密度率等数值在工部局对建筑高度的限制判断中还是起到了一定影响,工务处处长曾对这一容积容量的控制方法做出解释,他认为,"只要高层建筑四周有足够的空地,工部局不反对超过目前章程限高的建筑,可以通过在基地提供足够的空地以抵消高层建筑带来的使用者的增加,相对随意定一个限高,将每亩土地的使用者数量控制住更为重要。"[1]事实上,到20世纪30年代末,公共租界工部局最后一次公布的建筑法规当中已取消对建筑高度具体数值的限制,84英尺的限高已经不存在,而是由

----

[1] U1-14-6015,上海公共租界工部局工务处关于外滩附近建筑物高度的文件,1926年11月4日工务委员会会议,上海档案馆。

更严谨的建筑高度与街道宽度的比例关系来进行控制，当然，关于这一条例的执行情况及对摩天楼设计的影响，因为战争爆发租界地收回等历史原因已无从可考。

5.3.3 比较研究：纽约市1916年颁布第一部区划制度对摩天楼建成高度的控制及影响

关于城市高度限制，不同于其他国家城市（表2-7）一概以数值高度做简单限定，上海公共租界1916年新颁布的西式建筑规则中有关高度限定与美国纽约市1916年颁布区划制都一致采用了建筑高度与街道宽度之间的比例关系进行控制，体现出对于高楼建造与城市公共空间更加紧密的关联性。区划制，又称分区规划制（Zoning Law，简称分区制），是土地使用控制的方式之一，也被认为是西方国家在面对过快的城市化进程中引发的城市问题而采取的一种社会公共管理政策，用以控制、规划城区成长和发展的一种政府手段[1]。虽然近代上海公共租界工部局对城市规划建筑管理制度的探索几乎与西方城市同步，但是其中对于土地使用控制由于经济发展以及行政区划的局限性最终也未能建立一套完整的法案体系，关于建筑高度与城市街道的关联也只是体现在了建筑法则里面，缺乏与完整城市规划发展统一的一整套法令体系，在相同时间维度上，纽约通过建立完整的区划制度，对摩天楼设计进行有效控制，对城市空间摩天楼建造起到了非常积极的良性引导作用。

1. 纽约区划法案的制定及主要内容

1889年，纽约建筑法规（building code）首次允许建筑使用金属框架结构（mental-skeleton construction），但对大楼高度毫无限制，由于经济飞速发展地价飞涨，开发商疯狂开发致使摩天楼激增，至1913年，纽约市11—20层高的大楼近1 000幢，51幢21—60层高摩天大楼[2]。这一近乎失控的建筑无限生长对城市公共环境及城市人口居住产生巨大影响，也极大推动了分区法案在纽约的率先制定与执行[3]，

---

[1] Mark Schneider, Suburban Growth: Police and Process, Brunswick, Ohio. King'Scourt Communications, Inc., 1980. 转引自李鸿有. 当代美国大都市区分区规划制的实施及影响. 吉林：东北师范大学世界史专业，2009，1.

[2] Carol Willis. *Form Follows Finance: Skyscrapers and Skylines in New York and Chicago*. New York: Princeton Architectural Press, 1995, 9.

[3] 追溯对城市土地使用控制的思想起源还是应当从欧洲说起。19世纪大规模的工业革命使得欧洲乃至北美的城市化进程加快，城市扩张的速度大大超过了之前人类文明进程中的任何阶段，因此在这一阶段初期道路规划对城市区域生长具有重要意义。政府对城市土地控制首先是从城市道路计划开始，进一步发展为对城市空间道路的控制，进而演化为地块区划制度。1868年在德国南部的巴登大公国正式颁布《道路红线法》（*Fluchtliniengesetz*），被称为"具有现代意义的物质形态规划的立法起点"。而后，欧美其他国家都相继对区划制度做出探索和努力，1909年英国政府颁布了《住房、城市规划法》（*The Housing, Town Planning, etc. Act*）形成了控制性的城市规划体系。只是1916年，美国纽约出台第一部真正通过立法实施的分区制法令，被普遍认为区划制的真正起点。

当时纽约城市化发展表现出土地使用混乱,及工业大发展背景下移民人口急剧膨胀,导致城市环境卫生恶化的主要局面。1889后允许使用框架结构的政策大大刺激了纽约摩天楼的发展,到20世纪初,随着经济发展,人口的迅速膨胀,整座城市的公共卫生与安全状况及建筑内部使用性都到了非常严峻的局面,极高的建筑容积率,拥挤的交通,极度缺乏的日光与新鲜空气,这都成为纽约城市空间发展中遇到的严重问题。在曼哈顿下城区的金融中心区,越建越高的摩天楼给街道造成了巨大的阴影,甚至是街道对面的高楼同样被笼罩在阴影之下。

即使纽约市城市空间发展所面临情况一直不容乐观,但相关区划法案的出台仍经历一段漫长的讨论过程。事实上,从19世纪90年代起,都市改革与城市美化运动的支持者们(Urban reformers and City Beautiful advocates)就已经在推动对建筑高度的限制规定,当时建筑师汤姆森(Thomas Hastings)就建议将建筑高度定在8~10层[1],1896年,胜家大楼(Singer Building)的建筑师恩斯特·弗莱格提出,需要依据街道的宽度制定公式来限制建筑的高度及建筑体量,同时提出限制建筑的塔楼占基地的四分之一。[2]弗莱格的提议可以说是1916年区划法案的前身,但是这一计划仅仅获得当时媒体的赞扬,但是却在获得政治支持的阶段失败了。自1906年到1908年,对于限制建筑高度在修正建筑法规中展开,但提案最终还是夭折。尽管1909年后,新一任纽约市张威廉·盖纳(William J. Gaynor)和曼哈顿区区长乔治(George P. McAneny)执政时期对此提案多有认同,市议会也非

常支持,但是在资本的世界缺少商业及支持开发商利益的改革,其立法化道路仍然十分艰难。直到1913年,这一法案才逐渐具体化开始起草细则。1914年第一次世界大战爆发,摩天楼建造受到影响,1915年纽约公正大厦建成(Equitable Building)(图5-3-5),有文章称它是促使纽约第一部

图5-3-5　纽约曼哈顿下城区摩天楼,中为公正大厦

[1] Thomas Hastings, "High Building and Good Architecture," *American Architect and Building News*, 1894, 46(896), 67–68, Source from New York Skyscraper Museum.

[2] Ernerst Flagg, The Danger of High Buildings,Cosmopolitan 21, 1896.5, 70–79; The Limitation of Height and Area of Buildings in NewYork, *American Architect and Building News*, 1908, 93(1686), 125–127, Source from New York Skyscraper Museum.

区域制最终出台的重要诱因，原因是这幢大楼面宽200英尺，高542英尺，不间断的单一立面给其北面四幢建筑造成了巨大的阴影，同时它的总建筑面积是其地块面积的30倍，被当时媒体称为过度开发极度贪婪的典范，如果按照1916年区划法案进行控制的话，该地块上仅能建成总建筑面积约12倍地块面积的体量摩天楼。1916年7月25日，纽约市评议委员会（New York City Board of Estimate）通过了第一部区域制法案。[1]

2. 区划法案中的具体规则及其影响

纽约建筑高度评审委员会报告称"城市土地的非有效利用会直接造成租赁者的高成本与投资者的低收益。诚然，建筑管制性政策看似荒谬，但与放任型政策相比，更能促进土地的有效利用，通过实施切实的管制性措施，可以有效地提升投资安全性。"[2]纽约法案主要包括三方面内容：第一，对城市空间进行明确的功能分区，包括商业区（commercial），居住区（residential）及无限制区（unrestricted）；第二，为解决摩天楼无限制建设造成城市光与空气问题的"曼哈顿峡谷效应"（Manhattan's canyons），针对性制定建筑限高的基本公式，称为分区封套（"zoning envelop"），要求当建筑直升一定高度后需进行退台处理；第三，当建筑平面小于等于基地四分之一面积时，建筑则可不限高度建造。法案同时规定法令适用于所有的商业高层，包括办公建筑，轻工业厂房（light manufacturing lofts），或者公寓式酒店。[3]分区法案中共有五个基于街道宽度和退台角度制定的规则公式，最终反映在不同的"街道分区"（districts）中，以纽约曼哈顿下城区为例，在"1 1/2倍区域"，街道宽100英尺，在第一次退台处理前，建筑可直接建到150英尺高度，在此之上，体量需以1∶3的比例退台处理，也就是说每退1英尺可以建高3英尺。在位于"2倍区域"100英尺宽街道上，临街立面高度可直升至200英尺，而后以1∶4的比例退台处理。按照五套公式，一般来说，在大道上（avenue）的建筑一般建到14～18层时开始退台，而小街（side street）一般建至9～12层时候开始退台。（图5-3-6）

纽约区域制法规颁布后，巨大影响着城市里的摩天楼的设计与城市空间的天际线，其对摩天楼设计首要影响表现在业主大多会要求建筑师根据地块大小及

[1] Carol Willis. *Form Follows Finance: Skyscrapers and Skylines in New York and Chicago*. New York: Princeton Architectural Press, 1995, 67–69.
[2] Glaab, Charles N. & Brown, A. Theodore, *A History of Urban America*, New York: Macmillan Publishing Co., INC., 1983, 291.
[3] 直到1929年纽约新颁布的《多层住宅法案》（*Multiple Dwellings Law*）才将公寓住宅列入法案控制范围之内。

所临街道情况,研究出依据法案基地可开发体量的最大值。因此,这一时期摩天楼的体量都是间由法案条例进行预设计而成,设计师并不能简单按照基地平面对角来设计建筑的极限体量,还需要综合考虑钢框架结构模数,根据建筑的退台处理的需要,结合框架结构的模数与开间深度来分析合理的退台间隔,在1∶3区域,体量12英尺的后退,可以允许36英尺的垂直高度,也就约合3层楼高度。一个16英尺的退台允许48英尺升高,大约是4层楼的高度,以卡恩设计的华尔街120号(120 Wall Street)摩天楼为例,我们可以看到区域法令对建筑体量有趣的影响,建筑师在地块上进行最有效最大化的体量设计(图5-3-7)。高耸塔

图5-3-6　纽约曼哈顿下城区1916年区划制图,分区中以数字表示建筑高度限制,字母代表不同分区

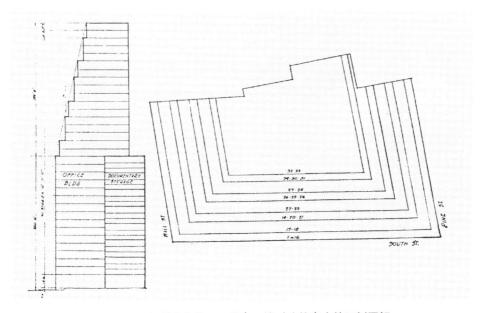

图5-3-7　纽约华尔街120号摩天楼对建筑高度的区划图解

楼的设计通常需要开发商投入更多的资金,也就造就了更大得投资风险。因此,在一些中等面积的地块上,许多开发商更倾向于更经济性的结构体量,以获得好的投资回报,而规避更高风险。对称的处理较为多见,体量与视觉上的平衡,尤其是当一幢建筑两面临街而且受制于两个"分区封套"时候,业主就需要从建筑的经济性出发,适当地牺牲一些租金利润。

　　其次,分区法令刺激了更大型的建筑出现,由于法令规定当建筑平面小于等于基地四分之一面积时,建筑可不限高度建造,以纽约第一高摩天楼帝国大厦为例,其地块尺寸为197英尺×425英尺,按四分之一面积计算,这也就意味着帝国大厦塔楼的平面尺寸可以达到100英尺×212英尺,按照塔楼上升总层数计算,

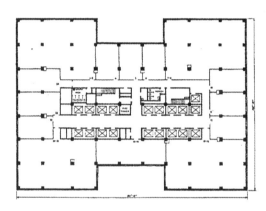

图5-3-8　纽约帝国大厦66至67层平面

可提供办公总面积约达15 000平方英尺[1](图5-3-8),因此,出现了一大批如曼哈顿银行大楼(Bank of Manhattan, 1931)、第五大道500号大楼(500 Fifth Avenue, 1931)、城市银行农民信托大楼(City Bank Farmers Trust, 1931)的塔状摩天楼(图5-3-9)。同时,分区制也影响了摩天楼的整体风格。到20世纪20年代末,有一定数量的建筑师与评

图5-3-9　纽约塔状摩天楼：从左至右依次是纽约帝国大厦、曼哈顿银行大楼、第五大道500号大楼、城市银行农民信托大楼

[1] Carol Willis. *Form Follows Finance: Skyscrapers and Skylines in New York and Chicago*. New York: Princeton Architectural Press, 1995, 76-77.

论家开始讨论名为"退台式"的新的设计方法，也即是本书上一节所讨论的美国现代装饰艺术风格的典型特征之一。

　　现在将我们的视线拉回到相同时间维度的上海近代。1916年公共租界工部局在《新西式建筑规则》中更加具体地对建筑高度与城市空间的尺度关系作出了限定，但是有关区域性的功能分区尚未涉及，直到1924年12月工部局成立交通委员会，1926年6月提出了公共租界现代城市规划意义上的第一份分区规划报告，报告内容包括：① 现状和规划的道路系统；② 道路交通改善的步骤和进程；③ 涉及人口密度的建筑法规；④ 区划条例（Zoning by-laws）；⑤ 道路附属设施；⑥ 交通管理；⑦ 公共交通的线路规划等。委员会在报告中提出，上海交通的阻塞主要来自开埠以来未能预测的快速发展，报告认为"必须确立区划的原则，即控制某些区域的发展"。该报告分析，当时上海的已有自然形成的功能分区：中区为商务区，并有向西、北发展的趋势；工业区在东区的南部和西区的北部发展；住宅则分布于租界中大多数土地上，其中较为宽敞的住宅主要在西区出现。但是上海的分区是自然形成的，并非出于规则的限定，导致"城市中一些区域发展的失控，交通负担过重。法规的缺席还使工部局无法预测未来的交通和公共设施的发展"，因此委员会做出一个总体功能分区规划（图5-3-10）。同时，委员会在报告中指出，租界内高层办公楼、公寓崛起，使交通量增加，相邻道路格外拥挤，尤其是

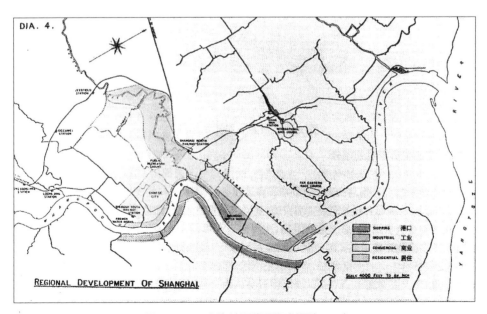

图5-3-10　上海地区发展规划图（1926）

市中心的商业、贸易等过分集中，办公又在同一时间，以致高峰时市中心交通更为阻塞，因此，规划报告指出，因为道路宽度和交通发展的需要，建筑法规中需要更加明确规定建筑高度应为路幅的1.25—1.5倍。[1]

这一报告是上海近代最为系统和具有整体观点的报告，此后工部局的道路规划也是在此报告原则基础上进行改进。虽然至1940年代，上海公共租界也未能如美国纽约市出台一套成熟的区划制法令，但这不能否认从19世纪40年代上海开埠后，公共租界面对城市化发展中各项问题，为平衡各方需求，包括房地产商追求最大利润化、城市可持续发展与治理，及满足民众对于城市公共空间的基本要求所作出的努力，尤其是进入20世纪20年代后，公共租界工部局对于区划探索的努力及1926年公共租界第一次颁布的规划分区，但囿于上海近代经济发展阶段的因素，上海行政区划格局限制等各中历史及政治原因，进一步的建筑控制与空间区划未能现实，但是工部局对建筑规则中有关高度控制的几次积极调整，得以对建筑高度与城市空间尺度进行有效控制，保障城市公共空间利益，亦是非常难得。

5.4　本章小结

承接3、4章中观层面对历史轴线上的近代上海摩天楼整体发展的脉络梳理，本章进入微观层面，从平面、立面、剖面对摩天楼单体设计进行细致剖析。摩天楼这一建筑新类型出现在世纪之交，伴随其产生的是人类历史上科技革命最重要的时刻，新时代新需求新建筑，建筑师们势必在这里遭遇未曾遇到的新机遇与新挑战。将摩天楼整个设计过程抽丝剥茧发现，在解决了基本技术问题之后，建筑的功能空间使用、立面表皮设计，及体量形态与城市街道空间关系都成为需要独立探索研究的新议题，具体到平面设计与室内空间的采光照明之间的关联、面对传统与现代的割裂对建筑新类型的表皮风格探索、对建筑高度与城市街道尺度的限制性制度控制等，这一系列问题成为摩天楼空间生成过程中需要解决的重要环节。本章不仅以美国摩天楼研究的理论为指导，对近代上海摩天楼单体进行分析，而且通过与同时期美国摩天楼发展进行横向比较研究，对近代上海摩天楼的发展有更加全面透彻的源流认识。同时，与社会的变革发展同步出现

---

[1] 孙平.上海城市规划志.上海：上海社会科学院出版社,1999,61—62.

的是城市化进程中有关环境、文化、制度管理等方面的具体问题与矛盾冲突,建筑是社会的物化,摩天楼作为20世纪的象征物,在它的设计过程中折射出诸多社会问题与文化现象,近代上海由于其特殊的政治时局与社会构成,在摩天楼风格探索与制度控制等层面都呈现出鲜明的地域性特征,因此,本章分析也具有一定的社会意义。

　　摩天楼不仅是一个时代的产物,更是一个时代的象征物,当我们深层挖掘时,会发现它的建造实际上已经脱离了建筑师的控制,功能、使用者、资本、制度甚至政治都已经加入到这个影响因子体系当中,它或许更像是一个信号,告诉我们在现代化进程当中,建筑设计将会反映出更深刻的社会矛盾性与复杂性。

第**6**章

跨学科的两个视角——摩天楼建筑的都市意义

作为20世纪在人类文明进程的巨大变革中产生的一种新事物，摩天楼建筑成为全球大都市中独有的巨型符号，其出现的意义不仅囿于建筑本体，反映着建筑为适应人类社会发展，以特定的要素与形式策略性地构成空间解决问题的功能意义，同时，当摩天楼建筑被置于大都市空间与语境当中，其作用于城市空间形态、土地经济、都市人的日常生活及都市文化等方面的影响十分明显。摩天的高楼创造出的城市图景及其提供完全摩登的（现代的）不同以往的生活方式，成为这座城市的都市人对现代性集体追求的重要结果。（图6-1）

图6-0-1　保罗·雪铁龙（**Paul Citroen**），大都市（**Metropolis, 1923**）

20世纪后半叶，哲学与社会学界经历了引人注目的"空间转向"，这一转向被认为是20世纪后半叶知识和政治最为举足轻重的事件，学者们将以前对于历史和时间、社会关系与社会的青睐纷纷转移到空间上来，空间反思的成果最终导致了建筑、城市设计、地理学以及文化研究诸学科变得你中有我，我中有你，与日俱呈相互交叉渗透趋势。[1]其中空间理论最有影响的人物为法国新马克思主义哲学家亨利·列斐伏尔（Henri Lefebvre），他提出的空间理论为理解和分析城市社会变迁的现实提供了独特的理论视角，并且影响和启发了一批城市研究者从社会学角度展开城市空间研究。

---

[1] 包亚明.现代性与都市文化理论.上海：上海社会科学院出版社，2008，109.

本章将结合地理学的研究方法,以文化研究的哲学与社会学理论基础,跨学科地对摩天楼与他学科相互渗透的空间关联性做尝试性命题探讨,具体问题包括摩天楼的空间选址分布对房地产经济中土地价值增长的积极作用,及摩天楼作为时代的象征物对于都市文化发展的更深层意义,以期从更广阔的维度探讨摩天楼在空间实践过程中如何建构与城市及人的深层关联。

6.1　资本的世界:摩天楼空间生长与都市地价变化的关联性研究(以公共租界为例)

当高层办公建筑最初出现在芝加哥街道空间,这一建筑类型在满足社会发展对商业空间需要的同时,也成为房地产商开发的一种房屋商品,此前从没有哪一类建筑如此强调经济性,建筑投资与收益性研究成为房产商开发摩天楼的主要研究方面,期望在有限土地上开发足够多的可供出租的商业空间,获得投资回报最大化成为业主开发摩天楼的重要原因。在1930年出版的《摩天楼:现代办公建筑的经济高度研究》(*The Skyscraper: A Study in the Economic Height of Modern Office Building*)中给出了如何建造摩天楼可获得利润回报最大化的答案,由一群建筑师、工程师、承包商及建筑管理者组成的委员会进行假设性命题,在同一地块上对8层至75层共8个高度[1]的摩天楼样本进行了一系列严密的数据图表分析,最终结论认为63层为摩天楼投资回报率最大的建造层数[2](图6-1-1)。同时,研究结果也指出一条基本原则,即:土地价值越高,建筑必须建得更高以获得最大投资回报率。[3]以上讨论验证了伍尔沃斯大楼(Woolworth Building)的建筑师卡斯·吉尔伯特(Cass Gilbert)[4]早在1900年发表的一篇题为《快速建造中金融

---

[1] 8个高度分别是75层、63层、50层、37层、30层、22层、15层及8层(这一最小值是考虑到曾经有观点认为纽约市中所有建筑都需控制在8至10层高度)。

[2] 数据显示一幢50层高建筑的回报率是9.87%,63层高建筑的回报率为10.25%,而75层高建筑的回报率为10.06%,63层达到临界最高。

[3] W.C. Clark and J.L. Kingston, The Skyscraper: A Study in the Economic Height of Modern Office Building. New York: American Institute of Steel Construction, Inc., 1930. Source from New York Skyscraper Museum.

[4] 卡斯·吉尔伯特(Cass Gilbert, 1859—1934),美国杰出的建筑师,摩天大楼设计先锋派人物,其早期著名的摩天大楼代表作品为伍尔沃斯大楼(Woolworth Building),这一作品将他的事业推向了一个旁人无法企及的高峰。同时,他还负责设计了众多的博物馆(圣路易斯艺术博物馆)、图书馆(圣路易斯公共图书馆)、州议会大厦(明尼苏达州、阿肯色州、西弗吉尼亚州国会大厦等),以及公共标志性建筑,如美国最高法院的法院大楼等。

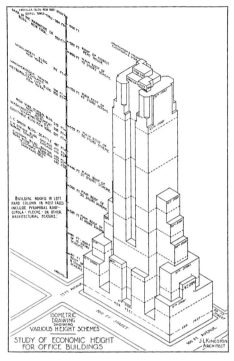

图6-1-1 办公建筑最经济高度之研究

的重要性》（*The Financial Importance of Rapid Building*）的文章，文中将摩天大楼定义为："一台由土地买单的机器"（a machine that makes the land pay）[1]，事实上，这句话也充分肯定了摩天楼与商业地产开发之间的重要关联，以及其与土地经济的内在相互作用[2]。

城市中摩天楼与其形成的商务中心区形态不仅具有空间维度，同时也具有时间维度，而这一维度主要由城市房地产开发的周期性特征所决定，[3]根据文章第4章第4节总结，上海租界内业主请照申建房屋，尤其是在公共租界呈现出明显的周期性变化，平均周期为9年，由摩天楼的空间发展起点外滩出发，选址扩张由东往西呈现显著的阶段性变化，而其特定的办公与商业的功能

属性决定了摩天楼选址与城市土地利用性质转变的紧密内在关联。本节第一个跨学科命题即结合地统计学[4]研究方法与历史地理学方向关于上海近代地价空间演变的最新研究成果，从摩天楼地价样本入手，考察摩天楼选址分布对上海近代租界土地价格变化产生的作用。

---

[1] Cass Gilbert. "The Financial Importance of Rapid Building." Engineering Record 41 (30 June 1900): 624，转引自Carol Willis. *Form Follows Finance: Skyscrapers and Skylines in New York and Chicago.* New York: Princeton Architectural Press, 1995, 19.

[2] Cass Gilbert. "The Financial Importance of Rapid Building." Engineering Record 41 (30 June 1900): 624，转引自Carol Willis. *Form Follows Finance.* New York: Princeton Architectural Press, 1995, 19, 185。

[3] Carol Willis. *Form Follows Finance: Skyscrapers and Skylines in New York and Chicago.* New York: Princeton Architectural Press, 1995, 166.

[4] 地统计学是以具有空间分布特点的区域化变量理论为基础，研究自然现象的空间变异与空间结构的一门学科。它针对像矿产、资源、生物群落、地貌等有着特定的地域分布特征而发展的统计学。由于最先在地学领域应用，故称为地统计学。地统计学的主要理论经过不断完善和改进，目前已成为具有坚实理论基础和实用价值的数学工具，其应用范围十分广泛，不仅可以研究空间分布数据的结构性和随机性、空间相关性和依赖性、空间格局与变异，还可以对空间数据进行最优无偏内插，以及模拟空间数据的离散性及波动性。地统计学由分析空间变异与结构的变异函数及其参数和空间局部估计的克里格（Kriging）插值法两个主要部分组成，目前已在地球物理、地质、生态、土壤等领域应用。

6.1.1　总体空间分布

　　首先以当年出版的上海近代两份地价区划图为底图数据,对公共租界主要摩天楼的总体空间分布进行呈现。第一张底图是1929年由美国普益地产公司绘制的地价图,对应截至1929年建成的摩天楼,也即是本书第3章研究中讨论到的建筑单体,这一阶段最晚建成的摩天楼为沙逊大厦。(图6-1-2、图6-1-3)

　　按照建成时间前后所著序列号可以清楚地观察到截至1929年,上海近代摩天楼分布所在的区域道路及分布密度,根据当时美国普益地产所绘制的地价图分析,峰值地价区域已呈明显"T"型,由外滩向南京路延伸,大部分摩天楼则集中分布在地价最高的20万两每亩以上的区域,即外滩段及四川路近南京路中段,其次有少数几幢摩天楼位于四川路南段、苏州河畔及跑马场北侧静安寺路上的二级地价区域,即10万两每亩以上区域。

　　经过20世纪30年代的迅速发展,根据新益地产股份有限公司绘制的最新上海地价区划图显示,地价峰值区域增大,一部分二级地价区域经过发展进入了峰

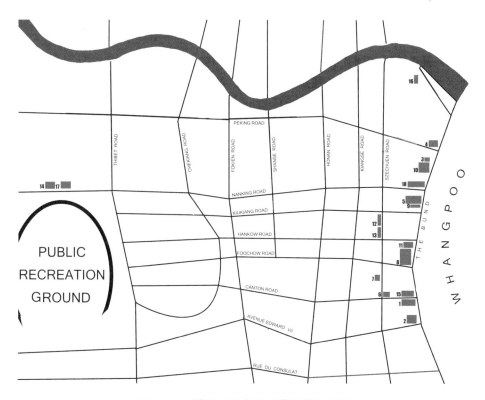

图6-1-2　截至1929年建成摩天楼分布图

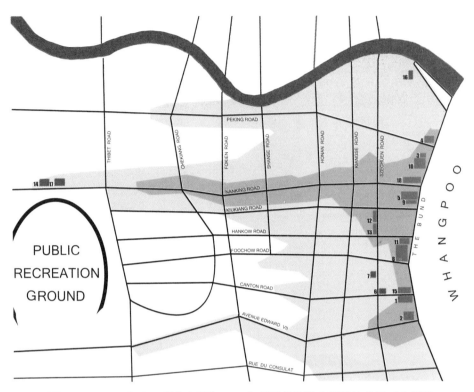

图6-1-3　1929年摩天楼分布图与1929年美国普益地产所绘地价图对应呈现

名录：外滩：1. 有利大楼（1915）；2. 亚细亚大楼（1915）；3. 扬子保险大楼（1920）；4. 格林邮船公司大
楼（1922）；5. 麦加利银行大楼（1922）；四川路：6. 普益大楼（1922）；7. 卜内门洋行大楼（1922）；外滩：
8. 汇丰银行大楼（1923）；9. 字林西报大楼（1924）；10. 横滨正金大楼（1924）；11. 日清大楼（1925）；四
川路：12. 东亚银行大楼（1926）；13. 上海四行储蓄会大楼（1926）；静安寺路：14. 中国联合保险公司大
楼（1926）；外滩：15. 海关大楼（1927）；外滩源：16. 光陆大楼（1928）；静安寺路：17. 西侨青年会大楼
（1928）；外滩：18. 沙逊大厦（1929）

值区，"T"型横向区域扩大，外滩源区域、外滩以西的四川路江西路基本都进入峰
值区，纵向方向峰值区也由南京路西端延伸至公共租界西区的跑马厅北侧静安寺
路段，由此根据1929年至1937年建成摩天楼空间分布示意，大部分建筑都位于峰
值区域，仅少数几幢位于二级地价区域。（图6-1-4、图6-1-5）

　　综上，根据基础路网与地价空间分布的叠加布局分析，摩天楼在城市总体空
间分布，及它们所处地块土地价值已有一个对应性的基础认知，总体而言摩天楼
选址地块都为土地价值一级或二级的较高区域，受公共租界工部局高度控制规则
影响，临近超过150英尺宽的空旷地带建筑高度不受限制，因而外滩与跑马场北侧
静安寺路上摩天楼有三幢以上连续性地集中分布；另外，1929年以后摩天楼更大
规模的建造完工，使得公共租界江西路以北区域、外滩源区域，及南京路与法租界

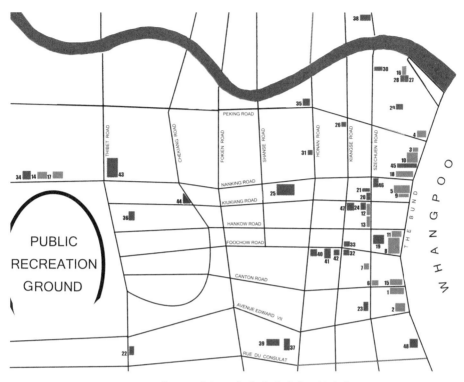

图6-1-4 截至20世纪30年代末建成摩天楼分布图

名录：四川路：19. 新汇丰银行办公仓库大楼（1930）；九江路：20. 新康大楼（1930）；21. 华侨大楼（1930）；法租界西藏路：22. 八仙桥青年会大楼（1931）；四川路：23. 中国企业银行大楼（1931）；九江路：24. 大陆银行大楼（1932）；南京路：25. 大陆商场（1932）；江西路：26. 中国垦业银行大楼（1932）；外滩源：27. 真光大楼（1932）；28. 广学会大楼（1932）；29. 中华基督教女青年会大楼（1932）；30. 加利大楼（1933）；江西路：31. 中央储蓄会大楼（1933）；32. 汉弥尔登大楼（1933）；33. 都城饭店（1934）；静安寺路:34. 国际饭店（1934）；河南路：35. 国华大楼（1934）；汉口路：36. 扬子饭店（1934）；法租界爱多亚路：37. 中汇大楼（1934）；四川北路：38. 新亚大饭店（1934）；法租界爱多亚路：39. 麦兰捕房（1935）；福州路：40. 五洲大药房（1935）；41. 总巡捕房（1935）；42. 建设大楼（1936）；南京路：43. 大新公司（1936）；44. 永安新厦（1936）；外滩：45. 中国银行（1937）；南京路：46. 迦陵大楼（1937）；江西路：47. 聚兴诚银行大楼（1937停工）；法租界外滩：48. 法国邮船大楼（1939）

金陵路都成为摩天楼主要分布区域，而1929年以前仍为二级地价区域的江西路、四川路部分路段、外滩源部分区域，及跑马场北侧静安寺路段都从二级地价区域跃升为地价峰值区域，那么，是否是摩天楼的建造完工对片区地价的整体提升产生了积极作用呢？

因此，根据这一线索，笔者接下来将以公共租界中区为例，通过档案数据与地理学研究方法对公共租界摩天楼分布区域的地价空间演变的结构还原，确实地分析出摩天楼分布区域地价空间演变特征，进而通过摩天楼地价样本的数据分析，对摩天楼选址建造对区域土地利用变迁及区域地价变化的积极影响进行论证。

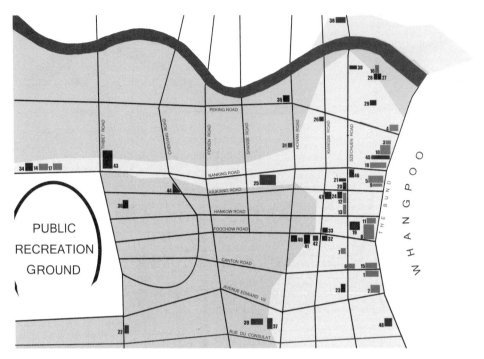

图6-1-5　20世纪30年代末建成摩天楼分布图与1944年新益地产股份有限公司所绘上海地价图对应呈现

6.1.2　分布区域地价空间演变总体特征（1899—1930）

　　公共租界各地块土地价格的确认主要有两种方式，一是市场买卖成交价格，一是工部局估定的土地价格[1]。工部局所得的土地价格是征收地税[2]的依据，同时，也是市政建设征用土地时给原业主计算补偿时的依据。在1845年上海道台颁布的第一次土地章程第十三条中就明确阐述了土地估价和征税的必要性，言之"精当估价，以利征税计，须由华官与领事会同遴派中，英正直人士四五名，估定房价，地租及移运屯地等费，务求精当，以昭公允。[3]"一般而言，工部局所公布的地价为市场买卖价格的75%，到1907年（光绪三十三年）涨到80%[4]，尽管工部局估

---

[1] 沈辰宪.南京路房地产的历史,引自中国人民政治协商会议上海市委员会,文史资料委员会编,旧上海的房地产经营,上海：上海人民出版社,1990,24.

[2] 地税是按照土地价格的一定比例,由租地人或土地占有人以固定的期限为准向政府缴付的一种直接税款,工部局征收地税一直在其年度财政收入当中占据举足轻重的地位.

[3] 蒯世勋.上海史资料丛刊：上海公共租界制度,上海：上海人民出版社,1980,48.

[4] 张鹏.都市形态的历史根基——上海公共租界市政发展与都市变迁研究.上海：同济大学出版社,2008,44.

价与市场价格还有一定的差异，但在比例上趋于稳定，因此可作为较具有公信力的地价研究数据来源。

　　公共租界工部局对土地估价工作始于 1865 年，共进行过 20 余次[1]，但在估价初期，工部局成立的土地估价委员会对工作流程和测量的系统方法仍然经过一段较长时间摸索，历届委员会都会在上一次土地估价清单的基础上，进行比对指出错误，并且在工作方法与地块数据上作出进一步改进与修正[2]。1890 年以前估价清单名录中土地编号索引一般为各领馆登记的地分号与道契号，以及 1864 至 1866 年工部局土地平面编号（the municipal number），在 1890 年土地估价中提供了最为完整的地块目录索引，不仅有领馆登记号，提供了 1864 至 1866 所编制的工部局土地编号，还第一次出现了地籍图编号[3]的平面索引图，且以后公共租界工部局逐渐统一使用地籍号对地块进行编录[4]。1898 年纳税人大会（the meeting of Ratepayers）中正式决议将扩张后的公共租界重新划分为四个区，包括北区、东区、西区及中区，1899 年之后公共租界工部局正式按照四个分区进行地籍平面图绘制及地块估价工作[5]。

---

[1] 根据上海档案馆现存工部局地价表相关数据，公共租界工部局进行过的土地估价年份，包括：1865 年、1867 年、1869 年、1874 年、1876 年、1880 年、1882 年、1885 年、1890 年、1895 年、1896 年、1899—1900 年、1903 年、1907 年、1911 年、1916 年、1920 年、1922 年、1924 年、1927 年、1930 年，及 1933 年。

[2] 在 1890 年估价委员会的报告中即指出，1869 年根据当时地块平面所调查出的估价清单是具有公信力的，但 1876 年的估价虽然是以 1869 年的地块数据为基础，且第一次采用地块净面积（net areas）代替道契面积（title deed areas），对所有已知地块都经过精确测量计算，但是仍有一部分地块面积数据是通过土地所有者自己呈报，未经过委员会精确测量，因而最终得出的完整估价清单并不可信，其后几年数据也是以 1876 年地块信息为基础，错误并未得到纠正，因此 1876 到 1890 年间几次估价数据缺乏可靠性。1890 年估价委员会工作首先以 1869 年平面图为参照，对余下有过登记变动的地块，委员会采取的方法是采纳租地人或者是房产代理商提供的信息，结合各领馆工作人员提供的登记表对地块进行实地考察，核实中即发现一些多年仍然出现在领馆登记表上的地块，实际上已经与其他一些地块合并，或者一些在最近估价清单上出现的地块在平面图上也已经找不到了，因此经过 1890 年估价委员会尽可能仔细的地块核实与数据登记工作，对所有边界描述重新编写，委员会更是建议将这份地籍图拿回伦敦进行平面印刷，这使得此后的估价工作所参照的地块数据更加翔实可靠。

[3] 一般在领馆登记地块信息，有两个编号，一个是地分号（Consular Lot No.），为各领馆在租界平面图上所编列的地产序号，例如英领馆地分号为 British Consular Lot No.，简称 B.C. Lot No.，其他领馆还有法领馆地分号（FC. Lot No.）、美领馆地分号（U.S. Lot No.）、德领馆地分号（Ger. Lot No.）；另一个为道契号，Title Deed No.，为各地块作为地产在各领馆注册道契的契证序号。英租界 1500 号道契之后，道契号与地分号合并为一个号码，而其他领馆该两编号即是统一的。地籍号，Cadastral Lot No.，是工部局清丈处根据测绘的宗地地图进行分区编制的地籍编号。

[4] U1-1-1030，工部局地产估价委员会编制，公共租界工部局地价表（1890—1892），上海市档案馆.

[5] U1-1-1032，工部局地产估价委员会编制，公共租界工部局地价表（1899），上海市档案馆.由于 1898 年估价委员会已开始工作，因而 1899 年地价表中仍按照之前的区域划分进行，即英租界（English Settlement）及虹口租界（Hongkew Settlement）。

　　公共租界中区1899年以前为英租界范围，自1865年估价以来数据显示，英租界与虹口租界区域地价并非一路走高，而是经历了高低起落，但总的来说英租界区域地价一直大大高于同时期虹口租界地价，19世纪末公共租界扩张之后，前身为英租界的中区仍然是整个公共租界的地价增长极，地价总值高于东区、北区、西区地价3至4倍有余（表6-1）。进入20世纪之后随着经济发展，公共租界城市功能逐步完善，在各区区位条件有着巨大差异的基础上，各区土地利用方式逐渐往不同方向发展，地价空间结构也即随之变化，整个公共租界平均每亩估价从1865年的1 318两上升到了1933年的33 877两，上涨了25.7倍，而中区地价，1933年已经涨至132 451两/每亩，涨幅达到了100倍有余。不论是土地估价总值，还是单位平均地价，公共租界中区一直远远超过其他各区。1930年为近代上海公共租界房地产开发的最后一个峰值点，根据上海公共租界房地产的9年平均周期[1]选择样本，以1899为起点，1911、1922、1930[2]四个估价年份中区地价为样本（表6-2）。在地价空间研究中，考虑到城市空间地价样本点的分布比较容易受到地段、区位、产业分布的影响，在相同或相近区段，地价水平具有相似性，因此通常会采用地统计学中一种重要的空间分析方法克里格空间插值法（Kriging）[3]。

表6-1　1869年以来的土地估价及税率总结

年份	地价总值 （ASSESSED VALUES.）			税收 （REVENUE DERIVED.）	
	英租界 （English Settlement）	虹口租界 （Hongkew Settlement）	价值总额	税　率	税收总值
	两[1]	两	两		两
1865	4 905 118	774 688	5 679 806	—	—
1867	4 957 902	810 154	5 768 056	—	—

[1] 详见第4章第4.4节。

[2] 以1930年而非1933年为讨论终点，笔者认为另一个原因是1930年是"一·二八事变"前的最后一次估价，这一年地价可以较好反映二三十年代上海房地产黄金期的最高水平。

[3] 克里格空间插值法（Kriging），是以变异函数理论和结构分析为基础，在有限区域内对区域化变量进行无偏最优估计的一种方法，是地统计学的主要内容之一。1951年南非矿产工程师克里格（D.R. Krige）在寻找金矿时首次运用这种方法，法国著名统计学家马瑟荣（G. Matheron）随后将该方法理论化系统化，以克里格名字命名，即克里格方法。克里格法是根据待插值点与临近实测高程点的空间位置，对插值点的高程值进行线性无偏最优估计，通过生成一个关于高程的克里格插值图来表达研究区域的原始地形。这一插值方法是利用样本点的统计规律，使样本点之间的空间自相关性定量化，从而在待预测的点周围构建样本点的空间结构模型。

| 年份 | 地价总值
（ASSESSED VALUES.） | | | 税收
（REVENUE DERIVED.） | |
| | 英租界
（English
Settlement） | 虹口租界
（Hongkew
Settlement） | 价值总额 | 税　率 | 税收总值 |
	两[1]	两	两		两
1869	4 707 584	561 242	5 268 826	1/4	13 172
1874	6 138 354	1 355 947	7 494 301	3/10	22 483
1876	5 433 148	1 493 432	6 936 580	3/10	20 810
1880	6 118 265	1 945 325	8 063 590	4/10	32 254
1882	10 340 660	3 527 417	13 868 077	4/10	55 472
1882/9	10 310 627	3 680 299	13 990 926	4/10	55 964
1890	12 397 810	5 110 145	17 507 955	4/10	70 032
1896	18 532 573	10 379 735	28 912 308	4/10	115 649
1899	23 324 176	14 320 576	37 644 752	5/10	188 224

公共租界扩张后的估价分区：

年份	分　区		土地估价 （两）	价值总额 （两）	税　率	税收总额 （两）
1899	中区 （之前的英租界）		23 324 176	44 230 938	5/10	221 155
1900	北区	之前的虹 口租界	7 205 791			
1900	东区		8 444 139			
1900	西区		5 256 832			

　　（资料来源：根据上海档案馆U1-1-1026,公共租界工部局地价表（1876）；U1-1-1033,公共租界工部局地价表（1900）数据进行整理。）

---

[1] 工部局地价册中的土地面积是以"市亩"为单位,每1市亩等于660平方米；估定价格的货币单位是"银两",在国民政府1935年正式施行法币制度以前,上海基本上采用银两和银元并行流通的货币单位,特别是银两的币值较为稳定,一般会作为土地交易和评定地价的首选单位。

表6-2 1899—1930年公共租界四区地价总值统计表

年份	中 区		北 区		东 区		西 区	
	地价总值（两）	单位地价（两）	地价总值（两）	单位地价（两）	地价总值（两）	单位地价（两）	地价总值（两）	单位地价（两）
1899	23 324 176	10 553	7 205 791	3 831	8 444 139	2 027	5 256 832	1 658
1911	66 159 600	29 794	23 851 427	11 026	25 064 227	3 769	26 475 692	4 369
1922	108 593 879	49 174	39 337 270	17 474	53 109 540	6 143	45 083 102	6 232
1930	234 741 148	107 878	85 229 513	37 857	117 231 733	11 865	160 040 767	20 457

（资料来源：U1-1-1032，公共租界工部局地价表（1899）；U1-1-1033，公共租界工部局地价表（1900）；U1-1-1037，公共租界工部局地价表（1911）；U1-1-1040，公共租界工部局地价表（1922）；U1-1-1043，公共租界工部局地价表（1930），工部局地产估价委员会编制，上海市档案馆，表格数据由笔者自行整理。）

这一地价样点的空间特征中采用了地统计学中的六个计量指标进行分析，它们分别是：

（1）最大值和最小值：用于反映当年地价极限值水平，这也意味着两者相差的倍数越大，地价的绝对高差越大。

（2）中位数：样本数据所占频率的等分线。地价空间数列多易出现极端变量值，以中位数作为当年地价数据的代表值比算术平均数所得效果更好，更能反映总体数据一般水平。

（3）标准差：一组数据离散程度的常用量化形式。标准差越小，说明数据越聚集；标准差越大，表明数据越离散。在地价统计中，标准差常用来评估价格变化或波动情况。

（4）偏度：用以统计数据分布的偏斜方向和程度的度量，为统计数据分布非对称的特征。偏度为0表示数据为标准正态分布，偏度如果大于0，则称分布具有正偏离，也有右偏离，偏度小于0则为负偏态，也称左偏态。

（5）峰度：又称峰态系数，用以表示数据概率密度分布曲线在平均值处的峰值高低，直接反映数据分布曲线的陡缓程度。如果标准正态分布的峰度值为3，那么峰度值大于3则表示比正态分布陡峭，反之则平坦。[1]

---

[1] 这一研究方法的运用与结果运算为复旦大学历史地理研究中心曾声威同学的最新研究成果，后形成曾声威同学申请硕士学位论文，在此引用：曾声威，近代上海公共租界城市地价空间研究（1899-1930），申请复旦大学硕士学位论文，2013，46，52。

　　根据四个时间段落公共租界中区地价空间总体分布考察,经过30年发展中区地价最大值与最小值都保持了快速稳定的增长,均达到了10倍左右,同时,同一时间段落下的地价最高值与最小值之间的平均差值也达到了9—11倍,说明同一区域地价的巨大差异也是存在的,观察数据统计的偏度和峰度,1911年和1922年的数值较1899年与1930年都大出许多,说明这两年土地级差效应[1]最为明显。从中区1899年至1930年地价空间四张图的分布演变,可以清楚分析中区地价演变特征。(图6-1-6、图6-1-7)1899年中区地价,以南京路为界,南部地价明显大于北部,外滩界面为地价最高路段,河南路福州路附近形成了与临四川路地块接近的次级地价区;1911年,中区地价分布变化较为明显,整体呈现出东高西低的价格变化趋势,南京路以北地价增高明显,外滩界面高地价区域向西扩张,南京路段的高地价区开始发育,并且向西区跑马场北侧静安寺路带状延伸,福州路地价高峰消失,形成与南京路地价水平相当区域;到1922年,整体分布呈现中东部高,西北西南两端低的总体特征,其中最重要的细节分布特征是,南京路至外滩"T"型高值

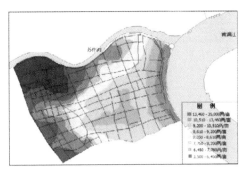 

图6-1-6　1899(左)与1911(右)中区地价空间分布图

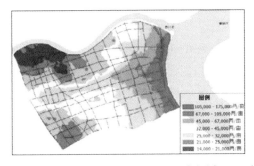 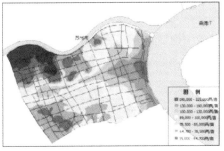

图6-1-7　1922(左)与1930(右)中区地价空间分布图

---

[1] 根据经济学原理,由于土地等级差异,同量资本投入不同土地,所获得的效益不同,效益高的投资则获得超额利润,这一超额利润构成了级差地租。

地价带已经形成，并且一直延伸至西区静安寺路跑马场北侧路段，福州路河南路段的高地价区域已经完全消失，受"T"型结构发展影响，福州路在河南路以东段仍处于高地价分布区；1930年，整体分布高峰值地价区域面积减少，外滩至南京路的"T"型高地价带内部发生断裂，断裂区间位于南京路河南路以西路段中间位置，这一发展局面使得整个南京路段的土地级差效益明显增大，外滩与南京路交叉口处出现明显高于其他位置的地块高峰点[1]。（表6-3）

表6-3　1899—1930年公共租界中区地价数据统计表（单位：两）

年　份	最大值（两）	最小值（两）	中位数（两）	标准差（两）	偏　度	峰　度
1899	3 500	35 000	9 000	3 843.1	1.137 9	5.805 8
1911	11 000	90 000	20 000	15 443	1.990 2	7.495 5
1922	14 000	175 000	32 000	28 522	1.949	6.768 8
1930	35 000	325 000	90 000	44 121	1.551 5	5.925 8

（数据来源：曾声威，近代上海公共租界城市地价空间研究（1899—1930），申请复旦大学硕士学位论文，2013，52。）

6.1.3　以摩天楼所在地块地价为样本分析土地利用方式转变对地价变化产生的影响

公共租界的土地开发首先是从外滩开始。在19世纪40年代至50年代，也就是从上海开埠之初到第二次鸦片战争之前，谨慎的资金投入使得英租界发展总体上处于起步阶段，这时期外滩的路基刚刚开始填高加固，不过英国领事馆办事处、美国领事馆及一些英美商人的"宫殿式"住宅、一家饭店已经"突然从荒漠中涌现出来"[2]，1847年外滩第一家外国银行——英商东方（丽如）银行正式开[3]设。在开埠后的数年内，外国人纷纷来到上海，以不可比拟的活力建立自己的事业，为把上海建成一个商业和势力中心[4]。这一充满野心的愿望在第二次鸦片战争（1856—1860）中国再次失败的形势下得以落定，来到上海的外国人，尤其是投机商人对英

[1] 这一公共租界中区地价空间演变总体特征分析是笔者根据曾声威同学验算结果的基础上分析讨论所得。
[2] ［法］梅朋（C.B. Maybon），傅立德（J. Fredet）著，上海法租界史，倪静兰译，上海：上海译文出版社，1983，17.
[3] 上海市黄浦区志编纂委员会编，黄浦区志，上海：上海社会科学院出版社，1996，87。
[4] ［法］梅朋（C.B. Maybon），傅立德（J. Fredet）著，上海法租界史，倪静兰译，上海：上海译文出版社，1983，18.

租界发展有了更大的信心与把握。据统计,到1855年,外滩自北向南共有16家机构,其中12家洋行,包括怡和洋行、沙逊洋行、仁记洋行、奥古斯丁赫尔德洋行、萧氏兄弟洋行、颠地洋行、特诺尔洋行、史密斯甘纳地洋行、旗昌洋行、会德丰洋行、亚丹森洋行和福格洋行,另外4家机构是行政金融及辅助性服务机构,包括英国领事馆、海关,及医院和银行各一家[1]。

随着贸易市场的发展,外滩凭借其北濒吴淞江东临黄浦江,又为江海关所在地的优越地理位置,慢慢发展成为重要的码头贸易功能区,外滩往西的街区内部也因此建造了大面积的仓库堆栈来存放货物。但是土地价值的高地价核心区往往出现在商业区域,而非贸易区,外滩不仅拥有最优越的港口区位,其地理位置的空间通达性及安全优势,使得其土地利用方式很快发生转变。1866年工部局董事会即认为"使外滩提高价值的将是商用写字间和住宅等,总有一天仓库将会搬迁"[2],也正是从19世纪60年代起,外资金融机构及官办银行开始集中聚集于外滩地块[3]。外滩第二阶段的建造工程从19世纪六七十年代开始一直延续到19世纪末至20世纪初,期间大量银行金融机构的设立不仅奠定了上海金融中心的经济地位,同时也使外滩界面的用地格局发展了重大转变,至19世纪末期外滩土地利用方式转变已经基本完成,高价值的商业用地的线状地带已经初步形成。

根据上一小节1899年的地价空间分布特征分析可知,这时期区域土地极差不明显,外滩界面的地块地价整体处于中区峰值区,自北往南抽取1899年外滩界面部分地块地价分析[4](表6-4),当时外滩界面各地块面积差值不大,位于外滩与道路转角地块地价略高是其主要特征,且北端较南端估价有所降低,如九江路口的37号地块为24 000两/亩,位于汉口路、福州路及广东路口的45号、50号及56号地块价格都为23 000两/亩,位于较北端的地块地价有所下降,北京路口6号地块地价为21 000两/亩,南京路口的31号地块为18 500两/亩。

表6-4　1899年公共租界中区外滩样本单位地价数据统计表

地 籍 号	单位地价(两/亩)	对应建造摩天楼
6号册地(Cad. Lot No.6)	21 000	怡泰公司大楼
24号册地(Cad. Lot No.24)	15 000	横滨正金大楼

[1] 唐振常主编.上海史.上海:上海人民出版社,1989,248.
[2] 上海市档案馆.工部局董事会会议录.第二册.上海:上海古籍出版社,2001,543.
[3] 上海市黄浦区志编纂委员会编.黄浦区志.上海:上海社会科学院出版社,1996,256—286.
[4] 这些地块样本后期都有一共同属性,即地块上都建起了摩天楼。

地 籍 号	单位地价（两/亩）	对应建造摩天楼
24A 号册地（Cad. Lot No.24A）	15 000	扬子保险大楼
25 号册地（Cad. Lot No.25）[1]	16 000	中国银行（外滩界面地块）
31 号册地（Cad. Lot No.31）	18 500	沙逊大厦
36 号册地（Cad. Lot No.36）	16 000	麦加利银行大楼
37 号册地（Cad. Lot No.37[2]）	24 000	字林西报大楼
45 号册地（Cad. Lot No.45）	23 000	新海关大楼
30 号册地（Cad. Lot No.49）	18 000	汇丰银行大楼
50 号册地（Cad. Lot No.50）	23 000	汇丰银行大楼
55 号册地（Cad. Lot No.55）	18 000	日清大楼
56 号册地（Cad. Lot No.56）	23 000	有利大楼
61 号册地（Cad. Lot No.61）	17 000	亚细亚大楼

（数据来源：U1-1-1032，公共租界工部局地价表（1899），上海市档案馆。）

从时间轴上考察（表6-5），中区地价虽然一直都有缓慢上升，但较为快速发展是直到进入19世纪90年代，以外滩九江路口37号地块为例，1876年与1880年两次估价均为6 500两/亩，未有变化，直到下一次估价增长率仅为8%，为7 000两/亩，进入1890年后，地块价值上涨速度明显加快，1890年仅9 000两/亩的估地价格，进入几年发展，在1896年已经涨至16 000两/亩，增长了约78%，至1899年土地价格达到24 000两/亩，换句话说，1876年至1890年土地价格年平均增长率仅为2.4%，而1890年至1899年的年平均增长率达到了11.5%。从其他地段样本地块来看，1899年南京路四川路、九江路、福州路河南路等道路地块地价与外滩也不会相差太远，而福州路河南路转角的173号地块更是达到16 000两/亩的价格，与外滩25号、36号地块地价持平，甚至超过了部分外滩界面地块，形成了仅次于外滩的地价高峰区。而外滩源地块虽然与外滩相邻，但土地估价较其他街道地块则低了许多，至1899年也仅为10 000两/亩，究其原因主要是外滩源这一位置被认为

---

[1] 册地25号地块仅为外滩界面地块，后中国银行建造时购下了邻近的另几块地块（Cad. Lot No.22、25、25A、25B、26）。

[2] 册地37号地块后分化出册地37A号地块建造了字林西报大楼。

是不适于商业发展的区域,因此外滩区域在由码头贸易功能向商业属性转变的时候,仓储空间成为19世纪末20世纪初"外滩源"街区的主要建设内容[1]。事实上,由外滩由西向东几条纵向道路的地价发展也与土地利用方式紧密关联,如19世纪末20世纪初福州路沿街商业发展较为蓬勃,开发密度最大发展程度最高的为福州路中段棋盘街附近,据统计,当时这里开设了8家洋行,1家经纪人及委托代理人机构,多家新闻出版机构书局报馆,1家汽水商,1家酒肆[2],正是这些高密度的商业开发大大刺激了周边地块地价上涨,使得福州路形成了仅次于外滩的地价高峰区,其他南京路、广东路、河南路等道路地块地价增长也是得益于这一原因。

表6-5　1876—1933年公共租界中区地块样本单位地价表(单位:万两/亩)[3]

地籍号	估 价 年 份									
	1876	1880	1882—1889	1890	1896	1899	1911	1922	1927	1933
31 号	0.65	0.65	0.7	0.9	1.5	1.85	7.5	15	22	36
37A 号[4]	0.65	0.65	0.7	0.9	1.6	2.4	8.7	15	20	30.5
45 号	0.6	0.6	0.7	0.9	1.5	2.3	9	16	19	27.5
56 号	0.6	0.6	0.675	1	2.3	8.7	14.5	17.5	24	
34 号	0.6	0.6	0.6	1	1.4	6.5	12.5	17.5	29	
86A 号[5]	0.45	0.45	0.55	0.7	1.1	1.5	5.5	10.5	16	22
99 号	0.4	0.4	0.575	0.6	1.2	1.4	4.5	8	10.5	16.5
173 号	0.35	0.4	0.575	1.3	1.6	4.3	5.7	9.2	14	
247 号	0.35	0.35	0.625	0.85	1.2	1.4	3.4	9.5	12	19.5
7 号	0.275	0.275	0.4	0.5	0.65	1	3.2	4.7	9	13.5

(数据来源:U1-1-1026,公共租界工部局地价表(1876);U1-1-1027,公共租界工部局地价表(1880);U1-1-1028,公共租界工部局地价表(1882);U1-1-1029,公共租界工部局地价表(1882—1889);U1-1-1030,公共租界工部局地价表(1889—1892);U1-1-1031,公共租界工部局地价表(1896—1897);U1-1-1032,公共租界工部局地价表(1899),上海市档案馆.笔者根据档案资料自行整理。)

---

[1] 王方."外滩源"研究——上海原英领馆街区及其建筑的时空变迁(1843—1937),南京:东南大学出版社,2011,98.
[2] 上海市黄浦区志编纂委员会编.黄浦区志.上海:上海社会科学院出版社,1996,256—286.
[3] 表格中地号对应建造的摩天楼依次分别为,外滩:沙逊大厦、字林西报大楼、新海关大楼、有利大楼、迦陵大楼;四川路南京路:迦陵大楼;九江路:华侨大楼;江西路福州路:都城饭店;河南路福州路:五洲大楼;南京路:大陆商场;外滩源:光陆大楼。
[4] 1911年以前37A号地块还未从37号地块分化,因此1911年以前数据为37号地块地价。
[5] 1911年以前86A号地块还未从86号地块分化,因此1911年以前数据为86号地块地价。

进入20世纪的第一个十年，租界地价发展仍然保持着稳定的增长（表6-5），以37A号地块为例，1911年显示地块估价为87 000两/亩，1899年至1911年地价上涨的年均增长率为11.3%，与上一阶段11.5%的年均增长率相当。南京路河南路以东段地价增长速度增快，迦陵大楼地块地价从1899年14 000两/亩上涨至1911年65 000两/亩，年均增长率超过外滩地块达到13.6%，而较之福州路河南路一带地块地价增长速度放缓，仍以173号地块为例，1911年地块地价为43 000两/亩，1899年至1911年地价年均增长率为8.6%。南京路地价增长迅速与地产商哈同对南京路的开发经营关系密切，哈同进入20世纪后积极投资南京路的地块，并参与到基础工程建设当中，1911年采用澳大利亚进口木块铺筑的南京路完工，成为上海最高级的一条马路，随后吸引了大批洋行资本对土地进行商业开发利用，5层高的惠罗公司与6层30米高的汇中饭店相继在南京路东段建成，使得南京路土地开发利用的休闲商业功能定位逐渐清晰。自1920年以后，公共租界中区，尤其是江西路以东区块大型现代办公大楼集中开发建造[1]，南京路商业继续兴盛发展，使得外滩、南京路保持繁荣发展态势的同时，相邻的九江路、汉口路、福州路、四川路、江西路等路段地价也稳定上升。因此，总结中区各街道地块地价明显的优势增长主要基于两点：一为优越的地理区位条件，二是以商业属性为主的土地利用方式转变。

同时，摩天楼本身的商业性质引导地段土地利用方式转变，进而对地段地价提升产生的积极作用也不容小觑。摩天楼建造首先集中在外滩高地价区域，并且向西侧四川路纵深发展，20世纪20年代初摩天楼建造首次选择了西区跑马场北侧地块，从外滩及邻近外滩地块转移到西区。1922年华安公司购下跑马场北侧西区册地6号地块，拟计划建造新的办公大楼，1924年动工后开始受到关注，华安公司自称为"扩大上海商务区域的先锋"[2]。从地价增长来看，1922年华安公司购得的土地估价仅为26 500两/亩，此时公司原址附近的外滩地块土地估价都已越过十万两每亩大关，以临北京路怡泰公司大楼地块土地估价为例（华安大楼当时办公地点邻近该地块），当时已达到了140 000两/亩[3]，两者差值5倍有余。大楼1926年建成，根据公共租界工部局最后一次土地估价1933年的统计显示，华安大

[1] 数据来源：上海市档案馆：卷宗号U1-14-627，上海公共租界工部局工务处关于上海工部局1927、1930和1935年的人口调查。
[2] 详见文章3.3.1。
[3] U1-1-1040，工部局地产估价委员会编制，公共租界工部局地价表（1922），上海档案馆。

楼所在地块估价已涨至125 000两/亩[1]，从大楼建成后最近一次土地估价开始计算，自1927年至1933年西区6号地块土地年均增长率达到约21%，距1922年业主购得地价约翻4.7倍，而参照怡泰公司大楼所在地块1933年估价230 000两/亩，土地价值仅翻1.6倍，两地块单位面积差值也由十余年前的五倍缩小到了后来的仅一倍不到。（图6-1-8）

　　华安大楼完工不久相邻地块即开建另一幢摩天楼——西侨青年会大楼，其后还陆续建造了上海现代派建筑代表大光明电影院，及上海重要地标远东第一高楼——国际饭店，西区跑马场北侧静安寺路段地价上升迅速，形成外滩至南京路"T"型高地价区的延伸段[2]。以华安大楼为起点带动地段土地利用方式向商业功

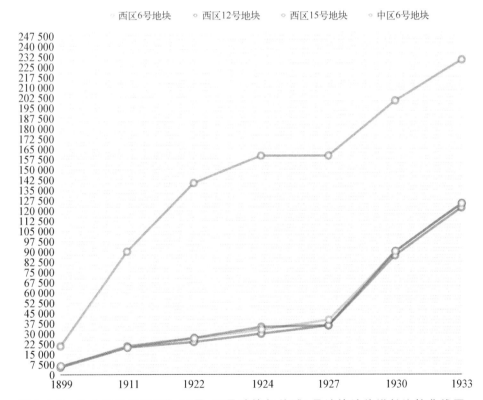

图6-1-8　公共租界西区6号、12号、15号地块与外滩6号地块地价增长比较曲线图（1899—1933）

---

[1] U1-1-1044,工部局地产估价委员会编制,公共租界工部局地价表(1933),上海档案馆。
[2] 详见本书6.1.2。

能转变,使得跑马场附近发展成为公共租界乃至整个上海的名副其实的商业副中心,而事实上,这条路段附近区域直到20世纪初大体仍然保持了低密度的郊区风貌,沿路只有少数中外上流社会的乡村别墅,以及包括跑马场在内的一些休闲场所,华安大楼可以说是摩天楼建造对地段土地利用方式转变起到关键推动作用的典型案例,而这一向商业功能的变化必然引发土地价值增长。

6.1.4 地标性摩天楼建造对地段价值提升的积极作用——以沙逊大厦为例

1929年位于册地31号地块外滩南京路口的沙逊大厦建成,这一幢摩天楼以突破以往所有建筑的体量及全新的形式风格成为上海乃至远东的标志性建筑,不仅如此,当时美国杂志还大篇幅刊登沙逊大厦的照片,盛赞这幢摩天楼的高大与华丽[1]。这一31号地块虽然早在19世纪末即已被业主新沙逊洋行收入囊中,但是一直都未有修造计划,与外滩界面其他地块比起来,其地价一直处于中间水平。1925年媒体上首次对南京路转角即将新建得沙逊大厦进行详文介绍,工程受到多方关注,工部局更是因为它的建造特将原"素极弯曲"的"南京路外滩口之马路"改直,并且铺设电车轨路[2],各种报刊杂志上关于新厦的报道从1926年开工一直延续至1929年完工后的一整年,沙逊大厦所在地块的地价也从它引发大众关注之日开始上涨。

根据1911年至1933年公共租界土地估价排名前十位的地块价值统计分析(表6-6),1911年公共租界土地估价最高值为9万两/亩,都位于外滩转角地块,分别是6号、26号、41A号、45号、50号、54A,所临街道包括北京路(6)、仁记路(26)、九江路(41A)、汉口路(45)、福州路(50、54A),这表明外滩界面各地块地价并无太大级差,由东往西的各纵向道路之间比较也无明显优势差异;至1922年,土地估价最高值达到17.5万两/亩,依然位于外滩转角地块,但是这一次位列第一仅两块地块,为南京路口的32号地块(汇中饭店)与九江路口的37号地块,土地价值第二位的为41A号和43号地块,地块估值为16.5万两/亩,分别位于外滩九江路与福州路转角,45号地块地价估值排在了第三名,为16万两/亩,这一年可以从最高值地价分布发现外滩界面地价空间分布级差趋势出现,南京路与九江路作为商业与办公功能空间的延伸优势显现,31号沙逊大厦所在地块也首次出现在了前十位土地估价地块榜上,土地估价为15万两/亩,但与首位估值还有一段距离;到1927年,

---

[1] THE CATHAY HOTEL AS SYMBOL: An Appreciation in Promiment American Journal. THE NORTH-CHINA HEARLD. 1930-12-23(410).

[2] 中国摄影学会画报,1928,4(152),14.

也就是沙逊大厦动工第二年,上海土地估值最高地块被沙逊大厦所在 31 号地块获得,土地估值达到 22 万两／亩,此次没有并列估值地块,其相邻南侧的 32 号地块排名第二,估值为 21 万两／亩,显然标志性摩天楼的建设对地块地价的提高起到了非常积极的作用,且在建筑未完工前即已上升至公共租界最高价值地块,可见工部局估价委员会对这一摩天楼建成后对地块价值推动的肯定与期待。(图 6-1-9)

表 6-6　1911 年—1933 年土地估价排名前十位的地块(万两／亩)

1911		1922		1927		1930		1933	
地籍号	地价	地籍号	地价	地籍号	地价	地籍号	地价	地籍号	地价
6	9	32	17.5	31	22	31	32.5	31	36
26	9	37	17.5	32	21	32	32.5	32	36
41A	9	41A	16.5	37	20	37	27	37	31.5
45	9	43	16.5	37A	20	41A	27	41A	30.5
50	9	45	16	41A	20	85	26	37A	30.5
54A	9	26	15	41G	20	34	25	85	30
56	8.7	31	15	45	19	28	25	34	29
32	8.5	37A	15	43	19	26	24	41G	29
24A	8.5	54A	15	49	19	36	24	28	29
49[1]	8.5	55[2]	15	26	19	43	23.5	43	28.5

(数据来源:笔者根据上海档案馆存 1911 年、1922 年、1927 年、1930 年、1933 年公共租界工部局地价表整理统计。)

1929 年沙逊大楼建成后对地段价值提升作用显著,尤其对南京路东段地块整体价值的提升产生了非常重要的影响,在公共租界工部局 1930 年公布的地价表当中,公共租界土地估价最高值达到 32.5 万两／亩,外滩南京路口的 32 号地块与北侧沙逊大厦所在 31 号地块共同达到这一峰值,位于外滩九江路口的 37A 与 41 号地块排在第二位,土地估值为 27 万两／亩,虽然为相邻街道转角地块,但与第一位土地估值相差了 5.5 万两／亩,这是历年土地估价中第一位与第二位差值最大的一次。同时,这一年估价排名前十位地块出现了另一个特征,往年估价前十位地块

---

[1] 1911 年土地估价中同为 8.5 万两／亩的地块还有中区册地 54B 号地块及 3 号地块。
[2] 1922 年土地估价中同为 15 万两／亩的地块还有中区册地 41G 号地块。

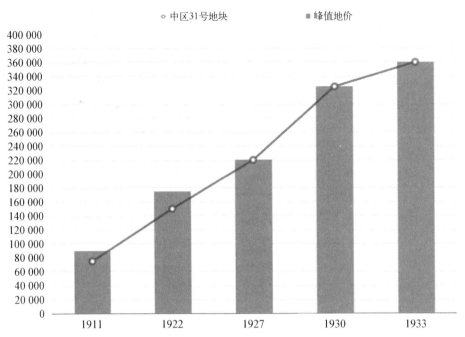

图6-1-9　沙逊大厦所在公共租界中区31号地块地价增长与各年峰值地价比对图

都为外滩界面地块，而在1930年估价中，位于南京路上的三块地块土地价值上升迅速，南京路四川路西南转角85号地块土地估价上升至第三位，达到了26万两/亩，南京路四川路东北转角34号地块（迦陵大楼）与东南角28号地块估值达到25万两/亩，估值排在了第四位，第五位估价又回到外滩界面地块，26号与36号地块估值24万两/亩。与1927年土地估值排名前十位的地块分布相比，1930年高峰地价分布更加集中，与1930中区地价空间分布特征[1]显示一样，外滩南京路口出现高峰点，且外滩至南京路"T"型高地价区形成的同时，南京路不同地段的地价级差更加明显。根据1933年公共租界工部局最后一次土地估价显示，31号地块与32号地块仍并列占据了土地估值第一的位置，土地估价为36万两/亩，估值第二位是外滩九江路口的37号地块，为31.5万两/亩，与第一位估值的差距微缩，但仍存在4.5万两/亩的差距，排在第三位的是41A与37A地块，土地估值为30.5万两/亩，南京路上地块估价排位稍有下降，85号地块排在第四位，估值为30万两/亩，而34号地块、28号地块与41G号地块共列第五，估值为29万两/亩，排名前十位的土地估值高峰区仍然相对集中。（图6-1-10、图6-1-11）

---

[1] 详见6.1.2。

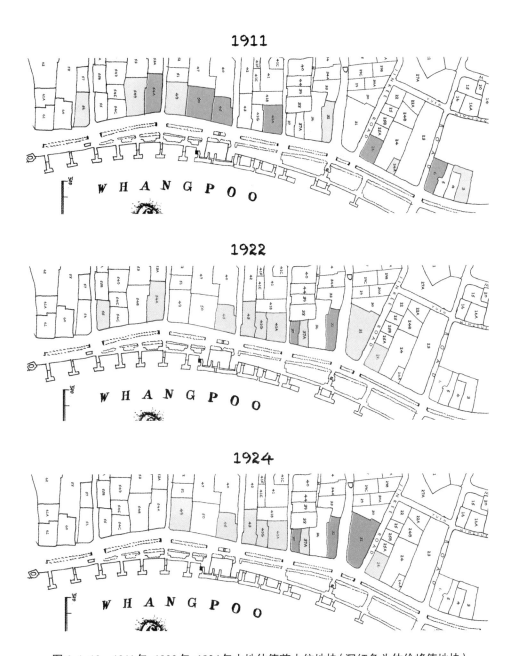

图 6-1-10　1911 年、1922 年、1924 年土地估值前十位地块（深红色为估价峰值地块）

（注：1911 年、1922 年有地块并列排在第十位，在图中都被标示出来，详细数据见表 6-6。）

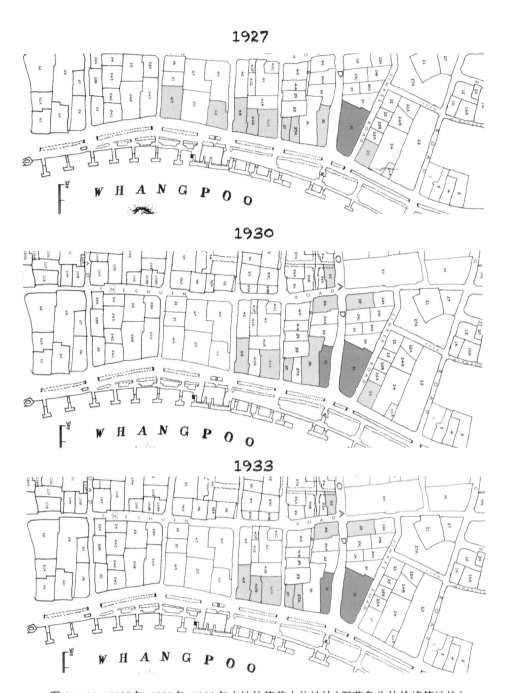

图6-1-11　1927年、1930年、1933年土地估值前十位地块（深蓝色为估价峰值地块）

显然，从土地价值增长角度来看，商业功能的土地利用开发较其他性质用地（住宅、工业等）开发要迅速许多，对当时还未有明确区划控制的上海租界来说，土地上盖建筑性质取决于业主开发意愿与资本实力。根据地价增长数据的具体分析，我们可以看到，始于外滩的办公摩天楼高密度开发，使得土地利用商业空间属性进一步向西面四川路、江西路延伸，加上南京路商业娱乐空间集中开发，促使公共租界外滩—南京路"T"型高地价带形成，公共租界中区也成为上海租界名副其实的商业中心区；公共租界西区华安大楼的建造带动了静安寺路区段土地利用方式向商业性质的集体转变，并且结合跑马场空间的娱乐消费功能，使这一区域成为上海租界时代紧随中区的第二商业中心；以沙逊大厦为代表的标志性摩天楼建造更是成为刺激地块单位地价向峰值发展的经典案例，建筑发展为商业，而空间成为商品，"摩天楼成为资本主义世界建筑的终极表现形式"[1]。

6.2　文化的意义：摩天楼在都市研究语境下的符号表达

在这一个多世纪的发展中，先进的上海很早便从单纯的现代化"走向了现代性"，[2]摩天楼是城市现代化过程中一项极重要的成果，由建筑轮廓、立面表皮，到内部创造的新功能空间，再到作为整体与城市秩序建立的隐形关系，对都市人精神状况和思想面貌变化都产生重要影响，与本雅明所写的拱廊作为巴黎城市现代性的表达如出一辙，摩天楼成为近代上海都市化发展过程中现代性的重要表达。

世界范围的都市化作为现代最令人瞩目的事实之一，在社会生活的各个方面引起了深刻变化[3]，这一以加速度推进的现代进程使得都市研究[4]越来越受到重

[1] Carol Willis. *Form Follows Finance: Skyscrapers and Skylines in New York and Chicago*. New York: Princeton Architectural Press, 1995, 166.
[2] ［法］白吉尔（Marie-Claire Bergère）. 王菊，赵念国译. 上海史：走向现代之路. 上海：上海社会科学院出版社，2014，6—7.
[3] Carol Willis. *Form Follows Finance*. New York: Princeton Architectural Press, 1995, 181.
[4] 根据彼得·桑德斯在《社会理论与都市问题》一书中的观点，都市研究的起点不应该仅是上溯到芝加哥学派，而应该回归至马克思、韦伯、涂尔干等在19世纪至20世纪开创的社会学理论，如马克思恩格斯从城市现象入手探寻城市的本质，认为城市既是资本主义罪恶最生动的体现，又是社会进步力量最充分发展的空间，而韦伯则关注的是城市现象而非本质，但同样认为城市的核心问题是它的经济和社会组织。20世纪初都市社会学作为一门学科社会学进入"黄金年代"，其主要关注的是都市生活的本质，着重分析如失业、贫困、社会动荡等"都市问题"，以美国和英国为代表的西方国家，对城市的研究是社会学中最主要、占据统治地位的工作。

视，摩天楼作为都市化代表性的社会现象之一，必然作为一种特定现代景象进入到都市研究的视野，在摩天楼发源地美国，自1880年代的出现到20世纪30年代的大萧条时期（the Great Depression），它不仅成为建筑界讨论的主要对象，同时也成为社会文化界学者关注辩论的焦点。摩天楼作为20世纪时代的产物，其意义超越建筑本体，而存在于关乎文化认同的现代性[1]集体想象当中。

6.2.1　轮廓、表皮与先进性

"一个巨大的怪物"，曾经一位巴黎记者用这样一个形容概括了他对上海的印象，如果我们试着想象上海这座城市大都会形象的形成，仅仅用了不到一百年时间，那么上海的巨大变幻的确使人持久吃惊[2]。至1930年，上海总人口数超过300万，外籍人口所占比重还不到3%，他们大部分都是移民自全国各地的"昔日农民"，与过去中国几千年的封建农耕文明相比，对长久居住生活在低矮简陋木质房屋的人们来说，以象征现代化进程的标志物摩天楼为代表组成的新奇都市景象无疑给他们带来了巨大的视觉刺激与欲望想象。1930年代的上海已经进入世界性大都市行列，与世界最先进的都市同步，摩天楼作为上海城市图景的重要符号，为这座城市带来了更加现代的都市景观，以及现代商业文明建构中不可或缺的消费空间。

近代上海首先于外滩出现的摩天楼，作为象征西方资本与权力具体形象，它们首选的风格表皮是在上海这座城市显少见到的建筑样貌，也成为外来文化渗透进入本土市民意识形态的重要指征。以汇丰银行与新海关大楼的希腊复兴新古典风格作为上海近代摩天楼第一阶段风格代表，前者是"从苏伊士运河到白令海峡最豪华的建筑"，其富丽堂皇地展示着英国银行资本家的雄厚实力，而后者作为第一次被外媒称呼为摩天楼的巨厦，成为具有政治意味的英国殖民势力的完美象

---

[1] 列斐伏尔关于现代性的话语："现代性"的内涵十分丰富，是一个性质复杂的跨学科话语，现代性概念首先是一种独特的历史时间意识，是一种直线向前、不可重复的历史时间意识，是一种与循环、轮回的时间认识框架完全相反的历史观。现代性本身是不断流变的、多样的，并在流变中不断累积、矫正和创新，现代化也是一个没有终点的追求，它的标准和标志都在不断变化。现代性非但力求贬低并克服传统，甚至将异己的东西放逐到过去。以哲学眼光看，现代性是一个具有内在矛盾冲突的结构，矛盾性成了现代性的主要苦楚和隐忧，现代性的矛盾不但没有弱化，反而被推远、被遗忘、被物化的文化"殖民"而依然如故，甚至更加积重难返，反映了一种强悍无比的资本主义发展逻辑。对于艺术创作者和欣赏者而言，中时髦的自我意识或生活方式。——吴宁.日常生活批判——列斐伏尔哲学思想研究.北京：人民大学出版社,2007,320—321。

[2] ［法］梅朋（C.B. Maybon），傅立德（J. Fredet）著.倪静兰译.上海法租界史.上海：上海译文出版社,1983,16.

征。新厦钟楼上仿伦敦议院塔"大本钟"铸造,从遥远的英国运来的"中国独一,远东无二"[1]的大钟更是强化这一象征意义。在沙逊大厦完工以前,整个外滩界面的建筑都为古典复兴风格,这一风格对于在一个东方国家实施半殖民式的行政管理与法权控制的西方强国来讲再合适不过,因为在欧洲,希腊和罗马的古典风格令人联想到的是表达一个帝国的建筑语汇,对后维多利亚时代的英国人来说,用古典形式来诠释帝国精神自然恰当不过[2]。

　　然而,1929年沙逊大厦的完工打破了古典复兴风格表皮外衣的统治地位,并且以其绝对的高度成为上海近代第一高摩天楼,代表着美国工业实力的更具现代的装饰艺术风格在沙逊大楼表皮以符号化方式首次呈现,紧随着摩天楼建造鼎盛

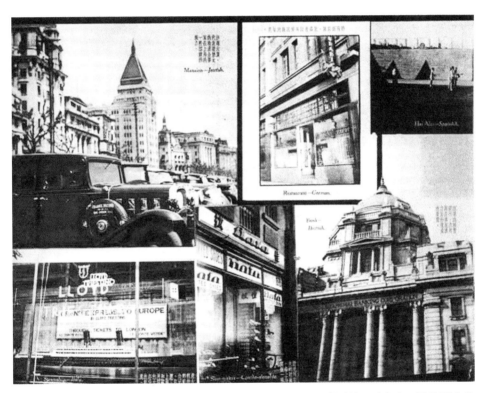

图6-2-1　《良友》杂志在描绘上海租界内的国际形象写道:"巍峨的汇丰银行,是英国在华经济力量的权威的象征";"沙逊大厦,代表着犹太的地产企业家在上海的一般雄健的腕力"

[1] 世界趣闻:上海江海关新屋屋顶之大钟,刻已由英国运出.时兆月报,1928年,23(1),33.
[2] 汤姆斯·梅特卡夫(Thomas Metcalf).帝国梦想:印度建筑和英国主权,美国:加州大学出版社,1989,177-178,转引自[美]李欧梵.毛尖译,上海摩登:一种新都市文化在中国1930—1945,北京:北京大学出版社,2001,11.

时期的到来，这一现代风格成为上海租界大部分摩天楼的专属风格。在学者李欧梵眼中，这里不仅仅是存在于表象的风格取代的转变，更标志着美帝国发展繁盛时期的到来，及英国维多利亚荣耀时代的结束，到20世纪30年代，英国已经不再是世界上无可争议的商业帝国，而美国也已经不再是20世纪英美租界合并成公共租界初期，那个仍不能与英帝国抗衡的新兴国家了[1]。由于历史的特殊性，两个国家之间政治与经济势力的潜在较量，因为放置在经济文化都相对弱势许多的第三方国家才表现得如此明显，近代上海的公共租界犹如一个丝毫未被启蒙但又拥有绝好资源的时代舞台，依靠世界上最发达的两个工业强国的资本与经验，建立起了一整套与中国传统文化相去甚远的新的公共秩序与政治空间，也正是如此，近代上海才可以以如此快的现代化速度跻身世界大都会之列。

进入20世纪30年代，受几乎同时期流行于美国的装饰艺术风格影响，上海摩天楼全面进入了"摩登"时代，沙逊大厦、国家大饭店、百老汇大厦都成为这一风格摩天楼的代表，上海也被菲利普·约翰逊认为是"世界上拥有最多装饰艺术大楼的城市"[2]。1934年位于公共租界西区紧邻跑马场位置当时上海最高摩天楼四行储蓄会二十二层大厦建成，彻底打破了其东侧由西侨青年会大楼与华安大楼于20年代末塑造出来的跑马场区域最高天际线，同时以总高度超过外滩沙逊大厦30余米的优势成为上海滩制高点（图6-2-2）。建筑立面外墙强烈向上的竖向线条、15层以上逐层四面收进的退台式处理强化了摩天巨厦的尊贵傲立之感，落成时诸多媒体竞相报道誉其为"伟大奢华""远东最华丽高贵最精致的建筑"[3]，在一张1935年《银行周刊》刊登出的大饭店广告中详细罗列了这幢"东亚最高新建筑"的各种的特点以吸引顾客（图6-2-3），的确国际大饭店自开放之日起就成为上流社会人士会议宴请的首选之地。

有记者在一篇文章中如此总结二十二层大厦的先进性："腾云驾雾""发光地板""睡入仙宫""奇异电铃""别有天地""不怕火神""象皮地板""松江佘山"。"腾云驾雾"指的是电梯，总共三部客梯，首先，它会响铃会亮灯以示到达并表示是向上还是向下；其次，三部电梯工作系统是智能的，接到上下指示后三部电梯会根据楼层合理分工，增加效率；第三，电梯的速度惊人，从底层至18层

---

[1] ［美］李欧梵.毛尖译，上海摩登：一种新都市文化在中国1930—1945，北京：北京大学出版社，2001，11.

[2] 约翰逊.最后一眼.86，转引自［美］李欧梵.毛尖译，上海摩登：一种新都市文化在中国1930—1945，北京：北京大学出版社，2001，13.笔者认为，约翰逊要表达的意思应该是，除去装饰艺术风格摩天楼发源地纽约之外，最多的城市。

[3] 介绍上海国际大饭店（附照片）.工商新闻，1934年第32期，8—9.

图6-2-2　上海四行储蓄会二十二层大厦全景摄影（左侧为邬达克设计的大光明电影院）

图6-2-3　国际大饭店的广告词

仅需20秒，所以记者将这1分钟能上下三次的感受称作"腾云驾雾"，"'舞'上去"、"'舞'下来"。"发光地板""睡入仙宫""别有天地""象皮地板"都是描述建筑室内高级的装潢与家具配套，比如二楼餐厅舞厅富丽堂皇，舞池地板都发着光，楼上的客房每天"最少十元""最多六十元"，宛如"仙宫"，或者说像住在"前世纪皇后的寝宫"一般，还有从第一层走廊都铺设的橡木地板，上面还"涂上了很厚的蜡"，走不惯的朋友"真得特别留心"。"奇异冷声"是指酒店独特的服务应答系统，客人按铃，服务员和经理室都会收到并且立即作出反映，"不怕火神"也是宽解了人们对高层建筑火灾隐患的顾虑，国记大饭店中每间客房都装有完备的防火设备，这种自动消防喷淋装置在当时也属先进。最后的"松江佘山"当然就是指大厦的高，站在顶楼向西望，在隐约中还可以"直望到松江的佘山"。所以，二十二层储蓄会大楼是一幢"伟大奢华"的摩天楼，"在远东谁能不稀罕呵"。[1]

是的，每一幢摩天楼都很可能是某种先进性的代表，高度的超越、风格的独树、技术的飞跃、设备的先进，亦或是生活方式的革命，每一位业主在计划建造一幢摩天高楼的时候，很可能同时绞尽脑汁地思考如何使它成为这个大都市在某一方面独一无二的"代言人"。在现代化进程中，不仅代表着少数派引领的人类科技和思想的进步，也同时反映了颠覆大部分都市人生活认知的日常，这一独有"先进"的摩天楼建造事件成为这座城市集体追逐"现代性"的表达。

6.2.2　文化传播中的符号

1931年世界第一高楼帝国大厦在美国纽约建成，1933年电影《金刚》上映，成为当时轰动一时的特效科幻片，片中大猩猩金刚爬上帝国大厦屋顶，以整个纽约为背景的一幕至今还给人留下深刻印象（图6-2-4），有人认为金刚是原始的野蛮文明的象征，都市人与帝国大厦则是现代文明的象征，也有人将片终出现的帝国大厦看作男性崇拜的象征，从此以后，这座保持世界最高建筑地位最久的摩天楼（1931—1972共41年）成为美国无数好莱坞电影中钟爱的镜头场景。在这里，"摩天楼"已然化身为大都市中特有的文化隐喻符号，在上海，尤其到20世纪30年代下半叶对摩天楼的讨论渐多，情感表达中有向往的，有歌颂的，也有拒绝的，态度迟疑，它或是成为文学艺术作品中讨论的对象，或者成为情感抒发的道具。

1935年在《儿童世界》上登载了一首关于摩天楼的儿歌，名为《登摩天大

---

[1] 介绍上海国际大饭店（附照片）.工商新闻，1934 年第 32 期，8—9.

厦》,诗歌配图以城市为背景,一页能一眼认出世界第二高楼纽约克莱斯勒大厦,另一页则是世界第一高楼纽约帝国大厦(图6-2-5),"升! 升! 升! 乘着电梯向上升。一层,一层,又一层,直到大厦最高层。向窗外一看,白云在窗下飞腾;远近的高楼大厦,建筑得美丽齐整——表现人类的才能。[1]"儿歌的作者认为摩天楼表现着人类的才能,对它抱着赞叹与歌颂的情感。《帆声月刊》1943年创刊号的首

图6-2-4　电影《金刚》(1933)中的镜头

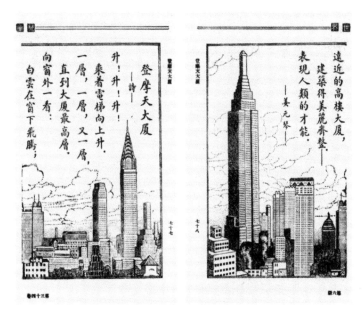

图6-2-5　诗歌《登摩天大厦》插页

---

[1] 登摩天大厦(诗).姜元琴.儿童世界(上海1922),1935年第34卷第6期,77—78.

图6-2-6　诗歌《题高楼摩天图》插页

页就刊登了一首以四行储蓄会二十二层大楼为创作背景，寄调满江红的《题高楼摩天图》，诗中说"灯下醉看天女舞，樽边听说瀛洲事。想人生到此便神仙，忘尘世。[1]"（图6-2-6）这种赞叹倒是和上一节中记者描写入住国记大饭店宛若"睡入仙宫"异曲同工，当时的人们不由地将这种超越人类想象极限的建造奇迹与神与仙联想在一起，是赞叹，更是抒发内心深处对这一大都会景象向往但不可及的情感，毕竟在大上海仅有非常小一部分人可能享受到这个现代摩登空间带来的愉悦感受，也的确有作品反映了当时普通阶层人们对摩天楼建筑表现出的嘲讽与不适应的感受。

　　笔名伯吹的作者曾在《儿童世界》上发表了一首名为《摩天楼》的诗歌。诗歌全文如下：

> 都市地方，人多，地窄，房荒。
> 造起摩天大楼数十丈。
> 高高地耸起在马路旁 好像挺立的巨人模样。
> 底层是百货商场顾客来来往往，职员忙忙碌碌。
> 中间开辟茶室，餐厅，舞场（，）
> 有钱的人可以任意享受，闲逛。
> 其余全部是舒适的房间，漂亮！宽敞！
> 招待辛苦的大官员，大商人，他们来自远方，
> 电梯上上下下，忙碌异常。
> 还有那屋顶花园，让他们散步玩赏，领略大都市的风光。
> 最好看是金色的尖顶，晚来迎着夕阳，闪出一片璀璨的金光。

---

[1] 国际大饭店巨厦图(照片).帆声月刊.1943年创刊号,1.

夜了,透明的玻璃窗,映出无数的点点灯光,

站在远处眺望,疑心是夜空中繁星的光芒。

这摩天大楼数十丈,造得这么富丽堂皇,

全靠廿世纪科学进步的力量。

可惜科学的创造,被人玩弄在掌上,

于是忘却了穷苦人儿的凄凉!

摩天楼里笑得愈响,

可怜那,野外露天的哭声也愈加响亮。

　　诗歌分上下两部分,上部分描写都市中摩天楼塑造出的多样摩登空间,供官员商贾游玩赏乐,夜色中透过玻璃窗映出的点点灯光宛若繁星光芒的比喻已为下部分的情绪转折写下铺垫,"富丽堂皇"高数十丈的摩天楼,虽然反映着这个世纪科学进步的力量,但也更凸显贫穷者与有钱有权者之间的阶级分裂,"摩天楼里笑得愈响","野外露天的哭声也愈加响亮",作者讽刺着大都会上层阶级奢华享乐的场景背后对穷苦阶级的冷酷漠视,摩天楼在这里既是场所的营造主体,也成为作者运用的隐喻符号,表达他对上海快速都市化过程中资本权势对阶层割裂的反感,这首诗歌也成为当时社会上层阶级与下层阶级矛盾的直观写照。

　　另外在漫画创作中也会出现以摩天楼、高层为主题的作品,在一组《我所嘲笑的是》的漫画作品中,其中有一幅为"我所嘲笑的是:'奇怪的高层'(?)大楼!'"。只见画面中央有着一幢盒子状的高楼,顶上竖立一面"某某百货店"的旗帜,侧面写着"某某公司",大楼墙面写着"某某百货店大减价"的布告,入口处不少人往里走着,高楼旁格格不入地环绕着几幢低矮的带有中国传统屋顶的建筑,这些小人儿有的还穿着中国传统服饰长袍,有的女性则是穿着过膝的裙子,也能算是现代的服饰了。根据漫画,创作的灵感应该来自南京路,建造起百货公司前,这条街上基

图 6-2-7　漫画《我所嘲笑的是》

本上都是2～3层具有中国传统建筑样式的茶馆小店，作者似乎在嘲笑着这些与我们的传统文化相去甚远的建筑、名词以及他们的商品以及商业行为，就连"高层"这个专业名词都是崭新的，问号之后，作者更希望明确地将它称为"大楼！"即使作者是嘲笑的态度，可是画面中相比其他地方，百货公司人口的人头还是多了不少。这幅漫画不仅反映了租界里的摩天楼建造，它的物质形态及承载的生活方式在中西文化之间的引发得碰撞，同时也更真切地反映出广大市民一方面对于西方舶来物，"百货公司""大楼"，具有现代风格的建筑、新奇的商品等趋附好奇，一方面也暗示了人们心理对民族文化的维护与不舍，在这个阶段，近代上海都会中生活的国人会不可避免地产生矛盾与抗拒的心理活动。

一直到20世纪40年代末期，以"摩天楼"为主题的相关创作还有不少，除了诗歌、漫画，还有故事及电影中的镜头，它成为承载文化的一个基因代码，传递出了反映当时人们生活状况与心理状态的真实写照，是现代化进程中构建社会文化意义不可忽略的重要符号。

6.2.3　"摩登"的消费空间与市民文化

复核功能的摩天楼对引导市民日常生活方式转变的影响则更加具体的体现在其所营造的内部消费空间当中。

"摩登"英文为"Modern"（法文moderne），在近代上海有了它的第一个译音，根据《辞海》的解释，中文"摩登"在日常生活中有"新奇和时髦"之义[1]。上海近代的商业摩天楼几乎都在公共租界的南京路或邻近地块，这条街道被西方人比作"上海的牛津大道，第五街"[2]，作为上海商业中枢，这些商业摩天楼营造出来的各类交往与消费空间，包括玻璃橱窗商店、百货公司、旅馆、餐厅、电影院、溜冰场、展览厅等在内的都市功能与娱乐场所，它们"新奇""时髦"，在当时中国都属开创。这些由摩天楼建筑营造出的现代消费空间成为促使近代上海都市文化和市民现代都市生活形成的典型城市场所。

1929年东面外滩南临南京路的沙逊大厦的开幕奠定了南京路在上海不可撼动的重要商业地位，整条路段地价也随之上升[3]，成为上海最繁华的商业街。沙

---

[1] 李欧梵.毛尖译,上海摩登：一种新都市文化在中国1930—1945,北京：北京大学出版社,2001,5.

[2] 克里夫特(Clifford).帝国被宠坏的孩子,61,转引自(美)李欧梵.毛尖译,上海摩登：一种新都市文化在中国1930—1945,北京：北京大学出版社,2001,20.

[3] 详见本书6.1.4小节。

逊大厦底层开创式地融入商店功能,并且以宽大的玻璃橱窗取代了实体外墙,使人们即使路过,也能望见那些琳琅夺目的新奇商品,打破了以办公功能为主的摩天楼与城市街道空间相对隔离的状态。

曾任《良友》画报主编的梁得所先生就如此介绍南京路上的各式橱窗:"这条路的商店,店面装饰很讲究,宽大的玻璃橱窗中,五光十色,什么都有。上海的旅客,不妨在灯火灿烂的夜间,浏览两旁橱窗,足以增加美术兴味和货物见识,获益一定不浅。"[1](图6-2-8)除了橱窗陈列之外,霓虹灯标志也成为这些商业空间的装饰手段,反映着时代变迁。在当年有一首"南京路进行曲"这么唱道:"飞楼十丈凌霄汗,车水马如龙,南京路繁盛谁同?先施与永安,百货如山阜且丰;晚来光景好,电光灿烂照面红;摩肩接毂来匆匆,开城不夜,窟岂销金?商业甲寰中,这真是春申江上花,娇艳笑春风,不待尔罪我亦醉,微醉与偏浓,大家高歌进行曲,且歌且行乐融融。"[2](图6-2-9)上海因为霓虹灯的闪耀成为不夜城,南京路上百货公司的"灿烂"霓虹及被其勾勒出高耸的摩天楼轮廓线,成为上海商业文化特有的印象标记之一,深深地融入了人们日常生活,也影响着人们的价值观转变。

20世纪30年代后期,相继开业的大新公司与永安新厦,作为综合型商业摩天楼的代表,成为公共性极高的都市

图6-2-8 从上至下依次为先施公司、永安公司、新新公司橱窗

---

[1] 梁得所.上海的鸟瞰.夜上海,经济日报出版社,2003,143.

[2] 上海的百货公司:大新高楼打倒了三大公司,永安也建筑二十一层大厦,大家勾心斗角吸引雇主.民生周刊,1936(37),14.

图6-2-9　南京路由西往东望去的霓虹灯夜景，最远处矗立的是永安新厦

空间。与早期上海西人资本开办的商场不同[1]，在这些华人资本的百货公司，人们可以像遛马路和进公园一样自由出入，浏览陈列在商场橱窗里的高级商品，看穿着讲究举止文明的女职员们，以及形形色色的摩登购物者的姿态，而且这里"都设有顾客休息处，沙发、藤椅，只需衣冠整洁者，

就可以自由占座，况且都装有冷气"[2]，好不舒适。同时在这样一座大厦之中，还复合了其他丰富的娱乐功能，给人们提供了多样化的消费场所。以1936年开幕的大新公司为例，即使这家公司为南京路上四大百货公司中创设最晚，但却丝毫不拉于其他三家之后，究其原因我们可以依据当时的文字记录重现一下大新公司经营的盛况："自大新公司开幕后，这三家稍嫌冷落，单说大新公司吧，在酷暑天气有重阳节一般的冷气，有永不停息的自动电梯，有环球百货，一二三与地下室为写字间，四层为写字间，五层以上为游艺场，门票小洋二角，平剧，书场，电影，魔术，苏谭，无一不备，最高层屋顶花园有高可丈余之柳树若干盆，睹柳恍若置身平地，俯瞰，则知已置身青云，楼外壁悉为淡黄瓷砖砌成，霓虹灯自底环绕至顶，凭最高栏，远眺近瞰并皆佳妙，这里晚上没有月光，只有灯光霓虹灯把天空照成了红颜色，声音嘈杂到无以复加……这是不夜城……"[3] 大新公司的游艺场位于6至10层的楼面及屋顶，面积比其他百货公司要宽敞许多，有8各剧场，席位总数2 000席，平日每天游客约8 000人次，逢节日超过15 000人次，演艺形式与节目丰富多样，包括话剧、滑稽喜剧、电影、歌舞表演及越剧、京剧等地方曲艺等等。1936年8月日本《东京朝日新闻》记者到大新公司游乐场采访，购买2角入场券到9楼，发现"楼上的群众汗水和廉价戏院锣鼓的震耳声响相融合"与"楼下的上品和明朗形成了两

---

[1]　如在福利公司这样西人开设的百货公司，很长一阶段在商场门口都有外国人巡捕守卫，进入商店是以购买商品为前提，店内也仅售外国商品，售货职员也说的是外文。

[2]　文汇报.1938年7月16日.转引自［日］菊池敏夫.陈祖恩译.近代上海的百货公司与都市文化.上海：上海人民出版社，2012，136.

[3]　孙之儁.内地风光：上海游记.实报半月刊，1936，2（1），117—118.

个不同世界","中国的百货公司虽然是包容了两个阶级的人们",但是"群聚在这里的人们可以说是占中国国民大多数的百姓阶级"[1]。(图6-2-10)

在新式摩天楼构建的商业空间里,不仅陈设着琳琅满目想到就有的各式新奇商品,同时,还有着迎合普通市民阶级趣味的游艺娱乐空间,与同时期上海出现的高级剧院和摩登影院不同,其以非常平价的入场券价格成为大众娱乐的殿堂。正如鲍德里亚在《物体系》中探讨有关消费行为与消费主义本后所隐含的文化意义时指出的:

"消费的对象,并非物质性的物品和产品:它们只是需要和满足的对象。……消费并不是一种物质性的实践,也不是

图 6-2-10　《良友》上刊登"百货的汇总:最近新开之大新公司"的整版介绍

'丰产'的现象学,它的定义,不在于我们所消化的食物、不在于我们身上穿的衣服、不在于我们使用的汽车、也不在于影像和信息的口腔或视觉实质,而是在于,把所有以上这些元素组织为有表达意义功能的实质;它是一个虚拟的全体,其中所有的物品和信息,由这时开始,构成了一个多少逻辑一致的论述,如果消费这个字眼要有意义,那么它便是一种记号的系统化操控活动。"[2]

在上海近代摩天楼中进行的消费行为与市民活动并非简单的人与物品之间的关系,根据鲍德里亚的观点,被消费的东西永远不是物品而是关系本身,是人与集体与世界之间的关系,正是在这一消费之上文化体系的整体才得以建立[3]。对于

[1] 菊池敏夫.陈祖恩译.近代上海的百货公司与都市文化.上海:上海人民出版社,2012,143—149,部分资料来自《东京朝日新闻》,1936年8月4日.
[2] 鲍德里亚.林志明译.物体系(Le systeme des objets).台湾:台湾时报出版社,1997,221—222.
[3] 包亚明.现代性与都市文化理论.上海:上海社会科学院出版社,2008,265.

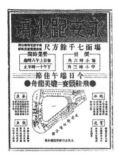

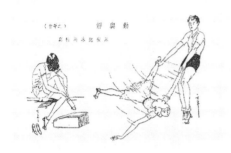

图6-2-11　永安新厦里新设跑冰场的广告

包括了"两个不同世界"消费行为的大新公司正是将空间中同时承载着现代与传统两种文化表达出来，展示出近代上海市民在追求现代都市人的新奇需求的同时，仍然希望回归传统文化的内心需求。

除了购物乐园与游艺场之外，大新公司2楼北侧还设有场地宽阔的展厅，阔气的永安新厦[1]里还设置了如大东旅馆、酒楼、永安溜冰场（图6-2-11）等更加多样的服务与娱乐功能。1933年《申报》上登载了一篇文章这样写道："不知是哪一位会翻花样的文人把英文'现代'一词，译其音为'摩登'，批发到中国各界的市场上，不料很快

的声影吠和，竟蔚成了'时代的狂飙'！于是我们都有了眼福，去领教：摩登大衣、摩登鞋袜、摩登木器、摩登商店、摩登按摩院、摩登建筑……。这普遍化的现象是不胜指屈的，一言以蔽之：有物皆'摩'，无事不'登'！"进入20世纪，上海人消费的确是一个跨世纪的革命，人们在尽情追逐时装、烟花冶游、戏院茗肆等消费行为中，获得了一种从未有过的心灵解放与快感，个体的消费行为已经不仅是对商品价值的消费[2]，更是成为人们自我表达与身份认同的主要形式，与中国封建传统社会不同，在具有浓厚重商观念的近代上海，个体社会地位与社会身份因为消费被重新赋予，在这个更加解放自由的时代，消费的本质也从仅仅满足生存的物质消费上升到个性解放与自我价值实现的过程，通过消费行为社会关系的构建功能从社会的生产领域转移到社会的文化领域。

当代英国社会理论大师齐格蒙德·鲍曼（Zygmunt Bauman）就认为消费主义是理解现代社会的一个非常中心的范畴，在鲍曼看来，我们迟早要重写19、20世纪

---

[1] 永安公司是闻名上海"四大公司"——永安、先施、新新、大新之一，1907年永安集团首先在香港开设永安环球百货公司，20世纪10年代开始在上海选址部署开设分公司。虽然先施公司先于永安公司开业，但永安营业额后来居上超过先施，成为上海百货行业老大。至1930年，永安公司累计利润高达港币1 070万元，为原始资本的4倍多，仅1930年一年的利润率就达到47.55%，这在民族资本当中也是极为罕见的。

[2] 忻平.从上海发现历史.上海：上海人民出版社，1996，349.

的历史,因为我们只是把19世纪理解为工业主义的生产,但消费主义必定也是在那段时间中产生的,但我们忽视了这一点[1],因此产生于19至20世纪变革时代,具有商业属性的摩天楼成为考察社会空间消费关系与消费文化的重要场所,摩天楼不仅从外部,通过业主对表皮风格与建筑体量的形式消费,构建出都市特有的物质空间,以摩登都市景象潜移默化影响人们的心理价值判断,同时,其内部构建的商业空间,更是深入市民日常生活层面引导消费行为的发生,从而达到现代社会建构身份、建构自身以及建构与他人的关系等目的。

6.2.4　内部空间的阶级关系

　　法国哲学家米歇尔·福柯(Michel Foucault)说,"19世纪的人们曾经被时间所牢牢地掌握,但是,从20世纪中期开始,人们被空间的魔力抓住了"[2],"空间转向"曾被认为是20世纪后半叶知识和政治发展最重要的事件之一。列斐伏尔的《空间的生产》(1974)是空间理论中最有影响的著作,他提出以"空间生产"概念作为城市研究的新起点。在列斐伏尔看来,人类的空间已不再是一种纯自然的"真空"空间,已失去了其天真无邪的内容和面貌。它是一种人化的空间,是社会组织、社会演化、社会转型、社会经验、社会交往、社会生活的产物,是一种被人类具体化和工具化了的自然语境,是充满各种场址、场所、场景、处所、所在地等各种地点的空间,是蕴涵各种社会关系和具有异质性的空间。[3]而在各种社会关系当中,权利关系成为社会空间中最具有政治阶级色彩,同时也是人化空间中最具象征意义的普遍关联。

　　福柯曾经这样强调空间的重要性:"空间是任何公共生活形式的基础,空间是任何权利运作的基础。[4]"在福柯看来,空间乃权利、知识等话语转化成实际权利关系的关键,在这里最主要的知识(knowledge in forefront)就是指美学的、建筑专业的和规划科学的知识,但建筑与其相关理论从未构成一个可被仔细分析的独立领域,使我们看到它们如何与经济、政治或制度交织作用,[5]因此,在福柯权利的空间化理论中,建筑与都市规划、设计物与一般建筑,成为诠释权利等级如何运作的

[1] 包亚明.现代性与都市文化理论.上海:上海社会科学院出版社,2008,263.

[2] 汪民安.空间生产的政治经济学.国外理论动态,2006(1),46.

[3] 吴宁.日常生活批判——列斐伏尔哲学思想研究.北京:人民大学出版社,2007,380.

[4] (法)米歇尔·福柯,保罗·雷比诺.福柯访谈录:空间、知识、权利.包亚明主编.后现代性与地理学的政治.上海:上海教育出版社,2001,13—14.

[5] 戈温德林·莱特,保罗·雷比诺.权利的空间化.包亚明主编.后现代性与地理学的政治.上海:上海教育出版社,2001,13—14.

最佳案例。以摩天楼为考察权利空间化理论的对象，作为20世纪时代的标志物，其不论在内部空间布局，或者是外部空间生产中都同时具有鲜明的权利层级的空间表征。

　　在20世纪50年代，即20世纪中期，哲学界开始出现"空间转向"的研究转变的同时，在建筑学界有学者也开始关注在摩天楼的设计平面布局与内部空间建构过程背后更深刻的层级关系。在美国学者厄尔·舒尔茨（Earle Shultz）与沃特·西蒙（Walter Simmons）合著的《天空中的办公室》（*Offices in the Sky*）中这样描绘在平面空间中的阶级分层："当然，老板需要有他私密的独立办公室，紧挨着窗户，并且伴着洒在他肩膀上的阳光，有时，他的秘书也待在同一间办公室，但大部分情况她会和其他行政人员使用位于走廊与私人办公室之间的接待室空间。为了使接待室能得到足够的日光照度，其与私人办公室之间通常采用玻璃隔断，同时为了防止人们在接待室等待时看到私人办公室内部活动，隔断玻璃一般都采用的是不透明材质。"[1]（图6-2-12）

图6-2-12　20世纪20年代纽约办公楼中典型的套间室内

图6-2-13　芝加哥燃气公司大楼室内开敞式办公空间（1911）

　　然而，当公司业务需要雇佣很多员工时则通常会选择开敞式的办公空间，不仅是因为无隔断的空间可以为室内提供更好地采光及更有效地进行人员布局，更重要的是，在开敞的大空间里，主管可以实施全景式监督机制，实现纪律性的规训空间。（图6-2-13）关于现代规训社会的结构母

---

[1] Earle Shultz. Walter Simmons. *Offices in the Sky*, Indianapolis: Bobbs-Merrill, 1959, 130.

体研究，福柯曾做过两个层面的回答，其一是起源于 17 世纪，市政当局为控制鼠疫对市民实施了所有边界、通道、城市活动的完备监控体系，福柯在身体的规训中识别出第一个模式："在这种封闭的、孤立的、充分受到监控的空间……每一个体都永久受到控制和检查……这就是规训机构的稳固模型。对付鼠疫的，是清理各种混乱的秩序，因为身体混杂在一起时，传染病便四下蔓延"。而第二种，也被称作完美的统治模式，这是福柯通过对 1878 年法国哲学家边沁（Jeremy Bentham）设计出的圆形监狱（panopticon）的分析，总结出的"全景敞视建筑"的空间模式，在这个精致的可视性系统中，已经不再是集权性的权利原则，而是"民主"的权利原则；监控中心的看守既不再是过往，也不是独裁者，而是一个纯粹的执行者，他本人可以被所有社会成员监督域替换。全景敞视模式展现了一种完全现代的社会权利机制。[1]这一种社会权利机制的空间表达在一个业务庞大的机构总部办公楼中表达的比较清晰。以字林西报总部大楼为例，内部办公空间中有四个层级的布局方式：首先是秘书及董事总经理办公室，为临窗的宽敞私人办公室，室内装修精良地板铺置地毯（图 6-2-14）；其次是编辑办公室，这类办公室不一定临窗，但具有较好的独立性与舒适性，能保证编辑安静工作的需要（图 6-2-15）；第三是开敞式的办公空间，普通员工都在这样一个开敞式的空间工作，但室内装修简朴（图 6-2-16）；第四类是用于摆放大型印刷机器的生产车间，这类空间往往为便于放置机器而需要更大更完整的楼面空间，室内没有多余装饰甚至没有其他多余办公家具，车间工人基本都是站立完成印刷作业（图 6-2-17）。显然，从平面布局、空间分

图 6-2-14　字林西报大楼内经理办公室　　　图 6-2-15　字林西报大楼内编辑办公室

---

[1]　[瑞士] 菲利普·萨拉森.李红艳译.福柯,北京:中国人民大学出版社,2010,163—171.

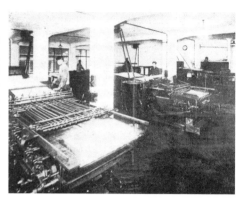

图6-2-16 字林西报大楼内一般职员办公室　　图6-2-17 字林西报大楼内印刷车间

割、室内装饰等方面考察字林西报总部大楼内部办公空间，各职位员工的使用空间包含了明显的层级划分，这种分层在分化了工作步骤的同时，可以对大空间的工作与生产起到有力的监视，并促成了更高的工作准确性。更重要的是，这种具有等级性的内部空间建构是对隐藏于物理空间背后的日常生活中个体之间社会权利关系的直白暗示。

6.2.5　外部空间生产的权力表征

同样，在摩天楼外部空间生产过程当中存在另一种权力关系的相互作用，它们不再是空间使用者的个体身份之间的权利差异，而是在物质空间生产进行中政治与资本，或者资本与资本之间的"集体的、有组织的斗争"，"是在象征性的权利关系中再造自身的过程"[1]，而最终形成摩天楼的物质形态及其与都市空间的关系则可理解为这一权利关系的空间表征。

1929年，新沙逊洋行拟在江西路福州路口兴建汉弥尔登与都城饭店两幢摩天楼，这一建造举动对福州路商业价值提升产生巨大影响，新沙逊洋行的开发行为也被媒体解读为沙逊期望打造"与南京路匹敌"的商业"新中心"的野心。在这一路口4个道路转角都采用了凹圆弧界面，以西北角的工部局大楼为首，将结合其他三个转角建筑，最终形成以伦敦牛津圆环（Oxford Circus）广场空间[2]

---

[1]［法］彼埃尔·布尔迪厄.社会空间与象征权利.包亚明主编.后现代性与地理学的政治.上海：上海教育出版社,2001,306.

[2] 牛津圆环（Oxford Circus），现位于英国伦敦西区西敏市,摄政街和牛津街繁忙的十字路口,早在20世纪初就已形成的城市街道商业广场空间。

（图6-1-18）为样本的公共租界第
一个街道广场空间。[1]至20世
纪30年代后期广场西南角建设大厦
的最后完工标志着这一街道广场
空间规划实现，在这一过程中街
道其他三个转角摩天楼的最终外
部形态的具体呈现与公共租界工
部局的介入与控制有着很密切的
关联。

图6-2-18　英国伦敦的牛津圆环广场明信片（20世纪初）

　　"改善工部局办公地块四周
道路交叉口的平面形状和转弯半径"的城市空间界面处理建议早在1918年12月
就已由工部局工程师（Acting Engineer & Surveyor）哈勃提出，而后根据1920年3
月25日，工部局公布的年度道路计划中正式实施"新的工部局办公楼附近的四个
路口将由目前的尖角改为圆角"。结合西北角工部局大楼凹圆弧界面更改后，福
州路与江西路口西南角、东北角、东南角都改为半径凹圆弧界面处理，但在后期向
地块业主征地过程中却受到了包括沙逊在内所有业主的反对，沙逊提出"这一凹
圆弧转角的调整仅仅是为了配合新建成的工部局大楼凹圆弧转角"，却提高了自
身建筑的造价，并且使得"该地块在江西路沿街面从102英尺缩至45英尺"。其
他业主也表达"按照凹圆弧界面进行建筑设计比凸圆弧更难"的反对情绪，对此，
工部局一律给出了此为"公共需求"（Public requirements）的简明统一的回复[2]。
而后在99号册地都城饭店提交给工务处的方案中，由于建筑屋顶"额外的方形体
量"（extra cubic space）超过了当时建筑章程中规定的84英尺的高度控制，而业主
沙逊主动提出如果工务处按照该建筑方案准予建设，那么他将无偿转让1/4圆部
分的土地给工部局，也就是为了配合工部局大楼凹圆弧转角处理，满足工部局需
要向业主征地的部分。对于这桩是应允超额高度，还是选择抵消部分土地赔偿金
之间的买卖，工部局选择了前者，其后，该路口的其他两转角摩天楼的征地也依照
了这一案例进行。（图6-2-19）

[1]　NEW DEVELOPMENT IN CENTRAL: Large Transaction for New Building Scheme. *The NORTH-
　　CHINA HERALD*, 1929.11.23, 303.
[2]　U1-14-3394.上海公共租界工部局工务处有关福州路、江西路扩建事项的文件，上海市档案馆；U1-
　　14-4679.上海公共租界工部局工务处关于1919—1921年道路扩建的文件，上海市档案馆。

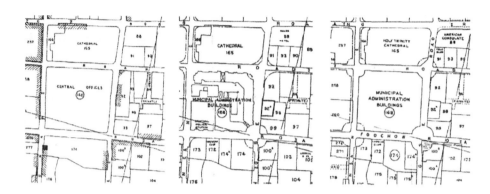

图6-2-19　工部局大厦四周道路变化过程，由左至右分别是1921年前，1921年至1935年，1935年后

　　在建筑风格高度统一上，工部局工务处也进行了介入，174号地块原为工部局所有，工部局决议"出售该块土地时，应该与买主签订一协议以保证新建建筑不能比周围的建筑显得低档"，因此在1932年6月工部局和新瑞和洋行签订的土地买卖合约中包括了以下一条款："为了与最近的周围建成的建筑协调，新建筑的风格和标准（style and standard）要经过工部局同意"，在8月，业主最终提交的建筑图纸中，建筑的高度比汉弥尔登大楼高出了20英尺，虽然是由两家不同的英商洋行设计，但建筑在风格及建筑造型上几乎完全一致，建筑标准方面也达到了工部局的要求，方案获得通过[1]。最终形成的广场空间一改以往道路计划中常规采用的街道转角凸圆弧处理方式，而采用凹圆弧界面处理；同时，除工部局大楼外，其他三幢摩天楼，包括都城饭店、汉弥尔登大楼及建设大楼在建筑高度与风格上都做到了相当地统一，构成了较为协调的城市竖向空间界面。可见，三幢摩天楼向工部局工务处的申建过程体现了工部局与业主之间进行的利益博弈，也即是政治权利与资本权利之间的相互作用，而"公共需求"（Public requirements）的强势回应与新建筑"风格和标准"（style and standard）的限定则体现了政治权利对空间生产的明确作用。（图6-2-20）

　　在近代上海摩天楼建造过程中另一个政治权利对空间生产进行干预的经典案例出现在法租界，与公共租界类似的是，首先这也是以建筑围合街道广场空间为目标，其次，干预的重要起因是其中建筑之一为具有政治权力的行政机构——麦兰捕房。这一街道空间广场围合的参与者之一中汇大楼，被要求在"公共广场"（La

---

[1]　孙倩.上海近代城市建设管理制度及其对公共空间的影响，同济大学申请工学博士学位论文，2006，228.

Place Publique）一侧按照"公馆马
路柱廊章程"（Arcades Regulation of
Rue du Consulat）[1]，将公馆马路上的
柱廊延续过来，并贯通整个建筑长
达65米的西立面。考虑到此地段
地价极高，中汇大楼主要设计者赉
安洋行建筑师伦纳德（A·Leonard）
认为此通道全无必要，他指出公董
局的这种做法是"强加于用户的，
他们被迫承受了公共广场的柱廊，
对他们来说是一项沉重的负担，而
且没有任何补偿作为交换"，同时，

图6-2-20　工部局大楼对角汉弥尔登大楼与福州
大楼围合空间

建筑师还提出这个65米的长通道也没有交通价值，既非道路拓宽所需，而通道的
日常维护、清扫、监管等还将消耗更多的社会资源，"相对于此通道那对公众少得可
怜的吸引力，这些付出完全不成比例"[2]，但是业主对此提出的异议未被法租界公董
局接受，因为强制要求这一柱廊空间延伸的主要原因是为强化中汇大楼与麦兰捕
房围合的市政广场的身份特征。紧随中汇大楼之后建成的麦兰捕房，以其中间高、
两侧低的对称体量关系进一步强化了广场的中轴线[3]，最终两幢摩天楼底层界面形
成的连续统一的柱廊空间成为社会权利关系在象征性的物质空间中的具体表达。
照片中记录了两幢摩天楼建成后公共广场举行的仪式活动，这类活动以及承载活
动的公共空间共同实现了公董局对于政治权力表达的深层次意图（图6-2-21）。

　　摩天楼作为的巨大资本象征物，隐藏于空间生产背后则是更加复杂的社会
关系之间的博弈与权利较量，不管是其内部使用空间布局与装饰，还是外部在都
市空间中的具体形态塑造，都显示出个体性的，或是集体性的权利关系对空间生
产的巨大作用。齐格蒙德·鲍曼认为消费主义是理解现代社会的一个非常中心
的范畴，列斐伏尔则更进一步以空间理论为主体，将消费主义解构，认为对于空间

---

[1] 章程共15款，主要是对1902年确定的公馆马路50英尺的宽度做出修改，改为74英尺（22.57米），并
　　且要求征用人行道部分的土地，上部空间仍然为私人业主所有，但业主必须在人行道上建造柱廊，柱
　　廊净宽3米，柱高7米，柱径0.65米，柱廊外街道车行部分为50英尺，同时还包括柱廊结构和构件规
　　定、赔偿方式及维护责任等条款，在此不作详述。
[2] 孙倩.上海近代城市建设管理制度及其对公共空间的影响.同济大学申请工学博士学位论文,2006,56.
[3] 原计划这一公共广场是由公馆马路以北三块地块建筑围合而成，但广场西侧地块建筑直到1944年
　　才进行重建，建筑仅3层高，同时并未按照公董局规定设置柱廊，因此，最终这一广场形态并未完整
　　形成。

图6-2-21　由中汇大楼与麦兰捕房围合的前广场正举行军事检阅（1938）

的征服和整合成为消费主义赖以维持的主要手段，空间是带有消费主义特征的，消费主义的逻辑也成为社会运用空间的逻辑，更重要的是，社会空间被消费主义所占据，被分段，被降为同质性，被分为碎片，成为权力的活动中心[1]，这一点在对摩天楼空间生产的解构中显而易见，而权利关系之间的相互作用，也可以被理解为消费主义社会下对关系本身的消费逻辑。

6.3　本章小结

　　本章仅作为围绕摩天楼展开跨学科研究的一个引子，结合历史地理学与都市文化理论，对摩天楼这一独特建筑类型的经济性与社会性进行切片式的命题论述。跟随着现代化进程的脚步，消费社会的到来使得建筑从满足人类基本生活需求的功能性空间向商品转向，与美国摩天楼发展比较，近代上海由于政局的特殊性与不稳定性，经济发展并不充分，严重投机性质的高楼建造开发并没有发生。租界上海大多数办公属性的摩天楼开发都具有三重属性，一为自用，解决随着业务发展企业原有办公空间不足的状况；二为谋利兼顾，在有限的土地面积上，根据市政建筑法规允许范围，凭借自身资本实力将建筑往高处建造，将剩余空间进行出租谋利；三为身份象征，摩天楼往往选址于城市交通区位条件较好的商业中心区，选择优势地段建造华丽现代的摩天高楼成为企业资本权利的象征性展示，是渗透进城市公共空间的企业名片。

　　本章所讨论的土地经济中的地价问题与都市研究中"消费文化与权力表征"都带有浓重的资本主义色彩，在上海近代半殖民地半封建的社会制度下，摩天楼作为新时代下的巨型物质象征，无疑给之前仍长期处在封建制度下的人们带来了巨大的冲击。报纸上贴满了来自纽约一次又一次打破世界最高摩天楼纪录的新

[1]　包亚明.现代性与都市文化理论.上海：上海社会科学院出版社,2008,291—292.

闻,在美资本主义帝国的强势文化引导下,城市建筑物成为物质进步的代表,而摩天楼俨然成为高度发达物质文明的象征,成为资本与权势的象征。在上海,摩天楼一方面标志着城市迈进了先进的世界级的大都会行列,耸入云霄的高楼让人仰望,它是让人感到刺激的、新鲜的、时髦的摩登象征,同时,从另一方面讲,它所带来令人好奇的、丰富多样的各种消费空间与娱乐场所,在无形中将市民个体进行了身份划分。由于上海近代租界与华界并存的社会生态的特殊性以及多元势差结构的存在,这一阶段市民阶层对自身文化认同(identity)的危机应该比任何一个现代化进程中的国际大都会都要来得深刻晦暗。导言中提到的英国人莱斯布里奇撰写出版的《关于上海的标准指南》(*All About Shanghai: A Standard Guidebook*, 1934)一书中"上海,摩天大楼,耸立云天,美国以外,天下第一"的下半句是"与此同时,茅屋草棚,鳞次栉比"[1],这才是当时上海真实完整的都会写照,租界的摩天巨厦与华界的草棚茅屋,新与旧,西与中,繁华与破落,华丽与污秽,两者形成矛盾而奇幻的现实反差。所以也才有了漫画中的讽喻,在当时一幅名为《天堂和地狱》的漫画中,一幢高耸入云的摩天楼上站着两个人,他们正在观看着路上破茅房边的一个乞丐[2],很显然这里将当时人与人之间地位身份出现的差别隐喻地表达在了漫画当中。

在上海近代摩天楼"空间本身的生产"与"空间中事物的生产"中,已经将西方技术、西方的管理制度、西方的文化产品,甚至是价值观念都包含在内,即使当时忙乱的中国还未可知何为"与世界接轨",但在上海,这个率先踏上现代化进程的中国城市,"世界的",更准确一些是指"西方或西方发达国家"[3]的现代产物都通过摩天楼等现代空间营造场所,全面地渗透到了上海市民的日常生活当中。不可否认,源于美国的摩天楼出现在东方上海是一个非常重要的时代标记,不只是标记了上海飞速的现代化进程,更是标记了城市已经开始成为全球空间的脉络背景,"全球化已经开始成为这个时代空间发展的总体背景"[4]。

---

[1] H.J. Lethbridge. *All about Shanghai: A Standard Guidebook*. Hong Kong: Oxford University Press, 1934, 1983, 43.原文:"Shanghai, with its modern skyscrapers, the highest buildings in the world outside of the Americas, and its straw huts shouldr high",参考《上海摩登:一种新都市文化在中国1930—1945》书中翻译,李欧梵著,毛尖译,北京大学出版社,2001.

[2] 萧剑青.漫画上海.上海:经纬书局,1936.

[3] 包亚明.现代性与都市文化理论.上海:上海社会科学院出版社,2008,262.包亚明在论述"全球化与文化认同"的问题中指出,所谓的"世界",对于中国来说,是一个他者的、异己的对象。这个世界既不包括中国,也不是指中国以外的全部世界,而只是指西方或西方式的发达国家,更重要的是,这个所谓的世界,是中国界定自身的一种标准和参照系统。所谓的"与世界接轨"这一口号所隐含的文化认同的困境不容忽视。而这样困境事实上从上海开埠接受西人治理就已经发端。

[4] 吴宁.日常生活批判——列斐伏尔哲学思想研究.北京:人民大学出版社,2007,353—357.

结　语

"历史是现在与过去之间的对话,是今天的社会与过去的社会之间的对话。"[1]

——爱德华·霍列特·卡尔(Edward Hallett Carr, 1892—1982)[2]

[1] [英]爱德华·霍列特·卡尔.吴柱存译.历史是什么.北京:商务印书局,1981,57.
[2] 爱德华·霍列特·卡尔(Edward Hallett Carr, 1892—1982),英国久负盛名的历史学家,一生著述很多,影响最大的是多卷本的《苏维埃俄国史》。《历史是什么》(*WHAT IS HISTORY?*)为卡尔1961年1月至3月间在剑桥大学乔治麦考利特里维廉讲座中的讲演内容。

第7章

都市与未来——摩天楼的当代思考

7.1 摩天楼的历史讨论与价值影响

本书抽丝剥茧地对作为时代象征物的上海近代摩天楼从出现、发展、繁盛至停滞的全过程进行完整的历史维度分析,从社会生态、空间形态与文化转变交汇的层面,层层递进地解读了上海摩天楼产生的宏观时代背景,中观历史轴线上经历各发展转变阶段的基本特征,微观层面上摩天楼单体设计的具体问题,以及跨学科视角下这一时代现象背后与城市空间、与都市文化等方面的深刻关联与社会意义。同时,通过二元维度的比较,在整个历史信息解读的过程中与摩天楼发源地——美国摩天楼的发展脉络进行横向讨论,对摩天楼这一建筑类型,及上海近代摩天楼设计的源流认知变得更加清晰完整。

摩天楼是上海现代化进程的缩影,它的出现与上海崛起有着必然关联。上海租界经济与社会发展的初始动力很大程度上来自西方文明,但是离开中国社会的内部动力,上海的发展与繁荣是不可想象的,这一观点置于摩天楼的产生发展上亦然,摩天楼虽为舶来之物,但也植根于上海表现出此次此地的地域性特征。摩天楼之于城市之中的位置,不仅是作为一个单体建筑而存在,作为时代的象征物,从上海近代摩天楼的源流发展、单体形式风格及激发出来的城市现象来看,它至少从侧面反映了城市文明进程中的四个方面内容,包括上海租界时期贸易与工业大发展引导的城市化进程;社会需求的发展;技术的进步;以及,文化与技术的结合。

摩天楼的前身是"商业办公建筑"(commercial office building),经济属性是其非常重要的特征。摩天楼与土地及房地产开发的紧密关联使其区别于其他类型建筑,本书中绝大多数摩天楼单体都在以前上海近代建筑史研究当中出现过,但是这次重新被编纳进入一个新的类型进行研究后,通过一系列历史信息解读与数据分析,这一批摩天楼建筑对上海租界中城市商业空间的扩张与土地经济发展产生的重要作用展露无遗。同时,摩天楼作为时代变革中各力量共同促成产生的物质空间产物,它所营造的高耸清晰的天际线进而演变成一种现代的都市现象,伴随着城市化进程影响着生活于大都会的人们的精神价值与文化认同(图7-1-1)。由于上海近代政治时局的特殊性与经济发展的局限性,使得摩天楼发展盛期时间不长,后又戛然而止于战争,但尽管如此,摩天楼对于城市空间发展的经济性意义及对都市文化的影响与构建作用一直延续至今。

1930年美国媒体面对沙逊大厦的建成给出了这样一段评论:"在中国,虽然经历内战多年,就在去年,却建造起了这样一幢华丽的华懋饭店","如果在这样的局势下,他们便能建成世界上最好的酒店,那么,如果和平到来,他们可以做到何种程度?"(图7-1-2)[1]事实证明,的确当中国和平年代到来之时,随着经济发展,我们也迎来了建造世界瞩目超高摩天楼的新纪元。

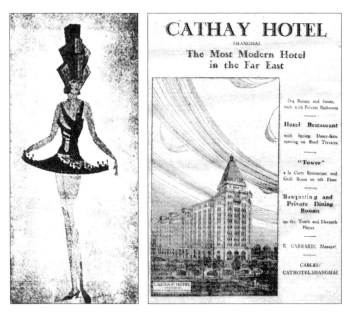

图7-1-1　1929年刊登在《新银星》杂志的照片:"'百老汇路'演员所穿之未来派服装帽之象征为矗云高楼衣裳之征象为林立之工厂"（左）

图7-1-2　沙逊大厦登于《北华捷报》上的广告（右）

---

[1] The Cathay Hotel as Symbol: An Appreciation in a Prominent American Journal. *The North-China Herald*, 1930.12.23.英文原文:"And this magnificent Hotel Cathay is in China, where civil war has been waging for years. And it was only built last year. If this is the sort of hotels they are building in China now, ranking with the finest in the world, what would they do were peace to come?"

7.2　摩天楼历史研究的现实意义

在纽约摩天楼博物馆2011年名为"超级高!"（SUPERTALL!）的展览课题中，通过全球范围调研，有48个项目位列其中，包括6座600米以上超高层，6座500米以上及24座400米以上的摩天楼。本次调研结果显示出亚洲对于摩天大楼的建造有着巨大的野心，尤其是中国、南韩，以及中东为最，中国大陆共有16栋超摩天大楼入选，分别分布在11个内地城市中，占总建筑数的33%。从表面上看，中国上海仅有上海中心（Shanghai Tower）、上海环球金融中心（Shanghai World Financial Center）、金茂大厦（Jinmao Tower）三幢建筑入围。展览研究认为：现代上海崛起的速度和规模，复制甚至超越了20世纪初期纽约曼哈顿所创造的历史巅峰。"作为20世纪30年代全球最大城市，当时的纽约城市拥有近七百万人口，200多座摩天楼，超过当时全世界其他城市高楼之和。而在当下高楼数目激增的中国，仍在持续生长的上海一定会成为未来中国预言之摩天都会!"[1]

上海的发展与未来受到世界瞩目，这一点毫无置疑。但在将上海与纽约进行比较研究的时候，西方学者认为21世纪的中国"摩天城市化"景象仿佛19世纪末美国摩天城市化的重演。但笔者认为，中国不会是美国"新大陆"的摩天城市化翻版，在20世纪的上海，当西方先进的现代技术遇上中国特有的伦理政治思想，新旧建筑的冲突，新旧观念的碰撞，使得问题变得更具丰富性与复杂性，这也是本篇论文通过对上海近代摩天楼的详述研究所传达出的精神。

2016年中国第一高楼、世界第二高楼上海中心竣工并投入使用，成为继金茂大厦、上海环球金融中心之后上海浦东陆家嘴中央商务区竖立的第三座超高层塔楼（图7-2-1）。三十年前，"浦东还只是一个跟外国人区域毗邻而立的农村地区"，如今，"陆家嘴的摩天大楼似乎已考虑着替代原本那些象征'东西交会'的建筑物"，同时，"这些摩天大楼合法化了上海作为全球都会的候选资格"，它与"坐落于凹岸的上海滩互相对视"，"全球性的陆家嘴多由海外全球建筑公司所筹建，它正逐渐取代上海滩的地位"，这是美国俄勒冈大学历史系及人类学系德利克教授（Oregon University, Knight Professor of Social Science, Arif Dirlik）于2005年6月

---

[1] 原文来自纽约摩天大楼博物馆"超级高"（SUPERTALL!）展览内部资料，观点来自馆长威利斯教授。"The scale and speed of Shanghai's rise reproduces and even surpasses Manhattan's historic ascent in the early twentieth century. As the world's largest city in 1930, New York boasted a population of 7 million and nearly 200 skyscrapers-more than all other cities combined at that time. Today, as high-rises proliferate everywhere ... Shanghai's surely China's prophecy of the urban future."

图 7-2-1　上海浦东陆家嘴天际线

出版在《中外文学》第34卷第1期的一篇文章节选（《建筑与全球现代性、殖民主义以及地方》）。他认为上海浦东陆家嘴地区日益成为全球化进程中的一个实验室，并且正取代浦江西岸外滩的地位[1]。陆家嘴为何可以取代外滩？他所提到多次的摩天楼可能是其中最主要的论据，改革开放后的陆家嘴地区建造起超越浦江西面一切建筑高度的摩天楼，并且具有拥有全球最高摩天楼的野心。这一摩天楼巨构景观重新定义了现代上海作为国际大都会的城市形象。那么，陆家嘴是否真的可以取代外滩，成为新上海的象征呢？这当中历史研究就成为非常重要的基石，它会成为当下学者处理思考当代问题的研究坐标，先知古今，才可评现在，断未来。

我们再假设，如果说当代的中国上海不久建造高楼的速度将赶上，甚至超越20世纪初的纽约，那么目前上海所经历的摩天楼的高速建造时期很有可能会面临当时困惑纽约造楼者的问题，通过本书对美国20世纪摩天楼进行的横向比较，美国学者面对伴随大都市高速城市化所涌现的大量摩天楼做出的严谨讨论与深刻思考，及从不同角度对纽约摩天楼所引发的城市问题、制度问题、文化问题等进行的研究讨论与成果对于我们今天的理论研究者和实践者仍具指导意义，这也是本书所做比较研究意义所在。

7.3　进一步思考：摩天楼是否是解决城市化进程的良方？

美国1922年3月19日《纽约时报》上刊登了美国著名建筑师与画家哈格·费瑞斯（Huge Ferriss）创作的20年后纽约的城市虚构景象，画面中满是高密度的

---

[1] 孙乐. 关于常住（驻）人群对陆家嘴金融中心区空间认知的实证研究，申请同济大学硕士学位论文，2008，2-3，75.

摩天楼(图7-3-1),事实是,不需20年,纽约摩天楼就已达到很高的密度,不过建筑师柯布西耶1935年到访纽约时却有另一番评论,在他参观完这座"高楼之都"后,他说:"纽约的摩天楼太矮小且太多了"[1],根据他于20世纪20年代初便提出的"三百万人口的城市计划"(图7-3-2),摩天楼应该名副其实的更加高大,但建筑物之间的密度

图 7-3-1 哈格·费瑞斯描绘的1942 年纽约(1922)

要低,距离要够远,开放空间也需足够广大,城市因此不再拥挤,并且充满阳光、空气、水与绿地。当然直至当下,柯布西耶所强调这种理性的城市并未出现,但是摩天楼一直成为构建现代都市不可或缺的组成部分。

摩天楼,曾经仅是北美地区的产物,如今却以前所未有的速度在全球范围迅速蔓延,二十一世纪,亚洲成为摩天楼汇聚之地的趋势显而易见,毫无悬念中国将会成为其中的佼佼者。来自世界高层都市建筑学会的最新数据显示,截至1990年,北美地区仍拥有超过80%的世界前100座最高建筑,可在短短二十余年里,这个保持了近百年的占有率如今下滑至20%,而亚洲地区的拥有量从1990年的12%上升至42%。在过去十年中,全球200米以上建筑的数量从286增长到了634,拥

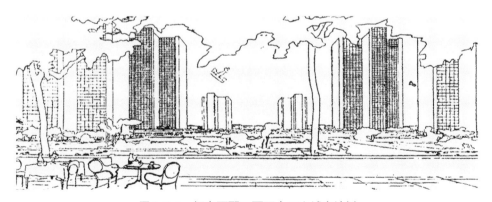

图 7-3-2 柯布西耶三百万人口之城市计划

[1] Rem Koolhaas. *Delirious New York*. New York: Monacelli, 1994, 266.

有占全球总人口（68亿）60.4%（41亿）的亚洲大陆，有403座，占总数的63%，而仅仅中国（13亿人口）一个国家就拥有了占全世界总数33.4%，亚洲总数52.6%，共计212座的高层建筑。同时世界上最高建筑的用途也在随着时代演进而改变着，其一直以来被用作办公楼的性质正在逐渐改变，截至2012年底，世界最高的100座高层建筑中53%都将是混合或住宅用途。[1]根据另一组来自"摩天城市网"[2]《2012中国摩天城市报告》（表7-1、表7-2）的报告显示，美国现有533座摩天楼，是全球摩天楼第一大国，中国内地目前拥有470座超过152米（约500英尺）[3]的摩天楼，但在未来十年内，包括在建及规划的数量，中国（内地）将以1318座超过152米的摩天大楼总数位列全球第一，而美国在建及规划的摩天大楼仅有30座，也就是说，十年后中国（内地）拥有的摩天大楼数量将达到美国总量的234%，中国仅用40余年的时间，成倍超越了美国在100多年的建造成绩，这一数值与速度是非常惊人的，然而，人们在惊叹的同时，是否缺乏了理智与思考。

表7-1　2012年中国内地摩天楼（非住宅类）[4]统计

高度分布	现有（座）	在建（座）	规划（座）	2022年预计总数（座）	比2012年增长
152—200米	307	187	183	677	220%
200—300米	147	115	212	474	332%
300—400米	11	26	72	109	990%
400—500米	5	0	30	35	700%
500—600米	0	2	11	13	0
600+米	0	2	8	10	0
合　计	470	332	516	1 318	280%

（数据来源：摩天城市网发布中国第一份摩天城市报告http://www.motiancity.com/2012/）

---

[1] 数据来源：世界高层都市建筑学会第九届全球会议（2012）参会手册，2-11。

[2] 摩天城市是中国第一家专注于摩天大楼与城市、经济关系研究的非官方智库机构，成立于2009年11月，2009年12月28日，创建全球第一个华文摩天网——摩天城市网（www.motiancity.com），2011年6月，摩天城市网发布中国第一份摩天城市报告。

[3] 研究方为方便中美对比，报告采用的是美国标准，仅计算500英尺以上（152米）以办公、酒店用途为主的非住宅类摩天大楼；规划的516座是指已经完成土地拍卖、设计招标或已奠基的项目。

[4] 这份报告主要研究摩天大楼与城市发展、经济周期的关系，而住宅类摩天大楼主要与城市面积、人口密度相关，与产业结构关系较弱，同时研究方为方便中美对比，故采取美国标准，仅计算500英尺以上（152米）以办公、酒店用途为主的非住宅类摩天大楼。报告详细内容请查阅：http://www.motiancity.com/2012/。

表7-2　中国（内地）美摩天楼数值与美国对比

	现有（座）	在建（座）	规划（座）	未　来　总　量
中国	470	332	516	1 318
美国	533	6	24	563
比重	88%	—	—	234%
	至2017	现有		
中国	—	802		
美国	—	539		
比重	149%			
	至2022	现有		
中国		1 318		
美国		563		
比重		234%		

（数据来源：摩天城市网发布中国第一份摩天城市报告http://www.motiancity.com/2012/）

　　当下全球城市化进程以每天20万人的速度增长，每周都会出现一批能容纳一百万居民的新生城市[1]，二十一世纪城市发展开创史无前例的记录，根据联合国人口统计数据库数据显示，世界人口总数从1950年约25亿，到2010年已经增长至63亿，在未来的五十年中，预计将达到93亿，在可预见的未来，城市人口将占全球人口的一半以上[2]，也就是说，如果更有效率的使用城市土地，避免对大自然的过度开发，成为今后人类社会演进的重要课题。近年，每年约有超过1.5亿中国农民工离开农村蜂拥入城市。仅上海农民工的数目就高达600万以上。2015年前，预计中国绝大多数人口将居住在城市区域。[3]因而，作为一种城市乌托邦的处方，摩天楼将扮演城市继续进化的动力[4]。许多国家就为了解决城市空间严重不足的问题，提出了不少建造"通天塔"构想，如1989年，由日本大林组公司委托英国著名设计师诺曼·福斯特（Norman Foster）设计，提出于东京湾建造一高170层、840米

[1] 数据来源：世界高层都市建筑学会第九届全球会议（2012）参会手册，2。
[2] 人口数量数据均出自联合国人口统计数据库，http://esa.un.org/unpd/wpp/Analytical-Figures/htm/fig_1.htm。
[3] 哈利·邓·哈托格主编，上海新城，上海：同济大学出版社，2013，前言.
[4] Rem Koolhaas. *Delirious New York*. New York: Monacelli, 1994, 82.

高的"千层塔"构想,造型为一根巨大的"定海神针",包裹在螺旋线形的金属框架内,矗立于游艇码头之中,可提供104万平方米的使用面积;日本大林组公司还提出过"空中都市 Aeropolis2001"的构想,这一空中都市构想高度为2 000米(珠穆朗玛峰高度的三分之一),有500层,计划建造在日本东京湾地区,建成后将能够容纳30万人居住;[1]在2001年一批西班牙建筑师,则为人口超过千万的上海市,提出了1 127米(3 700英尺)高,能容纳十万人使用的摩天楼计划。828米高(2 717英尺)的迪拜塔已经实现,那么,是否可以证实摩天楼真是解决城市化进程中产生问题的良方呢? 巨额的投资与运行成本、高于普通建筑的危险系数,以及难以平衡的生态环境质量等问题,都是摩天楼在建造过程中需审慎对待与思考的命题。(图7-3-3)

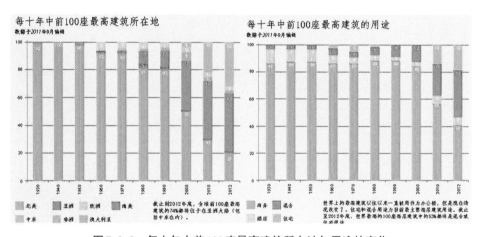

图7-3-3　每十年中前100座最高建筑所在地与用途的变化

金茂大厦的设计者、美国著名结构工程师法兹勒·康说:"今天建造190层的建筑已经没有任何实际困难。要不要盖摩天楼或在城市里如何处理摩天楼,并不是工程问题,而是个社会问题。"[2]这也即意味着下一阶段摩天楼课题研究很可能成为跨学科视角下最具有社会意义的建筑命题,本书虽为历史研究,因能力、时间、史料的局限,故有诸多不足与遗憾,但也希望能是个好的引子,期待着有更多研究者能够关注摩天楼课题,写出更多好的文章。

[1] 网址: http://www.zxxk.com/m/ArticleInfo.aspx?InfoID=150801。
[2] 摩天大楼"热"的冷思考,南方日报,2001年12月14日.

参考文献

（一）摩天楼研究

中文著作

1. 方元.摩天楼：二十世纪城市的图腾［M］.天津：天津大学出版社,1988.
2. 李永奎.中国摩天大楼建设与发展研究报告［M］.北京：中国建筑工业出版社,2013.
3. 艾弗·理查兹.T·R·哈姆扎和杨经文建筑师事务所：生态摩天大楼［M］.汪芳,张翼,译.北京：中国建工出版社,2005.
4. 马修·韦尔斯（Matthew Wells）.摩天大楼结构与设计［M］.杨娜,易成,邢佳慧,译.北京：中国建筑工业出版社,2006.
5. 朱子仪.纽约老房子的故事［M］.上海：上海人民出版社,2007.

西文著作

6. Ada Louis Huxtable. The Tall Building Artistically Reconsidered: The Search For a Skyscraper Style［M］. New York: Pantheon Books, 1984.
7. Carl W. Condit. The Rise of the Skyscraper［M］. Chicago: the University of Chicago Press, 1952.
8. Carol Willis. Form Follows Finance: Skyscrapers and Skylines in New York and Chicago［M］. New York: Princeton Architectural Press, 1995.
9. Roger Shepherd. Skyscraper, the Search for an American Style (1891-1941)［M］. New York: McGraw-Hill, 2003.
10. Paul Goldberger. The Skyscraper［M］. New York: Knopf, 1981.
11. Anthony D. King. Spaces of Global Cultures［M］. New York: Routledge, 2004.
12. Cervin Robinson, Rosemarie Haag Bletter. Skyscraper Style: Art Deco New York［M］. Oxford University Press, 1975.
13. Roberta Moudry. The American Skyscraper: Cultural Histories［M］. New York: Cambridge University Press, 2005.
14. Katherine Solomonson. The Chicago Tribune Tower Competition: Skyscraper Design and Cultural Change in the 1920s［M］. New York: Cambridge University of Press, 2001.

15. Joanna Merwood-Salisbury. Chicago 1890: the Skyscraper and the Modern City [M]. Chicago: University of Chicago Press, 2009.

16. Sarah Bradford Landau, Carl W. Condit. Rise of the New York Skyscraper 1865–1913 [M]. New Heaven: Yale University Press, 1996.

17. Herbert Wright. Skyscrapers: Fabulous Buildings that Reach for the Sky [M]. UK: Parragon, 2008.

18. Thomas A.P. van Leeuwen. The Skyward Trend of Thought: Five Essays on the Metaphysics of the American Skyscraper [M]. Hague: Amsterdam and AHA BOOKS, 1986.

19. Joseph P. Schwieterman, Dana M. Caspall. The Politics of Place: A History of Zoning in Chicago [M]. Chicago: Lake Claremont Press, 2006.

20. Carol Willis. Building The Empire Estate [M]. New York: W.W. Norton & Company, Inc., 1998.

21. Charles J. Shindo. 1927 and the Rise of Modern America [M]. Lawrence: University Press of Kansas, 2010.

22. William R. Taylor. In Pursuit of Gotham: Culture and Commerce in New York [M]. NewYork: Oxford University Press, 1992.

23. Rem Koolhaas. Delirious New York: A Retroactive Manifesto for Manhattan [M]. [S.l.]: the Monacelli Press, 1997.

24. Eric Howeler. Skyscraper [M]. New York: Universe Pub, 2003.

25. Lynn Pan, Xue Liyong, Qian Zonghao. Shanghai: A Century of Change in Photographs 1843–1949 [M]. Hong Kong: Hai Feng Publishing Co., 1993.

26. W. Parker Chase. New York 1932: the Wonder City [M]. New York: New York Bound, 1983 (First Edition in 1932).

27. Robert Byrne. Skyscraper [M]. New York: Atheneum, 1984.

28. Noel Barber. The Fall of Shanghai [M]. New York: Coward, McCann & Geoghegan, 1979.

29. Robert Powell. Rethinking the skyscraper: the complete architecture of Ken Yeang [M]. London: Thames & Hudson, 1999.

30. Lynn S. Beedle, Council on Tall Buildings and Urban Habitat. Second century of the skyscraper [M]. New York: Van Nostrand Reinhold, 1988.

31. Peter Hibbard. *The Bund Shanghai: China Faces West* [M]. Hong Kong: Odyssey Books & Guides, 2007.

（二）近代上海历史研究

中文著作

32. 葛元煦.沪游杂记[M].上海：上海书店出版社,2006.

33. 黎霞.马路传奇[M].上海：上海锦绣文章出版社,2010.

34. 中国人民政治协商会议上海市委员会文史资料委员会.旧上海的房地产经营[M].上海：上海人民出版社,1990.

35. 张仲礼.近代上海城市研究（1840—1949）[M].上海：上海文艺出版社,2008.

36. 邹依仁.旧上海人口变迁的研究[M].上海：上海人民出版社,1980.

37. 郑祖安.百年上海城[M].上海：学林出版社,1999.

38. 张仲礼,陈曾年.沙逊集团在旧中国[M].上海：上海人民出版社,1985.

39. 上海历史博物馆.走在历史记忆中——南京路1840～1950》[M].上海：上海科学技术出版社,2000.

40. 忻平.从上海发现历史[M].上海：上海人民出版社,1996.

41. 薛理勇.上海洋场[M].上海：上海辞书出版社,2011.

42. 霍塞.出卖的上海滩[M].纪明,译.北京：商务出版社,1962.

43. 上海通社.上海研究资料[M].上海：上海书店,1984.

44. 唐振常.上海史[M].上海：上海人民出版社,1989.

45. 梅朋(C.B.Maybon),傅立德(J.Fredet).上海法租界史[M].倪静兰,译.上海：上海译文出版社,1983.

46. 吕超.西方文化视野中的上海形象[M].黑龙江：黑龙江大学出版社,2010.

47. 罗苏文.上海传奇——文化嬗变的侧影1553—1949[M].上海：上海人民出版社,2004.

48. 马长林.上海的租界[M].天津：天津教育出版社,2009.

49. 聂石樵.诗经新注[M].山东：齐鲁书社,2009.

50. 汤志钧.近代上海大事记[M].上海：上海辞书出版社,1989.

51. 李天纲.人文上海——市民的空间[M].上海：上海教育出版社,2004.

52. 熊月之.上海通史[M].上海：上海人民出版社,1999.

53. 罗兹·墨菲(Rhoads Murphey).上海——现代中国的钥匙[M].上海社科院历史所,编译.上海：上海人民出版社,1986.

54. 白吉尔(Marie-Claire Bergère).上海史：走向现代之路[M].王菊,赵念国,译.上海：上海社会科学院出版社,2014.

西文著作

55. Noel Barber. The Fall of Shanghai[M]. New York: Coward, McCann & Geoghegan, 1979.

56. H.J. Lethbridge. All About Shnanghai: A Standard Guidebook[M]. Hong Kong: Oxford University Press, 1983.

57. G. Lanning, S. Couling. The history of Shanghai[M].[S.l.]: Kelly & Walsh, 1921.

58. Lynn Pan, Xue Liyong, Qian Zonghao. Shanghai: A Century of Change in Photographs 1843–1949[M]. Hong Kong: Hai Feng Publishing Co., 1993.

（三）近代上海建筑与城市相关研究

59. 上海章明建筑设计事务所.上海外滩源历史建筑(一期)[M].上海：上海远东出版社,2007.

60. 常青.大都会从这里开始——上海南京路外滩段研究[M].上海：同济大学出版社,2005.

61. 汪坦.第三次中国近代建筑史研究讨论会论文集[M].北京：中国建筑工业出版社,1991.

62. 蒯世勋.上海史资料丛刊：上海公共租界制度[M].上海：上海人民出版社,1980.

63. 伍江.上海百年建筑史1840—1949[M].上海：同济大学出版社,2008.

64. 薛顺生.上海老建筑[M].上海：同济大学出版社,2002.

65. 郑时龄.上海近代建筑风格[M].上海：上海教育出版社,1999.

66. 张鹏.都市形态的历史根基——上海公共租界市政发展与都市变迁研究［M］.上海：同济大学出版社,2008.

67. 罗小未.上海建筑指南［M］.上海：人民美术出版社,1996.

68. 钱宗灏.百年回望：上海外滩建筑与景观的历史变迁［M］.上海：上海科学技术出版社,2005.

69. 上海建筑施工志编委会·编写办公室.东方巴黎——近代上海建筑史话［M］.上海：上海文化出版社,1991.

70. 赖德霖.中国近代建筑史研究［M］.北京：清华大学出版社,1992.

71. 王方."外滩源"研究——上海原英领馆街区及其建筑的时空变迁（1843—1937）［M］.南京：东南大学出版社,2011.

72. 陈从周,章明.上海近代建筑史稿［M］.上海：三联书店,1988.

73. 王绍周.上海近代城市建筑［M］.南京：江苏科学技术出版社,1989.

74. 娄承浩,薛顺生.老上海营造业及建筑师［M］.上海：同济大学出版社,2004.

75. 娄承浩,薛顺生.老上海经典建筑［M］.上海：同济大学出版社,2002.

76. 彼得·罗,关晟.承传与交融：探讨中国近现代建筑的本质与形式［M］.成砚,译.北京：中国建筑工业出版社,2004.

77. 许乙弘.Art Deco的源与流：中西"摩登建筑"关系研究［M］.南京：东南大学出版社,2006.

78. 华霞虹,乔争月等.上海邬达克建筑地图［M］.上海：同济大学出版社,2013.

79. 彭长歆.现代性·地方性——岭南城市与建筑的近代转型［M］.上海：同济大学出版社,2012.

80. 常青.摩登上海的象征：沙逊大厦建筑实录与研究［M］.上海：上海锦绣文章出版社,2011.

81. 常青.都市遗产的保护与再生：聚焦外滩［M］.上海：同济大学出版社,2009.

（四）建筑学与城市研究

82. 保罗·福塞尔.格调［M］.北京：中国社会科学出版社,1998.

83. 彼得·柯林斯.现代建筑设计思想的演变［M］.北京：中国建筑工业出版社,1987.

84. 肯尼思·弗兰普顿（Kenneth Frampton）.现代建筑：一部批判的历史［M］.张钦楠等,译.北京：生活·读书·新知三联书店,2004.

85. 大卫·沃特金.西方建筑史［M］.傅景川,译.长春：吉林人民出版社,2004.

86. 埃米莉·科尔.世界建筑经典图鉴［M］.陈镌,王方戟等,译.上海：上海人民美术出版社,2003.

87. S.基提恩.空间,时间,建筑［M］.王锦堂,孙全文,译.台湾：台隆书店,1981.

88. 简·雅各布斯.美国大城市的生与死［M］.金衡山,译.南京：译林出版社,2005.

89. 哈利·邓·哈托格.上海新城［M］.上海：同济大学出版社,2013.

90. 斯蒂芬·马歇尔.街道与形态［M］.苑思楠,译.北京：中国建筑工业出版社,2011.

（五）都市文化、空间、哲学研究

中文著作

91. 李欧梵.上海摩登：一种新都市文化在中国1930—1945［M］.毛尖,译.北京：北京大学出版社,2001.

92. 卢汉超.霓虹灯外——20世纪初日常生活中的上海［M］.上海：上海古籍出版社,2004.

93. 王儒年.欲望的想象——1920—1930年代《申报》广告的文化史研究.上海：上海人民出版社,2007.

94. 万象编辑部.城市记忆［M］.辽宁：辽宁教育出版社,2011.

95. 吴宁.日常生活批判——列斐伏尔哲学思想研究［M］.北京：人民大学出版社,2007.

96. 李鹏程.胡塞尔传［M］.河北：河北人民出版社,1998.

97. 吕超.海上异托邦——西方文化视野中的上海形象［M］.黑龙江：黑龙江大学出版社,2010.

98. 苏国勋,刘小枫.二十世纪西方社会理论：社会理论的知识学建构(三)［M］.上海：上海三联书店,2005.

99. 包亚明.现代性与都市文化理论［M］.上海：上海社会科学院出版社,2008.

100. 鲍德里亚.物体系(Le systeme des objets)［M］.林志明,译.台湾：台湾时报出版社,1997.

101. 菲利普·萨拉森(Philipp Sarasin).福柯［M］.李红艳,译.北京：中国人民大学出版社,2010.

102. 菊池敏夫.近代上海的百货公司与都市文化［M］.陈祖恩,译.上海：上海人民出版社,2012年

103. 郑崇选.都市文化研究的多重视域［M］.桂林：广西师范大学出版社,2013.

104. 张意.文化与符号权力：布尔迪厄的文化社会学导论［M］.北京：中国社会科学出版社,2005.

105. 叶中强.从想象到现场——都市文化的社会生态研究［M］.上海：学林出版社,2005.

106. 索亚.第三空间——去往洛杉矶和其他真实和想象地方的旅程［M］.陆扬等,译.上海：上海教育出版社,2005.

107. 包亚明.现代性与空间的产生［M］.上海：上海教育出版社,2003.

108. 包亚明.后现代性与地理学的政治［M］.上海：上海教育出版社,2001.

109. 汪民安,陈永国,张云鹏.现代性基本读本［M］.河南：河南大学出版社,2005.

110. 马克思,恩格斯.马克思恩格斯全集(第23卷)［M］.北京：人民出版社,1972.

111. 詹玉荣,谢经荣.中国土地价格及估价方法研究：民国时期地价研究［M］.北京：北京农业大学出版社,1994.

112. 卡洛·奇波拉.世界人口经济史［M］.黄朝华,译.北京：商务印书馆,1993.

113. 董藩等.土地经济学［M］.北京：北京师范大学出版社,2010.

114. 汤国安,杨昕等.ArcGIS地理信息系统空间分析实验教程(第二版)［M］.北京：科学出版社,2012.

115. 吉尔伯特·罗兹曼.中国的现代化［M］.国家社会科学基金"比较现代化"课题组,译.南京：江苏人民出版社,2010.

116. 西里尔·E·布莱克.比较现代化［M］.上海：上海译文出版社,1996.

117. 巴顿(K.J. Buton).城市经济学理论和政策［M］.上海社会科学院部门经济研究所城市经济研究室,译.北京：商务印书馆,1984.

329

西文著作

118. Henri Lefebvre. The Production of Space［M］. Oxford: Blackwell, 1991 (English Translation).

119. Henri Lefebvre. Everyday Life in the Modern World［M］. London: The Penguin Press, 1971.

（六）地方志、专志类

120. 陆文达.上海房地产志［M］.上海：上海社会科学院出版社,1999.

121. 上海市档案馆.上海租界志［M］.上海：上海科学院出版社,2001.

122. 上海市黄浦区志编纂委员会.黄浦区志［M］.上海：上海社会科学院出版社,1996.

123. 《上海建筑施工志》编纂委员会.上海建筑施工志［M］.上海：上海社会科学院出版社,1997.

124. 孙平.上海城市规划志［M］.上海：上海社会科学院出版社,1999.

125. 上海市市政工程志编纂委员会.上海市政工程志［M］.上海：上海社会科学院出版社,1998.

（七）照片图集类

126. 林康侯.上海市行号路图录［M］.上海：福利营业股份有限公司,民国二十八年九月（1939.9）.

127. 林康侯.上海市行号路图录,第二编,第二特区［M］.上海：福利营业股份有限公司,民国二十九年八月（1940.8）.

128. 张震西.上海市行号路图录［M］.上海：福利营业股份有限公司,民国三十六年十月至三十八年三月（1947.10—1949.3）.

129. 张伟等.老上海地图［M］.上海：上海画报出版社,2001.

130. 上海市房屋土地资源管理局.沧桑——上海房地产150年［M］.上海：上海人民出版社,2004.

131. 汤伟康.上海百变［M］.上海：上海人民美术出版社,2011.

132. 沈寂等.老上海南京路［M］.上海：上海人民美术出版社,2003.

133. 上海历史博物馆,上海人民美术出版社.1840s—1940s,上海百年掠影［M］.上海：上海人民美术出版社,1996.

（八）历史文献档案

出版物文献

134. 上海市档案馆.工部局董事会会议录［M］.上海：上海古籍出版社,2001.

135. 蔡育天.上海道契［M］.上海：上海古籍出版社,2005.

136. 徐雪筠.上海近代社会经济发展该款：1882—1931"海关十年报告"译编［M］.上海：上海社会科学出版社,1985.

137. 王铁崖.中外旧约章汇编（第一册）［M］.北京：生活·读书·新知三联书店,1957（1982年重印）.

138. 费唐.费唐法官研究上海公共租界情形报告书［M］.工部局华文处,译.1931.

139. 《上海公共租界房屋建筑章程［M］.［出版地不详］:中国建筑杂志社,1934.

140. 吴圳义.上海租界问题［M］.台北市:正中书局,民国六十九年(1980年).

141. 张辉.上海市地价研究［M］.南京:正中书局,1935.

142. 陈炎林.上海地产大全(民国业书第三编)［M］.上海:上海书店,据上海地产研究所1933年版影印.

143. 阮笃成.租界制度与上海公共租界(民国业书第四编)［M］.上海:上海书店,据法云书屋1936年版影印.

144. 夏晋麟.上海租界问题(民国业书第四编)［M］.上海:上海书店,据中国太平洋国际学会1932年版影印.

145. 徐公肃、邱瑾璋.上海公共租界制度(民国业书第四编)［M］.上海:上海书店,据中国科学公司1933年版影印.

146. 萧剑青.漫画上海［M］.上海:经纬书局,1936.

147. 上海市文史馆,上海人民政府参事室,文史资料工作委员会.上海地方史资料(二)［M］.上海:上海社会科学院出版社,1983.

148. 上海市文史馆,上海人民政府参事室,文史资料工作委员会.上海地方史资料(五)［M］.上海:上海社会科学院出版社,1986.

149. 叶梦珠.阅世编［M］.上海:上海古籍出版社,1981.

150. 罗志如.统计表中之上海［M］.［出版地不详］:中央研究院社会科学研究所,1932.

151. 章植.土地经济学［M］.上海:上海黎明书局,1934.

152. 雷麦(C.F. Remer).外人在华投资［M］.北京:商务印书馆,1959.

史料档案

153. 上海市档案馆历史档案

154. 公共租界工部局档案

155. 法租界公董局档案

156. 上海市城市建设档案馆建筑档案

157. 纽约摩天楼博物馆馆藏资料

主要近现代报纸

158. 《北华捷报·北华星期新闻增刊》(*North-China Sunday News Magazine Supplement*)

159. 《字林西报》(*North-China Daily News*)

160. 《大陆报》(*China Press*)

161. 《上海泰晤士报》(*Shanghai Times*)

162. 《远东时报》(*The Far Eastern Review*)

163. 《北华捷报·北华星期新闻增刊》(*North-China Sunday News Magazine Supplement*)

164. 《密勒氏评论报》(*The China Weekly Review*)

165. 《申报》

166. 《上海市通志馆期刊》

167. 《中央日报》

主要近现代期刊

168.《建筑月刊》

169.《新建筑》

170.《上海建筑协会会报》

171.《中国建筑》

172.《中国建设》

173.《工程译报》

174.《地产月刊》

175.《市政期刊》

176.《工程》

177.《工程学报》

178.《复旦土木工程学会会刊》

179.《工程报导》

180.《东方杂志》

181.《科学画报》

182.《中国漫画》

183.《永安月刊》

184.《申报月刊》

185.《商工月刊》

186.《上海地产月刊》

187.《东方杂志》

188.《青年界》

189.《我存杂志》

190.《云南》

191.《中国摄影学会画报》

192.《时兆月报》

193.《实报半月刊》

194.《良友》

195.《艺术公报》

196.《总商会月报》

197.《之江月刊》

198.《万国公报》

199.《科学画报》等

（九）学位论文、期刊文章

学位论文

200. 宋庆.外滩历史老大楼研究——沙逊大厦的历史特征与再生策略［D］.上海：同济大学
建筑与城市规划学院,2007.

201. 华霞虹.邬达克在上海作品的评析[D].上海：同济大学建筑与城市规划学院,2000.

202. 陈韦伸.摩天大楼顶得象征意义[D].台湾：私立中原大学建筑学系,2001.

203. 华霞虹.消融与转变—消费文化中的建筑[D].上海：同济大学建筑与城市规划学院, 2007.

204. 李娟.论近代上海独立住宅中的"现代式"[D].上海：同济大学建筑与城市规划学院, 2007.

205. 楼嘉军.上海城市娱乐研究(1930—1939)[D].上海：华东师范大学,2004.

206. 牟振宇.近代上海法租界"越界筑路区"城市化空间过程分析(1895—1914)[D].上海： 复旦大学,2010.

207. 钱宗灏.20世纪早期的装饰艺术派[D].上海：同济大学建筑与城市规划学院,2005.

208. 孙倩.上海近代城市建设管理制度及其对公共空间的影响[D].上海：同济大学建筑与 城市规划学院,2006.

209. 沈海红."集体选择"视野下的城市遗产保护研究[D].上海：同济大学建筑与城市规划 学院,2006.

210. 唐方.都市建筑控制——近代上海公共租界建筑法规研究[D].上海：同济大学建筑与 城市规划学院,2006.

211. 曾声威.近代上海公共租界城市地价空间研究(1899—1930)[D].上海：复旦大学, 2013.

212. 张晓春.文化适应与中心转移——上海近现代文化竞争与空间变迁的都市人类学分析 [D].上海：同济大学建筑与城市规划学院,2004.

期刊文章

213. 杜恂诚.收入,游资与近代上海房地产价格[J].财经研究：2006,32：9.

214. 范富安."摩登"的两个来源[J].语文建设：2005,9：29.

215. 傅筑夫.人口因素对中国社会经济结构的形成和发展所产生的重大影响[J].中国社会 经济史研究：1982,3：1—13.

216. 何秀水.上海地区软土地基概况及其设计施工问题[J].住宅科技：1995,8：34—39.

217. 陈曾年,张仲礼.上海公共租界的土地估价和沙逊集团的高层建筑——沙逊集团研究之 三[J].上海经济研究：1984,3：46—50.

218. 牟振宇.近代上海法租界地籍办公室及其与法国的渊源(1917—1943)[J].史林：2011, 5：25—33.

219. 牟振宇.上海法租界之地籍研究(1849—1943)[J].史林,2012,5：14—24.

220. 路秉杰.建筑考辨[J].时代建筑：1991,4：27—30.

（十）互联网资源

221. Virtual Shanghai: Shanghai Urban Space in Time: http://www.virtualshanghai.net/

222. 上海档案信息网：http://www.archives.sh.cn/

223. 上海市地方志办公室：http://www.shtong.gov.cn/newsite/node2/index.html

224. 纽约摩天楼博物馆：http://www.skyscraper.org/home_flash.htm

附　录

附录 A　参考建筑图纸档案目录

编号	建　　　筑	图　纸　来　源	案卷/卷宗号
1	有利大楼	上海市城市建设档案馆	6913
2	亚细亚大楼	上海市城市建设档案馆	6415
3	格林邮船大楼	上海市城市建设档案馆	A376
4	汇丰银行	上海市城市建设档案馆	A544
5	字林西报大楼	上海市城市建设档案馆	A1347
6	横滨正金银行大楼	上海市城市建设档案馆	A2480
7	华侨大楼	上海市城市建设档案馆	A4451
8	华安保险大楼	上海市城市建设档案馆	A4500
9	光陆大楼	上海市城市建设档案馆	A5717
10	西侨青年会大楼	上海市城市建设档案馆	A6299
11	沙逊大厦	上海市城市建设档案馆	A6980
12	新汇丰银行办公仓库大楼	上海市城市建设档案馆	A8817
13	都城饭店	上海市城市建设档案馆	B259
14	中国企业银行大楼	上海市城市建设档案馆	B478

编号	建　　筑	图　纸　来　源	案卷/卷宗号
15	大陆银行大楼	上海市城市建设档案馆	B625
16	麦加利银行大楼	上海市城市建设档案馆	B973
17	真光大楼	上海市城市建设档案馆	B1032
18	广学会大楼	上海市城市建设档案馆	B1032
19	基督教女青年会大楼	上海市城市建设档案馆	B1089
20	永安新厦	上海市城市建设档案馆	B3477
21	大新公司	上海市城市建设档案馆	B3723
22	五洲大药房	上海市城市建设档案馆	B6028
23	中国银行	上海市城市建设档案馆	B6142
24	聚兴诚银行大楼	上海市城市建设档案馆	B7078
25	海关大楼	上海市城市建设档案馆	10 000
26	法国邮船公司大楼	上海市城市建设档案馆	—
27	中汇大楼	上海市城市建设档案馆	—
28	四行储蓄会二十二层大厦	《建筑月刊》	1933,1(3)
29	新亚酒楼	《建筑月刊》	1934,2(7)
30	永安新厦	《建筑月刊》	1934,2(8)
31	大新公司	《建筑月刊》	1935,3(6)
32	迦陵大楼	《建筑月刊》	1937,4(10)
33	法国邮船公司大楼	《建筑月刊》	1937,5(1)
34	麦兰捕房	上海市档案馆	U38-4-650
35	先施公司	上海市档案馆	7558
36	永安公司	上海市档案馆	7947
37	新新公司	上海市档案馆	A4186

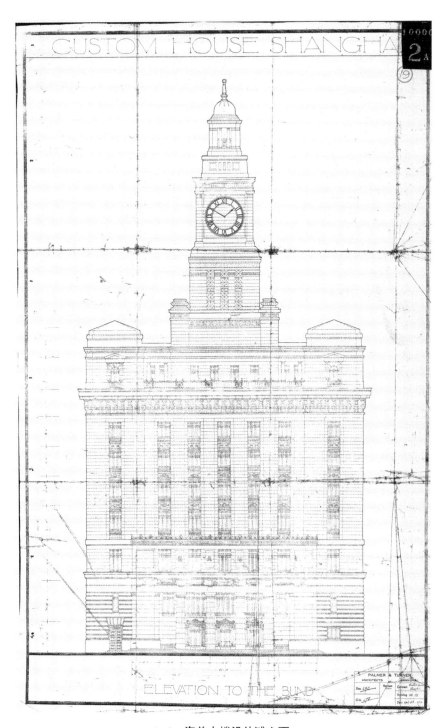

A-1　海关大楼沿外滩立面

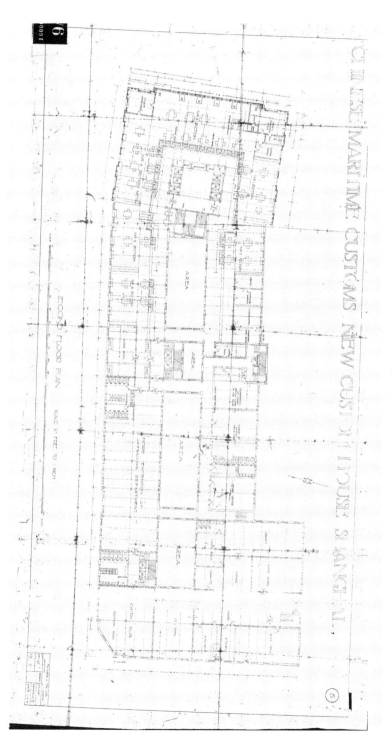

A-2　海关大楼二层平面图

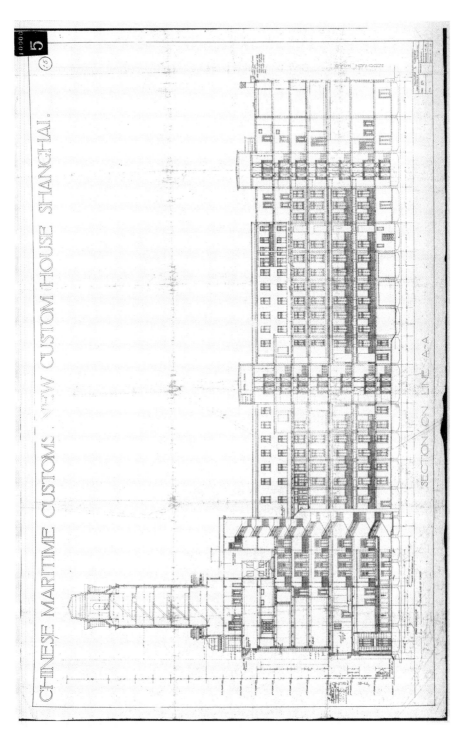

A-3　海关大楼剖面图

附录 B 近代上海最高摩天楼更迭

汇中饭店
1908 年
94 英尺(约 28.7 米)
6 层
酒店
中山东一路 19 号

有利大楼
1915 年
106 英尺(约 32.3 米)
7 层
办公+公寓
中山东一路 3 号

亚细亚大楼
1915 年
106.5 英尺(约 32.5 米)
8 层
办公+公寓
中山东一路 1 号

字林西报大楼
1923 年
130 英尺（约 39.6 米）
9 层
办公
中山东一路 17 号

新海关大楼
1927 年
147.5 英尺（约 45 米）
10 层
办公
中山东一路 13 号

沙逊大厦
1929 年
164.5 英尺（约 50.1 米）
13 层
商业+办公+酒店+公寓+娱乐
中山东一路 22 号

国际饭店（四行储蓄会二十二层大厦）
1934 年
265.9 英尺（约 81.1 米）
22 层
酒店
南京西路 170 号

永安新厦
1936 年
279 英尺（约 85 米）
22 层
商业/酒店/办公/娱乐
南京东路 627 号

附录C 世界最高摩天楼更迭

建 筑 名	起 讫	城 市	楼板层（米）	尖顶（米）	备 注
芝加哥保险公司大楼	1885—1890	芝加哥	54.9	54.9	1931年被拆除
世界大楼	1890—1894	纽 约	94.2	106.4	已拆除
曼哈顿人寿保险大楼	1894—1899	纽 约	106.1	106.1	已拆除
公园街大楼	1899—1901	纽 约	119.2	119.2	—
费城大会堂	1901—1908	费 城	167	167	其中120多米为钟楼高度
胜家大厦	1908—1909	纽 约	186.6	186.6	1968年被拆除
大都会人寿大厦	1909—1913	纽 约	213.4	213.4	美国最高钟塔
伍尔沃斯大厦	1913—1930	纽 约	241.4	241.4	—
川普大楼	1930	纽 约	282.5	282.5	—
克莱斯勒大厦	1930—1931	纽 约	281.9	281.9	—
帝国大厦	1931—1972	纽 约	381	488.7	任期最长的摩天楼
世界贸易中心	1972—1973	纽 约	417	526	911事件中被炸毁
西尔斯大厦	1973—1998	芝加哥	442	527.3	天际线最高的摩天楼
国家石油公司双子大楼	1998—2003	吉隆坡	452	452	—
台北101大楼	2003—2008	台 北	480	508	—
上海环球金融中心	2008—2010	上 海	492	492	楼板层最高的大楼
迪拜塔	2010—	迪 拜	—	828	—

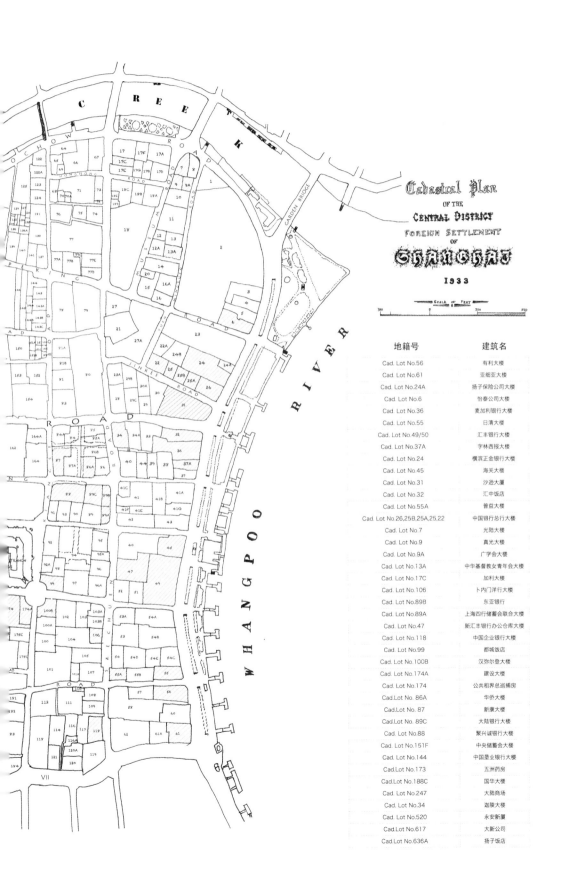

Cadastral Plan
OF THE
CENTRAL DISTRICT
FOREIGN SETTLEMENT
OF
SHANGHAI
1933

SCALE OF FEET

地籍号	建筑名
Cad. Lot No.56	有利大楼
Cad. Lot No.61	亚细亚大楼
Cad. Lot No.24A	扬子保险公司大楼
Cad. Lot No.6	怡泰公司大楼
Cad. Lot No.36	麦加利银行大楼
Cad. Lot No.55	日清大楼
Cad. Lot No.49/50	汇丰银行大楼
Cad. Lot No.37A	字林西报大楼
Cad. Lot No.24	横滨正金银行大楼
Cad. Lot No.45	海关大楼
Cad. Lot No.31	沙逊大厦
Cad. Lot No.32	汇中饭店
Cad. Lot No.55A	普益大楼
Cad. Lot No.26,25B,25A,25,22	中国银行总行大楼
Cad. Lot No.7	光陆大楼
Cad. Lot No.9	真光大楼
Cad. Lot No.9A	广学会大楼
Cad. Lot No.13A	中华基督教女青年会大楼
Cad. Lot No.17C	加利大楼
Cad. Lot No.106	卜内门洋行大楼
Cad. Lot No.89B	东亚银行
Cad. Lot No.89A	上海四行储蓄会联合大楼
Cad. Lot No.47	新汇丰银行办公仓库大楼
Cad. Lot No.118	中国企业银行大楼
Cad. Lot No.99	都城饭店
Cad. Lot No.100B	汉弥尔登大楼
Cad. Lot No.174A	建设大楼
Cad. Lot No.174	公共租界总巡捕房
Cad.Lot No. 86A	华侨大楼
Cad.Lot No. 87	新康大楼
Cad.Lot No.89C	大陆银行大楼
Cad. Lot No.88	聚兴诚银行大楼
Cad. Lot No.151F	中央储蓄会大楼
Cad. Lot No.144	中国是业银行大楼
Cad.Lot No.173	五洲药房
Cad.Lot No.188C	国华大楼
Cad. Lot No.247	大陆商场
Cad. Lot No.34	迦陵大楼
Cad. Lot No.520	永安新厦
Cad.Lot No.617	大新公司
Cad.Lot No.636A	扬子饭店

附录 E　摩天楼样本所在地块土地估价册（1899—1933）

（单位：两/亩）

建筑名称	地块登记业主（Registered Owner）	1933 年地籍图地块号	1899	1911	1922	1924	1927	1930	1933
有利大楼	Union Insurance Society of Canton, Ltd.	Cad. Lot No.56	23 000	87 000	145 000	160 000	175 000	205 000	240 000
亚细亚大楼	Staff Buildings, Ltd.	Cad. Lot No.61	17 000	60 000	145 000	160 000	175 000	200 000	250 000
扬子保险公司大楼	Yangtsze Insurance Association, Ltd.	Cad. Lot No.24A	15 000	85 000	130 000	150 000	156 400	200 000	230 000
怡泰公司大楼	Glen Line, Ltd., The	Cad. Lot No.6	21 000	90 000	140 000	160 000	160 000	200 000	230 000
麦加利银行大楼	Chartered Bank of India, Australia and China	Cad. Lot No.36	16 000	70 000	125 000	150 000	170 000	240 000	280 000

续表

建筑名称	地块登记业主（Rigistered Owner）	1933年地籍图地块号	估价年份						
			1899	1911	1922	1924	1927	1930	1933
日清大楼	Nisshin Kisen Kaisha	Cad. Lot No.55	18 000	87 000	150 000	160 000	175 000	205 000	245 000
汇丰银行大楼	Hongkong and Shanghai Banking Corporation	Cad. Lot No.49/50	18 000/22 500	85 000/90 000	135 000	180 000	190 000	225 000	270 000
字林西报大楼	North China Daily News & Herald, Ltd.	Cad. Lot No.37A	24 000（37号地块）	85 000	150 000	175 000	200 000	270 000	305 000
横滨正金银行大楼	Yokohama Specie Bank	Cad. Lot No.24	15 000	60 000	100 000	120 000	140 000	160 000	185 000
海关大楼	Chinese Government	Cad. Lot No.45	23 000	90 000	160 000	175 000	190 000	230 000	275 000
沙逊大厦	Sassoon & Co., Ltd., E.D.	Cad. Lot No.31	18 500	75 000	150 000	200 000	220 000	325 000	360 000
中国银行总行大楼	Bank of China	Cad. Lot No.26, 25B, 25A, 25, 22	16 000（25号地块）	90 000	150 000	175 000	190 000	240 000	275 000
光陆大楼	Shahmoon, S.E.	Cad. Lot No.7	10 000	32 000	47 000	80 000	90 000	120 000	135 000

续　表

建筑名称	地块登记业主（Rigistered Owner）	1933 年地籍图地块号	估　价　年　份						
			1899	1911	1922	1924	1927	1930	1933
真光大楼	Christian Literature Society, Incorporated.	Cad. Lot No.9	9 000	30 000	45 000	65 000	82 000	100 000	120 000
广学会大楼	China Baptist Publication Society, Fed. Inc., U.S.A.	Cad. Lot No.9A	—	—	—	—	—	90 000	110 000
中华基督教女青年会大楼	Young Women's Christian Association, National Board of the	Cad. Lot No.13A	9 000（13 号地块）	32 000（13 号地块）	50 000	60 000	80 000	90 000	110 000
加利大楼	Fonciere et Immobiliere de Chine	Cad. Lot No.17C	9 000（17 号地块）	32 000	50 000	60 000	70 000	105 000	130 000
普益大楼	Mitsu Bishi Co.	Cad. Lot No.55A	18 000（55 号地块）	50 000	95 000	110 000	120 000	150 000	180 000
卜内门洋行大楼	Imperial Chemical Industries (China), Ltd.	Cad. Lot No.106	12 000（104 号地块）	40 000（104 号地块）	78 000	100 000	160 000	137 000	175 000
东亚银行	Bank of East Asia, Ltd.	Cad. Lot No.89B	14 000（89 号地块）	55 000（89 地块）	115 000	145 000	150 000	225 000	270 000

续 表

建筑名称	地块登记业主（Rigistered Owner）	1933年地籍图地块号	估价年份						
			1899	1911	1922	1924	1927	1930	1933
上海四行储蓄会联合大楼	China Realty Co., Ltd.	Cad. Lot No.89A	14 000	55 000（89地块）	120 000	140 000	115 000	200 000	245 000
新汇丰银行办公仓库大楼	Hongkong and Shanghai Banking Corporation	Cad. Lot No.47	13 000	45 000	—	110 000	95 000	140 000	180 000
中国企业银行大楼	Master, R.F.C. and Harris, M.R.	Cad. Lot No.118	11 500	41 000	65 000	85 000	105 000	115 000	155 000
都城饭店	Sassoon & Co., Ltd. E.D.	Cad. Lot No.99	14 000	45 000	80 000	100 000	105 000	125 000	165 000
汉弥尔登大楼	Algar & Co., Ltd.	Cad. Lot No.100B	14 000（100号地块）	45 000	75 000	45 000	105 000	120 000	160 000
建设大楼	Metropolitan Land & Building Co., Ltd.	Cad. Lot No.174A	14 000（174号地块）	43 000（174号地块）	65 000（174号地块）	83 000（174号地块）	100 000（174号地块）	115 000（174号地块）	160 000
公共租界总巡捕房	Municipal Council Cetral Police Station	Cad. Lot No.174	14 000	43 000	65 000	95 000	100 000	115 000	140 000
华侨大楼	Benjamin, M.	Cad. Lot No. 86A	15 000	55 000（86号地块）	105 000（86号地块）	135 000（86号地块）	160 000（86号地块）	185 000	220 000

续　表

建筑名称	地块登记业主（Rigistered Owner）	1933年地籍图地块号	估价年份						
			1899	1911	1922	1924	1927	1930	1933
新康大楼	Shanghai Land Investment Co., Ltd.	Cad. Lot No.87	15 000	55 000（86号地块）	105 000（86号地块）	135 000（86号地块）	160 000（86号地块）	180 000	225 000
大陆银行大楼	Ward, H.L.	Cad. Lot No.89C	14 000（89号地块）	55 000（89号地块）	80 000（89号地块）	115 000（89号地块）	125 000	185 000	220 000
聚兴诚银行大楼	China Realty Co., Fed. Inc., U.S.A.	Cad. Lot No.88	14 000	53 000	90 000	125 000	135 000	190 000	225 000
中央储蓄会大楼	Hanson, J.C. and McNeill, D.	Cad. Lot No.151F	11 000（151号地块）	40 000	60 000	125 000	90 000	140 000	170 000
中国垦业银行大楼	Atkinson & Dallas, Ltd.	Cad. Lot No.144	10 000（142号地块）	35 000（142号地块）	42 000（142号地块）	75 000（142号地块）	93 690（142号地块）	160 000（142号地块）	165 000
五洲药房	Atkinson & Dallas, Ltd.	Cad. Lot No.173	16 000（174号地块）	43 000（174号地块）	57 000	85 000	92 000	110 000	140 000
国华大楼	Atkinson & Dallas, Ltd.	Cad. Lot No.188C	9 000（188号地块）	22 000（88号地块）	32 000	50 000	65 000	120 000	155 000

续 表

建筑名称	地块登记业主 (Rigistered Owner)	1933年地籍图地块号	估价年份						
			1899	1911	1922	1924	1927	1930	1933
大陆商场	Hardoon, S.A. (estate)	Cad. Lot No.247	15 000	34 000	75 000	95 000	120 000	150 000	195 000
迦陵大楼	Hall & Holtz, Ltd.	Cad. Lot No.34	14 000	65 000	125 000	165 000	175 000	250 000	290 000
永安新厦	Wing On Co. (Shanghai), Ltd.	Cad. Lot No.520	9 500	25 000	47 000	70 000	90 000	130 000	170 000
大新公司	Morriss, G. and Maughan, J.R.	Cad. Lot No.617	8 000	24 000	48 000	63 000	90 000	140 000	180 000
扬子饭店	Mission, Methodist Episcopal, South, U.S.A.	Cad. Lot No.636A	7 500	16 000	29 000	40 000	45 000	80 000	100 000
中国联合保险公司大楼	McNeill, D. and Wright, G.H.	Cad. Lot No.6 (西区)	6 500	20 000	26 500	33 000	40 000	90 000	125 000
西侨青年会大楼	Young Men's Christian Association, International Committee of the	Cad. Lot No.12 (西区)	5 500	20 000	24 000	30 000	36 000	87 000	122 000

续　表

建筑名称	地块登记业主 （Rigistered Owner）	1933年地籍 图地块号	估价年份						
			1899	1911	1922	1924	1927	1930	1933
国际饭店	China Realty Co., Fed. Inc., U.S.A.	Cad. Lot No.15（西区）	6 000	21 000	27 000	35 000	36 000	90 000	125 000
新亚酒楼	Sassoon & Co., Ltd., E.D.	Cad. Lot No.610,617号地块（北区）	5 000（609号地块）	13 000（609号地块）	22 000（609号地块）	30 000（609号地块）	33 000（609号地块）	48 000（609号地块）	65 000（610号地块）/40 000（617号地块）

注：（1）中国银行总行大厦共占5块地块，此处选取临外滩26号地块作为样本取样。
（2）凡地价后附注标明地块号则为当年地块，之前为当年地块还未分化出摩天楼所在地块，故统一以当时大地块地价标示。
（3）中国垦业银行大楼现所在144号地块，之前为142号地块，这一地块直到1930年地籍图上还能找到，而后与144号分化后地块合并，1933年地籍图上"142号"地块号取消。
（4）公共租界北区新亚大饭店所在地块直到1933年地籍图上才显示分化。之前一直为609号地块（609号地块分化为东北角609号地块、东南角610号地块、西北616号地块、西南角617号地块，分化后新亚大饭店占610号与617号两地块。

图版来源

0

图0-1-1 1920年8月3日《北华捷报周年特刊(1850—1920)》封面照片

来源：《北华捷报特别增刊(1850—1920)》(*North-China Herald Special Supplement, 1850-1920*)，1920-8-3

图0-1-2 1930年的上海外滩

来源：《北华捷报·北华星期新闻增刊》(*North-China Sunday News Magazine Supplement*)，1930-1-12

1

图1-0-1 巴别塔

来源：维基百科网络资源 http://zh.wikipedia.org/wiki/巴别塔

图1-1-1 1871年芝加哥大火

来源：美国国会图书馆，LC-USZC4-9440，《芝加哥1890：摩天楼与现代城市》(*Chicago 1890: the skyscraper and the modern city*)，第18页

图1-1-2 芝加哥早期商用建筑

来源：美国国会图书馆，LC-USZ62-95802，《芝加哥1890：摩天楼与现代城市》(*Chicago 1890: the skyscraper and the modern city*)，第18页

图1-1-3 "芝加哥新办公建筑：结构动工，或者本月建成开幕项目"，摘自1892年5月8日《芝加哥论坛报》。文章列举了1891年至1892年芝加哥建造的高层办公建筑，如北方旅馆(Northern Hotel)、联合大楼(Unity Building)等

来源：《芝加哥1890：摩天楼与现代城市》(*Chicago 1890: the skyscraper and the modern city*)，第2页

图1-1-4 从左至右：纽约世界大厦，伍尔沃斯大楼，克莱斯勒大厦，纽约帝国大厦

来源：笔者根据纽约摩天大楼博物馆摩天楼资料编辑

图1-1-5 上：特别委员会在芝加哥家庭保险公司大楼拆建现场进行调研；下：剥离砖石外墙后暴露的铁柱证实建筑完全由铁柱承重的事实

来源：《芝加哥家庭保险公司是第一幢框架结构的摩天楼吗？》，《建筑实录》，1934年8月，第76卷第2期，《摩天楼——对一种美国风格的探寻(1891—1941)》(*Skyscraper, the search for an American Style (1891-1941)*)，第7页

高处发展所起到的重要作用

来源：《摩天楼——对一种美国风格的探寻（1891—1941）》（*Skyscraper, the search for an American Style (1891—1941)*），第66页

图2-4-2 瓦特（Watt）与波尔顿（Boulton）设计的第一座七层高工厂铸铁梁柱剖面施工图及铸铁支柱断面图

来源：《空间，时间，建筑》，第248页

图2-4-3 蒙纳德诺克大楼底层墙体细部

来源：《芝加哥1890：摩天楼与现代城市》（*Chicago 1890: the skyscraper and the modern city*），第70页

图2-4-4 芝加哥家庭保险公司大楼

来源：美国国会图书馆的国家数字图书馆计划，编号mhsalad 250058，网络资源http://zh.wikipedia.org/wiki/家庭保險大樓#mediaviewer/File:Home_Insurance_Building.JPG

图2-4-5 有利大楼钢柱底部节点图

来源：有利大楼档案图纸，档案流水号6193，上海市城市建设档案馆

图2-4-6 江海关新屋采用水泥钢骨的施工现场图

来源：江海关建筑新屋，《中南画报》，1925年第1期，第2页

图2-4-7 刊登在《建筑月刊》上的新仁记营造厂广告

来源：《建筑月刊》广告内页

图2-5-1 《上海建筑协会会报》第四期封面

来源：《上海建筑协会会报》，上海市图书馆

图2-5-2 1927年与1929年建筑师、工程师登记资格比较图

来源：《老上海营造业及建筑师》，第54页

3

图3-1-1 龙华塔及相邻建筑景观

来源：《进步》，1912年第2卷第6期，封面照片

图3-1-2 《摩天人》文章中所登圣三一教堂尖顶及建造者开番姆君肖像照片

来源：《东方杂志》，1914年第10卷第9期，第7版

图3-1-3 苏州河对岸的新礼查饭店

来源：网络资源 http://www.virtualshanghai.net/Photos/Images

图3-1-4 1900年上海外滩照片

来源：《北华捷报特别增刊（1850—1920）》（*North-China Herald Special Supplement, 1850-1920*），1920-8-3，第2页

图3-2-1 1849年外滩全景图（1849—1850绘画作品）

来源：网络资源 http://www.virtualshanghai.net/Photos/Images

图3-2-2 19世纪60年代由北向南望去具备码头功能的黄浦江畔

来源：《北华捷报·北华星期新闻增刊》（*North-China Sunday News Magazine Supplement*），1930-04-27，封面照片

图3-2-3 汇中饭店所在公共租界中区32号地块

来源：笔者自绘，底图为1933年公共租界地籍平面图，上海市档案馆

图3-2-19　1925年11月7日登载于《北华捷报》上关于外滩南京路地块翻建新沙逊大厦的报道，此时公布的建筑方案与建成大楼出入还较大

来源：《北华捷报·北华捷报最高法院与领事公报》（*The North-China Herald*），1925-11-7，245

图3-2-20　新沙逊大厦模型照片

来源：《北华捷报·北华捷报最高法院与领事公报》（*The North-China Herald*），1926-09-25，604

图3-2-21　沙逊大厦成为外滩天际线的制高点

来源：《大都会从这里开始——上海南京路外滩段研究》；《外滩历史老大楼研究——沙逊大厦的历史特征与再生策略》，21

图3-3-1　19世纪末20世纪初的南京路

来源：http://www.virtualshanghai.net/Asset/Preview/dbImage_ID-160_No-1.jpeg，"Virtual Shanghai"网络资源

图3-3-2　南京路上最早的百货公司，从左至右分别是福利公司、汇司公司及惠罗公司

来源：《近代上海百货公司与都市文化》，第79页

图3-3-3　左：建成后先施公司（1920年）；右：先施公司"摩星塔"立面设计图

来源：（左）《近代上海百货公司与都市文化》，第83页；（右）先施公司档案图纸，案卷题名7558，上海市城市建设档案馆

图3-3-4　（左）建成后永安公司；（右）永安公司局部摩天塔剖面图

来源：（左）《上海永安公司开业廿周年纪念册》，扉页图；（右）永安公司档案图纸，案卷题名7947，上海市城市建设档案馆

图3-3-5　（左）建成后新新公司；（右）新新公司局部摩天塔剖面图

来源：（左）《近代上海百货公司与都市文化》，第93页；（右）新新公司档案图纸，案卷题名A4186，上海市城市建设档案馆

图3-3-6　普益大楼与卜内门洋行大楼所在地块

来源：笔者自绘，底图为1933年公共租界地籍平面图，上海市档案馆

图3-3-7　普益大楼现状街景

来源：http://shanghai.kankanews.com/shgov/2013-02-01/309972.shtml，网络资源

图3-3-8　四行储蓄会联合大楼与东亚银行大楼所在89A号与89B号地块位置

来源：笔者自绘，底图为1933年公共租界地籍平面图，上海市档案馆

图3-3-9　四行储蓄会联合大楼与东亚银行大楼沿四川路立面

来源：笔者自拍

图3-3-10　1920年代的静安寺路（《北华捷报特别增刊（1850—1920）》）

来源：《北华捷报特别增刊（1850—1920）》（*The North-China Herald Special Supplement, 1850-1920*），1920-8-3，第30页

图3-3-11　登在《字林西报》（1924-02-18）上华安大楼的方案效果图，中央高耸着摩天塔楼

来源：《字林西报》（*The North-China Daily News*），1924-02-18，第9页

图3-3-12　华安大楼立面中央高耸的"摩天"塔楼

来源：华安大楼档案图纸，案卷题名4500，上海市城市建设档案馆

图3-3-13　西侨青年会大楼所在西区12号地块平面

1925-08-22

图4-3-8　中汇银行大楼区位图

来源：中汇银行大楼楼书，上海市城市建设档案馆馆藏资料

图4-3-9　中汇银行大楼建成

来源：《启新洋灰有限公司三十周纪念册》，年份不详，第14页

图4-3-10　上海爱多亚路麦兰捕房竣工

来源：《建筑月刊》，1934年第2卷第1期，第9页

图4-3-11　法国邮船公司大楼总平面图

来源：法国邮船公司大楼档案图纸，上海市城市建设档案馆

图4-3-12　法国邮船公司大楼历史照片

来源：http://www.virtualshanghai.net/Asset/Preview/dbImage_ID-312_No-1.jpeg，"Virtual Shanghai"网络资源

图4-3-13　1927年《字林西报》上刊登华懋公寓效果图，称其为上海又一"摩天楼"

来源：《字林西报》（*The North-China Daily News*），1927-03-24，7

图4-3-14　公和洋行所绘峻岭寄庐效果图

来源：《建筑月刊》，1932年第1卷第2期，第22页

图4-3-15　历史照片：左后方为华懋公寓，居中后方建筑为峻岭寄庐

来源：http://zh.wikipedia.org/wiki/华懋公寓#/media/File:Jinjiang_Hotel_Shanghai_Old_View.jpg，网络资源

图4-3-16　盖斯康公寓（"Gasgoigne"）草图

来源：《建筑月刊》，1934年第2卷第2期，第2页

图4-3-17　1936年建成高15层毕卡第公寓

来源：http://toutiao.com/a6224904666921304321/

图4-4-1　20世纪30年代末公共租界外滩摩天楼天际线

来　源：http://www.virtualshanghai.net/Asset/Preview/dbImage_ID-126_No-1.jpeg，"Virtual Shanghai"网络资源

5

图5-1-1　字林西报第6层楼平面，为大柱网无隔断的办公空间

来源：

图5-1-2　字林西报第8层楼平面，包括了卧室、餐厅、盥洗室等公寓使用功能

来源：

图5-1-3　1928年建成的光陆大楼

来源：

图5-1-4　光陆大楼底层电影院平面

来源：

图5-1-5　1947年光陆大楼2至5层楼面租户情况

来源：上海市行号路图录（上），1947年版

图5-1-6　（左）沙逊大厦1926年版图纸标准层（2—5层办公空间）；（右）沙逊大厦1930年版图纸标准层（5—6层酒店客房）

来源：笔者自拍

图 5-2-4　字林西报大楼近照

来源：上海市城市建设档案馆馆藏，《64条永不拓宽的道路：中山东一路（下）》，风貌保护道路（街巷）专刊，上海城建档案馆，第15页

图 5-2-5　字林西报大楼陶立克柱式与男性亚特兰提斯雕像细部

来源：上图为笔者自拍，下图来自上海市城市建设档案馆馆藏，《64条永不拓宽的道路：中山东一路（下）》，风貌保护道路（街巷）专刊，上海城建档案馆，第18页

图 5-2-6　西侨青年会大楼近照

来源：笔者自拍

图 5-2-7　海关大楼近照

来源：上海市城市建设档案馆馆藏，《64条永不拓宽的道路：中山东一路（上）》，风貌保护道路（街巷）专刊，上海城建档案馆，第67页

图 5-2-8　"第三代"海关大楼设计方案的三轮演变

来源：从左至右依次为《北华捷报·北华捷报最高法院与领事公报》，1924-07-26；《北华捷报·北华捷报最高法院与领事公报》，1924-11-29；《北华捷报·北华捷报最高法院与领事公报》，1925-12-19

图 5-2-9　东亚大楼设计效果图与建成实景对比

来源：东亚大楼左图来自《20世纪早期装饰艺术派》，第134页；右图为笔者自拍

图 5-2-10　东亚大楼入口设计（左）；光陆大楼顶部细节（右）

来源：左图为笔者自拍；光陆大楼顶部细节为笔者自拍，原效果图细节来自《20世纪早期装饰艺术派》，第135页

图 5-2-11　按古典柱式比例对圣保罗大楼高度进行"三分段"

来源：《摩天楼——对一种美国风格的探寻（1891—1941）》（*Skyscraper, the search for an American Style (1891-1941)*），第33页

图 5-2-12　胜家大楼

来源：《现代建筑：一部批判的历史》，第51页

图 5-2-13　纽约熨斗大厦

来源：《摩天楼——对一种美国风格的探寻（1891—1941）》（*Skyscraper, the search for an American Style (1891-1941)*），第64页

图 5-2-14　纽约曼哈顿岛上一度盛行的摩天楼塔楼造型，从左至右依次为19世纪90年代建成的家庭人寿保险公司大楼（the Home Life Building），大都会人寿保险公司大楼，银行家信托大楼

来源：原图来自《建筑实录》，1910年，第27卷第5期，《建筑实录》，1913年，第34卷第11期，《摩天楼——对一种美国风格的探寻（1891—1941）》（*Skyscraper, the search for an American Style (1891-1941)*），第154，159，185页

图 5-2-15　伍尔沃斯大楼远景及大楼陶土装饰细部

来源：《摩天楼——对一种美国风格的探寻（1891—1941）》（*Skyscraper, the search for an American Style (1891-1941)*），第187，188页

图 5-2-16　20世纪30年代上海期刊上对美国摩天楼的介绍

来源：左为《中华（上海）》，1933年，第19期，第24页；右为《时代》，1935年，第7卷第8

来源：左图来自《摩天楼——对一种美国风格的探寻(1891—1941)》(*Skyscraper, the search for an American Style (1891-1941)*)，第161页；右图来自《芝加哥论坛报大楼竞赛：20世纪20年代的摩天楼设计与文化转变》(*The Chicago Tribune Tower Competition: Skyscraper Design and Cultural Change in the 1920s*)，第103页

图5-2-30 沙逊大厦屋顶檐口墙面等装饰细节

来源：上海市城市建设档案馆馆藏，《64条永不拓宽的道路：中山东一路(下)》，风貌保护道路(街巷)专刊，上海城建档案馆，第34页

图5-2-31 矗立于江西路福州路口的都城饭店(左)与汉弥尔登大楼(右)

来源：笔者自拍

图5-2-32 汉弥尔登大楼(现名福州大楼)实景特写

来源：笔者自拍

图5-2-33 真光大楼沿圆明园路立面及墙面装饰细节

来源：笔者自拍

图5-2-34 真光大楼入口、顶部等装饰细节特写

来源：笔者自拍

图5-2-35 国际饭店沿静安寺路(现南京西路)立面

来源：笔者自拍

图5-2-36 美国散热器大楼效果图(1924)

来源：《摩天楼——对一种美国风格的探寻(1891—1941)》(*Skyscraper, the search for an American Style (1891-1941)*)，第204页

图5-2-37 美国散热器大楼实景，后方背景建筑为纽约帝国大厦

来源：笔者自拍

图5-2-38 (左)中国通商银行新屋效果图；(右)大楼近照

来源：左图来自《建筑月刊》，1934年第2卷第1期；右图为笔者自拍

图5-2-39 永安新老两厦沿南京路立面图及永安新厦墙面装饰细节

来源：笔者自拍

图5-2-40 20世纪30年代建成的装饰艺术风格摩天楼(从左至右依次为五洲大药房、迦陵大楼、中国垦业银行大楼，二排左至右依次为扬子饭店、中国企业银行大楼)

来源：笔者自拍

图5-2-41 "南京中山陵"竞赛由吕彦直先生设计获得的第一名作品：左为建筑正面效果图；右为仿钟形总平面图

来源：《北华捷报·北华捷报最高法院与领事公报》(*The North-China Herald*)，1925-09-26

图5-2-42 "大上海计划"中董大酉设计作品：(左)上海市政府大楼(今上海体育学院)；(右)上海市博物馆(现长海医院影像楼)

来源：《上海百变》，第166，168页

图5-2-43 八仙桥基督教青年会大楼沿西藏路立面与北京前门立面比较

来源：网络资源 http://www.why.com.cn/epublish/node10336/userobject7ai323199.html；http://sh.sina.com.cn/news/g/2014-08-27/1415107966.html

图5-2-44 八仙桥基督教青年会大楼细节特写

来源：笔者自拍

来源：《芝加哥论坛报大楼竞赛：20世纪20年代的摩天楼设计与文化转变》（*The Chicago Tribune Tower Competition: Skyscraper Design and Cultural Change in the 1920s*），第119页

图5-2-61　格罗皮乌斯与阿道夫·迈耶向芝加哥论坛报大楼竞赛提交方案效果图

来源：《芝加哥论坛报大楼竞赛：20世纪20年代的摩天楼设计与文化转变》（*The Chicago Tribune Tower Competition: Skyscraper Design and Cultural Change in the 1920s*），第162页，图版权属于芝加哥论坛公司

图5-2-62　菲利普·约翰逊在当代艺术馆介绍摩天楼从砖石结构向框架结构的演进

来源：《芝加哥1890：摩天楼与现代城市》（*Chicago 1890: the skyscraper and the modern city*），第141页

图5-2-63　密斯创作的玻璃摩天楼（左1919，右1921）

来源：左图来自《高层建筑艺术的反思：对摩天楼风格的探寻》（*The Tall Building Artistically Reconsidered: the Search for a Skyscraper Style*），第40页；右图来自《空间，时间，建筑》，第445页

图5-3-1　沙逊大厦剖面图

来源：沙逊大厦档案图纸，案卷题名A6980，上海市城市建设档案馆

图5-3-2　华侨大楼剖面图

来源：华侨大楼档案图纸，案卷题名A4451，上海市城市建设档案馆

图5-3-3　新汇丰银行办公仓库大楼剖面图

来源：新汇丰银行办公仓库大楼档案图纸，案卷题名A8817，上海市城市建设档案馆

图5-3-4　大新公司总平面图与建筑高度研究示意图

来源：大新公司档案图纸，案卷题名A3723，上海市城市建设档案馆

图5-3-5　纽约曼哈顿下城区摩天楼，中为公正大厦

来源：纽约摩天楼博物馆馆藏，《形式追随金融：纽约与芝加哥的摩天楼与天际线》（*Form Follows Finance: Skyscrapers and Skylines in New York and Chicago*），第69页

图5-3-6　纽约曼哈顿下城区1916年区划制图，分区中以数字表示建筑高度限制，字母代表不同分区

来源：纽约摩天楼博物馆馆藏，《形式追随金融：纽约与芝加哥的摩天楼与天际线》（*Form Follows Finance: Skyscrapers and Skylines in New York and Chicago*），第70页

图5-3-7　纽约华尔街120号摩天楼对建筑高度的区划图解

来源：《建筑论坛》（*Architectural Forum*），1930年6月，第52期，第882页，《形式追随金融：纽约与芝加哥的摩天楼与天际线》（*Form Follows Finance: Skyscrapers and Skylines in New York and Chicago*），第70页

图5-3-8　纽约帝国大厦66至67层平面

来源：纽约摩天楼博物馆馆藏，《形式追随金融：纽约与芝加哥的摩天楼与天际线》（*Form Follows Finance: Skyscrapers and Skylines in New York and Chicago*），第94页

图5-3-9　纽约塔状摩天楼：从左至右依次是纽约帝国大厦、曼哈顿银行大楼、第五大道500号大楼、城市银行农民信托大楼

来源：纽约摩天楼博物馆馆藏，《形式追随金融：纽约与芝加哥的摩天楼与天际线》（*Form Follows Finance: Skyscrapers and Skylines in New York and Chicago*），第74，75，89页

图5-3-10　上海地区发展规划图（1926）

来源：《上海城市规划志》，第62页

6

后 记

　　本书是笔者在2015年底完成的博士论文《近代上海摩天楼研究（1893—1937）》基础上整理出版。自2005年考入同济大学建筑与城市规划学院学习到留校工作，一晃十余年。这一路走来，得到太多老师、同学、朋友的无私帮助与悉心指点，我的心中充满了感激。

　　首先要感谢我的博士导师卢永毅教授多年来给予我的悉心指导与包容。自2008年我有幸成为卢老师的学生，老师严谨的治学态度与科学的工作方法深深影响了我，在她的悉心引导下让我能够一步一步找到自己研究的方向。感谢我的硕士导师彭怒教授在百忙中对我的论文提出的珍贵意见，她是我研究工作的启蒙人。感谢在纽约访学期间，哥伦比亚大学教授、纽约摩天楼博物馆馆长威利斯老师给予我研究工作的支持与建议。感谢在香港城市大学工作期间，薛求理教授对我研究工作开展及日常生活中提供的许多帮助。感谢上海市城市建设档案馆常老师在建筑文档查阅过程中提供的积极支持。感谢本论文的两位隐名评审，以及评阅并出席我的博士论文答辩的评委伍江教授、王竹教授、赵辰教授、饶小军教授、郑祖安研究员、王骏阳教授、钱宗灏教授，他们对论文提出的宝贵意见为我后续的修订工作提供了多维角度，虽然没有都一一体现于这一版书稿当中，但会是我日后进一步推进该课题方向上研究工作的重要参考。

　　此外，还要感谢Alexandre Tzonis教授、李振宇教授、钱锋教授、支文军教授、刘刚副教授、周鸣浩博士、华春荣社长、熊磊丽编辑、段建强博士、闵晶博士、周慧琳博士、谢越、月贤师父等师长朋友在本人论文写作与出版过程中给予的鼓励与帮助。在此无法一一列出曾经给予我帮助的所有人的姓名，但希望他们能感受到我真诚的谢意和由衷地祝福。

　　最后，感谢永远默默支持我的父亲母亲。感谢我的先生董达，在论文写作过程中的陪伴坚守。谨以此书献给他们。

孙　乐